施工企业安全管理人员岗位考核培训丛书

施工企业专职安全员
安全生产考核培训教材（修订版）

冯小川　主编

中国建材工业出版社

图书在版编目（CIP）数据

施工企业专职安全员安全生产考核培训教材／冯小川主编. —2版（修订本）. —北京：中国建材工业出版社，2017.3（2023.3重印）

（施工企业安全管理人员岗位考核培训丛书）

ISBN 978-7-5160-1794-4

Ⅰ.①施… Ⅱ.①冯… Ⅲ.①建筑施工企业－安全生产－岗位培训－教材 Ⅳ.①TU714

中国版本图书馆CIP数据核字（2017）第043882号

施工企业专职安全员安全生产考核培训教材（修订版）
冯小川　主编

出版发行：中国建材工业出版社
地　　址：北京市海淀区三里河路11号
邮　　编：100831
经　　销：全国各地新华书店
印　　刷：北京印刷集团有限责任公司
开　　本：787mm×1092mm　1/16
印　　张：23.75
字　　数：580千字
版　　次：2017年3月第2版
印　　次：2023年3月第11次
定　　价：65.00元

本社网址：www.jccbs.com　　微信公众号：zgjcgycbs
本书如出现印装质量问题，由我社市场营销部负责调换。联系电话：（010）57811387

总　前　言

2014年9月1日，《建筑施工企业主要负责人、项目负责人、专职安全员管理人员安全生产管理规定》（以下简称“三类人员”）（住建部17号部令）正式施行。住房城乡建设部2015年12月10日印发实施意见，贯彻落实《建筑施工企业主要负责人、项目负责人、专职安全员管理人员安全生产管理规定》（建质［2015］206号），该实施意见中对“三类人员”的考核发证、安全责任、法律责任等作出了明确规定，并把安全生产知识考核要点大致分为三个部分：一、建筑施工企业安全生产适用法律法规；二、建筑施工企业安全生产管理；三、建筑施工企业安全技术管理。本丛书针对不同的考核对象，每册教材内容上各有所偏重。

为了落实住房城乡建设部有关文件精神，进一步做好“三类人员”的培训和继续教育工作，切实提高培训人员安全管理水平，本教材编委会组织业内专家依据（建质［2015］206号）文件中相关要求，结合现行安全法规、安全技术规范和标准，编写了《施工企业主要负责人安全生产考核培训教材》、《施工企业项目负责人安全生产考核培训教材》、《施工企业专职安全员安全生产考核培训教材》。

本套教材既能帮助应试人员紧密结合考核要点进行学习，又能使其对相关知识加深理解，本套教材可以作为“三类人员”考试学习用书，也可作为“三类人员”继续教育培训教材。本套教材涵盖了（建质［2015］206号）文件中涉及的建筑施工企业主要负责人、项目负责人、专职安全生产管理人员安全生产知识考核要点，体现了以下几个特点：一、引用最新的安全法规及相关规范标准，有很强的时效性；二、教材中安全生产管理内容注重结合优秀企业的实际案例，有很强的借鉴性和可操作性；三、紧密结合考试要点，突出重点，有很强的实用性和针对性。

由于此次编写“三类人员岗位考核培训教材”时间仓促，在编写工作中会存在疏漏和不足。恳请使用教材的培训机构、授课教师及广大学员提出宝贵意见，以便进一步修订和完善。

编者

2017年3月

前　言

本教材根据《建筑施工企业主要负责人、项目负责人、专职安全员管理人员安全生产管理规定》（住建部17号部令）及（建质［2015］206号）文件的相关规定编写，培训对象为施工企业项目负责人。

本教材主要内容包括两大部分，第一部分为施工企业安全生产适用法律法规，其中包括新安全生产法概述、建设工程各方主体安全管理责任、安全事故管理等内容；第二部分为施工企业安全管理，其中包括安全生产责任制度、安全技术管理、安全检查、安全生产评价、安全生产教育管理、机械设备管理、安全生产标准化考评、临时用电管理、消防安全管理、常用建筑机械安全使用规程等内容。

本教材紧扣施工企业项目负责人安全生产知识考核要点，针对项目负责人安全生产职责，在重点介绍现行建筑施工安全生产方针、政策，法律法规和规范标准及安全管理制度的基础上，也简要介绍了土建综合安全技术和机械设备安全技术。本教材的内容编写侧重于施工现场的实用知识并结合了优秀施工企业的管理经验，做到理论联系实际，简明扼要，便于学员学习和掌握。

编者

2017年3月

目　　录

绪　　论

一、习近平总书记关于做好安全生产工作的重要指示

2013 年 6 月 6 日，习近平总书记就做好安全生产工作作出重要指示

人命关天，发展决不能以牺牲人的生命为代价。这必须作为一条不可逾越的红线。

要始终把人民生命安全放在首位，以对党和人民高度负责的精神，完善制度、强化责任、加强管理、严格监管，把安全生产责任制落到实处，切实防范重特大安全生产事故的发生。

2013 年 7 月 18 日，习近平总书记就做好安全生产工作作出重要指示

落实安全生产责任制，行业主管部门直接监管、安全监管部门综合监管、地方政府属地监管，坚持管行业必须管安全、管业务必须管安全、管生产必须管安全，而且要党政同责、一岗双责、齐抓共管。

当干部不要当的那么潇洒，要经常临事而惧，这是一种负责任的态度。要经常有睡不着觉，半夜惊醒的情况，当官当的太潇洒，准要出事。

对责任单位和责任人要打到疼处、痛处，让他们真正痛定思痛、痛改前非，有效防止悲剧重演。造成重大损失，如果责任人照样拿高薪，拿高额奖金，还分红，那是不合理的。

2013 年 11 月 24 日，习近平总书记在青岛中石化“11·22”东黄输油管线爆燃事故现场强调

各级党委和政府、各级领导干部要牢固树立安全发展理念，始终把人民群众生命安全放在第一位。各地区各部门、各类企业都要坚持高标准、严要求的安全生产，招商引资、上项目要严把安全生产关，加大安全生产指标考核权重，实行安全生产和重大安全生产事故风险“一票否决”。责任重于泰山，要抓紧建立健全安全生产责任体系，党政一把手必须亲力亲为、亲自动手抓。要把安全责任落实到岗位、落实到人头，坚持管行业必须管安全、管业务必须管安全，加强督促检查、严格考核奖惩，全面推进安全生产工作。

所有企业都必须认真履行安全生产主体责任，做到安全投入到位、安全培训到位、基础管理到位、应急救援到位，确保安全生产。中央企业要带头做好表率。各级政府要落实属地管理责任，依法依规、严管严抓。

安全生产，要坚持防患于未然。要继续开展安全生产大检查，做到“全覆盖、零容忍、严执法、重实效”。要采用不发通知、不打招呼、不听汇报、不用陪同和接待，直奔基层、直插现场，暗查暗访，特别是要深查地下油气管网这样的隐蔽致灾隐患。要加大隐患整改治理力度，建立安全生产检查工作责任制，实行谁检查、谁签字、谁负责，做到不打折扣、不留死角、不走过场，务必见到成效。

要做到“一厂出事故、万厂受教育，一地有隐患、全国受警示”。各地区和各行业领域要深刻吸取安全事故带来的教训，强化安全责任，改进安全监管，落实防范措施。

2015 年 5 月 26 日，习近平总书记就河南鲁山县特大火灾事故作出重要指示

各地区和有关部门要牢牢绷紧安全管理这根弦，采取有力措施，认真排查隐患，防微杜渐，全面落实安全管理措施，坚决防范和遏制各类安全事故发生，确保人民群众生命财产安全。

2015 年 8 月 15 日，习近平总书记对天津滨海新区危险品仓库爆炸事故作出重要指示

确保安全生产、维护社会安定、保障人民群众安居乐业是各级党委和政府必须承担好的重要责任。天津港“8・12”瑞海公司危险品仓库特别重大火灾爆炸事故以及近期一些地方接二连三发生的重大安全生产事故，再次暴露出安全生产领域存在突出问题、面临形势严峻。血的教训极其深刻，必须牢牢记取。各级党委和政府要牢固树立安全发展理念，坚持人民利益至上，始终把安全生产放在首要位置，切实维护人民群众生命财产安全。要坚决落实安全生产责任制，切实做到党政同责、一岗双责、失职追责。要健全预警应急机制，加大安全监管执法力度，深入排查和有效化解各类安全生产风险，提高安全生产保障水平，努力推动安全生产形势，实现根本好转。各生产单位要强化安全生产第一意识，落实安全生产主体责任，加强安全生产基础能力建设，坚决遏制重特大安全生产事故发生。

2015 年 12 月 20 日，习近平总书记在中央城市工作会议上强调

要把安全放在第一位，把住安全关、质量关，并把安全工作落实到城市工作和城市发展各个环节和各个领域中。

2015 年 12 月 24 日，习近平总书记在中共中央政治局常委会会议上发表重要讲话强调

重特大突发事件，不论是自然灾害还是责任事故，其中都不同程度存在着主体责任不落实、隐患排查治理不彻底、法规标准不健全、安全监管执法不严格、监管体制机制不完善、安全基础薄弱、应急救援能力不强等问题。

2016 年 1 月 4 日 ~6 日，习近平总书记在重庆市调研时强调

安全稳定工作连着千家万户，宁可百日紧，不可一日松。面对公共安全事故，不能止于追责，还必须梳理背后的共性问题，做到“一方出事故、多方受教育，一地有隐患、全国受警示”。

二、我国建筑施工安全生产现状及安全事故主要类型

（一）总体情况

2015 年，全国共发生房屋市政工程生产安全事故 442 起、死亡 554 人，比去年同期事故起数减少 80 起、死亡人数减少 94 人（见图 1、图 2），同比分别下降 15.33% 和 14.51% 。

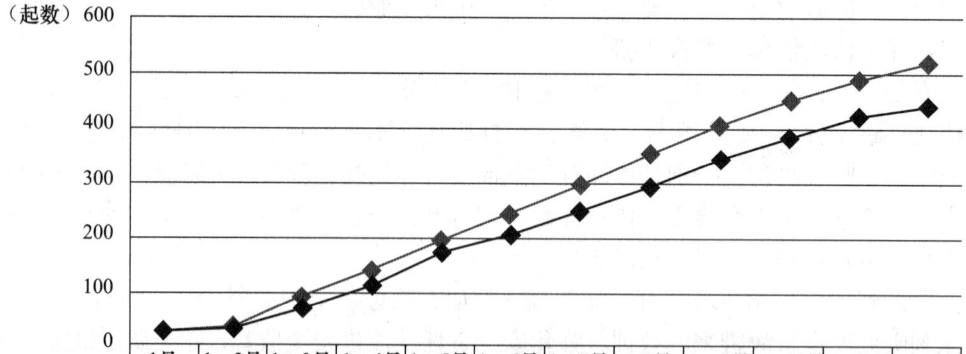

	1月	1～2月	1～3月	1～4月	1～5月	1～6月	1～7月	1-8月	1～9月	1～10月	1～11月	1～12月
14年事故起数	25	36	91	138	193	243	295	355	407	452	490	522
15年事故起数	26	30	67	111	172	206	248	292	344	384	424	442

图 1　2015 年事故起数情况

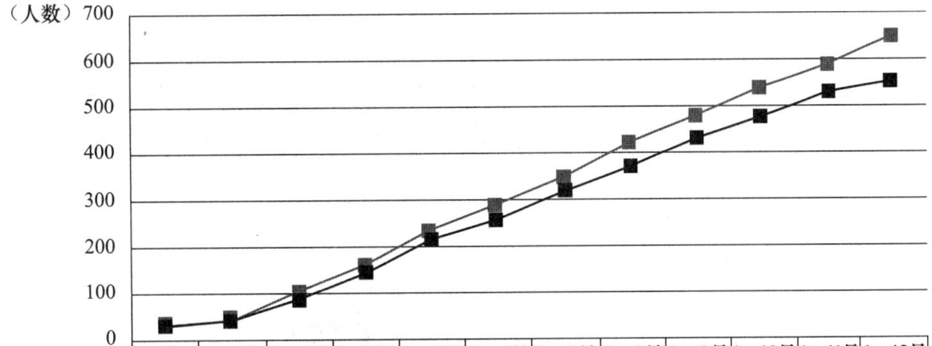

	1月	1～2月	1～3月	1～4月	1～5月	1～6月	1～7月	1～8月	1～9月	1～10月	1～11月	1～12月
14年事故死亡人数	31	44	102	160	231	287	347	422	481	538	588	648
15年事故死亡人数	28	39	85	144	215	258	318	371	431	478	532	554

图 2　2015 年事故死亡人数情况

（二）较大事故情况

2015 年，全国共发生房屋市政工程生产安全较大事故 22 起、死亡 85 人，比去年同期事故起数减少 7 起、死亡人数减少 20 人（见图 3、图 4），同比分别下降 24.14% 和 19.05%，未发生重大及以上事故。

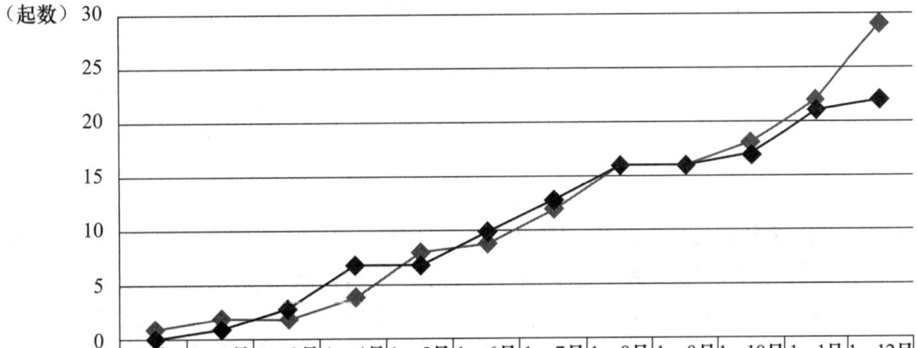

	1月	1～2月	1～3月	1～4月	1～5月	1～6月	1～7月	1～8月	1～9月	1～10月	1～1月	1～12月
14年较大事故起数	1	2	2	4	8	9	12	16	16	18	22	29
15年较大事故起数	0	1	3	7	7	10	13	16	16	17	21	22

图 3　2015 年较大事故起数情况

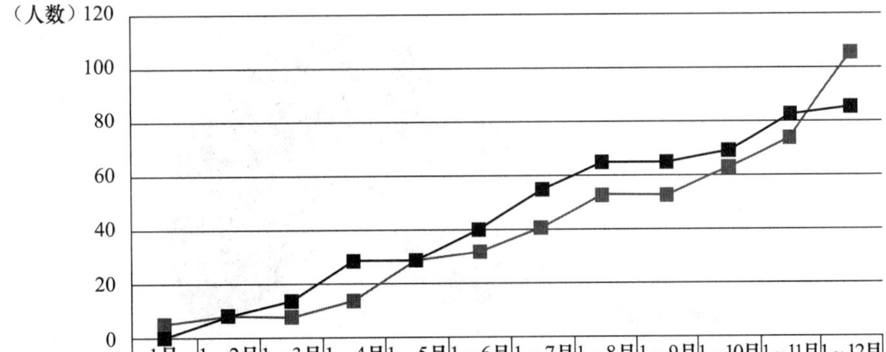

	1月	1～2月	1～3月	1～4月	1～5月	1～6月	1～7月	1～8月	1～9月	1～10月	1～11月	1～12月
14年较大事故死亡人数	5	8	8	14	29	32	41	53	53	62	74	105
15年较大事故死亡人数	0	8	14	29	29	40	55	65	65	69	82	85

图 4　2015 年较大事故死亡人数情况

（三）事故类型情况

2015 年，房屋市政工程生产安全事故按照类型划分，高处坠落事故 235 起，占事故总数的 53. 17%；物体打击事故 66 起，占事故总数的 14. 93%；坍塌事故 59 起，占事故总数的 13. 35%；起重伤害事故 32 起，占事故总数的 7. 24%；机械伤害、触电、车辆伤害、中毒和窒息等其他事故 50 起，占事故总数的 11. 31%（见图 5）。

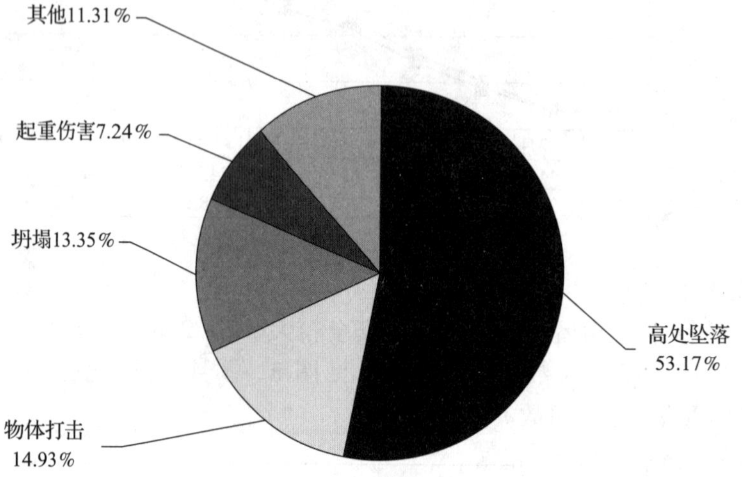

图 5　2015 年事故类型情况

2015 年，共发生 22 起较大事故，其中土方坍塌事故 8 起，死亡 25 人，分别占较大事故总数的 36. 36% 和 29. 41%；模板支撑体系坍塌事故 6 起，死亡 32 人，分别占较大事故总数的 27. 27% 和 37. 65%；起重机械伤害事故 4 起，死亡 15 人，分别占较大事故总数的 18. 18% 和 17. 65%；钢结构坍塌事故 1 起，死亡 4 人，分别占较大事故总数的 4. 55% 和 4. 71%；外脚手架坍塌事故 1 起，死亡 3 人，分别占较大事故总数的 4. 55% 和 3. 53%；气体中毒事故 1 起，死亡 3 人，分别占较大事故总数的 4. 55% 和 3. 53%；吊篮坠落事故 1 起，死亡 3 人，分别占较大事故总数的 4. 55% 和 3. 53%（见图 6）。

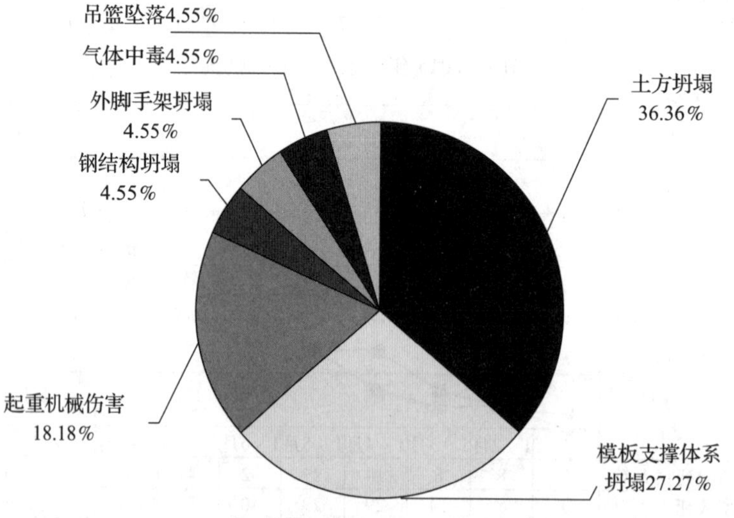

图 6　2015 年较大事故类型情况

三、安全术语

1. 安全生产管理方针：坚持安全第一、预防为主、综合治理的方针。

2. “五同时”原则：在计划、布置、检查、总结、评比生产工作的时候，同时计划、布置、检查、总结、评比安全工作。

3. “三同时”的原则：职业安全卫生技术措施及设施应与主体工程同时设计、同时施工、同时投产使用，以确保项目投产后符合职业安全卫生要求，保障劳动者在生产过程中的安全与健康。

4. “四不放过”原则：对发生的事故原因分析不清不放过；事故责任者和群众没受到教育不放过；没有落实防范措施不放过；事故的责任者没有受到处理不放过。

5. “三不伤害”原则：“三不伤害”原则是指不伤害自己，不伤害他人，不被他人伤害。

6. 事故分类：

①特别重大事故：是指造成30人以上死亡，或者100人以上重伤（包括急性工业中毒，下同），或者1亿元以上直接经济损失的事故。

②重大事故：是指造成10人以上30人以下死亡，或者50人以上100人以下重伤，或者5000万元以上1亿元以下直接经济损失的事故。

③较大事故：是指造成3人以上10人以下死亡，或者10人以上50人以下重伤，或者1000万元以上5000万元以下直接经济损失的事故。

④一般事故：是指造成3人以下死亡，或者10人以下重伤，或者1000万元以下直接经济损失的事故。

7. 安全生产：为预防生产过程中发生事故而采取的各种措施和活动。

8. 安全生产条件：满足安全生产的各种因素及其组合。

9. 安全生产业绩：在安全生产过程中产生的可测量的结果。

10. 安全生产能力：安全生产条件和安全生产业绩的组合。

11. 危险源：可能导致死亡、伤害、职业病、财产损失、工作环境破坏或这些情况组合的根源或状态。

12. 事故：造成死亡、伤害、职业病、财产损失、工作环境破坏或超出规定要求的不利环境影响的意外情况或事件的总称。

13. 隐患：未被事先识别，可导致事故的危险源和不安全行为及管理上的缺陷。

14. 安全生产保证体系：对项目安全风险和不利环境影响的管理系统。

15. 劳动强度：劳动的繁重和紧张程度的总和。

16. 特种设备：由国家认定的，因设备本身和外在因素的影响容易发生事故，并且一旦发生事故造成人身伤亡及重大经济损失的危险性较大的设备。

17. 特种作业：由国家认定的，对操作者本人及其周围人员和设施的安全有重大危险因素的作业。

18. 特种工种：从事特种作业人员岗位类别的统称。

19. 特种劳动保护用品：由国家认定的，在易发生伤害及职业危害的场合，供职工穿戴或使用的劳动防护用品。

20. 有害物质：化学的、物理的、生物的等能危害职工健康的所有物质的总称。

21. 起因物：导致事故发生的物质。

22. 有毒物质：作用于生物体，能使机体发生暂时或永久性病变，导致疾病甚至死亡的物质。

23. 危险因素：能对人造成伤害或对物造成突发性损坏的因素。

24. 有害因素：能影响人的身体健康，导致疾病或对物造成慢性损坏的因素。

25. 有害作业：作业环境中有害物质的浓度、剂量超过国家卫生标准中该物质最高允许值的作业。

26. 有尘作业：作业场所空气中粉尘含量超过国家卫生标准中粉尘的最高允许值的作业。

27. 有毒作业：作业场所空气中有毒物质含量超过国家卫生标准中有毒物质的最高允许浓度的作业。

28. 防护措施：为避免职工在作业时，身体的某部位误入危险区域或接触有害物质而采取的隔离、屏蔽、安全距离、个人防护等措施或手段。

29. 个人防护用品：为使职工在职业活动过程中，免遭或减轻事故和职业危害因素的伤害而提供的个人穿戴用品。

同义词：劳动防护用品。

30. 安全认证：由国家授权的机构，依法对特种设备、特种作业场所、特种劳动防护用品的安全卫生性能，以及对特种作业人员的资格等进行考核、认可并颁发凭证的活动。

31. 职业安全：以防止职工在职业活动过程中发生各种伤亡事故为目的的工作领域及在法律、技术、设备、组织制度和教育等方面所采取的相应措施。

同义词：劳动安全。

32. 职业卫生：以职工的健康在职业活动过程中免受有害因素侵害为目的的工作领域及在法律、技术设备、组织制度和教育等方面所采取的相应措施。

同义词：劳动卫生。

33. 女职工劳动保护：针对女职工在经期、孕期、产期、哺乳期等的生理特点，在工作任务分配和工作时间等方面所进行的特殊保护。

34. 未成年工劳动保护：针对未成年工（已满16周岁未满18周岁）的生理特点，在工作时间和工作分配等方面所进行的特殊保护。

35. 职业病：职工因受职业性有害因素的影响引起的，由国家以法规形式，并经国家指定的医疗机构确诊的疾病。

36. 职业禁忌：某些疾病（或某些生理缺陷），其患者如从事某种职业便会因职业性危害因素而使病情加重或易于发生事故，则称此疾病（或生理缺陷）为该职业的职业性禁忌。

37. 重大事故：会对职工、公众或环境以及生产设备造成即刻或延迟性严重危害的事故。

同义词：恶性事故。

38. 不安全行为：指能造成事故的人为错误。

39. 违章指挥：强迫职工违反国家法律、法规、规章制度或操作规程进行作业的行为。

40. 违章操作：职工不遵守规章制度，冒险进行操作的行为。

41. 工作条件：职工在工作中的设施条件、工作环境、劳动强度和工作时间的总和。同义词：劳动条件。

42. 工作环境：工作场所及周围空间的安全卫生状态和条件。

43. 致害物：指直接引起伤害及中毒的物体或物质。

44. 伤害方式：指致害物与人体发生接触的方式。

45. 不安全状态：指能导致事故发生的物质条件。

46. 不安全行为：指能造成事故的人为错误。

47. 轻伤：指损失工作日低于105日的失能伤害。

48. 重伤：指相当于损失工作日等于或超过105日的失能伤害。

第一部分　施工企业安全生产适用法律法规

第一章　新《中华人民共和国安全生产法》概述

一、新《中华人民共和国安全生产法》主要亮点

全国人大常委会2014年8月31日表决通过关于修改安全生产法的决定。新《中华人民共和国安全生产法》（以下简称新法），从强化安全生产工作的摆位、进一步落实生产经营单位主体责任，政府安全监管定位和加强基层执法力量、强化安全生产责任追究等四个方面入手，着眼于安全生产现实问题和发展要求，补充完善了相关法律制度规定，主要体现在以下几方面：

（一）坚持以人为本，推进安全发展

新法提出安全生产工作应当以人为本，充分体现了习近平总书记等中央领导同志关于安全生产工作一系列重要指示精神，在坚守发展决不能以牺牲人的生命为代价这条红线，牢固树立以人为本、生命至上的理念，正确处理重大险情和事故应急救援中“保财产”还是“保人命”问题等方面，具有重大现实意义。为强化安全生产工作的重要地位，明确安全生产在国民经济和社会发展中的重要地位，推进安全生产形势持续稳定好转，新法将坚持安全发展写入了总则。

（二）完善安全工作方针和机制

新法确立了“安全第一、预防为主、综合治理”的安全生产工作“十二字方针”，明确了安全生产的重要地位、主体任务和实现安全生产的根本途径。新法明确要求建立生产经营单位负责、职工参与、政府监管、行业自律、社会监督的机制，进一步明确各方安全生产职责。

（三）进一步明确生产经营单位的安全生产主体责任

1. 明确委托规定的机构提供安全生产技术、管理服务的，保证安全生产的责任仍然由本单位负责。

2. 明确生产经营单位的安全生产责任制的内容，规定生产经营单位应当建立相应的机制，加强对安全生产责任制落实情况的监督考核。

3. 明确生产经营单位的安全生产管理机构以及安全生产管理人员履行的七项职责。

（四）建立预防安全生产事故的制度

新法把加强事前预防、强化隐患排查治理作为一项重要内容：

1. 生产经营单位必须建立生产安全事故隐患排查治理制度。

2. 政府有关部门要建立健全重大事故隐患治理督办制度，督促生产经营单位消除重大事故隐患。

3. 对未建立隐患排查治理制度、未采取有效措施消除事故隐患的行为，设定了严格的行政处罚。

4. 赋予负有安全监管职责的部门，强制生产经营单位履行决定的权力。

（五）建立安全生产标准化制度

新法增加了推进安全生产标准化建设的规定，2014 年 7 月 31 日，住建部发布《建筑施工安全标准化考评暂行办法》（建质［2014］111 号），对安全生产标准化工作提出了明确的要求。

（六）推进安全生产责任保险制度

新法规定国家鼓励生产经营单位投保安全生产责任保险。安全生产责任保险具有其他保险所不具备的特殊功能和优势，可增加事故救援费用和赔付的资金来源，有助于减轻政府负担，维护社会稳定。

（七）加大对安全生产违法行为的责任追究力度

1. 规定了事故行政处罚和终身行业禁入。

（1）将行政法规的规定上升为法律条文，设立了对生产经营单位及其主要负责人的八项罚款处罚规定。

（2）大幅提高对事故责任单位的罚款金额：一般事故罚款 20 万 ~50 万元，较大事故 50 万 ~100 万元，重大事故 100 万 ~500 万元，特别重大事故 500 万 ~1000 万元；特别重大事故的情节特别严重的，罚款 1000 万 ~2000 万元。

（3）进一步明确主要负责人对重大、特别重大事故负有责任的，终身不得担任本行业生产经营单位的主要负责人。

2. 加大罚款处罚力度。

3. 建立了严重违法行为公告和通报制度。要求负有安全生产监督管理职责的部门建立安全生产违法行为信息库，如实记录生产经营单位的安全生产违法行为信息；对违法行为情节严重的生产经营单位，应当向社会公告，并通报行业主管部门、投资主管部门、国土资源主管部门、证券监督管理部门和有关金融机构。

二、新《中华人民共和国安全生产法》与建筑企业安全管理责任（表 1-1-1）

表 1-1-1　新安全生产法与建筑企业安全管理责任

主题	安全责任	法律责任	备注
建立健全安全生产规章制度	第四条：生产经营单位必须遵守本法和其他有关安全生产的法律、法规，加强安全生产管理，建立、健全安全生产责任制和安全生产规章制度，改善安全生产条件，推进安全生产标准化建设，提高安全生产水平，确保安全生产		安全生产规章制度归纳为五大制度： 1. 安全生产责任制度； 2. 安全生产资金保障制度； 3. 安全生产教育培训制度； 4. 安全生产检查制度； 5. 生产安全隐患事故报告与调查处理制度
施工单位执行国家标准或者行业标准规定	第十条：国务院有关部门应当按照保障安全生产的要求，依法及时制定有关的国家标准或者行业标准，并根据科技进步和经济发展适时修订。 生产经营单位必须执行依法制定的保障安全生产的国家标准或者行业标准		

续表

主题	安全责任	法律责任	备注
施工单位安全员安全生产责任监督考核机制	第十九条：生产经营单位的安全生产责任制应当明确各岗位的责任人员、责任范围和考核标准等内容。 生产经营单位应当建立相应的机制，加强对安全生产责任制落实情况的监督考核，保证安全生产责任制的落实		
施工单位安全生产管理机构及安全生产管理人员的职责	第二十二条：生产经营单位的安全生产管理机构以及安全生产管理人员履行下列职责： （一）组织或者参与拟订本单位安全生产规章制度、操作规程和生产安全事故应急救援预案； （二）组织或者参与本单位安全生产教育和培训，如实记录安全生产教育和培训情况； （三）督促落实本单位重大危险源的安全管理措施； （四）组织或者参与本单位应急救援演练； （五）检查本单位的安全生产状况，及时排查生产安全事故隐患，提出改进安全生产管理的建议； （六）制止和纠正违章指挥、强令冒险作业、违反操作规程的行为； （七）督促落实本单位安全生产整改措施	第九十三条：生产经营单位的安全生产管理人员未履行本法规定的安全生产管理职责的，责令限期改正； 导致发生生产安全事故的，暂停或者撤销其与安全生产有关的资格； 构成犯罪的，依照刑法有关规定追究刑事责任	安全生产管理机构分为两大块： 1. 企业的安全生产管理机构； 2. 施工项目安全生产管理机构
施工单位安全生产管理机构及人员的权利和义务	第二十三条：生产经营单位的安全生产管理机构以及安全生产管理人员应当恪尽职守，依法履行职责。 生产经营单位作出涉及安全生产的经营决策，应当听取安全生产管理机构以及安全生产管理人员的意见。 生产经营单位不得因安全生产管理人员依法履行职责而降低其工资、福利等待遇或者解除与其订立的劳动合同	第九十三条：生产经营单位的安全生产管理人员未履行本法规定的安全生产管理职责的，责令限期改正；导致发生生产安全事故的，暂停或者撤销其与安全生产有关的资格；构成犯罪的，依照刑法有关规定追究刑事责任	

续表

主题	安全责任	法律责任	备注
施工单位负责人及安全生产管理人员的安全检查职责	第四十三条：生产经营单位的安全生产管理人员应当根据本单位的生产经营特点，对安全生产状况进行经常性检查；对检查中发现的安全问题，应当立即处理；不能处理的，应当及时报告本单位有关负责人，有关负责人应当及时处理。检查及处理情况应当如实记录在案。 生产经营单位的安全生产管理人员在检查中发现重大事故隐患，依照前款规定向本单位有关负责人报告，有关负责人不及时处理的，安全生产管理人员可以向主管的负有安全生产监督管理职责的部门报告，接到报告的部门应当依法及时处理	第九十三条：生产经营单位的安全生产管理人员未履行本法规定的安全生产管理职责的，责令限期改正；导致发生生产安全事故的，暂停或者撤销其与安全生产有关的资格；构成犯罪的，依照刑法有关规定追究刑事责任	生产经营单位的安全生产管理人员未履行本法规定的安全生产管理职责的按本条处罚
		第九十九条：生产经营单位未采取措施消除事故隐患的，责令立即消除或者限期消除；生产经营单位拒不执行的，责令停产停业整顿，并处10万元以上50万元以下的罚款，对其直接负责的主管人员和其他直接责任人员处2万元以上5万元以下的罚款	生产经营单位未采取措施消除事故隐患的，责令立即消除或者限期消除；生产经营单位拒不执行的按本条处罚
施工现场多个施工单位作业的安全管理职责	第四十五条：两个以上生产经营单位在同一作业区域内进行生产经营活动，可能危及对方生产安全的，应当签订安全生产管理协议，明确各自的安全生产管理职责和应当采取的安全措施，并指定专职安全生产管理人员进行安全检查与协调	第一百零一条：两个以上生产经营单位在同一作业区域内进行可能危及对方安全生产的生产经营活动，未签订安全生产管理协议或者未指定专职安全生产管理人员进行安全检查与协调的，责令限期改正，可以处5万元以下的罚款，对其直接负责的主管人员和其他直接责任人员可以处1万元以下的罚款；逾期未改正的，责令停产停业	
施工现场发包与出租的安全生产管理职责	第四十六条：生产经营单位不得将生产经营项目、场所、设备发包或者出租给不具备安全生产条件或者相应资质的单位或者个人。 生产经营项目、场所发包或者出租给其他单位的，生产经营单位应当与承包单位、承租单位签订专门的安全生产管理协议，或者在承包合同、租赁合同中约定各自的安全生产管理职责；生产经营单位对承包单位、承租单位的安全生产工作统一协调、管理，定期进行安全检查，发现安全问题的，应当及时督促整改	第一百条：生产经营单位将生产经营项目、场所、设备发包或者出租给不具备安全生产条件或者相应资质的单位或者个人的：责令限期改正，没收违法所得；违法所得10万元以上的，并处违法所得2倍以上5倍以下的罚款；没有违法所得或者违法所得不足10万元的，单处或者并处10万元以上20万元以下的罚款；对其直接负责的主管人员和其他直接责任人员处1万元以上2万元以下的罚款；导致发生生产安全事故给他人造成损害的，与承包方、承租方承担连带赔偿责任。 生产经营单位未与承包单位、承租单位签订专门的安全生产管理协议或者未在承包合同、租赁合同中明确各自的安全生产管理职责，或者未对承包单位、承租单位的安全生产统一协调、管理的：责令限期改正，可以处5万元以下的罚款，对其直接负责的主管人员和其他直接责任人员可以处1万元以下的罚款；逾期未改正的，责令停产停业整顿	

<table>
<tr><th>主题</th><th>安全责任</th><th>法律责任</th><th>备注</th></tr>
<tr><td rowspan="4">落实建筑施工从业人员权利与义务</td><td>第六条：生产经营单位的从业人员有依法获得安全生产保障的权利，并应当依法履行安全生产方面的义务</td><td rowspan="2">第九十四条：生产经营单位有下列行为之一的，责令限期改正，可以处 5 万元以下的罚款；逾期未改正的，责令停产停业整顿，并处 5 万元以上 10 万元以下的罚款，对其直接负责的主管人员和其他直接责任人员处 1 万元以上 2 万元以下的罚款。
（一）未按照规定设置安全生产管理机构或者配备安全生产管理人员的；
（二）危险物品的生产、经营、储存单位以及矿山、金属冶炼、建筑施工、道路运输单位的主要负责人和安全生产管理人员未按照规定经考核合格的；
（三）未按照规定对从业人员、被派遣劳动者、实习学生进行安全生产教育和培训，或者未按照规定如实告知有关的安全生产事项的；
（四）未如实记录安全生产教育和培训情况的；
（五）未将事故隐患排查治理情况如实记录或者未向从业人员通报的；
（六）未按照规定制定生产安全事故应急救援预案或者未定期组织演练的；
（七）特种作业人员未按照规定经专门的安全作业培训并取得相应资格，上岗作业的</td><td>基本权利与义务</td></tr>
<tr><td>第五十条：生产经营单位的从业人员有权了解其作业场所和工作岗位存在的危险因素、防范措施及事故应急措施，有权对本单位的安全生产工作提出建议</td><td>知情权及建议权</td></tr>
<tr><td>第五十一条：从业人员有权对本单位安全生产工作中存在的问题提出批评、检举、控告；有权拒绝违章指挥和强令冒险作业。
生产经营单位不得因从业人员对本单位安全生产工作提出批评、检举、控告或者拒绝违章指挥、强令冒险作业而降低其工资、福利等待遇或者解除与其订立的劳动合同</td><td></td><td>批评、检举、控告及拒绝的权利与权利保护</td></tr>
<tr><td>第七十条：负有安全生产监督管理职责的部门应当建立举报制度，公开举报电话、信箱或者电子邮件地址，受理有关安全生产的举报；受理的举报事项经调查核实后，应当形成书面材料；需要落实整改措施的，报经有关负责人签字并督促落实</td><td></td><td></td></tr>
</table>

续表

主题	安全责任	法律责任	备注
落实建筑施工从业人员权利与义务	第七十一条：任何单位或者个人对事故隐患或者安全生产违法行为，均有权向负有安全生产监督管理职责的部门报告或者举报		
	第五十二条：从业人员发现直接危及人身安全的紧急情况时，有权停止作业或者在采取可能的应急措施后撤离作业场所。 生产经营单位不得因从业人员在前款紧急情况下停止作业或者采取紧急撤离措施而降低其工资、福利等待遇或者解除与其订立的劳动合同		紧急情况处置权
	第五十四条：从业人员在作业过程中，应当严格遵守本单位的安全生产规章制度和操作规程，服从管理，正确佩戴和使用劳动防护用品	第一百零四条：生产经营单位的从业人员不服从管理，违反安全生产规章制度或者操作规程的，由生产经营单位给予批评教育，依照有关规章制度给予处分；构成犯罪的，依照刑法有关规定追究刑事责任	遵章守纪服从管理义务
	第五十五条：从业人员应当接受安全生产教育和培训，掌握本职工作所需的安全生产知识，提高安全生产技能，增强事故预防和应急处理能力		接受教育培训和提高技能的义务
	第五十六条：从业人员发现事故隐患或者其他不安全因素，应当立即向现场安全生产管理人员或者本单位负责人报告；接到报告的人员应当及时予以处理	第九十九条：生产经营单位未采取措施消除事故隐患的，责令立即消除或者限期消除；生产经营单位拒不执行的，责令停产停业整顿，并处10万元以上50万元以下的罚款，对其直接负责的主管人员和其他直接责任人员处2万元以上5万元以下的罚款	隐患报告义务
	第五十八条：生产经营单位使用被派遣劳动者的，被派遣劳动者享有本法规定的从业人员的权利，并应当履行本法规定的从业人员的义务	第一百零三条：生产经营单位与从业人员订立协议，免除或者减轻其对从业人员因生产安全事故伤亡依法应承担的责任的，该协议无效；对生产经营单位的主要负责人、个人经营的投资人处2万元以上10万元以下的罚款 第一百零四条：生产经营单位的从业人员不服从管理，违反安全生产规章制度或者操作规程的，由生产经营单位给予批评教育，依照有关规章制度给予处分；构成犯罪的，依照刑法有关规定追究刑事责任	被派遣劳动者的权利义务

续表

主题	安全责任	法律责任	备注
配合安全生产监督检查的职责	第六十三条：生产经营单位对负有安全生产监督管理职责的部门的监督检查人员（以下统称安全生产监督检查人员）依法履行监督检查职责，应当予以配合，不得拒绝、阻挠	第一百零五条：违反本法规定，生产经营单位拒绝、阻碍负有安全生产监督管理职责的部门依法实施监督检查的，责令改正；拒不改正的，处2万元以上20万元以下的罚款；对其直接负责的主管人员和其他直接责任人员处1万元以上2万元以下的罚款；构成犯罪的，依照刑法有关规定追究刑事责任	
生产经营单位在生产安全事故报告与抢救职责	第八十条：生产经营单位发生生产安全事故后，事故现场有关人员应当立即报告本单位负责人。单位负责人接到事故报告后，应当迅速采取有效措施，组织抢救，防止事故扩大，减少人员伤亡和财产损失，并按照国家有关规定立即如实报告当地负有安全生产监督管理职责的部门，不得隐瞒不报、谎报或者迟报，不得故意破坏事故现场、毁灭有关证据	第一百零六条：生产经营单位的主要负责人在本单位发生生产安全事故时，不立即组织抢救或者在事故调查处理期间擅离职守或者逃匿的，给予降级、撤职的处分，并由安全生产监督管理部门处上一年年收入60%~100%的罚款； 对逃匿的处15日以下拘留；构成犯罪的，依照刑法有关规定追究刑事责任。 生产经营单位的主要负责人对生产安全事故隐瞒不报、谎报或者迟报的，依照前款规定处罚	
协同生产安全事故抢救的职责	第八十二条：有关地方人民政府和负有安全生产监督管理职责的部门的负责人接到生产安全事故报告后，应当按照生产安全事故应急救援预案的要求立即赶到事故现场，组织事故抢救。 参与事故抢救的部门和单位应当服从统一指挥，加强协同联动，采取有效的应急救援措施，并根据事故救援的需要采取警戒、疏散等措施，防止事故扩大和次生灾害的发生，减少人员伤亡和财产损失		事故抢救过程中应当采取必要措施，避免或者减少对环境造成的危害
事故调查处理与整改职责	第八十三条：事故调查处理应当按照科学严谨、依法依规、实事求是、注重实效的原则，及时、准确地查清事故原因，查明事故性质和责任，总结事故教训，提出整改措施，并对事故责任者提出处理意见。事故调查报告应当依法及时向社会公布。事故调查和处理的具体办法由国务院制定。 事故发生单位应当及时全面落实整改措施，负有安全生产监督管理职责的部门应当加强监督检查		

续表

主题	安全责任	法律责任	备注
安全生产资金投入	第四十四条：生产经营单位应当安排用于配备劳动防护用品、进行安全生产培训的经费		
特种作业人员考核及持证上岗	第二十七条：生产经营单位的特种作业人员必须按照国家有关规定经专门的安全作业培训，取得相应资格，方可上岗作业。 特种作业人员的范围由国务院安全生产监督管理部门会同国务院有关部门确定		《建筑施工特种作业人员管理规定》（建质［2008］75号），对建筑施工特种作业人员的管理提出要求
全员安全生产教育培训的基本内容和要求	第二十五条：生产经营单位应当对从业人员进行安全生产教育和培训，保证从业人员具备必要的安全生产知识，熟悉有关的安全生产规章制度和安全操作规程，掌握本岗位的安全操作技能，了解事故应急处理措施，知悉自身在安全生产方面的权利和义务。未经安全生产教育和培训合格的从业人员，不得上岗作业。 生产经营单位使用被派遣劳动者的，应当将被派遣劳动者纳入本单位从业人员统一管理，对被派遣劳动者进行岗位安全操作规程和安全操作技能的教育和培训。劳务派遣单位应当对被派遣劳动者进行必要的安全生产教育和培训。 生产经营单位接收中等职业学校、高等学校学生实习的，应当对实习学生进行相应的安全生产教育和培训，提供必要的劳动防护用品。学校应当协助生产经营单位对实习学生进行安全生产教育和培训。 生产经营单位应当建立安全生产教育和培训档案，如实记录安全生产教育和培训的时间、内容、参加人员以及考核结果等情况		
“四新”管理及其安全教育培训	第二十六条：生产经营单位采用新工艺、新技术、新材料或者使用新设备，必须了解、掌握其安全技术特性，采取有效的安全防护措施，并对从业人员进行专门的安全生产教育和培训		
从业人员安全告知管理	第四十一条：生产经营单位应当教育和督促从业人员严格执行本单位的安全生产规章制度和安全操作规程；并向从业人员如实告知作业场所和工作岗位存在的危险因素、防范措施以及事故应急措施	同“三类人员考核及任职”处罚规定	

续表

主题	安全责任	法律责任	备注
工伤保险及意外伤害保险	第四十八条：生产经营单位必须依法参加工伤保险，为从业人员缴纳保险费。 国家鼓励生产经营单位投保安全生产责任保险	第一百零三条：生产经营单位与从业人员订立协议，免除或者减轻其对从业人员因生产安全事故伤亡依法应承担的责任的，该协议无效；对生产经营单位的主要负责人、个人经营的投资人处2万元以上10万元以下的罚款	
	第四十九条：生产经营单位与从业人员订立的劳动合同，应当载明有关保障从业人员劳动安全、防止职业危害的事项，以及依法为从业人员办理工伤保险的事项。 生产经营单位不得以任何形式与从业人员订立协议，免除或者减轻其对从业人员因生产安全事故伤亡依法应承担的责任		
	第五十三条：因生产安全事故受到损害的从业人员，除依法享有工伤保险外，依照有关民事法律尚有获得赔偿的权利的，有权向本单位提出赔偿要求		
危险物品管理	第三十六条：生产、经营、运输、储存、使用危险物品或者处置废弃危险物品的，由有关主管部门依照有关法律、法规的规定和国家标准或者行业标准审批并实施监督管理。 生产经营单位生产、经营、运输、储存、使用危险物品或者处置废弃危险物品，必须执行有关法律、法规和国家标准或者行业标准，建立专门的安全管理制度，采取可靠的安全措施，接受有关主管部门依法实施的监督管理	第九十七条：未经依法批准，擅自生产、经营、运输、储存、使用危险物品或者处置废弃危险物品的，依照有关危险物品安全管理的法律、行政法规的规定予以处罚；构成犯罪的，依照刑法有关规定追究刑事责任	违反危险物品的审批制度按本条处罚
		第九十八条：生产经营单位有下列行为之一的，责令限期改正，可以处10万元以下的罚款；逾期未改正的，责令停产停业整顿，并处10万元以上20万元以下的罚款，对其直接负责的主管人员和其他直接责任人员处2万元以上5万元以下的罚款；构成犯罪的，依照刑法有关规定追究刑事责任： （一）生产、经营、运输、储存、使用危险物品或者处置废弃危险物品，未建立专门安全管理制度、未采取可靠的安全措施的； （二）对重大危险源未登记建档，或者未进行评估、监控，或者未制定应急预案的； （三）进行爆破、吊装以及国务院安全生产监督管理部门会同国务院有关部门规定的其他危险作业，未安排专门人员进行现场安全管理的； （四）未建立事故隐患排查治理制度的	

续表

主题	安全责任	法律责任	备注
生产经营场所与员工宿舍管理	第三十九条：生产、经营、储存、使用危险物品的车间、商店、仓库不得与员工宿舍在同一座建筑物内，并应当与员工宿舍保持安全距离。 生产经营场所和员工宿舍应当设有符合紧急疏散要求、标志明显、保持畅通的出口。禁止锁闭、封堵生产经营场所或者员工宿舍的出口	一百零二条：生产经营单位有下列行为之一的，责令限期改正，可以处5万元以下的罚款，对其直接负责的主管人员和其他直接责任人员可以处1万元以下的罚款；逾期未改正的，责令限期改正，可以处5万元以下的罚款，对其直接负责的主管人员和其他直接责任人员可以处1万元以下的罚款；逾期未改正的，责令停产停业整顿；构成犯罪的，依照刑法有关规定追究刑事责任： （一）生产、经营、储存、使用危险物品的车间、商店、仓库与员工宿舍在同一座建筑内，或者与员工宿舍的距离不符合安全要求的； （二）生产经营场所和员工宿舍未设有符合紧急疏散需要、标志明显、保持畅通的出口，或者锁闭、封堵生产经营场所或者员工宿舍出口的	
从业人员的作业场所和工作岗位安全知情权	第五十条：生产经营单位的从业人员有权了解其作业场所和工作岗位存在的危险因素、防范措施及事故应急措施，有权对本单位的安全生产工作提出建议		
职业危害防治与劳动防护	第四十二条：生产经营单位必须为从业人员提供符合国家标准或者行业标准的劳动防护用品，并监督、教育从业人员按照使用规则佩戴、使用	第九十六条：生产经营单位有下列行为之一的，责令限期改正，可以处5万元以下的罚款；逾期未改正的，处5万元以上20万元以下的罚款，对其直接负责的主管人员和其他直接责任人员处1万元以上2万元以下的罚款；情节严重的，责令停产停业整顿；构成犯罪的，依照刑法有关规定追究刑事责任： （一）未在有较大危险因素的生产经营场所和有关设施、设备上设置明显的安全警示标志的； （二）安全设备的安装、使用、检测、改造和报废不符合国家标准或者行业标准的； （三）未对安全设备进行经常性维护、保养和定期检测的； （四）未为从业人员提供符合国家标准或者行业标准的劳动防护用品的； （六）使用应当淘汰的危及生产安全的工艺、设备的	

续表

主题	安全责任	法律责任	备注
职业危害防治与劳动防护	第四十二条：生产经营单位必须为从业人员提供符合国家标准或者行业标准的劳动防护用品，并监督、教育从业人员按照使用规则佩戴、使用	第九十四条：生产经营单位有下列行为之一的，责令限期改正，可以处5万元以下的罚款；逾期未改正的，责令停产停业整顿，并处5万元以上10万元以下的罚款，对其直接负责的主管人员和其他直接责任人员处1万元以上2万元以下的罚款。 （一）未按照规定设置安全生产管理机构或者配备安全生产管理人员的； （二）危险物品的生产、经营、储存单位以及矿山、金属冶炼、建筑施工、道路运输单位的主要负责人和安全生产管理人员未按照规定经考核合格的； （三）未按照规定对从业人员、被派遣劳动者、实习学生进行安全生产教育和培训，或者未按照规定如实告知有关的安全生产事项的； （四）未如实记录安全生产教育和培训情况的； （五）未将事故隐患排查治理情况如实记录或者未向从业人员通报的； （六）未按照规定制定生产安全事故应急救援预案或者未定期组织演练的； （七）特种作业人员未按照规定经专门的安全作业培训并取得相应资格，上岗作业的。	《建筑施工人员个人劳动保护用品使用管理规定》（建质［2007］255号） 《建筑施工作业劳动保护用品配备及使用标准》（JGJ 184—2009）有明确规定
重大危险源管理	第三十七条：生产经营单位对重大危险源应当登记建档，进行定期检测、评估、监控，并制定应急预案，告知从业人员和相关人员在紧急情况下应当采取的应急措施。 生产经营单位应当按照国家有关规定将本单位重大危险源及有关安全措施、应急措施报有关地方人民政府安全生产监督管理部门和有关部门备案	第九十八条：生产经营单位有下列行为之一的，责令限期改正，可以处10万元以下的罚款；逾期未改正的，责令停产停业整顿，并处10万元以上20万元以下的罚款，对其直接负责的主管人员和其他直接责任人员处2万元以上5万元以下的罚款；构成犯罪的，依照刑法有关规定追究刑事责任： （一）生产、经营、运输、储存、使用危险物品或者处置废弃危险物品，未建立专门安全管理制度、未采取可靠的安全措施的； （二）对重大危险源未登记建档，或者未进行评估、监控，或者未制定应急预案的； （三）进行爆破、吊装以及国务院安全生产监督管理部门会同国务院有关部门规定的其他危险作业，未安排专门人员进行现场安全管理的； （四）未建立事故隐患排查治理制度的	建筑施工企业未对重大危险源登记建档，或者未进行定期检测、评估、监控，并制定应急预案的按此条处罚

续表

<table>
<tr><th>主题</th><th>安全责任</th><th>法律责任</th><th>备注</th></tr>
<tr><td>重大危险源管理</td><td>第三十七条：生产经营单位对重大危险源应当登记建档，进行定期检测、评估、监控，并制定应急预案，告知从业人员和相关人员在紧急情况下应当采取的应急措施。
生产经营单位应当按照国家有关规定将本单位重大危险源及有关安全措施、应急措施报有关地方人民政府安全生产监督管理部门和有关部门备案</td><td>第九十四条：生产经营单位有下列行为之一的，责令限期改正，可以处5万元以下的罚款；逾期未改正的，责令停产停业整顿，并处5万元以上10万元以下的罚款，对其直接负责的主管人员和其他直接责任人员处1万元以上2万元以下的罚款。
（一）未按照规定设置安全生产管理机构或者配备安全生产管理人员的；
（二）危险物品的生产、经营、储存单位以及矿山、金属冶炼、建筑施工、道路运输单位的主要负责人和安全生产管理人员未按照规定经考核合格的；
（三）未按照规定对从业人员、被派遣劳动者、实习学生进行安全生产教育和培训，或者未按照规定如实告知有关的安全生产事项的；
（四）未如实记录安全生产教育和培训情况的；
（五）未将事故隐患排查治理情况如实记录或者未向从业人员通报的；
（六）未按照规定制定生产安全事故应急救援预案或者未定期组织演练的；
（七）特种作业人员未按照规定经专门的安全作业培训并取得相应资格，上岗作业的</td><td></td></tr>
<tr><td>生产安全事故隐患管理</td><td>第三十八条：生产经营单位应当建立健全生产安全事故隐患排查治理制度，采取技术、管理措施，及时发现并消除事故隐患。事故隐患排查治理情况应当如实记录，并向从业人员通报。
县级以上地方各级人民政府负有安全生产监督管理职责的部门应当建立健全重大事故隐患治理督办制度，督促生产经营单位消除重大事故隐患</td><td rowspan="2">第九十八条：生产经营单位有下列行为之一的，责令限期改正，可以处10万元以下的罚款；逾期未改正的，责令停产停业整顿，并处10万元以上20万元以下的罚款，对其直接负责的主管人员和其他直接责任人员处2万元以上5万元以下的罚款；构成犯罪的，依照刑法有关规定追究刑事责任：
（一）生产、经营、运输、储存、使用危险物品或者处置废弃危险物品，未建立专门安全管理制度、未采取可靠的安全措施的；
（二）对重大危险源未登记建档，或者未进行评估、监控，或者未制定应急预案的；
（三）进行爆破、吊装以及国务院安全生产监督管理部门会同国务院有关部门规定的其他危险作业，未安排专门人员进行现场安全管理的；
（四）未建立事故隐患排查治理制度的</td><td></td></tr>
<tr><td>建筑施工危险作业的安全管理</td><td>第四十条：生产经营单位进行爆破、吊装以及国务院安全生产监督管理部门会同国务院有关部门规定的其他危险作业，应当安排专门人员进行现场安全管理，确保操作规程的遵守和安全措施的落实</td><td></td></tr>
</table>

续表

主题	安全责任	法律责任	备注
发现重大隐患的处置管理	第四十三条：生产经营单位的安全生产管理人员应当根据本单位的生产经营特点，对安全生产状况进行经常性检查；对检查中发现的安全问题，应当立即处理；不能处理的，应当及时报告本单位有关负责人，有关负责人应当及时处理。检查及处理情况应当如实记录在案。 生产经营单位的安全生产管理人员在检查中发现重大事故隐患，依照前款规定向本单位有关负责人报告，有关负责人不及时处理的，安全生产管理人员可以向主管的负有安全生产监督管理职责的部门报告，接到报告的部门应当依法及时处理	第九十三条：生产经营单位的安全生产管理人员未履行本法规定的安全生产管理职责的，责令限期改正；导致发生生产安全事故的，暂停或者撤销其与安全生产有关的资格；构成犯罪的，依照刑法有关规定追究刑事责任	安全生产管理人员未履行其职责的按此条处罚
		第九十九条：责令立即消除或者限期消除；生产经营单位拒不执行的，责令停产停业整顿，并处10万元以上50万元以下的罚款，对其直接负责的主管人员和其他直接责任人员处2万元以上5万元以下的罚款	建筑施工企业不及时消除隐患的按此条处罚
不得阻挠和干涉调查处理	第八十五条：任何单位和个人不得阻挠和干涉对事故的依法调查处理	第一百零五条：违反本法规定，生产经营单位拒绝、阻碍负有安全生产监督管理职责的部门依法实施监督检查的，责令改正；拒不改正的，处2万元以上20万元以下的罚款；对其直接负责的主管人员和其他直接责任人员处1万元以上2万元以下的罚款；构成犯罪的，依照刑法有关规定追究刑事责任	

第二章　建设工程各方主体安全管理责任

一、建设单位安全责任与法律责任

建设单位在工程建设中处于主导地位，用法律手段规范建设单位的行为，对加强工程建设的安全生产管理十分必要。《建设工程安全生产管理条例》，在第二章、第七章中明确规定了建设单位在工程建设中应承担的安全责任和应履行的义务。

（一）安全责任

第六条　建设单位应当向施工单位提供施工现场及毗邻区域内供水、排水、供电、供气、供热、通信、广播电视等地下管线资料，气象和水文观测资料，相邻建筑物和构筑物、地下工程的有关资料，并保证资料的真实、准确、完整。

建设单位因建设工程需要，向有关部门或者单位查询前款规定的资料时，有关部门或者单位应当及时提供。

第七条　建设单位不得对勘察、设计、施工、工程监理等单位提出不符合建设工程安全生产法律、法规和强制性标准规定的要求，不得压缩合同约定的工期。

第八条 建设单位在编制工程概算时，应当确定建设工程安全作业环境及安全施工措施所需费用。

第九条 建设单位不得明示或者暗示施工单位购买、租赁、使用不符合安全施工要求的安全防护用具、机械设备、施工机具及配件、消防设施和器材。

第十条 建设单位在申请领取施工许可证时，应当提供建设工程有关安全施工措施的资料。

依法批准开工报告的建设工程，建设单位应当自开工报告批准之日起 15 日内，将保证安全施工的措施报送建设工程所在地的县级以上地方人民政府建设行政主管部门或者其他有关部门备案。

第十一条 建设单位应当将拆除工程发包给具有相应资质等级的施工单位。

建设单位应当在拆除工程施工 15 日前，将下列资料报送建设工程所在地的县级以上地方人民政府建设行政主管部门或者其他有关部门备案：

（一）施工单位资质等级证明。

（二）拟拆除建筑物、构筑物及可能危及毗邻建筑的说明。

（三）拆除施工组织方案。

（四）堆放、清除废弃物的措施。

实施爆破作业的，应当遵守国家有关民用爆炸物品管理的规定。

（二）法律责任

第五十四条 违反本条例的规定，建设单位未提供建设工程安全生产作业环境及安全施工措施所需费用的，责令限期改正；逾期未改正的，责令该建设工程停止施工。

建设单位未将保证安全施工的措施或者拆除工程的有关资料报送有关部门备案的，责令限期改正，给予警告。

第五十五条 违反本条例的规定，建设单位有下列行为之一的，责令限期改正，处 20 万元以上 50 万元以下的罚款；造成重大安全事故，构成犯罪的，对直接责任人员，依照刑法有关规定追究刑事责任；造成损失的，依法承担赔偿责任：

（一）对勘察、设计、施工、工程监理等单位提出不符合安全生产法律、法规和强制性标准规定的要求的。

（二）要求施工单位压缩合同约定的工期的。

（三）将拆除工程发包给不具有相应资质等级的施工单位的。

二、勘察单位安全责任与法律责任

（一）安全责任

第十二条 勘察单位应当按照法律、法规和工程建设强制性标准进行勘察，提供的勘察文件应当真实、准确，满足建设工程安全生产的需要。

勘察单位在勘察作业时，应当严格执行操作规程，采取措施保证各类管线、设施和周边建筑物、构筑物的安全。

（二）法律责任

第五十六条 违反本条例的规定，勘察单位、设计单位有下列行为之一的，责令限期改正，处10万元以上30万元以下的罚款；情节严重的，责令停业整顿，降低资质等级，直至吊销资质证书；造成重大安全事故，构成犯罪的，对直接责任人员，依照刑法有关规定追究刑事责任；造成损失的，依法承担赔偿责任：

（一）未按照法律、法规和工程建设强制性标准进行勘察、设计的；

（二）采用新结构、新材料、新工艺的建设工程和特殊结构的建设工程，设计单位未在设计中提出保障施工作业人员安全和预防生产安全事故的措施建议的。

三、设计单位安全责任与法律责任

（一）安全责任

第十三条 设计单位应当按照法律、法规和工程建设强制性标准进行设计，防止因设计不合理导致生产安全事故的发生。

设计单位应当考虑施工安全操作和防护的需要，对涉及施工安全的重点部位和环节在设计文件中注明，并对防范生产安全事故提出指导意见。

采用新结构、新材料、新工艺的建设工程和特殊结构的建设工程，设计单位应当在设计中提出保障施工作业人员安全和预防生产安全事故的措施建议。

设计单位和注册建筑师等注册执业人员应当对其设计负责。

（二）法律责任

第五十六条 违反本条例的规定，勘察单位、设计单位有下列行为之一的，责令限期改正，处10万元以上30万元以下的罚款；情节严重的，责令停业整顿，降低资质等级，直至吊销资质证书；造成重大安全事故，构成犯罪的，对直接责任人员，依照刑法有关规定追究刑事责任；造成损失的，依法承担赔偿责任：

（一）未按照法律、法规和工程建设强制性标准进行勘察、设计的；

（二）采用新结构、新材料、新工艺的建设工程和特殊结构的建设工程，设计单位未在设计中提出保障施工作业人员安全和预防生产安全事故的措施建议的。

四、工程监理单位的安全责任与法律责任

工程监理单位要对施工过程的每一个环节起到监督管理的作用是工程建设安全生产的责任主体重要一方。

（一）安全责任

第十四条 工程监理单位应当审查施工组织设计中的安全技术措施或者专项施工方案是否符合工程建设强制性标准。

工程监理单位在实施监理过程中，发现存在安全事故隐患的，应当要求施工单位整改；情况严重的，应当要求施工单位暂时停止施工，并及时报告建设单位。施工单位拒不整改或者不停止施工的，工程监理单位应当及时向有关主管部门报告。

工程监理单位和监理工程师应当按照法律、法规和工程建设强制性标准实施监理，并对建设工程安全生产承担监理责任。

（二）法律责任

第五十七条 违反本条例的规定，工程监理单位有下列行为之一的，责令限期改正；逾期未改正的，责令停业整顿，并处10万元以上30万元以下的罚款；情节严重的，降低资质

等级，直至吊销资质证书；造成重大安全事故，构成犯罪的，对直接责任人员，依照刑法有关规定追究刑事责任；造成损失的，依法承担赔偿责任：

（一）未对施工组织设计中的安全技术措施或者专项施工方案进行审查的；

（二）发现安全事故隐患未及时要求施工单位整改或者暂时停止施工的；

（三）施工单位拒不整改或者不停止施工，未及时向有关主管部门报告的；

（四）未依照法律、法规和工程建设强制性标准实施监理的。

五、注册执业人员的法律责任

第五十八条　注册执业人员未执行法律、法规和工程建设强制性标准的，责令停止执业3个月以上1年以下；情节严重的，吊销执业资格证书，5年内不予注册；造成重大安全事故的，终身不予注册；构成犯罪的，依照刑法有关规定追究刑事责任。

六、提供、出租、安装收拆卸机械设备单位的安全责任与法律责任

（一）提供机械设备和配件单位

1. 安全责任

第十五条　为建设工程提供机械设备和配件的单位，应当按照安全施工的要求配备齐全有效的保险、限位等安全设施和装置。

2. 法律责任

第五十九条　违反本条例的规定，为建设工程提供机械设备和配件的单位，未按照安全施工的要求配备齐全有效的保险、限位等安全设施和装置的，责令限期改正，处合同价款1倍以上3倍以下的罚款：造成损失的，依法承担赔偿责任。

（二）出租的机械设备和施工机具及配件单位安全责任与法律责任

1. 安全责任

第十六条　出租的机械设备和施工机具及配件，应当具有生产（制造）许可证、产品合格证。

出租单位应当对出租的机械设备和施工机具及配件的安全性能进行检测，在签订租赁协议时，应当出具检测合格证明。

禁止出租检测不合格的机械设备和施工机具及配件。

2. 法律责任

第六十条　违反本条例的规定，出租单位出租未经安全性能检测或者经检测不合格的机械设备和施工机具及配件的，责令停业整顿，并处5万元以上10万元以下的罚款；造成损失的，依法承担赔偿责任。

（三）施工起重机械和整体提升脚手架、模板等自升式架设设施安装、拆卸单位安全责任与法律责任

1. 安全责任

第十七条　在施工现场安装、拆卸施工起重机械和整体提升脚手架、模板等自升式架设设施，必须由具有相应资质的单位承担。

安装、拆卸施工起重机械和整体提升脚手架、模板等自升式架设设施，应当编制拆装方案、制定安全施工措施，并由专业技术人员现场监督。

施工起重机械和整体提升脚手架、模板等自升式架设设施安装完毕后，安装单位应当自检，出具自检合格证明，并向施工单位进行安全使用说明，办理验收手续并签字。

第十八条 施工起重机械和整体提升脚手架、模板等自升式架设设施的使用达到国家规定的检验检测期限的，必须经具有专业资质的检验检测机构检测。经检测不合格的，不得继续使用。

第十九条 检验检测机构对检测合格的施工起重机械和整体提升脚手架、模板等自升式架设设施，应当出具安全合格证明文件，并对检测结果负责。

2. 法律责任

第六十一条 违反本条例的规定，施工起重机械和整体提升脚手架、模板等自升式架设设施安装、拆卸单位有下列行为之一的，责令限期改正，处5万元以上10万元以下的罚款；情节严重的，责令停业整顿，降低资质等级，直至吊销资质证书；造成损失的，依法承担赔偿责任：

（一）未编制拆装方案、制定安全施工措施的；

（二）未由专业技术人员现场监督的；

（三）未出具自检合格证明或者出具虚假证明的；

（四）未向施工单位进行安全使用说明，办理移交手续的。

施工起重机械和整体提升脚手架、模板等自升式架设设施安装、拆卸单位有前款规定的第（一）项、第（三）项行为，经有关部门或者单位职工提出后，对事故隐患仍不采取措施，因而发生重大伤亡事故或者造成其他严重后果，构成犯罪的，对直接责任人员，依照刑法有关规定追究刑事责任。

七、施工单位安全责任与法律责任

（一）安全责任

第二十条 施工单位从事建设工程的新建、扩建、改建和拆除等活动，应当具备国家规定的注册资本、专业技术人员、技术装备和安全生产等条件，依法取得相应等级的资质证书，并在其资质等级许可的范围内承揽工程。

第二十一条 施工单位主要负责人依法对本单位的安全生产工作全面负责。施工单位应当建立健全安全生产责任制度和安全生产教育培训制度，制定安全生产规章制度和操作规程，保证本单位安全生产条件所需资金的投入，对所承担的建设工程进行定期和专项安全检查，并做好安全检查记录。

施工单位的项目负责人应当由取得相应执业资格的人员担任，对建设工程项目的安全施工负责，落实安全生产责任制度、安全生产规章制度和操作规程，确保安全生产费用的有效使用，并根据工程的特点组织制定安全施工措施，消除安全事故隐患，及时、如实报告生产安全事故。

第二十二条 施工单位对列入建设工程概算的安全作业环境及安全施工措施所需费用，应当用于施工安全防护用具及设施的采购和更新、安全施工措施的落实、安全生产条件的改善，不得挪作他用。

第二十三条 施工单位应当设立安全生产管理机构，配备专职安全生产管理人员。

专职安全生产管理人员负责对安全生产进行现场监督检查。发现安全事故隐患，应当及时向项目负责人和安全生产管理机构报告；对违章指挥、违章操作的，应当立即制止。

专职安全生产管理人员的配备办法由国务院建设行政主管部门会同国务院其他有关部门制定。

第二十四条 建设工程实行施工总承包的，由总承包单位对施工现场的安全生产负总责。

总承包单位应当自行完成建设工程主体结构的施工。

总承包单位依法将建设工程分包给其他单位的，分包合同中应当明确各自的安全生产方面的权利、义务。总承包单位和分包单位对分包工程的安全生产承担连带责任。

分包单位应当服从总承包单位的安全生产管理，分包单位不服从管理导致生产安全事故的，由分包单位承担主要责任。

第二十五条 垂直运输机械作业人员、安装拆卸工、爆破作业人员、起重信号工、登高架设作业人员等特种作业人员，必须按照国家有关规定经过专门的安全作业培训，并取得特种作业操作资格证书后，方可上岗作业。

第二十六条 施工单位应当在施工组织设计中编制安全技术措施和施工现场临时用电方案，对下列达到一定规模的危险性较大的分部分项工程编制专项施工方案，并附具安全验算结果，经施工单位技术负责人、总监理工程师签字后实施，由专职安全生产管理人员进行现场监督：

（一）基坑支护与降水工程；

（二）土方开挖工程；

（三）模板工程；

（四）起重吊装工程；

（五）脚手架工程；

（六）拆除、爆破工程；

（七）国务院建设行政主管部门或者其他有关部门规定的其他危险性较大的工程。

对前款所列工程中涉及深基坑、地下暗挖工程、高大模板工程的专项施工方案，施工单位还应当组织专家进行论证、审查。

本条第一款规定的达到一定规模的危险性较大工程的标准，由国务院建设行政主管部门会同国务院其他有关部门制定。

第二十七条 建设工程施工前，施工单位负责项目管理的技术人员应当对有关安全施工的技术要求向施工作业班组、作业人员作出详细说明，并由双方签字确认。

第二十八条 施工单位应当在施工现场入口处、施工起重机械、临时用电设施、脚手架、出入通道口、楼梯口、电梯井口、孔洞口、桥梁口、隧道口、基坑边沿、爆破物及有害危险气体和液体存放处等危险部位，设置明显的安全警示标志。安全警示标志必须符合国家标准。

施工单位应当根据不同施工阶段和周围环境及季节、气候的变化，在施工现场采取相应的安全施工措施。施工现场暂时停止施工的，施工单位应当做好现场防护，所需费用由责任方承担，或者按照合同约定执行。

第二十九条 施工单位应当将施工现场的办公、生活区与作业区分开设置，并保持安全距离；办公、生活区的选址应当符合安全性要求。职工的膳食、饮水、休息场所等应当符合卫生标准。施工单位不得在尚未竣工的建筑物内设置员工集体宿舍。

施工现场临时搭建的建筑物应当符合安全使用要求。施工现场使用的装配式活动房屋应当具有产品合格证。

第三十条 施工单位对因建设工程施工可能造成损害的毗邻建筑物、构筑物和地下管线等，应当采取专项防护措施。

施工单位应当遵守有关环境保护法律、法规的规定，在施工现场采取措施，防止或者减少粉尘、废气、废水、固体废物、噪声、振动和施工照明对人和环境的危害和污染。

在城市市区内的建设工程，施工单位应当对施工现场实行封闭围挡。

第三十一条 施工单位应当在施工现场建立消防安全责任制度，确定消防安全责任人，制定用火、用电、使用易燃易爆材料等各项消防安全管理制度和操作规程，设置消防通道、消防水源，配备消防设施和灭火器材，并在施工现场入口处设置明显标志。

第三十二条 施工单位应当向作业人员提供安全防护用具和安全防护服装，并书面告知危险岗位的操作规程和违章操作的危害。

作业人员有权对施工现场的作业条件、作业程序和作业方式中存在的安全问题提出批评、检举和控告，有权拒绝违章指挥和强令冒险作业。

在施工中发生危及人身安全的紧急情况时，作业人员有权立即停止作业或者在采取必要的应急措施后撤离危险区域。

第三十三条 作业人员应当遵守安全施工的强制性标准、规章制度和操作规程，正确使用安全防护用具、机械设备等。

第三十四条 施工单位采购、租赁的安全防护用具、机械设备、施工机具及配件，应当具有生产（制造）许可证、产品合格证，并在进入施工现场前进行查验。

施工现场的安全防护用具、机械设备、施工机具及配件必须由专人管理，定期进行检查、维修和保养，建立相应的资料档案，并按照国家有关规定及时报废。

第三十五条 施工单位在使用施工起重机械和整体提升脚手架、模板等自升式架设设施前，应当组织有关单位进行验收，也可以委托具有相应资质的检验检测机构进行验收；使用承租的机械设备和施工机具及配件的，由施工总承包单位、分包单位、出租单位和安装单位共同进行验收。验收合格的方可使用。

《特种设备安全监察条例》规定的施工起重机械，在验收前应当经有相应资质的检验检测机构监督检验合格。

施工单位应当自施工起重机械和整体提升脚手架、模板等自升式架设设施验收合格之日起 30 日内，向建设行政主管部门或者其他有关部门登记。登记标志应当置于或者附着于该设备的显著位置。

第三十六条 施工单位的主要负责人、项目负责人、专职安全生产管理人员应当经建设行政主管部门或者其他有关部门考核合格后方可任职。

施工单位应当对管理人员和作业人员每年至少进行一次安全生产教育培训，其教育培训情况记入个人工作档案。安全生产教育培训考核不合格的人员，不得上岗。

第三十七条 作业人员进入新的岗位或者新的施工现场前，应当接受安全生产教育培训。未经教育培训或者教育培训考核不合格的人员，不得上岗作业。

施工单位在采用新技术、新工艺、新设备、新材料时，应当对作业人员进行相应的安全生产教育培训。

第三十八条 施工单位应当为施工现场从事危险作业的人员办理意外伤害保险。

意外伤害保险费由施工单位支付。实行施工总承包的，由总承包单位支付意外伤害保险费。意外伤害保险期限自建设工程开工之日起至竣工验收合格止。

第四十八条 施工单位应当制定本单位生产安全事故应急救援预案，建立应急救援组织或者配备应急救援人员，配备必要的应急救援器材、设备，并定期组织演练。

第四十九条 施工单位应当根据建设工程施工的特点、范围，对施工现场易发生重大事故的部位、环节进行监控，制定施工现场生产安全事故应急救援预案。实行施工总承包的，由总承包单位统一组织编制建设工程生产安全事故应急救援预案，工程总承包单位和分包单位按照应急救援预案，各自建立应急救援组织或者配备应急救援人员，配备救援器材、设备，并定期组织演练。

第五十条 施工单位发生生产安全事故，应当按照国家有关伤亡事故报告和调查处理的规定，及时、如实地向负责安全生产监督管理的部门、建设行政主管部门或者其他有关部门报告；特种设备发生事故的，还应当同时向特种设备安全监督管理部门报告。接到报告的部门应当按照国家有关规定，如实上报。

实行施工总承包的建设工程，由总承包单位负责上报事故。

第五十一条 发生生产安全事故后，施工单位应当采取措施防止事故扩大，保护事故现场。需要移动现场物品时，应当做出标记和书面记录，妥善保管有关证物。

（二）法律责任

第六十二条 违反本条例的规定，施工单位有下列行为之一的，责令限期改正；逾期未改正的，责令停业整顿，依照《中华人民共和国安全生产法》的有关规定处以罚款；造成重大安全事故，构成犯罪的，对直接责任人员，依照刑法有关规定追究刑事责任：

（一）未设立安全生产管理机构、配备专职安全生产管理人员或者分部分项工程施工时无专职安全生产管理人员现场监督的；

（二）施工单位的主要负责人、项目负责人、专职安全生产管理人员、作业人员或者特种作业人员，未经安全教育培训或者经考核不合格即从事相关工作的；

（三）未在施工现场的危险部位设置明显的安全警示标志，或者未按照国家有关规定在施工现场设置消防通道、消防水源、配备消防设施和灭火器材的；

（四）未向作业人员提供安全防护用具和安全防护服装的；

（五）未按照规定在施工起重机械和整体提升脚手架、模板等自升式架设设施验收合格后登记的；

（六）使用国家明令淘汰、禁止使用的危及施工安全的工艺、设备、材料的。

第六十三条 违反本条例的规定，施工单位挪用列入建设工程概算的安全生产作业环境及安全施工措施所需费用的，责令限期改正，处挪用费用20%以上50%以下的罚款；造成损失的，依法承担赔偿责任。

第六十四条 违反本条例的规定，施工单位有下列行为之一的，责令限期改正；逾期未改正的，责令停业整顿，并处5万元以上10万元以下的罚款；造成重大安全事故，构成犯罪的，对直接责任人员，依照刑法有关规定追究刑事责任：

（一）施工前未对有关安全施工的技术要求作出详细说明的；

（二）未根据不同施工阶段和周围环境及季节、气候的变化，在施工现场采取相应的安全施工措施，或者在城市市区内的建设工程的施工现场未实行封闭围挡的；

（三）在尚未竣工的建筑物内设置员工集体宿舍的；

（四）施工现场临时搭建的建筑物不符合安全使用要求的；

（五）未对因建设工程施工可能造成损害的毗邻建筑物、构筑物和地下管线等采取专项防护措施的。

施工单位有前款规定第（四）项、第（五）项行为，造成损失的，依法承担赔偿责任。

第六十五条 违反本条例的规定，施工单位有下列行为之一的，责令限期改正；逾期未改正的，责令停业整顿，并处10万元以上30万元以下的罚款；情节严重的，降低资质等级，直至吊销资质证书；造成重大安全事故，构成犯罪的，对直接责任人员，依照刑法有关规定追究刑事责任；造成损失的，依法承担赔偿责任：

（一）安全防护用具、机械设备、施工机具及配件在进入施工现场前未经查验或者查验不合格即投入使用的；

（二）使用未经验收或者验收不合格的施工起重机械和整体提升脚手架、模板等自升式架设设施的；

（三）委托不具有相应资质的单位承担施工现场安装、拆卸施工起重机械和整体提升脚手架、模板等自升式架设设施的；

（四）在施工组织设计中未编制安全技术措施、施工现场临时用电方案或者专项施工方案的。

第六十六条 违反本条例的规定，施工单位的主要负责人、项目负责人未履行安全生产管理职责的，责令限期改正；逾期未改正的，责令施工单位停业整顿；造成重大安全事故、重大伤亡事故或者其他严重后果，构成犯罪的，依照刑法有关规定追究刑事责任。

作业人员不服管理、违反规章制度和操作规程冒险作业造成重大伤亡事故或者其他严重后果，构成犯罪的，依照刑法有关规定追究刑事责任。

施工单位的主要负责人、项目负责人有前款违法行为，尚不够刑事处罚的，处2万元以上20万元以下的罚款或者按照管理权限给予撤职处分；自刑罚执行完毕或者受处分之日起，5年内不得担任任何施工单位的主要负责人、项目负责人。

第六十七条 施工单位取得资质证书后，降低安全生产条件的，责令限期改正；经整改仍未达到与其资质等级相适应的安全生产条件的，责令停业整顿，降低其资质等级直至吊销资质证书。

第三章 安全事故应急救援预案编制

一、基本规定

《建设工程安全生产管理条例》明确规定：

第四十七条 县级以上地方人民政府建设行政主管部门应当根据本级人民政府的要求，制定本行政区域内建设工程特大生产安全事故应急救援预案。

第四十八条 施工单位应当制定本单位生产安全事故应急救援预案，建立应急救援组织或者配备应急救援人员，配备必要的应急救援器材、设备，并定期组织演练。

第四十九条 施工单位应当根据建设工程施工的特点、范围，对施工现场易发生重大事故的部位、环节进行监控，制定施工现场生产安全事故应急救援预案。实行施工总承包的，由总承包单位统一组织编制建设工程生产安全事故应急救援预案，工程总承包单位和分包单位按照应急救援预案，各自建立应急救援组织或者配备应急救援人员，配备救援器材、设备，并定期组织演练。

《安全生产法》明确规定：

第十八条 生产经营单位的主要负责人员有组织制定并实施本单位的生产安全事故应急预案的职责。

第三十七条 生产经营单位对重大危险源应当登记建档，进行定期检测、评估、监控，并制定应急预案，告知从业人员和相关人员在紧急情况下应当采取的应急措施。

《职业病防治法》明确规定：

用人单位应当建立、健全职业病危害事故应急救援预案。

《消防法》明确规定：

消防安全重点单位应当制定灭火和应急疏散预案，定期组织消防演练。

《特种设备安全监察条例》明确规定：

特种设备使用单位应当制定特种设备的事故应急措施和救援预案。

《使用有毒物品场所劳动保护条例》明确规定：

从事使用有毒物品作业的用人单位，应当配备应急救援预案人员和必要的应急救援器材、设备，制定事故应急救援预案，并根据实际情况变化对应急救援预案适时进行修订，定期组织演练。事故应急救援预案和演练记录应当报当地卫生行政部门、安全生产监督管理部门和公安部门备案。

二、建筑施工公司应急救援预案编制案例

为了贯彻落实《中华人民共和国安全生产法》、《安全生产许可证条例》（中华人民共和国国务院令第 397 号）、《国务院关于特大安全事故行政责任追究的规定》（国务院令第 302 号）、《中华人民共和国建筑法》、《中华人民共和国职业病防治法》、《中华人民共和国消防法》、《危险化学品安全管理条例》、《特种设备安全监察条例》（国务院令第 373 号）、《建筑设计防火规范》、《使用有毒物品作业场所劳动保护条例》和集团《应急准备和响应控制程序》，指导子公司、项目部开展本区域内重特大安全生产事故应急救援工作，在集团内建立应急救援体系，努力减少重特大事故造成的人员伤亡和财产损失及对环境产生的不利影响，特制定本预案。

（一）危险源的识别评价和重特大危险源的调查

根据集团有关规定和标准对集团内的危险源进行辨识评价，集团内重大危险源和可能的突发事件如下：

1. 房建项目

（1）火灾

易发生地点：仓库、职工宿舍、防水作业区、木材加工存储区、总配电箱等。

火灾类型：含碳固体可燃物，甲、乙、丙类液体（如汽油、煤油、柴油、甲醇等）燃

烧的火灾，带电物体燃烧的火灾。

（2）高处坠落

易发生地点：脚手架施工区、外墙施工区、塔吊安拆区等。

事故后果：人员外伤、骨折等。

（3）物体打击

易发生地点：无安全通道建筑物进出人口、脚手架施工区、塔吊安拆区等。

事故后果：人员外伤、颅骨损扭等。

（4）触电

易发生地点：整个施工区域。

事故后果：人员电击伤。

（5）机械事故

易发生地点：钢筋加工区、木工加工区、搅拌站等。

事故后果：人员外伤、肢体缺失。

（6）起重设备倾覆事故

易发生地点：吊车活动区内。

事故后果：设备严重损坏、人员外伤。

（7）坍塌事故

易发生地点：基础施工区、脚手架周边等。

事故后果：人员窒息等。

2. 路桥项目

与房建项目重大危险源相同，但重点是架桥机倾覆、机械伤害、触电等。

3. 隧道项目

主要危险源是坍塌、机械伤害、触电、火灾等。

其中坍塌事故主要原因：隧道穿过不良地层时，隧道开挖引起重要建筑物不均匀沉降；竖井或明挖基坑开挖时引起周边建筑物倾斜、裂缝；爆破施工对临近建筑物的影响；明挖基坑（桩）因涌砂流出引起支护开裂等。

4. 其他突发事件

夏季露天作业发生中暑；食用变质或受污染食品；食堂工作人员渎职，发生群体食物中毒；工地内环境卫生条件恶化，发生传染疾病；季节周期性所特有的传染疾病传入工地等原因，施工现场可能突发疫情、食物中毒、中暑等情况。

由于施工的地理位置原因、其他可能的突发事件还有台风、洪水等。

各子公司、项目部在编制事故应急救援预案前，应按集团有关规定和标准，对本单位内的重特大危险源进行辨识和评价，应明确以下重特大危险源的信息：

（1）危险源的基本情况。重特大危险源存在的具体部位，发生事故时可能的时期。

（2）危险源周围环境的基本情况。考虑危险源一旦发生事故对周围环境的影响，以及周边环境中危险因素对危险源的影响程度。

（3）危险源周边环境情况。包括可能灾害形式、最大危险区域面积等。

（4）周边情况对危险源的影响。主要考虑的危险因素是：火源、输配电装置、交通及其他。

（二）建立应急救援组织

1. 成立应急救援的独立领导小组（指挥中心）

应急预案领导小组及其人员组成（图 1-3-1）：

集团应急领导小组成员：

组长：×××（集团总经理）

副组长：×××（集团生产经理）

通信联络组：×××，……×××（综合办公室相关人员及各子公司相应组织的负责人）

技术支持组：×××，……×××（技术质量科相关人员，各子公司相应组织的负责人）

消防保卫组：×××，……×××（义务消防队，后勤保卫相关人员，各子公司相应组织的负责人）

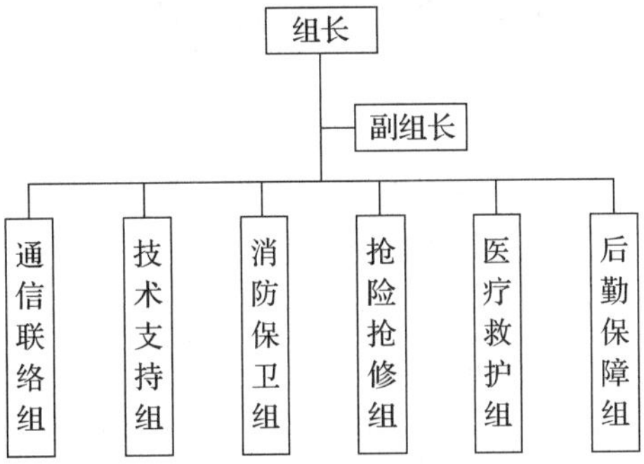

图 1-3-1　应急预案领导小组及其人员组成

抢险抢修组：×××，……×××（施工生产管理相关人员，各子公司相应组织的负责人）

医疗救护组：×××，……×××（后勤保卫及经过医疗救护知识培训合格人员，各子公司相应组织的负责人）

后勤保障组：×××，……×××（材料管理相关人员，各子公司相应组织的负责人）

2. 应急组织的分工职责

（1）组长职责

①决定是否存在或可能存在重大紧急事故，要求应急服务机构提供帮助，并实施场外应急计划，在不受事故影响的地方进行直接操作控制。

②复查和评估事故（事件）可能发展的方向，确定其可能的发展过程。

③指导设施的部分停工，并与领导小组成员的关键人员配合指挥现场人员撤离，并确保任何伤害者都能得到足够的重视。

④与场外应急机构取得联系及对紧急情况的记录作业安排。

⑤在场（设施）内实行交通管制，协助场外应急机构开展服务工作。

⑥在紧急状态结束后，控制受影响地点的恢复，并组织人员参加事故的分析和处理。

（2）副组长（即现场管理者）职责

①评估事故的规模和发展态势，建立应急步骤，确保员工的安全和减少设施和财产损失。

②如有必要，在救援服务机构来之前直接参与救护活动。

③安排寻找受伤者及安排非重要人员撤离到集中地带。

④设立与应急中心的通信联络，为应急服务机构提供建议和信息。

（3）通信联络组职责

①确保与最高管理者和外部联系畅通、内外信息反馈迅速。

②保持通信设施和设备处于良好状态。

③负责应急过程的记录与整理及对外联络。

（4）技术支持组职责

①提出抢险抢修及避免事故扩大的临时应急方案和措施。

②指导抢险抢修组实施应急方案和措施。

③修补实施中的应急方案和措施存在的缺陷。

④绘制事故现场平面图，标明重点部位，向外部救援机构提供准确的抢险救援信息资料。

（5）消防保卫组职责

①事故引发火灾，执行防火方案中应急预案程序。

②设置事故现场警戒线、岗，维持项目部内抢险救护的正常运作。

③保持抢险救援通道的通畅，引导抢险救援人员及车辆的进入。

④保护受害人财产。

⑤抢救救援结束后，封闭事故现场，直到收到明确解除指令。

（6）抢险抢修组职责

①实施抢险抢修的应急方案和措施，并不断加以改进。

②寻找受害者并转移至安全地带。

③在事故有可能扩大的情况下进行抢险抢修或救援时，高度注意避免意外伤害。

④抢险抢修或救援结束后，报告组长并对结果进行复查和评估。

（7）医疗救护组职责

①在外部救援机构未到达前，对受害者进行必要的抢救（如人工呼吸、包扎止血、防止受伤部位受污染等）。

②使重度受害者优先得到外部救援机构的救护。

③协助外部救援机构转送受害者至医疗机构，并指定人员护理受害者。

（8）后勤保障组职责

①保障系统内各组人员必需的防护、救护用品及生活物质的供给。

②提供合格的抢险抢修或救援的物质及设备。

3. 子公司和项目部应急救援组织成员

根据集团组织结构，一般可采用以下应急救援组织机构，子公司、项目部也可根据其实际情况对下列人员进行调整。

（1）子公司应急救援组织成员

组长：子公司经理

副组长：子公司生产经理

通信联络组：综合办公室相关人员及各下属项目相应组织的负责人

技术支持组：技术质量科相关人员，各下属项目相应组织的负责人

消防保卫组：义务消防队，后勤保卫相关人员，各下属项目相应组织的负责人

抢险抢修组：施工生产管理相关人员，各下属项目相应组织的负责人

医疗救护组：后勤保卫及经过医疗救护知识培训合格人员，各下属项目相应组织的负责人

后勤保障组：材料管理相关人员，各下属项目相应组织的负责人

（2）项目部应急救援组织成员

组长：项目经理

副组长：项目副经理或主管工长

技术支持组：项目部技术人员

消防保卫组：项目部义务消防队、保卫等相关人员

抢险抢修组：项目工长及相应抢险抢修队

后勤保障组：项目部材料人员

通信联络组、医疗救护组：由项目部具有相应能力的人员担任

（3）生产安全事故应急救援程序

集团、子公司及项目部建立安全值班制度，设值班电话并保证24小时轮流值班

集团值班电话：××××—××××××××

××子公司值班电话：××××—××××××××

子公司：××××—××××××××

第一项目部：××××—××××××××

……

××子公司值班电话：

子公司：××××—××××××××

第一项目部：××××—××××××××

……

××子公司值班电话：

子公司：××××—××××××××

第一项目部：××××—×××××××××

……

如发生生产安全事故立即上报，具体上报程序如图1-3-2所示：

（4）施工现场的应急处理

①应急电话的正确使用。为合理安排施工，事先应掌握近期和中长期气候，以使采取针对性措施组织施工，既有利于生产，又有利于工程的质量和安全。工伤事故现场，重病人抢救应拨打120救护电话，请医疗单位急救。火警、火灾事故应拨打119火警电话，请消防部门急救。发生抢劫、偷盗、斗殴等情况应拨打报警电话110，向公安部门报警。煤气管道设备急修，自来水报修、供电报修，以及向上级单位汇报情况争取支持，都可以通过应急电话，达到方便快捷的目的。在施工过程中保证通信的畅通，以及正确利用好电话通信工具，可以为现场事故应急处理发挥很大作用。

②拨打电话时要尽量说清楚以下几件事：

a. 说明伤情（病情、火情、案情）和已经采取了什么措施，以便让救护人员事先做好急救的准备；

b. 讲清楚伤者（事故）发生在什么地方，什么

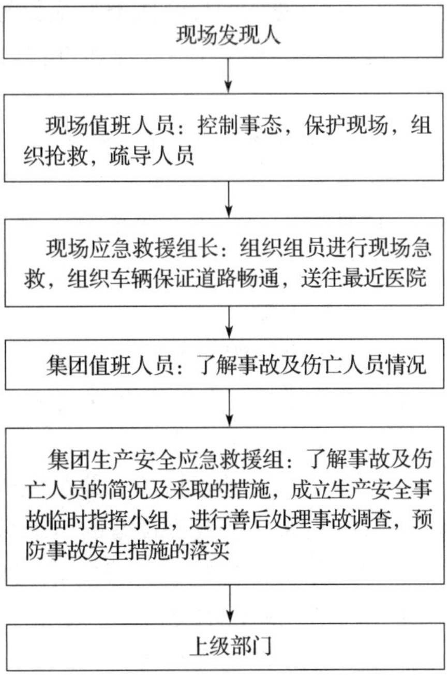

图1-3-2　上报程序框图

路、几号、靠近什么路口、附近有什么特征；

c. 说明报救者单位、姓名（或事故地）、电话或传呼电话号码，以便救护车（消防车、警车）找不到所报地方时，随时通过电话联系。打完报救电话后，应问接报人员还有什么问题不清楚，如无问题才能挂断电话。通完电话后，应派人在现场外等候接应救护车，同时把救护车进施工现场路上的障碍及时予以清除，以利救护车到达后，能及时进行抢救。

（三）制定相应的应急救援技术措施

根据重特大危险源和突发事件调查的结果，由技术部门制定相应的应急救援技术措施和步骤，技术措施要结合危险源所在部位的实际特点，具有针对性和可操作性。相应的技术措施应编入施工组织设计和专项方案中。

三、项目经理部安全应急预案案例

（一）目的

为预防或减少项目经理部各类事故灾害，减少人员伤亡和财产损失，保证本项目在出现生产安全事故时，对需要救援或撤离的人员提供援助，并使其得到及时有效的治疗，从而最大限度地降低生产安全事故给本项目施工人员所造成的损失，根据《安全生产法》、《消防法》、《××市建设工程重大安全事故应急救援预案》和《建设工程安全生产管理条例》，特制定本预案。

（二）适用范围

本预案适用于项目经理部在紧急情况下采取应急救援处理的全过程。

（三）工程简介

1. 介绍项目的工程概况、施工特点和内容（注：项目所在的地理位置、地形特点、工地外围的环境、居民、交通和安全注意事项、气象状况等）。

2. 施工现场的临时医务室或保健医药设施及场外医疗机构（注：要说明医务人员名单，联系电话，有哪些常用医药和抢救设施，附近医疗机构的情况介绍，位置、距离、联系电话等）。

3. 工地现场内外的消防、救助设施及人员状况（注：介绍工地消防组成机构和成员，成立义务消防队，有哪些消防、救助设施及其分布，消防通道情况等）。

4. 附施工消防平面布置图（注：如各楼层不一样，还应分层绘制。消防平面布置图中应画出消防栓、灭火器的设置位置，易燃易爆的位置，消防紧急通道，疏散路线等）。

（四）职责权限

应急救援组织为项目部非常设机构，对应公司应急救援机构设应急救援总指挥一名，应急救援副总指挥一名。下辖现场抢救组、技术处理组、善后工作组、后勤供应组、事故调查组五个非常设临时机动小组。

1. 应急救援总指挥的职能及职责

（1）发布应急救援预案的启动命令。

（2）分析紧急状态，确定相应报警级别，根据相关危险类型、潜在后果、现有资源，制定紧急情况的行动类型。

（3）现场的指挥与协调。

（4）与企业外应急反应人员、部门、组织和机构进行联络。

（5）应急评估、确定升高或降低应急警报级别。

（6）通报外部机构，决定请求外部援助。

（7）决定应急撤离，以及事故现场外影响区域的安全性。

2. 应急救援副总指挥的职能及职责

（1）协助总指挥组织和指挥现场应急救援操作任务。

（2）向总指挥提出采取减缓事故后果行动的应急反应对策和建议。

（3）协调、组织获取应急所需的其他资源、设备，以支援现场的应急操作。

（4）在平时，组织公司总部的相关技术和管理人员对施工场区巡查，定期检查各常设应急反应组织和部门的日常工作及应急反应准备状态。

3. 现场抢救组的职能及职责

（1）抢救现场伤员。

（2）抢救现场物资。

（3）在必要情况下组建现场消防队。

（4）保证现场救援通道的畅通。

4. 技术处理组的职能及职责

（1）根据各项目经理部的施工生产内容及特点，制定其可能出现而必须运用建筑工程技术解决的应急反应方案，整理归档，为事故现场提供有效的工程技术服务做好技术储备。

（2）应急预案启动后，根据事故现场的特点，及时向应急总指挥提供科学的工程技术方案和技术支持，有效地指导应急反应行动中的工程技术工作。

5. 善后工作组的职能及职责

（1）做好伤亡人员及家属的稳定工作，确保事故发生后伤亡人员及家属思想能够稳定，大灾之后不发生大乱。

（2）做好受伤人员医疗救护的跟踪工作，协调处理医疗救护单位的相关矛盾。

（3）与保险部门一起做好伤亡人员及财产损失的理赔工作。

（4）慰问有关伤员及家属。

（5）保险理赔事宜的处理。

6. 事故调查组的职能及职责

（1）保护事故现场。

（2）对现场的有关实物资料进行取样封存。

（3）调查了解事故发生的主要原因及相关人员的责任。

（4）按“四不放过”的原则对相关人员进行处罚、教育。

（5）对事故进行经验性的总结。

7. 后勤供应组的职能及职责

（1）迅速调配抢险物资器材至事故发生点。

（2）提供和检查抢险人员的装备和安全防护。

（3）及时提供后续的抢险物资。

（4）迅速组织后勤必须供给的物品，并及时输送后勤物品到抢险人员手中。

应急救援总指挥由项目经理担任，应急救援副总指挥由项目副经理担任。下辖的现场抢救组、技术处理组、善后工作组、后勤供应组、事故调查组五个非常设临时机动小组分别由现场土建工长、项目工程师、水电工长、材料员、安全员任组长，并选择相关人员组成。

（五）项目部风险分析

根据以往施工项目经验和建筑业施工特点，本项目存在的主要风险如下：

（1）火灾。

（2）高处坠落。

（3）坍塌。

（4）倾覆。

（5）触电。

（6）机械伤害。

（7）物体打击。

（8）食物中毒，传染性疾病。

（六）生产安全事故应急救援程序

公司及工地建立安全值班制度，设值班电话并保证24小时轮流值班。如发生安全事故立即上报，具体上报程序如图1-3-3所示。

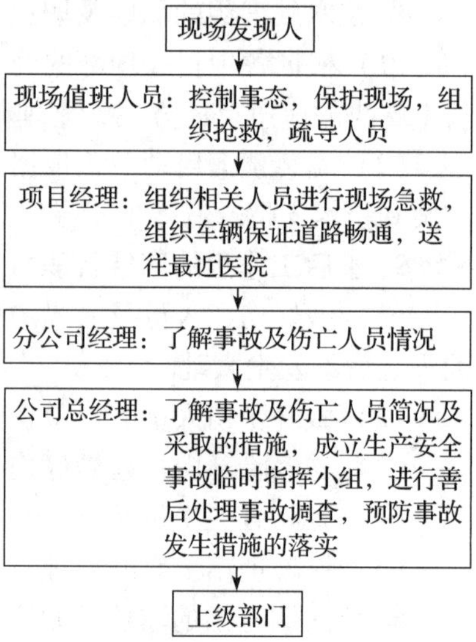

图1-3-3　安全事故上报程序框图

（七）施工现场的应急处理设备和设施管理

1. 应急电话

（1）应急电话的安装要求。工地安装有一部固定电话，项目经理、项目技术负责人配置有移动电话，固定电话安装于办公室内。在室外附近张贴“119”、“120”、“110”等电话字样标识，电话的安全提示标志，以便现场人员都了解，在应急时能快捷地找到电话，拨打电话报警求救。电话一般应放在室内临现场通道的窗扇附近，电话机旁张贴常用紧急电话、工地主要负责人和上级单位的联络电话，以便在节假日、夜间等情况下使用，房间无人应上锁，有紧急情况无法开锁时，可击碎窗玻璃，便可以向有关部门、单位、人员拨打电话报警求救。

（2）应急电话的正确使用。为合理安排施工，事先拨打气象专用电话，了解气候情况拨打电话“12121”，掌握近期和中长期气候，以便采取针对性措施组织施工，既有利于生产，又有利于工程的质量和安全。工伤事故现场重病人抢救应拨打“120”救护电话，请医疗单位急救。火警、火灾事故应拨打“119”火警电话，请消防部门急救。发生抢劫、偷盗、斗殴等情况应拨打报警电话“110”，向公安部门报警。这些都可以通过应急电话达到方便快捷的目的。在施工过程中，由××负责话机维护和及时交纳电话费，以保证通信的畅通。项目部人员应正确利用好电话通信工具，从而达到为现场事故应急处理发挥作用的目的。

（3）电话报救须知：

救援相关部门电话：××××××××

公司应急值班电话：××××××××

火警：119　　　　医疗急救：120

拨打电话时要尽量说清楚以下几件事：

①针对不同的事故事件应分别说明：

a. 人员伤害。说明受伤人员数量、受伤部位、伤者症状和已经采取了什么措施，以便让救护人员事先做好急救的准备。

b. 食物中毒和传染性疾病。说明得病人员数量、症状和已经采取的措施，以便让救护人员事先做好急救的准备。

c. 火灾。说明燃烧的物质、火势和火灾发生的具体部位，以便让消防人员调配适当的足够的消防设备。

②讲清楚伤者（事故）发生在什么地方。例如：本项目在××路×号，从市政府南行200m路北即到，项目部左侧是××大厦。

③说明报救者单位、姓名、报救者（或事故地点）的电话，以便救护车（消防车）找不到所报地方时，随时通过电话通信联系。基本打完报救电话后，应问接报人员还有什么问题不清楚，如无问题才能挂断电话。通完电话后，应派人在现场外等候接应救护车，同时把救护车进工地现场的路上障碍及时予以清除，以便救护车到达后，能及时进行抢救。

2. 救援器材

（1）医疗器材。担架1副、氧气袋1个、塑料袋4个、急救箱1个（内有常用急救药品）（注：医疗器材应以简单和适用为原则，保证现场急救的基本需要，并可根据不同情况予以增减，定期检查补充，确保随时可供急救使用）。

（2）抢救工具。一般工地常备工具，即基本满足使用，不再详细列出。

（3）通信器材。固定电话1部、手机2部（项目部其他人员均自行配置有移动电话，可在应急时使用，但未列入本器材单中）、对讲机4台。

（4）灭火器材。灭火器日常按要求就位（共有12台），紧急情况下集中使用。

3. 其他应急设备和设施

由于在现场经常会出现一些不安全情况，甚至发生事故，或因采光和照明情况不好，在应急处理时就需配备应急照明，现场常年库存储备有手电筒5把，相应灯泡5个，丁电池20节，塔吊上部设置照明镝灯3台，单独回路供电，用于现场大面积照明。

由于现场有危险情况，在应急处理时用于危险区域隔离的警戒带50m，各类安全禁止、警告、指令、提示标志牌各一块（数量不能满足使用时可临时制作）。

有时为了安全逃生、救生需要，还配置有安全带20条、30m安全绳4条等专用应急设备和设施工具。

（八）事故后处理工作

1. 查明事故原因及责任人。

2. 遵照《企业职工伤亡事故报告和处理规定》（国务院第75号令），以书面形式向上级写出报告，包括发生事故时间、地点、受伤（死亡）人员姓名、性别、年龄、工种、伤害程度、受伤部位。

3. 制定有效的纠正/预防措施，防止此类事故再次发生。对于所有拟订的纠正/预防措施，在其实施前应先通过风险评价过程进行评审，以识别是否会产生新的风险。评价应对风险的大小、后果进行识别和评价。风险大的纠正/预防措施应坚决放弃。最终采取的措施应与问题的严重性和风险相适应，并记录措施的执行情况。

4. 组织所有人员进行事故教育，向所有人员进行事故教育，向所有人员宣读事故结果及对责任人的处理意见。

5. 善后处理。配合公司善后小组进行善后处理，避免发生不必要的冲突。

（九）应急预案的评审

应急事故发生后，或依照《××项目应急救援预案演练计划》进行演练后，应对预案的可实施性进行评审。评审内容包括：

（1）预案实施过程中各机构、人员的配合程度。

（2）预案中各项措施的有效性和人员熟悉情况。

（3）预案中是否存在没有识别到的风险。

第四章　安全事故管理

一、安全事故的分类

根据生产安全事故（以下简称事故）造成的人员伤亡或者直接经济损失，事故一般分为以下等级：

1. 特别重大事故，是指造成30人以上死亡，或者100人以上重伤（包括急性工业中毒，下同），或者1亿元以上直接经济损失的事故。

2. 重大事故，是指造成10人以上30人以下死亡，或者50人以上100人以下重伤，或者5000万元以上1亿元以下直接经济损失的事故。

3. 较大事故，是指造成3人以上10人以下死亡，或者10人以上50人以下重伤，或者1000万元以上5000万元以下直接经济损失的事故。

4. 一般事故，是指造成3人以下死亡，或者10人以下重伤，或者1000万元以下直接经济损失的事故。

二、安全事故的报告

（一）安全事故的上报程序

1. 事故发生后，事故现场有关人员应当立即向本单位负责人报告；单位负责人接到报告后，应当于1小时内向事故发生地县级以上人民政府安全生产监督管理部门和负有安全生产监督管理职责的有关部门报告。

2. 情况紧急时，事故现场有关人员可以直接向事故发生地县级以上人民政府安全生产监督管理部门和负有安全生产监督管理职责的有关部门报告。

3. 安全生产监督管理部门和负有安全生产监督管理职责的有关部门接到事故报告后，应当依照下列规定上报事故情况，并通知公安机关、劳动保障行政部门、工会和人民检察院：

（1）特别重大事故、重大事故逐级上报至国务院安全生产监督管理部门和负有安全生产监督管理职责的有关部门。

（2）较大事故逐级上报至省、自治区、直辖市人民政府安全生产监督管理部门和负有安全生产监督管理职责的有关部门。

（3）一般事故上报至设区的市级人民政府安全生产监督管理部门和负有安全生产监督管理职责的有关部门。

（4）安全生产监督管理部门和负有安全生产监督管理职责的有关部门逐级上报事故情况，每级上报的时间不得超过2小时。

（二）事故报告内容

报告事故应当包括下列内容：

1. 事故发生单位概况。

2. 事故发生的时间、地点以及事故现场情况。

3. 事故的简要经过。

4. 事故已经造成或者可能造成的伤亡人数（包括下落不明的人数）和初步估计的直接经济损失。

5. 已经采取的措施及初步原因。

6. 其他应当报告的情况。

7. 事故报告后出现新情况的，应当及时补报。

自事故发生之日起30日内，事故造成的伤亡人数发生变化的，应当及时补报。道路交通事故、火灾事故自发生之日起7日内，事故造成的伤亡人数发生变化的，应当及时补报。

8. 事故报告单位或报告人员。

三、安全事故调查

（一）事故调查组的组成

1. 特别重大事故由国务院或者国务院授权有关部门组织事故调查组进行调查。

2. 重大事故、较大事故、一般事故分别由事故发生地省级人民政府、设区的市级人民政府、县级人民政府负责调查。省级人民政府、设区的市级人民政府、县级人民政府可以直接组织事故调查组进行调查，也可以授权或者委托有关部门组织事故调查组进行调查。

3. 未造成人员伤亡的一般事故，县级人民政府也可以委托事故发生单位组织事故调查组进行调查。

4. 自事故发生之日起30日内（道路交通事故、火灾事故自发生之日起7日内），因事故伤亡人数变化导致事故等级发生变化，依照本条例规定应当由上级人民政府负责调查的，上级人民政府可以另行组织事故调查组进行调查。

5. 特别重大事故以下等级事故，事故发生地与事故发生单位不在同一个县级以上行政区域的，由事故发生地人民政府负责调查，事故发生单位所在地人民政府应当派人参加。

6. 根据事故的具体情况，事故调查组由有关人民政府、安全生产监督管理部门、负有安全生产监督管理职责的有关部门、监察机关、公安机关以及工会派人组成，并应当邀请人民检察院派人参加。

（二）事故调查报告内容

事故调查报告应当包括下列内容：

1. 事故发生单位概况。

2. 事故发生经过和事故救援情况。

3. 事故造成的人员伤亡和直接经济损失。

4. 事故发生的原因和事故性质。

5. 事故责任的认定以及对事故责任者的处理建议。

6. 事故防范和整改措施

四、法律责任

《生产安全事故报告和调查处理条例》（国务院令第 493 号）规定：

第三十五条 事故发生单位主要负责人有下列行为之一的，处上一年年收入 40% 至 80% 的罚款；属于国家工作人员的，并依法给予处分；构成犯罪的，依法追究刑事责任：

（一）不立即组织事故抢救的；

（二）迟报或者漏报事故的；

（三）在事故调查处理期间擅离职守的。

第三十六条 事故发生单位及其有关人员有下列行为之一的，对事故发生单位处 100 万元以上 500 万元以下的罚款；对主要负责人、直接负责的主管人员和其他直接责任人员处上一年年收入 60% 至 100% 的罚款；属于国家工作人员的，并依法给予处分；构成违反治安管理行为的，由公安机关依法给予治安管理处罚；构成犯罪的，依法追究刑事责任：

（一）谎报或者瞒报事故的；

（二）伪造或者故意破坏事故现场的；

（三）转移、隐匿资金、财产，或者销毁有关证据、资料的；

（四）拒绝接受调查或者拒绝提供有关情况和资料的；

（五）在事故调查中作伪证或者指使他人作伪证的；

（六）事故发生后逃匿的。

第三十七条 事故发生单位对事故发生负有责任的，依照下列规定处以罚款：

（一）发生一般事故的，处 10 万元以上 20 万元以下的罚款；

（二）发生较大事故的，处 20 万元以上 50 万元以下的罚款；

（三）发生重大事故的，处 50 万元以上 200 万元以下的罚款；

（四）发生特别重大事故的，处 200 万元以上 500 万元以下的罚款。

第三十八条 事故发生单位主要负责人未依法履行安全生产管理职责，导致事故发生的，依照下列规定处以罚款；属于国家工作人员的，并依法给予处分；构成犯罪的，依法追究刑事责任：

（一）发生一般事故的，处上一年年收入 30% 的罚款；

（二）发生较大事故的，处上一年年收入 40% 的罚款；

（三）发生重大事故的，处上一年年收入 60% 的罚款；

（四）发生特别重大事故的，处上一年年收入 80% 的罚款。

第三十九条 有关地方人民政府、安全生产监督管理部门和负有安全生产监督管理职责的有关部门有下列行为之一的，对直接负责的主管人员和其他直接责任人员依法给予处分；构成犯罪的，依法追究刑事责任：

（一）不立即组织事故抢救的；

（二）迟报、漏报、谎报或者瞒报事故的；

（三）阻碍、干涉事故调查工作的；

（四）在事故调查中作伪证或者指使他人作伪证的。

第四十条 事故发生单位对事故发生负有责任的，由有关部门依法暂扣或者吊销其有关证照；对事故发生单位负有事故责任的有关人员，依法暂停或者撤销其与安全生产有关的执业资格、岗位证书；事故发生单位主要负责人受到刑事处罚或者撤职处分的，自刑罚执行完毕或者受处分之日起，5 年内不得担任任何生产经营单位的主要负责人。

为发生事故的单位提供虚假证明的中介机构，由有关部门依法暂扣或者吊销其有关证照及其相关人员的执业资格；构成犯罪的，依法追究刑事责任。

《〈生产安全事故报告和调查处理条件〉罚款处罚暂行规定》（国家安全生产监督总局第 77 号令）规定：

第十一条 事故发生单位主要负责人有《中华人民共和国安全生产法》第一百零六条、《条例》第三十五条规定的下列行为之一的，依照下列规定处以罚款：

（一）事故发生单位主要负责人在事故发生后不立即组织事故抢救的，处上一年年收入 100% 的罚款；

（二）事故发生单位主要负责人迟报事故的，处上一年年收入 60% ~80% 的罚款；漏报事故的，处上一年年收入 40% ~60% 的罚款；

（三）事故发生单位主要负责人往事故调查处理期间擅离职守的，处上一年年收入 80% ~100% 的罚款。

第十二条 事故发生单位有《条例》第三十六条规定行为之一的，依照《国家安全监管总局关于印发〈安全生产行政处罚自由裁量标准〉的通知》（安监总政法〔2010〕137 号）等规定给予罚款。

第十三条 事故发生单位的主要负责人、直接负责的主管人员和其他直接责任人员有《中华人民共和国安全生产法》第一百零六条，《条例》第三十六条规定的行为之一的，依照下列规定处以罚款：

（一）伪造、故意破坏事故现场，或者转移、隐匿资金、财产、销毁有关证据、资料，或者拒绝接受调查，或者拒绝提供有关情况和资料，或者在事故调查中作伪证，或者指使他人作伪证的，处上一年年收入 80% ~90% 的罚款；

（二）谎报、瞒报事故或者事故发生后逃匿的，处上一年年收入 100% 的罚款。

第十四条 事故发生单位对造成 3 人以下死亡，或者 3 人以上 10 人以下重伤（包括急性工业中毒，下同），或者 300 万元以上 1000 万元以下直接经济损失的一般事故负有责任的，处 20 万元以上 50 万元以下的罚款。

事故发生单位有本条第一款规定的行为且有谎报或者瞒报事故情节的，处 50 万元的罚款。

第十五条 事故发生单位对较大事故发生负有责任的，依照下列规定处以罚款：

（一）造成 3 人以上 6 人以下死亡，或者 10 人以上 30 人以下重伤，或者 1000 万元以上 3000 万元以下直接经济损失的，处 50 万元以上 70 万元以下的罚款；

（二）造成 6 人以上 10 人以下死亡，或者 30 人以上 50 人以下重伤，或者 3000 万元以上 5000 万元以下直接经济损失的，处 70 万元以上 100 万元以下的罚款。

事故发生单位对较大事故发生负有责任且有谎报或者瞒报情节的，处 100 万元的罚款。

第十六条 事故发生单位对重大事故发生负有责任的，依照下列规定处以罚款：

（一）造成10人以上15人以下死亡，或者50人以上70人以下重伤，或者5000万元以上7000万元以下直接经济损失的，处100万元以上300万元以下的罚款；

（二）造成15人以上30人以下死亡，或者70人以上100人以下重伤，或者7000万元以上1亿元以下直接经济损失的，处300万元以上500万元以下的罚款。

事故发生单位对重大事故发生负有责任且有谎报或者瞒报情节的，处500万元的罚款。

第十七条 事故发生单位对特别重大事故发生负有责任的，依照下列规定处以罚款：

（一）造成30人以上40人以下死亡，或者100人以上120人以下重伤，或者1亿元以上1.2亿元以下直接经济损失的，处500万元以上1000万元以下的罚款；

（二）造成40人以上50人以下死亡，或者120人以上150人以下重伤，或者1.2亿元以上1.5亿元以下直接经济损失的，处1000万元以上1500万元以下的罚款；

（三）造成50人以上死亡，或者150人以上重伤，或者1.5亿元以上直接经济损失的，处1500万元以上2000万元以下的罚款。

事故发生单位对特别重大事故负有责任且有下列情形之一的，处2000万元的罚款：

（1）谎报特别重大事故的；

（2）瞒报特别重大事故的；

（3）未依法取得有关行政审批或者证照擅自从事生产经营活动的；

（4）拒绝、阻碍行政执法的；

（5）拒不执行有关停产停业、停止施工、停止使用相关设备或者设施的行政执法指令的；

（6）明知存在事故隐患，仍然进行生产经营活动的；

（7）一年内已经发生2起以上较大事故，或者1起重大以上事故，再次发生特别重大事故的。

第十七条 事故发生单位对特别重大事故发生负有责任的，处200万元以上500万元以下的罚款。

事故发生单位有本条第一款规定的行为且谎报或者瞒报事故的，处500万元的罚款。

第十八条 事故发生单位主要负责人未依法履行安全生产管理职责，导致事故发生的，依照下列规定处以罚款：

（一）发生一般事故的，处上一年年收入30%的罚款；

（二）发生较大事故的，处上一年年收入40%的罚款；

（三）发生重大事故的，处上一年年收入60%的罚款；

（四）发生特别重大事故的，处上一年年收入80%的罚款。

第十九条 个人经营的投资人未依照《中华人民共和国安全生产法》的规定保证安全生产所必需的资金投入单位不具备安全生产条件，导致发生生产安全事故的，依照下列规定对个人经营的投资人处以罚款：

（一）发生一般事故的，处2万元以上5万元以下的罚款；

（二）发生较大事故的，处5万元以上10万元以下的罚款；

（三）发生重大事故的，处10万元以上15万元以下的罚款；

（四）发生特别重大事故的，处15万元以上20万元以下的罚款。

第五章　安全事故案例

一、河北省新乐市“4·11”模板支撑系统较大坍塌事故调查报告

1. 事故简介

2015 年 4 月 11 日 23 时 10 分左右，某国际市场 A 区 13 号商业楼在浇筑三层柱、屋顶梁板结构混凝土过程中，发生模板支撑系统坍塌事故，造成 5 人死亡，4 人受伤。

2015 年 4 月 11 日 13 时左右，混凝土工开始浇筑 13 号楼三层柱、屋顶梁板结构混凝土（采用商品预拌混凝土），混凝土泵车进行泵送混凝土浇筑，泵车位于 13 号楼南侧地面 8－11 轴中间部位。浇筑由西向东（8－11 轴方向）分段进行，段内南北方向往返循环浇筑，按先柱后梁板的顺序浇筑。连续浇筑 4 搅拌车混凝土（搅拌车容量 $12m^3$，4 车约 $48m^3$）后现场停电。作业人员撤离工作面休息。当日 18 时，施工现场恢复供电，混凝土工吃过晚饭后继续浇筑作业。21 时 30 分开始下雨，因雨量较大，作业人员避雨 10 分钟左右，穿上雨衣继续混凝土浇筑作业。23 时刚过，田治国离开屋顶作业面去安排工人的夜餐。4、5 分钟后，约 23 时 10 分，当浇筑至东距 11 轴 5.7m 处时，天井部位模板支撑系统瞬间发生整体失稳坍塌（7-8 轴以北部位未浇筑，现场共浇筑 17 车，最后的第 17 车浇筑量约 $3m^3$，混凝土浇筑总量约 $195m^3$）。

坍塌时，施工现场共有 12 名工人在作业。其中在混凝土浇筑作业面上（屋顶标高 16.2m 位置）混凝土工 9 人：在三层室内看护模板支撑系统变形情况的木工 2 人；在建筑物南侧室外地面上操作混凝土搅拌车的力工 1 人。

事故发生时混凝土浇筑作业面 9 人情况：7 名混凝土作业人员直接坠落至首层室内地面，7 人浇筑作业分工为：负责混凝土布料管 1 人；负责混凝土布料车遥控操作 1 人；负责混凝土摊平 2 人；负责混凝土振捣 1 人；负责移动振捣棒电机 1 人；负责混凝土浇筑面细部抹平 1 人，以上 7 人分布于 P-N 轴跨中东距 11 轴约 7m 位置进行混凝土浇筑作业。另外 2 名混凝土工情况为：负责混凝土浇筑面整平工作，事发时位于 8-11 轴南侧弧顶位置，沿坍塌的屋面梁钢筋骨架下滑，坠落 2m 左右腿部被夹住，后自行攀爬到三楼东侧平台上；其中 1 人负责对混凝土浇筑面覆盖塑料薄膜，事发时准备到相邻的 10 号楼（主体结构已完成）取塑料薄膜，行走至未浇筑混凝土的东侧屋面板与 10 号楼交接处时发生坍塌，其被钢筋绊倒，后跑至 10 号楼屋顶。另外 2 人受轻伤。事故发生后及时送往医院抢救，经过 5 个小时全力抢救最终造成 5 人死亡，4 人受伤。

2. 事故原因

1）直接原因

模板支撑系统的搭设严重违反相关规定，施工时荷载超过模板支撑系统的最大承载能力，模板支撑系统整体失稳坍塌，是该起事故发生的直接原因。

2）间接原因

（1）施工现场管理混乱，建设工程各方责任主体未建立齐全有效的安全保证体系，未落实安全生产法律法规、标准规范及安全生产责任制度。

（2）模板支撑系统未编制专项施工方案，未进行专家论证，违反相关规范要求，盲目

施工。

（3）模板支撑系统施工人员，无证上岗。施工作业前工程技术人员未按规定对施工作业人员开展班组安全技术交底；未落实安全施工技术措施，施工现场安全管理不到位。

（4）安全教育不到位，未对现场作业人员进行安全生产教育和培训

（5）施工现场违反规定，该工程项目无监理单位，监理管理体系缺失。

（6）该工程在未办理建设工程规划许可证、施工许可证等相关审批手续的情况下，未依法履行工程项目建设程序，提前开工建设。

（7）工程项目所在地综合执法、建设等行政主管部门及街道办事处，未认真履行安全生产行业监管和属地管理职责，对项目监督管理和日常检查不到位。

3. 事故处理

1）对事故相关人员的处理

（1）建议移送司法机关人员：

① 施工方项目总负责人钱某（实际控制人）涉嫌伪造公司印章罪，检察机关批准逮捕。

② 施工现场项目经理，负责施工现场全面管理工作，未取得建造师资格证书，不具备担任项目经理的资格。未认真履行施工现场安全管理职责，对事故发生负有直接管理责任，移送司法机关依法处理。

③ 施工分包负责人，对事故发生负有直接管理责任移送司法机关依法处理。

④ 脚手架、模板支撑系统搭设班组负责人，对事故发生负有直接管理责任，移送司法机关依法处理。

⑤ 施工方项目部技术负责人，送司法机关依法处理。

⑥ 建设单位项目负责人，未认真履行建设单位项目负责人职责，对施工方资质、资格情况审核把关不严，移送司法机关依法处理。

⑦ 建设单位法定代表人，未认真履行建设单位主要负责人安全生产管理职责，对事故发生负有重要领导责任，其行为涉嫌犯罪，移送司法机关依法处理。

（2）对事故有关责任人的行政处罚建议：

① 建设单位派驻施工现场项目安全负责人，未认真履行监督、协调和管理职责，由市安全监管局对其处 0.8 万元的罚款。

② 建设单位派驻金施工现场项目技术负责人，未督促施工方编制专项施工方案，市安全监管局对其处 0.8 万元的罚款。

③ 建设单位法定代表人，未认真履行主要负责人安全生产管理职责，由市安全监管局对其处人民币 1.8 万元的罚款。

（3）对事故有关责任方的行政处罚建议：

① 钱某作为施工方不具备建设工程施工资质、资格，现场作业不具备安全生产条件，对事故发生负有主要责任，由市安全监管局对其处 133 万元的罚款，两项合并处罚 198 万元。

② 李某作为工程分包方负责人，未编制模板支撑系统搭设及混凝土浇筑作业专项施工方案，由新乐市安全监管局对其处上一年年收入 100% 的罚款。

③ 建设单位，未认真落实安全生产法律法规，未依法履行安全生产主体责任，对事故发生负有责任。依据《中华人民共和国安全生产法》第一百条第（一）款之规定，由市安

全监管局对其处人民币 18 万元的罚款。

二、北京市“12·29”筏板基础钢筋体系坍塌事故（2014）

1. 事故简介

2014 年 12 月 29 日 8 时 20 分许，某大学附属中学体育馆及宿舍楼工程工地，作业人员在基坑内绑扎钢筋过程中，筏板基础钢筋体系发生坍塌，造成 10 人死亡、4 人受伤。

事发部位基坑深约 13m、宽约 42. 2m、长约 58. 3m。底板为平板式筏板基础，上下两层双排双向钢筋网，上层钢筋网用马凳支承。马凳采用直径 25mm 或 28mm 的带肋钢筋焊制，安放间距为 0. 9 ~2. 1m；马凳横梁与基础底板上层钢筋网大多数未固定；马凳脚筋与基础底板下层钢筋网少数未固定；上层钢筋网上多处存有堆放钢筋物料的现象。事发时，上层钢筋整体向东侧位移并坍塌，坍塌面积 2000 余平方米。

2. 事故原因

1）直接原因

未按照方案要求堆放物料、制作和布置马凳，马凳与钢筋未形成完整的结构体系，致使基础底板钢筋整体坍塌，是导致事故发生的直接原因。

（1）未按照方案要求堆放物料。

（2）未按照方案要求制作和布置马凳，导致马凳承载力下降。

（3）马凳及马凳间无有效的支撑，马凳与基础底板上、下层钢筋网未形成完整的结构体系，抗侧移能力很差，不能承担过多的堆料载荷。

2）间接原因

施工现场管理缺失、备案项目经理长期不在岗、专职安全员配备不足、经营管理混乱、项目监理不到位是导致事故发生的间接原因。

（1）施工现场管理缺失。一是技术交底缺失；二是安全培训教育不到位，施工现场钢筋作业人员存在未经培训上岗作业的现象；三是对劳务分包单位管理不到位，未及时发现其为抢赶工期、盲目吊运钢筋材料集中码放在上层钢筋网上的隐患，导致载荷集中。

（2）备案项目经理长期不在岗、专职安全员配备不足。

（3）经营管理混乱

（4）监理不到位。

（5）行业管理部门监督检查不到位。

3. 事故处理

1）对事故相关人员的处理

（1）对于施工单位总经理、副总经理、总经理助理兼分公司总经理、分公司副经理、项目实际负责人兼商务经理、项目部执行经理、项目部生产经理、工程项目部技术负责人、均由人民检察院以涉嫌重大责任事故罪批准逮捕。

（2）劳务公司法定代表人、劳务公司队长、劳务公司技术负责人、劳务公司钢筋班长、均由人民检察院以涉嫌重大责任事故罪批准逮捕。

（3）项目总监理工程师、项目执行总监、项目土建兼安全监理工程师均由人民检察院以涉嫌重大责任事故罪批准逮捕。

对于上述人员中的中共党员和行政监察对象，待司法机关查清其犯罪事实后，由有关部门按照干部管理权限和程序及时给予相应的党纪、政纪处分。

2）对相关单位的处理

（1）对于工程项目总包单位由安全生产监督管理部门给予其 360 万元的罚款。同时，由市住房城乡建设委吊销其安全生产许可证，并提请住房城乡建设部吊销其房屋建筑工程施工总承包一级资质。

（2）对于工程项目监理单位由安全生产监督管理部门给予其 200 万元的罚款。同时，由市住房城乡建设委提请住房城乡建设部吊销其房屋建筑工程监理甲级资质。

（3）对于劳务有限公司由市住房城乡建设委通报河南省住房城乡建设主管部门吊销其施工劳务资质和安全生产许可证。

3）建议给予党纪、政纪处分的人员

（1）集团董事长、总经理、党委书记，给予其行政警告处分。

（2）集团副总经理，分管施工和安全工作，给予其行政记过处分。

（3）集团安全监管部部长，给予其记大过处分。

（4）集团经营部部长，予其记大过处分。

（5）公司常务副总经理（负责公司经营发展、工程招投标、项目经理调配工作），给予其撤职处分。

（6）公司安全总监兼安全施工管理部部长（负责公司安全监督检查工作），给予其撤职处分。

（7）公司和创分公司安全施工管理部部长（负责分公司安全生产工作），给予其开除处分。

（8）公司和创分公司质量技术部部长（负责施工方案制定及落实情况的监督检查工作），给予其开除处分。

（9）工程项目部安全员，给予其开除处分。

（10）大学基建规划处处长，负责该项目施工组织协调工作。给予其记过处分。

（11）大学基建规划处规划设计科科长兼工程项目建设单位负责人，给予其撤职处分。

4）建议给予行政处罚的人员和单位

（1）公司法定代表人，作为公司的主要负责人，由安全生产监督管理部门给予其上一年度收入 60% 的罚款，撤职处分并终身不得担任本行业生产经营单位的主要负责人。

（2）公司董事、总会计师，由安全生产监督管理部门给予其上一年度收入 100% 的罚款。

（3）工程项目备案项目经理，由市住房城乡建设委提请住房城乡建设部给予其吊销一级建造师注册证书，终身不予注册的行政处罚。

（4）工程项目监理公司总经理。作为公司主要负责人，由安全生产监督管理部门给予其上一年度收入 60% 的罚款，撤职处分并终身不得担任本行业生产经营单位的主要负责人。

（5）工程项目总包单位，由安全生产监督管理部门给予其 360 万元的罚款，同时，由市住房城乡建设委吊销其安全生产许可证，并提请住房城乡建设部吊销其房屋建筑工程施工总承包一级资质。

（6）工程项目监理单位，由安全生产监督管理部门给予其 200 万元的罚款，同时，由市住房城乡建设委提请住房城乡建设部吊销其房屋建筑工程监理甲级资质。

（7）劳务有限公司，作为该工程项目筏板基础钢筋作业的劳务分包单位，由市住房城乡建设委通报河南省住房城乡建设主管部门吊销其施工劳务资质和安全生产许可证。

5）建议由相关部门另案处理的情形

（1）针对该工程项目投标、合同订立期间，施工单位涉嫌允许杨某以本企业名义承揽工程及其他涉嫌以内部承包经营的形式出借资质、转包等违法行为，由市住房城乡建设主管部门另行立案调查处理。

（2）针对事故调查中发现的相关人员涉嫌收受贿赂的线索，由检察、监察机关依法调查处理。

三、湖北省武汉市“9·13”施工升降机坠落事故（2012）

1. 事故简介

2012年9月13日13时10分许，武汉市东湖生态旅游风景区东湖景园还建楼（以下称“东湖景园”）C区7-1号楼建筑工地，发生一起施工升降机坠落事故，造成19人死亡，直接经济损失1800万元。

9月13日11时30分许，升降机司机将东湖景园C7-1号楼施工升降机左侧吊笼停在下终端站，按往常一样锁上电锁拔出钥匙，关上护栏门后下班，并按正常作息时间（11时30分~13时30分）到宿舍午休。当日13时10分许，19名工人提前上班，准备到该楼顶楼进行装修施工，由于电梯司机尚未提前到岗，这部分急于上班的工人擅自将停在下终端站的C7-1号楼施工升降机左侧吊笼打开，携带施工物件进入左侧吊笼，然后在没有钥匙的情况下强行操作施工升降机上升。该吊笼运行至33层顶楼平台附近时突然倾翻，连同顶部4节标准节一起坠落地面，造成吊笼内19名工人当场死亡。

2. 事故原因

1）直接原因

事故发生时，事故施工升降机导轨架第66和第67标准节连接处的4个连接螺母脱落，无法受力。在此工况下，事故升降机左侧吊笼超过备案额定承载人数（12人），承载19人和约245kg的物件，上升到第66标准节上部（33楼顶部）接近平台位置时，产生的倾翻力矩大于对重体、导轨架等固有的平衡力矩，造成事故施工升降机左侧吊笼顷刻倾翻，并连同第67~70标准节坠落地面。

2）间接原因

（1）总承包单位管理混乱：该单位将施工总承包一级资质出借给其他单位和个人承接工程；总包单位使用非公司人员的资质证书，安全生产责任制不落实，未与项目部签订安全生产责任书；安全生产管理制度不健全、不完善；培训教育制度不落实，未建立安全隐患排查整治制度；安全生产检查和隐患排查流于形式，未能及时发现和整改事故施工升降机存在的重大安全隐患。

（2）东湖景园C区施工项目部安全责任未落实：该项目部现场负责人和主要管理人员非总包公司人员，现场负责人及大部分安全人员不具备岗位执业资格；安全生产管理制度不健全、不落实，违规进场施工，施工过程中忽视安全管理，现场管理混乱，并存在转包行为。

（3）建设管理单位不具备工程建设管理资质：违规组织施工单位、监理单位进场开工。违规组织虚假招标投标活动。该管理单位未落实企业安全生产主体责任，未与项目管理部签订安全生产责任书；安全生产管理制度不健全、不落实，未建立安全隐患排查整治制度。

（4）监理单位安全生产主体责任不落实：安全生产管理制度不健全，落实不到位；未督促分公司建立健全安全生产管理制度；使用非本公司人员的资格证书，安排不具备执业资格的人担任项目监理人员；安全管理制度不健全、不落实，违规进场监理；未依照相关规定督促相关单位对使用升降机进行加节验收和使用管理，也未参加验收；未认真贯彻相关文件精神，对项目安全生产检查和隐患排查流于形式，未能及时发现和督促整改事故施工升降机存在的重大安全隐患。

（5）建设单位违反有关规定：该项目建设单位选择无资质的项目建设管理单位；对项目建设管理单位、施工单位、监理单位落实安全生产工作监督不到位。

（6）建设主管部门监督检查不到位。

3. 事故处理

1）相关责任人的处理

（1）对施工项目部现场负责人、内外墙粉刷施工负责人、安全负责人、安全员，设备产权安装维护单位总经理、施工升降机维修负责人，建设管理单位项目部负责人，监理公司监理部总监代表，武汉市人民检察院以涉嫌重大责任事故罪予以批捕。

（2）对施工单位董事长，给予其罢免区人大代表资格，留党察看一年的处分。

（3）对施工单位总经理，给予其留党察看一年的处分。

（4）对武汉市新洲区人大代表，施工公司股东、党委书记，工程实际承包人，罢免其区人大代表资格，移送司法机关处理。

（5）对设备租赁公司副总工程师（履行总工程师职责），给予其党内严重警告处分。

（6）对建设管理单位董事长、总经理，区建筑管理站和平分站安全监管员，移送司法机关处理。

（7）对区建筑管理站和平分站副站长、总工程师（原分站站长），依法予以行政撤职，留党察看一年的处分。

四、广东省信宜市“8·28”深基坑坍塌事故（2011）

1. 事故简介

2011年8月28日9时20分左右，广东省信宜市“金津名苑”工程施工现场发生一起深基坑坍塌事故，造成6人死亡，3人受伤。

“金津名苑”工程为框架结构，地下两层。在完成东、北、西三面支护工程后，2011年8月25日，建设单位负责人找来挖掘机老板等人对南侧边坡土体进行开挖。8月28日上午，负责人指挥挖掘机司机在基坑南侧挖沟槽，同时请来9名扎筋工人（除1人外其余8人均是第一次到工地）准备绑扎护壁钢筋，现场还有一个施工队正在进行桩机作业，制作钢筋笼。7时30分开始作业，扎筋工人先从仓库将钢筋搬到工地上，半个小时后，挖掘机司机开挖的沟槽已经形成（宽1.5m，深约2m）。此时，沟槽底部距离坡顶5~6m，坑壁已呈近直立状态，坡顶上临时办公室距坑边仅0.6m，项目负责人指挥9名扎筋工人下到沟槽绑扎钢筋。9时20分左右，基坑南边的边坡土体突然失稳，连同坑边临时房屋大半坍塌滑落坑内，掩埋坑下扎筋作业的9名工人，造成6人死亡、3人受伤。

2. 事故原因

1）直接原因

施工现场存在重大安全隐患，即在砂质软土坑边未做任何支护情况下，违章指挥挖掘机垂直开挖南侧砂质土坑边深度达 5.0～5.3m，基坑自重和上部建筑物荷载共同作用下发生剪切破坏失稳坍塌。

2）间接原因

（1）建设单位在没有取得施工许可证的情况下，非法组织施工，对施工工人没有进行上岗前安全培训，对曾经出现的泥土下滑事故隐患未及时整改，强令工人冒险作业，终酿成事故。

（2）施工单位在合同履行期间（2011 年 7 月 10 日～2012 年 7 月 5 日），曾协助建设单位办理施工许可证，公司副经理等人参与施工现场定桩放线和隐蔽工程验收工作，明知建设单位无证非法开工，既不制止也不向市住房和城乡建设局报告，致使建设单位非法施工行为未得到有效制止。

（3）市建筑设计院超出资质等级进行设计，设计时没有考虑施工安全操作和防护需要，未对涉及施工安全的重点部位和环节在文件中注明，未对防范生产安全事故提出指导意见，是造成事故发生的间接原因之一。

（4）市住房和城乡建设局发现本工程违法施工后，多次向建设单位发出《停工通知书》，停工理由：施工存在安全隐患等。发出停工通知后，建设单位仍未整改，住房和城乡建设局没有采取进一步的执法措施和手段，以致建设单位负责人有恃无恐，继续实施违法建设行为，最终酿成事故。

3. 事故处理

1）对事故相关人员的处理意见

（1）对施工单位法定代表人，由相关部门处以相应的经济处罚。

（2）对建设单位法定代表人、现场管理人员，由司法机关依法追究其刑事责任，并由相关部门处以相应的经济处罚。

（3）对信宜市住房和城乡建设局局长、副局长、城建监察股股长；信宜市城建管理监察大队大队长、副大队长、第三中队队长，由信宜市纪委监察局按照有关规定，给予撤职、降级或记过等行政处分。

2）对事故单位的处理意见

（1）对施工单位，由省住房和城乡建设厅依法暂扣该企业安全生产许可证。

（2）监理单位，多次派人在施工现场指导，曾向建设方和施工方发出隐患整改通知并多次向建设主管部门报告施工现场安全隐患情况，基本履行监理义务，尽到监理职责，免于追究责任。

（3）对建设单位，由相关部门处以相应的经济处罚。

五、浙江省湖州市“**6·16**”高处坠落事故（**2012**）

1. 事故简介

2012 年 6 月 16 日，浙江省湖州市东吴国际广场Ⅱ标段施工现场，发生一起高处坠落事故，造成 3 人死亡。

2012年6月16日8时许，项目架子工班组负责人安排4名施工人员拆除电梯井道内水平防护架。8时30分，4人在未携带高空作业防护用具的情况下先到14层电梯井道，发现该部位水平防护架不牢固，便转移到12层消防电梯井道。当时消防电梯井道12层水平防护架目测已基本呈水平状态（根据施工实际，水平防护架按一定倾斜度架设），上面堆积有20cm厚的混凝土和木板等建筑垃圾，纵向受力的钢管只有两根。施工人员首先拆除了电梯井道北段12～14层的垂直脚手架。9时许，4人进入消防电梯井道内的水平防护架上开始清理垃圾，为下一步拆除水平防护架作准备。9时30分许，一名施工人员走出井道喝水，离开数秒后，井道内的水平防护架发生局部坍塌，其余3人随即坠落至井道地下2层，2人当场死亡，1人经医院抢救无效死亡。

2. 事故原因

1）直接原因

（1）项目架子工班组实际负责人在未实地查看施工现场、未交待安全事项、未提供安全带、安全绳等个人防护用具的情况下，安排无特种作业资格的人员作业。

（2）事发电梯井道内所采取的安全防护措施不符合《安全施工组织设计》要求，该水平防护架的纵向受力钢管只有两根，间距过大，导致防护架承受力达不到设计要求。且建筑垃圾堆积过多，没有得到及时清理，致使纵向受力钢管因压力过大而弯曲变形，存在重大安全隐患。

2）间接原因

（1）施工单位及项目部对安全生产工作不重视，内部安全管理混乱，未有效履行安全生产职责，降低安全生产条件。

（2）监理单位未检查施工现场安全防护措施是否符合安全组织设计方案要求，日常检查中发现安全隐患未及时要求施工方处置到位，未严格审查“三类人员”资格。

（3）建设主管部门未有效督促项目对存在的安全隐患整改到位，未严格督促企业开展日常安全检查和事故隐患治理，对该项目安全监管职责落实不到位。

3. 事故处理

1）相关责任人员

（1）对项目负责人、项目架子工班组实际负责人、项目安全组组长移送司法机关依法追究刑事责任。

（2）对施工单位总经理，由相关部门给予相应的行政处罚；项目分公司经理安全生产考核合格证书予以暂扣，对项目负责人及3名专职安全员收回安全生产考核合格证书。

（3）对市建筑安全监督站分管副站长给予行政处分。

2）相关单位

对施工单位、监理单位处以相应的行政处罚，并由建设主管部门暂扣施工单位安全生产许可证。

第二部分　施工企业安全管理

第一章　安全生产组织保障体系

一、安全生产组织与责任体系

（一）组织体系

1. 施工企业必须建立安全生产组织体系，明确企业安全生产的决策、管理、实施的机构或岗位。

2. 施工企业安全生产组织体系应包括各管理层的主要负责人，各相关职能部门及专职安全生产管理机构，相关岗位及专兼职安全管理人员。

3. 施工企业应建立和健全与企业安全生产组织相对应的安全生产责任体系，并应明确各管理层、职能部门、岗位的安全生产责任。

（二）责任体系

1. 施工企业安全生产责任体系应符合下列要求

1）企业主要负责人应领导企业安全管理工作，组织制定企业中长期安全管理目标和制度，审议、决策重大安全事项。

2）各管理层主要负责人应明确并组织落实本管理层各职能部门和岗位的安全生产职责，实现本管理层的安全管理目标。

3）各管理层的职能部门及岗位应承担职能范围内与安全生产相关的职责，互相配合，实现相关安全管理目标，应包括下列主要职责：

（1）技术管理部门（或岗位）负责安全生产的技术保障和改进。

（2）施工管理部门（或岗位）负责生产计划、布置、实施的安全管理。

（3）材料管理部门（或岗位）负责安全生产物资及劳动防护用品的安全管理。

（4）动力设备管理部门（或岗位）负责施工临时用电及机具设备的安全管理。

（5）专职安全生产管理机构（或岗位）负责安全管理的检查、处理。

（6）其他管理部门（或岗位）分别负责人员配备、资金、教育培训、卫生防疫、消防等安全管理。

2. 施工企业应依据职责落实各管理层、职能部门、岗位的安全生产责任。

3. 施工企业各管理层、职能部门、岗位的安全生产责任应形成责任书，并应经责任部门或责任人确认。责任书的内容应包括安全生产职责、目标、考核奖惩标准等。

二、施工企业安全生产管理机构的设置

（一）组成

根据《中华人民共和国安全生产法》、《建设工程安全生产管理条例》、《安全生产许可

证条例》及《建筑施工企业安全生产许可证管理规定》，各级企业必须建立健全安全生产管理机构。

主任由企业安全生产第一责任人担任，副主任由主管生产负责人担任，成员由企业内部与安全生产有关联的职能部门负责人和下属企业主要负责人组成。

在企业主要负责人的领导下开展本企业的安全生产管理工作。

（二）职责

1. 建筑施工企业安全生产管理机构具有以下职责：

（1）宣传和贯彻国家有关安全生产法律法规和标准。

（2）编制并适时更新安全生产管理制度并监督实施。

（3）组织或参与企业生产安全事故应急救援预案的编制及演练。

（4）组织开展安全教育培训与交流。

（5）协调配备项目专职安全生产管理人员。

（6）制订企业安全生产检查计划并组织实施。

（7）监督在建项目安全生产费用的使用。

（8）参与危险性较大工程安全专项施工方案专家论证会。

（9）通报在建项目违规违章查处情况。

（10）组织开展安全生产评优评先表彰工作。

（11）建立企业在建项目安全生产管理档案。

（12）考核评价分包企业安全生产业绩及项目安全生产管理情况。

（13）参加生产安全事故的调查和处理工作。

（14）企业明确的其他安全生产管理职责。

2. 建筑施工企业安全生产管理机构专职安全生产管理人员在施工现场检查过程中具有以下职责：

（1）查阅在建项目安全生产有关资料、核实有关情况。

（2）检查危险性较大工程安全专项施工方案落实情况。

（3）监督项目专职安全生产管理人员履责情况。

（4）监督作业人员安全防护用品的配备及使用情况。

（5）对发现的安全生产违章违规行为或安全隐患，有权当场予以纠正或作出处理决定。

（6）对不符合安全生产条件的设施、设备、器材，有权当场作出查封的处理决定。

（7）对施工现场存在的重大安全隐患有权越级报告或直接向建设主管部门报告。

（8）企业明确的其他安全生产管理职责。

（三）专职安全员的配备要求

建筑施工企业安全生产管理机构专职安全生产管理人员的配备应满足下列要求，并应根据企业经营规模、设备管理和生产需要予以增加：

1. 建筑施工总承包资质序列企业：特级资质不少于 6 人；一级资质不少于 4 人：二级和二级以下资质企业不少于 3 人。

2. 建筑施工专业承包资质序列企业：一级资质不少于 3 人；二级和二级以下资质企业不少于 2 人。

3. 建筑施工劳务分包资质序列企业：不少于 2 人。

4. 建筑施工企业的分公司、区域公司等较大的分支机构（以下简称分支机构）应依据实际生产情况配备不少于 2 人的专职安全生产管理人员。

三、项目部安全领导小组

（一）组成

建筑施工企业应当在建设工程项目组建安全生产领导小组，建设工程实行施工总承包的，安全生产领导小组由总承包企业、专业承包企业和劳务分包企业项目经理、技术负责人和专职安全生产管理人员组成。

（二）职责

1. 安全生产领导小组的主要职责：

（1）贯彻落实国家有关安全生产法律法规和标准。

（2）组织制定项目安全生产管理制度并监督实施。

（3）编制项目生产安全事故应急救援预案并组织演练。

（4）保证项目安全生产费用的有效使用。

（5）组织编制危险性较大工程安全专项施工方案。

（6）开展项目安全教育培训。

（7）组织实施项目安全检查和隐患排查。

（8）建立项目安全生产管理档案。

（9）及时、如实报告安全生产事故。

2. 项目专职安全生产管理人员具有以下主要职责：

（1）负责施工现场安全生产日常检查并做好检查记录。

（2）现场监督危险性较大工程安全专项施工方案实施情况。

（3）对作业人员违规违章行为有权予以纠正或查处。

（4）对施工现场存在的安全隐患有权责令立即整改。

（5）对于发现的重大安全隐患，有权向企业安全生产管理机构报告。

（6）依法报告生产安全事故情况。

（三）专职安全员的配备条件（表 2-1-1）

1. 总承包单位配备项目专职安全生产管理人员应当满足下列要求：

1）建筑工程、装修工程按照建筑面积配备：

（1）1 万平方米以下的工程不少于 1 人。

（2）1 万 ~5 万平方米的工程不少于 2 人。

（3）5 万平方米及以上的工程不少于 3 人，且按专业配备专职安全生产管理人员。

2）土木工程、线路管道、设备安装工程按照工程合同价配备：

（1）5000 万元以下的工程不少于 1 人。

（2）5000 万 ~1 亿元的工程不少于 2 人。

（3）1 亿元及以上的工程不少于 3 人，且按专业配备专职安全生产管理人员。

2. 分包单位配备项目专职安全生产管理人员应当满足下列要求：

（1）专业承包单位应当配置至少 1 人，并根据所承担的分部分项工程的工程量和施工危险程度增加。

（2）劳务分包单位施工人员在50人以下的，应当配备1名专职安全生产管理人员；50人~200人的，应当配备2名专职安全生产管理人员；200人及以上的，应当配备3名及以上专职安全生产管理人员，并根据所承担的分部分项工程施工危险实际情况增加，不得少于工程施工人员总人数的50‰。

表2-1-1　专职安全生产管理人员配备标准一览表

<table>
<tr><th colspan="3">单位</th><th>配备标准（人）</th></tr>
<tr><td rowspan="3">施工总承包</td><td colspan="2">特级资质企业</td><td>≥6</td></tr>
<tr><td colspan="2">一级资质企业</td><td>≥4</td></tr>
<tr><td colspan="2">二级及以下资质企业</td><td>≥3</td></tr>
<tr><td rowspan="2">施工专业承包</td><td colspan="2">一级资质企业</td><td>≥3</td></tr>
<tr><td colspan="2">二级及以下资质企业</td><td>≥2</td></tr>
<tr><td rowspan="6">总承包项目经理部</td><td rowspan="3">建筑工程、装修工程按建筑面积配备</td><td>1万平方米以下</td><td>≥1</td></tr>
<tr><td>1~5万平方米</td><td>≥2</td></tr>
<tr><td>5万平方米及以上</td><td>≥3（并按专业配备）</td></tr>
<tr><td rowspan="3">土木工程、线路管道、设备安装按合同价</td><td>5000万元以下</td><td>≥1</td></tr>
<tr><td>5000万~1亿元</td><td>≥2</td></tr>
<tr><td>1亿元及以上</td><td>≥3（并按专业配备）</td></tr>
<tr><td rowspan="3">劳务分包单位项目经理部施工人员（人）</td><td colspan="2">≤50</td><td>≥1</td></tr>
<tr><td colspan="2">50~200</td><td>≥2</td></tr>
<tr><td colspan="2">≥200</td><td>≥3</td></tr>
</table>

第二章　安全生产责任制度

一、各级管理人员安全责任

建筑施工企业应按照国家有关安全生产的法律、法规，建立和健全各级安全生产责任制度，明确各岗位的责任人员、责任内容和考核要求。并在责任制中说明对责任落实情况的检查办法和对各级各岗位执行情况的考核奖罚规定。

（一）企业安全生产工作的第一责任人（对本企业安全生产负全面领导责任）的安全生产职责

1. 贯彻执行国家和地方有关安全生产的方针政策和法规、规范。
2. 掌握本企业安全生产动态，定期研究安全工作。
3. 组织制定安全工作目标、规划实施计划。
4. 组织制定和完善各项安全生产规章制度及奖惩办法。
5. 建立、健全安全生产责任制，并领导、组织考核工作。
6. 建立、健全安全生产管理体系，保证安全生产投入。
7. 督促、检查安全生产工作，及时消除生产安全事故隐患。
8. 组织制定并实施生产安全事故应急救援预案。

9. 及时、如实报告生产安全事故；在事故调查组的指导下，领导、组织有关部门或人员，配合事故调查处理工作，监督防范措施的制定和落实，防止事故重复发生。

（二）企业主管安全生产负责人的安全生产职责

1. 组织落实安全生产责任制和安全生产管理制度，对安全生产工作负直接领导责任。

2. 组织实施安全工作规划及实施计划，实现安全目标。

3. 领导、组织安全生产宣传教育工作。

4. 确定安全生产考核指标。

5. 领导、组织安全生产检查。

6. 领导、组织对分包（供）方的安全生产主体资格考核与审查。

7. 认真听取、采纳安全生产的合理化建议，保证安全生产管理体系的正常运转。

8. 发生生产安全事故时，组织实施生产安全事故应急救援。

（三）企业技术负责人的安全生产职责

1. 贯彻执行国家和上级的安全生产方针、政策，在本企业施工安全生产中负技术领导责任。

2. 审批施工组织设计和专项施工方案（措施）时，审查其安全技术措施，并作出决定性意见。

3. 领导开展安全技术攻关活动，并组织技术鉴定和验收。

4. 新材料、新技术、新工艺、新设备使用前，组织审查其使用和实施过程中的安全性，组织编制或审定相应的操作规程。

5. 参加生产安全事故的调查和分析，从技术上分析事故原因，制定整改防范措施。

（四）企业总会计师的安全生产职责

1. 组织落实本企业财务工作的安全生产责任制，认真执行安全生产奖惩规定。

2. 组织编制年度财务计划的同时，编制安全生产费用投入计划，保证经费到位和合理开支。

3. 监督、检查安全生产费用的使用情况。

（五）项目经理安全生产职责

1. 对承包项目工程生产经营过程中的安全生产负全面领导责任。

2. 贯彻落实安全生产方针、政策、法规和各项规章制度，结合项目工程特点及施工全过程的情况，制定本项目工程各项安全生产管理办法或提出要求，并监督其实施。

3. 在组织项目工程业务承包，聘用业务人员时，必须本着安全工作只能加强的原则，根据工程特点确定安全工作的管理体制和人员，并明确各业务承包人的安全责任和考核指标，支持、指导安全管理人员的工作。

4. 健全和完善用工管理手续，录用外包队必须及时向有关部门申报，严格执行用工制度与管理，适时组织上岗安全教育，要对外包队的健康与安全负责，加强劳动保护工作。

5. 组织落实施工组织设计中的安全技术措施，组织并监督项目工程施工中安全技术交底制度和设备、设施验收制度的实施。

6. 领导、组织施工现场定期的安全生产检查，发现施工生产中不安全问题，组织制定措施，及时解决。对上级提出的安全生产与管理方面的问题，要定时、定人、定措施予以解决。

7. 发生事故，要做好现场保护与抢救工作，及时上报。组织、配合事故的调查，认真落实制定的防范措施，吸取事故教训。

（六）项目技术负责人安全生产职责

1. 对项目工程生产经营中的安全生产负技术责任。

2. 贯彻、落实安全生产方针、政策、严格执行安全技术规程、规范、标准，结合项目工程特点，主持项目工程的安全技术交底。

3. 参加或组织编制施工组织设计。编制、审查施工方案时，要制定、审查安全技术措施，保证其可行性与针对性，并随时检查、监督、落实。

4. 主持制定技术措施计划和季节性施工方案的同时，制定相应的安全技术措施并监督执行，及时解决执行中出现的问题。

5. 项目工程采用新材料、新技术、新工艺，要及时上报，经批准后方可实施，同时要组织上岗人员的安全技术培训、教育，认真执行相应的安全技术措施与安全操作工艺、要求，预防施工中因化学物品引起的火灾、中毒或其他新工艺实施中可能造成的事故。

6. 主持安全防护设施和设备的验收，发现设备、设施的不正常情况后及时采取措施，严格控制不符合标准要求的防护设备、设施投入使用。

7. 参加安全生产检查，对施工中存在的不安全因素，从技术方面提出整改意见和办法予以消除。

8. 参加、配合因工伤亡及重大未遂事故的调查，从技术上分析事故原因，提出防范措施、意见。

（七）分包单位负责人安全生产职责

1. 认真执行安全生产的各项法规、规定、规章制度及安全操作规程，合理安排班组人员工作，对本队人员在生产中的安全和健康负责。

2. 按制度严格履行各项劳务用工手续，做好本队人员的岗位安全培训。经常组织学习安全操作规程，监督本队人员遵守劳动、安全纪律，做到不违章指挥，制止违章作业。

3. 必须保持本队人员的相对稳定。人员变更，须事先向有关部门申报，批准后新来人员应按规定办理各种手续，并经入场和上岗安全教育后方准上岗。

4. 根据上级的交底向本队各工种进行详细的书面安全交底，针对当天任务、作业环境等情况，做好班前安全讲话，监督其执行情况，发现问题，及时纠正、解决。

5. 定期和不定期组织，检查本队人员作业现场安全生产状况，发现问题，及时纠正，重大隐患应立即上报有关领导。

6. 发生因工伤亡及未遂事故，保护好现场，做好伤者抢救工作，并立即上报有关部门。

（八）项目专职安全生产管理人员安全生产职责

1. 负责施工现场安全生产日常检查并做好检查记录。

2. 现场监督危险性较大工程安全专项施工方案实施情况。

3. 对作业人员违规违章行为有权予以纠正或查处。

4. 对工现场存在的安全隐患有权责令立即整改。

5. 对于发现的重大安全隐患，有权向企业安全生产管理机构报告。

6. 依法报告生产安全事故情况。

二、职能部门安全生产责任

（一）工程管理部门安全生产职责

1. 在计划、布置、检查、总结、评比生产工作的同时进行计划、布置、检查、总结、评比安全工作，对改善劳动条件、预防伤亡事故的项目必须视同生产任务，纳入生产计划时应优先安排。

2. 在检查生产计划实施情况同时，要检查安全措施项目的执行情况，对施工中重要安全防护设施、设备的实施工作要纳入计划，列为正式工序，给予时间保证。

3. 协调配置安全生产所需的各项资源。

4. 在生产任务与安全保障发生矛盾时，必须优先解决安全工作的实施。

5. 参加安全生产检查和生产安全事故的调查、处理。

（二）技术管理部门安全生产职责

1. 贯彻执行国家和上级有关安全技术及安全操作规程或规定，保证施工生产中安全技术措施的制定和实施。

2. 在编制和审查施工组织设计和专项施工方案的过程中，要在每个环节中贯穿安全技术措施，对确定后的方案，若有变更，应及时组织修订。

3. 检查施工组织设计和施工方案中安全措施的实施情况，对施工中涉及安全方面的技术性问题，提出解决办法。

4. 按规定组织危险性较大的分部分项工程专项施工方案编制及专家论证工作。

5. 组织安全防护设备、设施的安全验收。

6. 新技术、新材料、新工艺使用前，制定相应的安全技术措施和安全操作规程；对改善劳动条件，减轻笨重体力劳动、消除噪声等方面的治理进行研究解决。

7. 参加生产安全事故和重大未遂事故中技术性问题的调查，分析事故技术原因，从技术上提出防范措施。

（三）机械动力管理部门安全生产职责

1. 负责本企业机械动力设备的安全管理，监督检查。

2. 对相关特种作业人员定期培训、考核。

3. 参与组织编制机械设备施工组织设计，参与机械设备施工方案的会审。

4. 分析生产安全事故涉及设备原因，提出防范措施。

（四）劳务管理安全生产职责

1. 对职工（含外包队工）进行定期的教育考核，将安全技术知识列为工人培训、考工、评级内容之一，对招收新工人（含外包队工）要组织入厂教育和资格审查，保证提供的人员具有一定的安全生产素质。

2. 严格执行国家、地方特种作业人员上岗位作业的有关规定，适时组织特种作业人员的培训工作，并向安全部门或主管领导通报情况。

3. 认真落实国家和地方有关劳动保护的法规，严格执行有关人员的劳动保护待遇，并监督实施情况。

4. 参加生产安全事故的调查，从用工方面分析事故原因，认真执行对事故责任者的处理意见。

（五）物资管理部门安全生产职责

1. 贯彻执行国家或有关行业的技术标准、规范，制定物资管理制度和易燃、易爆、剧毒物品的采购、发放、使用、管理制度，并监督执行。

2. 确保购置（租赁）的各类安全物资、劳动保护用品符合国家或有关行业的技术标准、规范的要求。

3. 组织开展安全物资抽样试验、检修工作。

4. 参加安全生产检查。

（六）人力资源部门安全生产职责

1. 审查安全管理人员资格，足额配备安全管理人员，开发、培养安全管理力量。

2. 将安全教育纳入职工培训教育计划，配合开展安全教育培训。

3. 落实特殊岗位人员的劳动保护待遇。

4. 负责职工和建设工程施工人员的工伤保险工作。

5. 依法实行工时、休息、休假制度，对女职工和未成年工实行特殊劳动保护。

6. 参加工伤生产安全事故的调查，认真执行对事故责任者的处理。

（七）财务管理部门安全生产职责

1. 及时提取安全技术措施经费、劳动保护经费及其他安全生产所需经费，保证专款专用。

2. 协助安全主管部门办理安全奖、罚款手续。

（八）保卫消防部门安全生产职责

1. 贯彻执行国家及地方有关消防保卫的法规、规定。

2. 制定消防保卫工作计划和消防安全管理制度，并监督检查执行情况。

3. 参加施工组织设计、方案的审核，提出具体建议并监督实施。

4. 组织开展消防安全教育，会同有关部门对特种作业人员进行消防安全考核。

5. 组织开展消防安全检查，排除火灾隐患。

6. 负责调查火灾事故的原因，提出处理意见。

（九）行政卫生部门安全生产职责

1. 对职工进行体格普查和对特种作业人员身体定期检查。

2. 监测有毒有害作业场所的尘毒浓度，做好职业病预防工作。

3. 正确使用防暑降温费用，保证清凉饮料的供应与卫生。

4. 负责本企业食堂（含现场临时食堂）的饮食卫生工作。

5. 督促施工现场救护队组建，组织救护队成员的业务培训工作。

6. 负责流行性疾病和食物中毒事故的调查与处理，提出防范措施。

（十）安全管理部门的安全生产职责

1. 宣传和贯彻国家有关安全生产法律法规和标准。

2. 编制并适时更新安全生产管理制度并监督实施。

3. 组织或参与企业生产安全事故应急救援预案的编制及演练。

4. 组织开展安全教育培训与交流。

5. 协调配备项目专职安全生产管理人员。

6. 制定企业安全生产检查计划并组织实施。

7. 监督在建项目安全生产费用的使用。

8. 参与危险性较大工程安全专项施工方案专家论证会。

9. 通报在建项目违规违章查处情况。

10. 组织开展安全生产评优评先表彰工作。

11. 建立企业在建项目安全生产管理档案。

12. 考核评价分包企业安全生产业绩及项目安全生产管理情况。

13. 参加生产安全事故的调查和处理工作。

三、班组长安全生产责任

（一）班组长安全生产责任

1. 严格执行安全生产规章制度，拒绝违章指挥，杜绝违章作业。合理安排班组人员工作，对本班组人员在生产中的安全和健康负责。

2. 经常组织班组人员学习安全技术操作规程，监督班组人员正确使用防护用品。

3. 认真落实安全技术交底，做好班前讲话。

4. 经常检查班组作业现场安全生产状况，发现问题及时解决并上报有关领导。

5. 认真做好新工人的岗位教育。

6. 发生因工伤亡及未遂事故，保护好现场，立即上报有关领导。

（二）木工班长安全生产职责

1. 严格执行安全生产规章制度，拒绝违章指挥，杜绝违章作业。

2. 负责落实安全生产保证计划中有关木工作业施工现场安全控制的规定。

3. 组织班组人员认真学习和执行木工安全技术操作规程，熟知安全知识。

4. 安排生产任务时，认真进行安全技术交底。监督班组人员正确使用安全防护用品。

5. 上工前对所使用的机具、设备、防护用具及作业环境进行安全检查，发现问题立即采取整改措施，及时消除事故隐患。

6. 组织班组安全活动，开好班前安全生产会，并根据作业环境和职工的思想、体质、技术状况合理分配生产任务。

7. 木工间内备有的消防器材应定期检查，确保完好状态。严禁在工作场所吸烟和明火作业，不得存放易燃物品。

8. 工作场所的木料应分类堆放整齐，保持道路畅通。

9. 高空作业对材料堆放应稳妥可靠，严禁向下抛掷工具或物件。

10. 木料加工处的废料和木屑等应即时清理。

11. 发生工伤事故，应立即抢救，及时报告，并保护好现场。

（三）瓦工班长安全生产责任

1. 严格执行安全生产规章制度，拒绝违章指挥，杜绝违章作业。

2. 负责落实安全生产保证计划中有关泥工作业施工现场安全控制的规定。

3. 组织班组人员认真学习和执行瓦工安全技术操作规程，熟知安全知识。

4. 安排生产任务时，认真进行安全技术交底。监督班组人员正确使用安全防护用品。

5. 上工前对所使用的机具、设备、防护用具及作业环境进行安全检查，发现问题立即采取整改措施，及时消除事故隐患。

6. 组织班组安全活动，开好班前安全生产会，并根据作业环境和职工的思想、体质、技术状况合理分配生产任务。

7. 经常检查工作岗位环境及脚手架、脚手板、工具使用情况，做到文明施工，不准擅自拆移防范设施。

（四）电焊班长安全生产责任

1. 严格执行安全生产规章制度，拒绝违章指挥，杜绝违章作业。

2. 负责落实安全保证计划中电焊安全动火作业安全控制的规定。

3. 组织班组人员认真学习和执行电焊工安全技术操作规程，熟知安全知识。

4. 安排生产任务时，认真进行安全技术交底。监督班组人员正确使用安全防护用品。

5. 上工前对所使用的机具、设备、防护用具及作业环境进行安全检查，发现问题立即采取整改措施，及时消除事故隐患。

6. 组织班组安全活动，开好班前安全生产会，并根据作业环境和职工的思想、体质、技术状况合理分配生产任务。

7. 发生工伤事故，应立即抢救，及时报告，并保护好现场。

（五）电工班长安全生产责任

1. 严格执行安全生产规章制度，拒绝违章指挥，杜绝违章作业。

2. 负责落实安全保证计划中电工作业施工现场安全用电控制的规定。

3. 组织班组人员认真学习和执行电工安全技术操作规程，熟知安全知识，必须做到持证上岗。

4. 安排生产任务时，认真进行安全技术交底，监督班组人员正确使用安全防护用品。

5. 上工前对所使用的机具、设备、防护用具及作业环境进行安全检查，发现问题立即采取整改措施，及时消除事故隐患。

6. 组织班组安全活动，开好班前安全生产会，并根据作业环境和职工的思想、体质、技术状况合理分配生产任务。

7. 使用设备前必须检查设备各部位的性能后方可通电使用。

8. 停用的设备必须拉闸断电，锁好开关箱。

9. 严禁带电作业，设备严禁带“病”运行。

10. 保证电气设备、移动电动工具临时用电正常、稳定运行和安全使用。

11. 发生触电工伤事故，应立即抢救，及时报告，并保护好现场。

（六）钢筋工班长安全生产责任

1. 严格执行安全生产规章制度，拒绝违章指挥，杜绝违章作业。

2. 负责落实安全保证计划中钢筋班组施工现场安全控制的规定。

3. 组织班组人员认真学习和执行钢筋工安全技术操作规程，熟知安全知识。

4. 安排生产任务时，认真进行安全技术交底。监督班组人员正确使用安全防护用品。

5. 上工前对所使用的机具、设备、防护用具及作业环境进行安全检查，发现问题立即采取整改措施，及时消除事故隐患。

6. 组织班组安全活动，开好班前安全生产会，并根据作业环境和职工的思想、体质、技术状况合理分配生产任务。

7. 钢筋搬运、加工和绑扎过程中发生脆断和其他异常情况时，应立刻停止作业，向有关部门汇报。

8. 发生工伤事故时，应立即抢救，及时报告，并保护好现场。

（七）架子工班长安全生产责任

1. 严格执行安全生产规章制度，拒绝违章指挥，杜绝违章作业。

2. 负责落实安全生产保证计划中脚手架防护搭设安全控制的规定。

3. 组织班组人员认真学习和执行架子工安全技术操作规程，熟知安全知识。

4. 安排生产任务时，认真进行安全技术交底。监督班组人员正确使用安全防护用品。

5. 上工前对所使用的机具、设备、防护用具及作业环境进行安全检查，发现问题立即采取整改措施，及时消除事故隐患。

6. 组织班组安全活动，开好班前安全生产会，并根据作业环境和职工的思想、体质、技术状况合理分配生产任务。

7. 脚手架的维修保养应每三个月进行一次，遇大风大雨应事先认真检查，必要时采取加固措施；脚手架搭设完毕，架子工应通知安全部门会同有关人员共同验收，合格挂牌后方可使用。

8. 拆除架子必须设置警戒范围，输送地面的杆件应及时分类堆放整齐。

9. 发生工伤事故时，应立即抢救，及时报告，并保护好现场。

（八）安装班长安全生产责任

1. 严格执行安全生产规章制度，拒绝违章指挥，杜绝违章作业。

2. 负责落实安全生产保证计划中安装班组施工现场安全控制的规定。

3. 组织班组人员认真学习和执行本工种安全技术操作规程，熟知安全知识。

4. 安排生产任务时，认真进行安全技术交底，监督班组人员正确使用安全防护用品。

5. 上工前对所使用的机具、设备、防护用具及作业环境进行安全检查，发现问题立即采取整改措施，及时消除事故隐患。

6. 组织班组安全活动，开好班前安全生产会，并根据作业环境和职工的思想、体质、技术状况合理分配生产任务。

7. 发生工伤事故时，应立即抢救，及时报告，并保护好现场。

（九）机械作业班长安全生产责任

1. 严格执行安全生产规章制度，拒绝违章指挥，杜绝违章作业。

2. 负责落实安全生产保证计划中施工现场机械操作安全控制的规定。

3. 组织班组人员认真学习和执行本工种安全技术操作规程，熟知安全知识。

4. 安排生产任务时，认真进行安全技术交底。监督班组人员正确使用安全防护用品。

5. 上工前对所使用的机具、设备、防护用具及作业环境进行安全检查，发现问题立即采取整改措施，及时消除事故隐患。

6. 组织班组安全活动，开好班前安全生产会，并根据作业环境和职工的思想、体质、技术状况合理分配生产任务。

7. 机械作业时，操作人员不得擅自离开工作岗位或将机械交给非本机操作人员操作。严禁无关人员进入作业区和操作室内。

8. 作业后，切断电源，锁好闸箱，进行擦拭、润滑并清除杂物。

9. 发生工伤事故时，应立即抢救，及时报告，并保护好现场。

四、特殊工种安全生产责任

（一）起重工安全生产责任

1. 严格执行安全生产规章制度，拒绝违章指挥，杜绝违章作业。

2. 认真学习和执行起重工安全技术操作规程，熟知安全知识。

3. 坚持上班自检制度。

4. 严格执行安全技术施工方案和安全技术交底，不得任意变更、拆除安全防护设施，并不得动用与班组无关的机械和电气设备，加强自我防护意识。

5. 上班前不准饮酒，不准疲劳作业，严禁无证人员替代作业。

6. 交接班时要记录认真，内容要明细。

7. 在工作时要时刻检查各部门运转传动情况及钢丝绳的使用情况。

8. 机械的电器设备要严格管理，发现问题及时解决。

9. 起重臂下严禁站人，在吊装过程中应严格听从指挥人员的指挥。必须坚持“十不吊”原则。

（二）电工安全生产责任

1. 严格执行安全生产规章制度和措施，拒绝违章指挥，不违章作业。

2. 认真学习和执行电工安全技术操作规程，做到应知应会，熟知安全知识。

3. 坚持每日上班巡回检查制度。坚持班前自检制度，对所用爬梯、电焊机、喷灯、脚手架、电气、洞口等进行全面检查，排除不安全因素，不符合安全要求不得作业。

4. 严格执行安全技术施工方案和安全技术交底，不得任意变更、拆除安全防护设施。

5. 电工所有绝缘工具应妥善保管好，严禁他用，并经常检查自己的工具是否绝缘性能良好。

6. 在班前必须检查工地所有电器，发现问题及时解决。经常检查施工现场的线路设备，各配电箱必须上锁。

7. 实行文明施工，高空作业应带工具袋，工具不准上下抛掷。

8. 正确使用安全防护用品。

9. 对各级检查提出的安全隐患，要按要求及时整改。

10. 发生事故和未遂事故，立即向班组长报告，参加事故原因分析，吸取教训。

（三）架子工安全生产责任

1. 严格执行安全生产规章制度，拒绝违章指挥，杜绝违章作业。

2. 认真学习和执行架子工安全技术操作规程，熟知安全知识。

3. 坚持经常对脚手架、安全网进行检查。

4. 严格执行施工方案和安全技术交底，不得任意变更。

5. 用电线路防护架体搭设时必须停电，严禁带电搭设。

6. 坚决制止私自拆装脚手架和各种防护设施行为。

7. 实行文明施工，不得从高处向地面抛掷钢管及其他料具，对所使用的材料要按规定堆放整齐。

8. 进入施工现场严禁赤脚、穿拖鞋、穿高跟鞋及酒后作业。

9. 要正确使用安全防护用品。

10. 对检查出的安全隐患要按要求及时整改。

11. 发生事故和未遂事故，立即向班组长报告，参加事故原因分析，吸取教训。

（四）电气焊工安全生产责任

1. 严格执行安全生产规章制度，拒绝违章指挥，杜绝违章作业。

2. 认真学习和执行电气焊工安全技术操作规程，熟知安全知识。

3. 坚持上班自检制度。

4. 严格执行安全技术施工方案和安全技术交底，不得任意变更、拆除安全防护设施，并不得动用与班组无关的机械和电气设备，加强自我防护意识。

5. 正确使用安全防护用品。

6. 下班时要切断电源，收好电缆线，在室外作业要把焊机盖好。高空切割时要有防护措施。

7. 对各级检查提出的安全隐患，要按要求及时整改。

8. 实行文明施工，不得从高处抛掷物品，将流动电线及时收回、妥善保管，电气设备停止使用后，要把闸箱切断电源并锁好。

9. 发生事故和未遂事故，立即向班组长报告，参加事故原因分析，吸取教训。

（五）机械操作工安全生产责任

1. 严格执行安全生产规章制度，拒绝违章指挥，杜绝违章作业。

2. 认真学习和执行机械操作工安全技术操作规程，熟知安全知识。

3. 坚持上班自检制度。

4. 要严格执行安全技术施工方案和安全技术交底，不得任意变更、拆除安全防护设施，不得动用与班组无关的机械和电气设备，并加强自我防护意识。

5. 正确使用安全防护用品。

6. 对各级检查提出的隐患，要按要求及时整改。

7. 发生事故和未遂事故，立即向班组长报告，参加事故原因分析。

五、一般工种安全生产责任

（一）钢筋工安全生产责任

1. 严格执行安全生产规章制度，拒绝违章指挥，杜绝违章作业。

2. 认真学习和执行钢筋工安全技术操作规程，熟知安全知识。

3. 坚持上班自检制度。

4. 严格执行安全技术施工方案和安全技术交底，不得任意变更、拆除安全防护设施，并不得动用与班组无关的机械和电气设备，加强自我防护意识。

5. 正确使用安全防护用品。

6. 高空作业必须搭设脚手架，绑扎高层建筑物的圈梁时要搭设安全网。

7. 调直机上下不能堆放物料，手与滚筒应保持一定的距离。

8. 对各级检查出的安全隐患，按要求及时整改。

9. 实行文明施工，不得从高处往地面抛掷物品。

10. 发生事故和未遂事故，立即向班组长报告，参与事故原因分析，吸取教训。

（二）木工安全生产责任

1. 严格执行安全生产规章制度，拒绝违章指挥，杜绝违章作业。

2. 认真学习和执行木工安全技术操作规程，熟知安全知识。

3. 坚持上班自检制度。

4. 严格执行安全技术施工方案和安全技术交底，不得任意变更、拆除安全防护设施，不得动用与班组无关的机械和电气设备，并加强自我防护意识。

5. 正确使用安全防护用品。

6. 木工车间每日要保持干净，车间内严禁吸烟。

7. 上班前要保持所有电器完好无损，电线要架设合理。

8. 机械设备要有防护措施，保证机械正常运转。

9. 使用电锯前，应检查锯片，不得有裂纹；丝钉要拧紧；要有防护罩；操作时手臂不得跨越锯片。

10. 使用压刨机时，身体要保持平稳，双手操作，严禁在刨料后推送，不得戴手套操作。

11. 工作前应事先检查所使用的工具是否牢固。

12. 对各级检查提出的安全隐患，要按要求及时整改。

13. 实行文明施工，不得从高处往地面抛掷物品。

14. 发生事故和未遂事故，立即向班组长报告，参与事故原因分析，吸取教训。

（三）混凝土工安全生产责任

1. 严格执行安全生产规章制度，拒绝违章指挥，杜绝违章作业。

2. 认真学习和执行混凝土工安全技术操作规程，熟知安全知识。

3. 坚持上班自检制度。

4. 严格执行安全技术施工方案和安全技术交底，不得任意变更、拆除安全防护设施，并不得动用与班组无关的机械和电气设备，加强自我防护意识。

5. 正确使用安全防护用品。

6. 混凝土工施工的各种机械必须有可靠的接地或接零保护。

7. 夜间施工照明灯具应齐全有效，行走运输信号要明显。

8. 吊斗运料严禁冒高，以防坠落伤人。

9. 采用井架上料时，井架及马道两边的防护要稳固可靠。

10. 各种机械设备必须专人操作，并且懂得机械原理与维修。

11. 对各级查出的安全隐患要按要求及时整改。

（四）瓦工、抹灰工安全生产责任

1. 严格执行安全生产规章制度，拒绝违章指挥，杜绝违章作业。

2. 认真学习和执行瓦工、抹灰工安全技术操作规程，熟知安全知识。

3. 坚持上班自检制度。

4. 严格执行安全技术施工方案和安全技术交底，不得任意变更、拆除安全防护设施，并不得动用与班组无关的机械和电气设备，加强自我防护意识。

5. 正确使用安全防护用品。

6. 对各级检查提出的隐患，按要求及时整改。

7. 实行文明施工，不得从高处抛掷建筑垃圾和物品，并随时清理砖、瓦、砂、石等。

8. 发生事故或未遂事故，立即向班组长报告，参加事故分析，吸取教训。

9. 外墙抹灰应检查各道安全网和护身栏杆是否安全有效，要防止物料腐蚀。

（五）油漆、玻璃安装工安全生产责任

1. 严格执行安全生产规章制度，拒绝违章指挥，杜绝违章作业。

2. 认真学习和执行油漆、玻璃安装工安全技术操作规程，熟知安全知识。

3. 对各类油漆、易燃易爆品应存放在专用库房，不允许与其他材料混堆，对挥发性油料必须存于密闭容器内，必须设专人保管。

4. 油漆库房应有良好的通风，并有足够的消防器材，悬挂醒目的“严禁烟火”标志，库房与其他建筑物应保持一定的距离，严禁住人。通风不良处刷漆时，应有通风换气设施。

5. 搬运玻璃时，应戴防护手套。安装窗扇玻璃时，应系好安全带，并不得在同一垂直面内上下同时作业，工作场所碎玻璃要及时清理，以免被刺伤、割伤。

6. 对各级查出的安全隐患要及时整改，不符合要求的不得施工。

（六）管道安装工安全生产责任

1. 严格执行安全生产规章制度，拒绝违章指挥，杜绝违章作业。

2. 认真学习和执行管道安装工安全技术操作规程，熟知安全知识。

3. 坚持上班自检制度。

4. 严格执行安全技术施工方案和安全技术交底，不得任意变更、拆除安全防护设施，并不得动用与班组无关的机械和电气设备，加强自我防护意识。

5. 正确使用安全防护用品。

6. 管子变弯时要用干沙，加垫时管口不得站人；打眼时，楼板下及墙对面严禁站人；压力表要定期检校，发现不灵敏要及时更换。

7. 对各级检查提出的安全隐患要按要求及时整改。

8. 发生事故和未遂事故，立即向班组长报告，参加事故原因分析，吸取教训。

（七）机械维修工安全生产责任

1. 严格执行安全生产规章制度，拒绝违章指挥，杜绝违章作业。

2. 认真学习和执行机械维修工安全技术操作规程，熟知安全知识。

3. 修理机械要选择平坦监视地点停放，支撑牢固和楔紧；使用千斤顶时，必须用支架垫稳，不准在发动的车辆下面操作。

4. 检修有毒、易燃物的容器或设备时，应先严格清洗。在容器内操作，必须通风良好，外面应有人监护。

5. 工作时注意工具应经常检查，是否损坏，打大锤时不准戴手套，在大锤甩转方向上下不准有人。

6. 检修中的机械应有“正在修理，禁止开动”的标志示警，非检修人员一律不准发动或转动，修理中不准将手伸进齿轮箱或用手指找正对孔。

7. 清洗用油、润滑油及废油脂，必须按指定地点存放。废油、废棉纱不准随地乱扔。

8. 修理电气设备，要先切断电源，并锁好开关箱，悬挂“有人检修，禁止合闸”的警示牌，并派专人监护，方可修理。

9. 多人操作的工作平台，中间应设防护网，对面方向操作时应错开。

10. 积极参加安全竞赛和安全活动，接受安全教育，做好设备的维修保养工作。

11. 要严格执行安全技术施工方案和安全技术交底，不得任意变更、拆除安全防护设施，并不得动用与班组无关的机械和电气设备，加强自我防护意识。

12. 正确使用安全防护用品。

13. 对各级检查提出的隐患，要按要求及时整改。

（八）仓库管理员安全生产责任

1. 凡进库货物必须进行验收，核实后做好造册登记。

2. 认真负责搞好仓库内部材料、设备及小工具的发放工作，并应做好登记。

3. 工程需要的材料库存不足时，应提早备足，不至于影响正常施工。

4. 仓库内应保持整洁、货物堆放整齐、货架堆放的物品应挂牌明示，以便迅速无误地发放。

5. 严禁非仓库管理人员入内，严禁烟火。

6. 不得私自离岗，如有事外出，应委托他人临时看守。

7. 做好收、管工作，签好每一张单据，严格把关砂石料的计量及质量。

8. 定期检查仓库消防器材的完好情况，在规定的禁火区域内严格执行动火审批手续。

第三章　安全生产资金保障

一、基本规定

1. 安全生产费用管理应包括资金的提取、申请、审核审批、支付、使用、统计、分析、审计检查等工作内容。

2. 施工企业应按规定提取安全生产所需的费用。安全生产费用应包括安全技术措施、安全教育培训、劳动保护、应急准备等，以及必要的安全评价、监测、检测、论证所需费用。

3. 施工企业各管理层应根据安全生产管理需要，编制安全生产费用使用计划，明确费用使用的项目、类别、额度、实施单位及责任者、完成期限等内容，并应经审核批准后执行。

4. 施工企业各管理层相关负责人必须在其管辖范围内，按专款专用、及时足额的要求，组织落实安全生产费用使用计划。

5. 施工企业各管理层应建立安全生产费用分类使用台账，应定期统计，并报上一级管理层。

6. 施工企业各管理层应定期对下一级管理层的安全生产费用使用计划的实施情况进行监督审查和考核。

7. 施工企业各管理层应对安全生产费用管理情况进行年度汇总分析，并应及时调整安全生产费用的比例。

二、企业安全生产费用提取和使用管理办法

（一）安全费用的提取标准①

建设工程施工企业以建筑安装工程造价为计提依据。各建设工程类别安全费用提取标准如下：

1. 房屋建筑工程、水利水电工程、电力工程、铁路工程、城市轨道交通工程为2.0%；

---

① 引自财企［2012］16号

2. 市政公用工程、冶炼工程、机电安装工程、化工石油工程、港口与航道工程、公路工程、通信工程为1.5%。

建设工程施工企业提取的安全费用列入工程造价，在竞标时，不得删减，列入标外管理。国家对基本建设投资概算另有规定的，从其规定。

总包单位应当将安全费用按比例直接支付分包单位并监督使用，分包单位不再重复提取。

(二) 安全费用的使用范围①

建设工程施工企业安全费用应当按照以下范围使用：

(1) 完善、改造和维护安全防护设施设备支出（不含“三同时”要求初期投入的安全设施），包括施工现场临时用电系统、洞口、临边、机械设备、高处作业防护、交叉作业防护、防火、防爆、防尘、防毒、防雷、防台风、防地质灾害、地下工程有害气体监测、通风、临时安全防护等设施设备支出。

(2) 配备、维护、保养应急救援器材、设备支出和应急演练支出。

(3) 开展重大危险源和事故隐患评估、监控和整改支出。

(4) 安全生产检查、评价（不包括新建、改建、扩建项目安全评价）、咨询和标准化建设支出。

(5) 配备和更新现场作业人员安全防护用品支出。

(6) 安全生产宣传、教育、培训支出。

(7) 安全生产适用的新技术、新标准、新工艺、新装备的推广应用支出。

(8) 安全设施及特种设备检测检验支出。

(9) 其他与安全生产直接相关的支出。

三、安全生产费用使用和监督

(一) 使用

1. 工程项目在开工前应按照项目施工组织设计或专项安全技术方案编制安全生产费用的投入计划，安全生产费用的投入应满足本项目的安全生产需要。

2. 安全生产费用应当优先用于满足安全生产隐患整改支出或达到安全生产标准所需支出。

3. 工程项目按照安全生产费用的投入计划进行相应的物资采购和实物调拨，并建立项目安全用品采购和实物调拨台账。

4. 安全生产费用专款专用。安全生产费用计划不能满足安全生产实际投入需要的部分，据实计入生产成本。

(二) 监督检查

1. 各级企业进行安全生产检查、评审和考核时，应把安全生产费用的投入和管理作为一项必查内容，检查安全生产费用投入计划、安全生产费用投入额度、安全用品实物台账和施工现场安全设施投入情况，不符合规定的应立即纠正。

2. 各企业应定期对项目经理部安全生产投入的执行情况进行监督检查，及时纠正由于安全投入不足，致使施工现场存在安全隐患的问题。

---

① 引自财企［2012］16号

3. 施工项目对分包安全生产费用的投入必须进行认真检查，防止并纠正不按照安全生产技术措施的标准和数量进行安全投入、现场安全设施不到位及员工防护不达标现象。

第四章　安全技术管理

一、基本要求

1. 施工企业安全技术管理应包括对安全生产技术措施的制定、实施、改进等管理。

2. 施工企业各管理层的技术负责人应对管理范围的安全技术管理负责。

3. 施工企业应定期进行技术分析，改造、淘汰落后的施工工艺、技术和设备，应推行先进、适用的工艺、技术和装备，并应完善安全生产作业条件。

4. 施工企业应依据工程规模、类别、难易程度等明确施工组织设计、专项施工方案（措施）的编制、审核和审批的内容、权限、程序及时限。

5. 施工企业应根据施工组织设计、专项施工方案（措施）的审核、审批权限，组织相关职能部门审核，技术负责人审批。审核、审批应有明确意见并签名盖章。编制、审批应在施工前完成。

6. 施工企业应根据施工组织设计、专项安全施工方案（措施）编制和审批权限的设置，分级进行安全技术交底，编制人员应参与安全技术交底、验收和检查。

7. 施工企业可结合生产实际制定企业内部安全技术标准和图集。

二、危险性较大工程专项方案编制

针对危险性较大的分部分项工程，需单独编制安全技术措施及方案，安全技术措施及方案必须有设计、有计算、有详图、有文字说明。

（一）危险性较大工程范围（略）

（二）超过一定规模的危险性较大的分部分项工程（表2-4-1）

表2-4-1　超过一定规模的危险性较大的分部分项工程

分部分项工程	备注
基坑支护、降水工程	开挖深度超过3m或虽未超3m但地质条件和周边环境复杂
土方开挖工程	开挖深度超过3m的基坑（槽）
模板工程及支撑体系	包括大模板、滑模、爬模、飞模等；搭设高度5m及以上；搭设跨度10m及以上；施工总荷载10kN/m^{2}及以上；集中线荷载15kN/m^{2}及以上；高度大于支撑水平投影宽度且相对独立无联系构件的混凝土模板支撑工程；用于钢结构安装等满堂支撑体系
起重吊装及安装拆卸工程	采用非常规起重设备、方法，且单件起吊重量在10kN及以上；采用起重机械进行安装；起重机械设备自身的安装拆卸
脚手架工程	搭设高度24m及以上的落地式钢管脚手架；附着式整体和分片提升脚手架；悬挑式脚手架；吊篮脚手架；自制卸料平台、移动操作平台；新型及异型脚手架工程
拆除、爆破工程	建筑物、构筑物拆除；采用爆破拆除
其他	建筑幕墙安装；钢结构、网架和索膜结构安装；人工挖扩孔桩；地下暗挖、顶管及水下作业；预应力工程；采用新技术、新工艺、新材料、新设备及尚无相关技术标准的危险性较大的分部分项工程；达到一定规模的施工现场的消防安全管理

（三）危险性较大的分部分项工程安全技术措施及方案应包括的内容：

（1）工程概况：分部分项工程概况、施工平面布置、施工要求和技术保证条件。

（2）编制依据：相关法律、法规、规范性文件、标准、规范及图纸、施工组织设计等。

（3）施工计划：包括施工进度计划、材料与设备计划。

（4）施工工艺技术：技术参数、工艺流程、施工方法、检查验收等。

（5）施工安全保证措施：组织保障、风险分析、技术措施、应急预案、监测监控等。

（6）劳动力计划：专职安全生产管理人员、特种作业人员等。

（7）计算书。

（8）施工图及节点图。

（四）专项安全技术措施及方案的编制和审批（表2-4-2）

表2-4-2　专项安全技术措施及方案的编制和审批

安全技术措施及方案	编制	审核	审批
一般工程的安全技术措施及方案	项目技术人	项目技术负责人	项目总工
危险性较大工程的安全技术措施及方案	项目技术负责人（或企业技术管理部门）	企业技术、安全、质量等管理部门	企业总工程师（或总工授权）
超过一定规模的危险性较大工程的安全技术措施及方案	项目总工（或企业技术管理部门）	企业技术、安全、质量等管理部门审核并聘请有关专家进行论证	企业总工程师（或总工授权）

三、安全技术交底

1. 各项目经理部必须建立健全和落实安全技术交底制度。

2. 安全技术交底必须按工种分部分项交底。施工条件发生变化时，应有针对性的补充交底内容；冬雨季节施工应有针对季节气候特点的安全技术交底。工程因故停工，复工时应重新进行安全技术交底。

3. 安全技术交底必须在工序施工前进行，并且要保证交底逐级下达到施工作业班组全体作业人员。施工组织设计交底顺序为：项目总工程师－项目技术人员－责任工程师；分部分项施工方案交底顺序为：项目技术人员－责任工程师－班组长；分项施工方案（作业指导书）交底顺序为：责任工程师－班组长－作业人员。

4. 安全技术交底必须有针对性、指导性及可操作性，交底双方需要书面签字确认，并各持有一套书面资料。

5. 安全技术交底文字资料来源于施工组织设计和专项施工方案，交底资料应接受项目安全总监监督。安全总监应审核安全技术交底的准确性、全面性和针对性并存档。

四、施工现场危险源辨识及预案制定

（一）基本要求

1. 建筑施工项目应当制定具体应急预案，并对生产经营场所及周边环境开展隐患排查，及时采取措施消除隐患，防止发生突发事件。

2. 建筑施工项目对重大危险源应当登记建档，进行定期检测、评估、监控，并制定应急预案，告知从业人员和相关人员在紧急情况下应当采取的应急措施。

登记建档应当包括重大危险源的名称、地点、性质和可能造成的危害等内容。

（二）危险源辨识

建筑施工项目应成立由项目经理任组长的危险源辨识评价小组，在工程开工前由危险源辨识评价小组对施工现场的主要和关键工序中的危险因素进行辨识。

1. 危险源分类

建筑施工项目的危险源大概可分为以下几类：高处坠落、物体打击、触电、坍塌、机械伤害、起重伤害、中毒和窒息、火灾和爆炸、车辆伤害、粉尘、噪声、灼烫、其他等。

施工现场内的危险源主要与施工部位、分部分项（工序）工程、施工装置（设施、机械）及物质有关。如：脚手架（包括落地架、悬挑架、爬架等）、模板支撑体系、起重吊装、物料提升机、施工电梯安装与运行，基坑（槽）施工，局部结构工程或临时建筑（工棚、围墙等）失稳，造成坍塌、倒塌意外：高度大于2m的作业面（包括高空、洞口、临边作业），因安全防护设施不符合或无防护设施、人员未配备劳动保护用品造成人员踏空、滑倒、失稳等意外；焊接、金属切割、冲击钻孔（凿岩）等施工及各种施工电器设备的安全保护（如：漏电保护、绝缘、接地保护等）不符合，造成人员触电、局部火灾等意外；工程材料、构件及设备的堆放与搬（吊）运等发生高空坠落、堆放散落、撞击人员等意外；人工挖孔桩（井）、室内涂料（油漆）及粘贴等因通风排气不畅造成人员窒息或气体中毒；施工用易燃易爆化学物品临时存放或使用不符合、防护不到位，造成火灾或人员中毒意外；工地饮食因卫生不符合，造成集体食物中毒或疾病。

2. 危险源识别

在对危险源进行识别时应充分考虑正常、异常、紧急三种状态以及过去、现在、将来三种时态。主要从以作业活动进行辨识；施工准备、施工阶段、关键工序、工地地址、工地内平面布局、建筑物构造、所使用的机械设备装置、有害作业部位（粉尘、毒物、噪声、振动、高低温）、各项制度（女工劳动保护、体力劳动强度等）、生活设施和应急、外出工作人员和外来工作人员。重点放在工程施工的基础、主体、装饰装修阶段及危险品的控制及影响上，并考虑国家法律、法规的要求，特种作业人员、危险设施、经常接触有毒有害物质的作业活动和情况；具有易燃、易爆特性的作业活动和情况；具有职业性健康伤害、损害的作业活动和情况；曾经发生或行业内经常发生事故的作业活动和情况。

3. 风险评价

风险评价是评估危险源所带来的风险大小及确定风险是否可容许的全过程，根据评价的结果对风险进行分级，按不同级别的风险有针对性地采取风险控制措施。

安全风险的大小可采用事故后果的严重程度与事故发生可能性的乘积来衡量，见表2-4-3。

表2-4-3　风险的评价分级确定表

可能性	后果				
	1	2	3	4	5
A	低	低	低	中	高
B	低	低	中	高	极高
C	低	中	高	极高	极高
D	中	高	高	极高	极高
E	高	高	极高	极高	极高

4. 风险控制

极高：作为重点的控制对象，制定方案实施控制。

高：直至风险降低后才能开始工作，为降低风险有时必须配备大量资源，当风险涉及正在进行中的工作时，应采取应急措施。在方案和规章制度中制定控制办法，并对其实施控制。

中：应努力降低风险，但应仔细测定并限定预防成本，在规章制度内进行预防和控制。

低：是指风险减低到合理可行的，最低水平不需要另外的控制措施，应考虑投资效果更佳的解决方案或不增加额外成本的改进措施，需要监测来确保控制措施得以维持。

建筑施工项目应当根据建设工程施工的特点、范围，对施工现场易发生重大事故的部位、环节进行监控，制定施工现场生产安全事故应急救援预案。实行施工总承包的，由总承包单位统一组织编制建设工程生产安全事故应急救援预案，工程总承包单位和分包单位按照应急救援预案，各自建立应急救援组织或者配备应急救援人员，配备救援器材、设备，并定期组织演练。主要预案应包括：生产安全事故应急救援预案；大模板工程专项应急预案；脚手架工程专项应急预案；深基础土方工程专项应急预案；起重机械专项应急预案；电动吊篮应急预案；消防安全应急预案；防汛应急预案；法定传染病暴发与流行事件应急预案；高温、低温作业应急预案；集体食堂食物中毒事故应急预案；急性职业中毒事故应急预案等。

第五章　安全检查

一、检查内容和要求

（一）检查内容

施工企业安全检查应包括下列内容：

1. 安全管理目标的实现程度。
2. 安全生产职责的履行情况。
3. 各项安全生产管理制度的执行情况。
4. 施工现场管理行为和实物状况。
5. 生产安全事故、未遂事故和其他违规违法事件的报告调查、处理情况。
6. 安全生产法律法规、标准规范和其他要求的执行情况。

（二）安全检查方式

1. 定期安全生产检查

（1）工程项目部每天应结合施工动态，实行安全巡查。

（2）总承包工程项目部应组织各分包单位每周进行安全检查。

（3）施工企业每月应对工程项目施工现场安全生产情况至少进行一次检查，并应针对检查中发现的倾向性问题、安全生产状况较差的工程项目，组织专项检查。

2. 专业性安全生产检查

专业性安全生产检查内容包括对深基坑物料提升机、脚手架、施工用电、塔吊等的安全生产问题和普遍性安全问题进行单项专业检查。这类检查专业性强，也可以结合单项评比进行，参加专业安全生产检查组的人员应由技术负责人、专业技术人员、专项作业负责人参加。

3. 季节性安全生产检查

季节性安全生产检查是针对施工所在地气候的特点，可能给施工带来危害而组织的安全生产检查。

4. 节假日前后安全生产检查

是针对节假日前后职工思想松懈而进行的安全生产检查。

5. 自检、互检和交接检查

（1）自检。班组作业前、后对自身所处的环境和工作程序要进行安全生产检查，可随时消除不安全隐患。

（2）互检。班组之间开展的安全生产检查。可以做到互相监督、共同遵章守纪。

（3）交接检查。上道工序完毕，交给下道工序使用或操作前，应由工地负责人组织工长、安全员、班组长及其他有关人员参加，进行安全生产检查和验收，确认无安全隐患，达到合格要求后，方能交给下道工序使用或操作。

二、安全隐患的处理

1. 对检查中存在的问题和隐患，应定人、定时间、定措施组织整改，并应跟踪复查直至整改完毕。

2. 施工企业对安全检查中发现的问题，宜按隐患类别分类记录，定期统计，并应分析确定多发和重大隐患类别，制定实施治理措施。

3. 安全检查应建立检查台账，将每次检查和整改的情况详细记录在案，便于一旦发生事故时追溯原因和责任。

4. 对凡是有即发性事故危险的隐患、违章指挥、违章作业行为，检查人员应责令立即停止该项作业，被查单位必须立即整改。

5. 对检查发现的重大安全隐患有可能立即导致人员伤亡或财产损失时，安全检查人员有权责令立即全部或局部停工，由项目经理组织制定并落实事故隐患合理整改方案，待整改验收合格后方可恢复施工。对由施工企业能力不能消除或超出其职责范围的隐患，要及时以书面形式报工程项目建设单位，由工程建设相关方进行共同研究整改方案。

6. 项目经理部根据检查的结果，对存在的问题进行分析研究，提出改进的措施和要求，并与目标管理、责任制考核及奖罚等相结合。

7. 施工企业应定期对安全生产管理的适宜性、符合性和有效性进行评估。应确定改进措施，并对其有效性进行跟踪验证和评价。发生下列情况时，企业应及时进行安全生产管理评估：

（1）适用法律法规发生变化。

（2）企业组织机构和体制发生重大变化。

（3）发生生产安全事故。

（4）其他影响安全生产管理的重大变化。

8. 施工企业应建立并保存安全检查和改进活动的资料与记录。

三、检查评定项目

（一）安全管理

1. 安全管理检查评定应符合国家现行有关安全生产的法律、法规、标准的规定。

2. 安全管理检查评定保证项目应包括：安全生产责任制、施工组织设计及专项施工方案、安全技术交底、安全检查、安全教育、应急救援。一般项目应包括：分包单位安全管理、持证上岗、生产安全事故处理、安全标志。

3. 安全管理保证项目的检查评定应符合下列规定：

1）安全生产责任制

（1）工程项目部应建立以项目经理为第一责任人的各级管理人员安全生产责任制。

（2）安全生产责任制应经责任人签字确认。

（3）工程项目部应有各工种安全技术操作规程。

（4）工程项目部应按规定配备专职安全员。

（5）对实行经济承包的工程项目，承包合同中应有安全生产考核指标。

（6）工程项目部应制定安全生产资金保障制度。

（7）按安全生产资金保障制度，应编制安全资金使用计划，并应按计划实施。

（8）工程项目部应制定以伤亡事故控制、现场安全达标、文明施工为主要内容的安全生产管理目标。

（9）按安全生产管理目标和项目管理人员的安全生产责任制，应进行安全生产责任目标分解。

（10）应建立对安全生产责任制和责任目标的考核制度。

（11）按考核制度，应对项目管理人员定期进行考核。

2）施工组织设计及专项施工方案

（1）工程项目部在施工前应编制施工组织设计，施工组织设计应针对工程特点、施工工艺制定安全技术措施。

（2）危险性较大的分部分项工程应按规定编制安全专项施工方案，专项施工方案应有针对性，并按有关规定进行设计计算。

（3）超过一定规模危险性较大的分部分项工程，施工单位应组织专家对专项施工方案进行论证。

（4）施工组织设计、专项施工方案，应由有关部门审核，施工单位技术负责人、监理单位项目总监批准。

（5）工程项目部应按施工组织设计、专项施工方案组织实施。

3）安全技术交底

（1）施工负责人在分派生产任务时，应对相关管理人员、施工作业人员进行书面安全技术交底。

（2）安全技术交底应按施工工序、施工部位、施工栋号分部分项进行。

（3）安全技术交底应结合施工作业场所状况、特点、工序，对危险因素、施工方案、规范标准、操作规程和应急措施进行交底。

（4）安全技术交底应由交底人、被交底人、专职安全员进行签字确认。

4）安全检查

（1）工程项目部应建立安全检查制度。

（2）安全检查应由项目负责人组织，专职安全员及相关专业人员参加，定期进行并填写检查记录。

（3）对检查中发现的事故隐患应下达隐患整改通知单，定人、定时间、定措施进行整改。重大事故隐患整改后，应由相关部门组织复查。

5）安全教育

（1）工程项目部应建立安全教育培训制度。

（2）当施工人员入场时，工程项目部应组织进行以国家安全法律法规、企业安全制度、施工现场安全管理规定及各工种安全技术操作规程为主要内容的三级安全教育培训和考核。

（3）当施工人员变换工种或采用新技术、新工艺、新设备、新材料施工时，应进行安全教育培训。

（4）施工管理人员、专职安全员每年度应进行安全教育培训和考核。

6）应急救援

（1）工程项目部应针对工程特点，进行重大危险源的辨识；应制定防触电、防坍塌、防高处坠落、防起重及机械伤害、防火灾、防物体打击等主要内容的专项应急救援预案，并对施工现场易发生重大安全事故的部位、环节进行监控。

（2）施工现场应建立应急救援组织，培训、配备应急救援人员，定期组织员工进行应急救援演练。

（3）按应急救援预案要求，应配备应急救援器材和设备。

4. 安全管理一般项目的检查评定应符合下列规定：

1）分包单位安全管理

（1）总包单位应对承揽分包工程的分包单位进行资质、安全生产许可证和相关人员安全生产资格的审查。

（2）当总包单位与分包单位签订分包合同时，应签订安全生产协议书，明确双方的安全责任。

（3）分包单位应按规定建立安全机构，配备专职安全员。

2）持证上岗

（1）从事建筑施工的项目经理、专职安全员和特种作业人员，必须经行业主管部门培训考核合格，取得相应资格证书，方可上岗作业。

（2）项目经理、专职安全员和特种作业人员应持证上岗。

3）生产安全事故处理

（1）当施工现场发生生产安全事故时，施工单位应按规定及时报告。

（2）施工单位应按规定对生产安全事故进行调查分析，制定防范措施。

（3）应依法为施工作业人员办理保险。

4）安全标志

（1）施工现场入口处及主要施工区域、危险部位应设置相应的安全警示标志牌。

（2）施工现场应绘制安全标志布置图。

（3）应根据工程部位和现场设施的变化，调整安全标志牌设置。

（4）施工现场应设置重大危险源公示牌。

（二）文明施工

1. 文明施工检查评定应符合现行国家标准《建设工程施工现场消防安全技术规范》（GB 50720）和《建筑施工现场环境与卫生标准》（JGJ 146）、《施工现场临时建筑物技术规范》（JGJ/T 188）的规定。

2. 文明施工检查评定保证项目应包括：现场围挡、封闭管理、施工场地、材料管理、现场办公与住宿、现场防火。一般项目应包括：综合治理、公示标牌、生活设施、社区服务。

3. 文明施工保证项目的检查评定应符合下列规定：

1）现场围挡

（1）市区主要路段的工地应设置高度不小于2.5m的封闭围挡。

（2）一般路段的工地应设置高度不小于1.8m的封闭围挡。

（3）围挡应坚固、稳定、整洁、美观。

2）封闭管理

（1）施工现场进出口应设置大门，并应设置门卫值班室。

（2）应建立门卫值守管理制度，并应配备门卫值守人员。

（3）施工人员进入施工现场应佩戴工作卡。

（4）施工现场出入口应标有企业名称或标识，并应设置车辆冲洗设备。

3）施工场地

（1）施工现场的主要道路及材料加工区地面应进行硬化处理。

（2）施工现场道路应畅通，路面应平整坚实。

（3）施工现场应有防止扬尘措施。

（4）施工现场应设置排水设施，且排水通畅无积水。

（5）施工现场应有防止泥浆、污水、废水污染环境的措施。

（6）施工现场应设置专门的吸烟处，严禁随意吸烟。

（7）温暖季节应有绿化布置。

4）材料管理

（1）建筑材料、构件、料具应按总平面布局进行码放。

（2）材料应码放整齐，并应标明名称、规格等。

（3）施工现场材料码放应采取防火、防锈蚀、防雨等措施。

（4）建筑物内施工垃圾的清运，应采用器具或管道运输，严禁随意抛掷。

（5）易燃易爆物品应分类储藏在专用库房内，并应制定防火措施。

5）现场办公与住宿

（1）施工作业、材料存放区与办公、生活区应划分清晰，并应采取相应的隔离措施。

（2）在施工程，伙房、库房不得兼做宿舍。

（3）宿舍、办公用房的防火等级应符合规范要求。

（4）宿舍应设置可开启式窗户，床铺不得超过2层，通道宽度不应小于0.9m。

（5）宿舍内住宿人员人均面积不应小于2.5m^2，且不得超过16人。

（6）冬季宿舍内应有采暖和防一氧化碳中毒措施。

（7）夏季宿舍内应有防暑降温和防蚊蝇措施。

（8）生活用品应摆放整齐，环境卫生应良好。

6）现场防火

（1）施工现场应建立消防安全管理制度、制定消防措施。

（2）施工现场临时用房和作业场所的防火设计应符合规范要求。

（3）施工现场应设置消防通道、消防水源，并应符合规范要求。

（4）施工现场灭火器材应保证可靠有效，布局配置应符合规范要求。

（5）明火作业应履行动火审批手续，配备动火监护人员。

4. 文明施工一般项目的检查评定应符合下列规定：

1）综合治理

（1）生活区内应设置供作业人员学习和娱乐的场所。

（2）施工现场应建立治安保卫制度，责任分解落实到人。

（3）施工现场应制定治安防范措施。

2）公示标牌

（1）大门口处应设置公示标牌，主要内容应包括：工程概况牌、消防保卫牌、安全生产牌、文明施工牌、管理人员名单及监督电话牌、施工现场总平面图。

（2）标牌应规范、整齐、统一。

（3）施工现场应有安全标语。

（4）应有宣传栏、读报栏、黑板报。

3）生活设施

（1）应建立卫生责任制度并落实到人。

（2）食堂与厕所、垃圾站、有毒有害场所等污染源的距离应符合规范要求。

（3）食堂必须有卫生许可证，炊事人员必须持身体健康证上岗。

（4）食堂使用的燃气罐应单独设置存放间，存放间应通风良好，并严禁存放其他物品。

（5）食堂的卫生环境应良好，且应配备必要的排风、冷藏、消毒、防鼠、防蚊蝇等设施。

（6）厕所内的设施数量和布局应符合规范要求。

（7）厕所必须符合卫生要求。

（8）必须保证现场人员卫生饮水。

（9）应设置淋浴室，且能满足现场人员需求。

（10）生活垃圾应装入密闭式容器内，并应及时清理。

4）社区服务

（1）夜间施工前，必须经批准后方可进行施工。

（2）施工现场严禁焚烧各类废弃物。

（3）施工现场应制定防粉尘、防噪声、防光污染等措施。

（4）应制定施工不扰民措施。

（三）扣件式钢管脚手架

1. 扣件式钢管脚手架检查评定应符合现行行业标准《建筑施工扣件式钢管脚手架安全技术规范》（JGJ 130）的规定。

2. 扣件式钢管脚手架检查评定保证项目应包括：施工方案、立杆基础、架体与建筑结构拉结、杆件间距与剪刀撑、脚手板与防护栏杆、交底与验收。一般项目应包括：横向水平杆设置、杆件连接、层间防护、构配件材质、通道。

3. 扣件式钢管脚手架保证项目的检查评定应符合下列规定：

1）施工方案

（1）架体搭设应编制专项施工方案，结构设计应进行计算，并按规定进行审核、审批。

（2）当架体搭设超过规范允许高度时，应组织专家对专项施工方案进行论证。

2）立杆基础

（1）立杆基础应按方案要求平整、夯实，并应采取排水措施，立杆底部设置的垫板、底座应符合规范要求。

（2）架体应在距立杆底端高度不大于200mm处设置纵、横向扫地杆，并应用直角扣件固定在立杆上，横向扫地杆应设置在纵向扫地杆的下方。

3）架体与建筑结构拉结

（1）架体与建筑结构拉结应符合规范要求。

（2）连墙件应从架体底层第一步纵向水平杆处开始设置，当该处设置有困难时应采取其他可靠措施固定。

（3）对搭设高度超过24m的双排脚手架，应采用刚性连墙件与建筑结构可靠拉结。

4）杆件间距与剪刀撑

（1）架体立杆、纵向水平杆、横向水平杆间距应符合设计和规范要求。

（2）纵向剪刀撑及横向斜撑的设置应符合规范要求。

（3）剪刀撑杆件的接长、剪刀撑斜杆与架体杆件的固定应符合规范要求。

5）脚手板与防护栏杆

（1）脚手板材质、规格应符合规范要求，铺板应严密、牢靠。

（2）架体外侧应采用密目式安全网封闭，网间连接应严密。

（3）作业层应按规范要求设置防护栏杆。

（4）作业层外侧应设置高度不小于180mm的挡脚板。

6）交底与验收

（1）架体搭设前应进行安全技术交底，并应有文字记录。

（2）当架体分段搭设、分段使用时，应进行分段验收。

（3）搭设完毕应办理验收手续，验收应有量化内容并经责任人签字确认。

4. 扣件式钢管脚手架一般项目的检查评定应符合下列规定：

1）横向水平杆设置

（1）横向水平杆应设置在纵向水平杆与立杆相交的主节点处，两端应与纵向水平杆固定。

（2）作业层应按铺设脚手板的需要增加设置横向水平杆。

（3）单排脚手架横向水平杆插入墙内不应小于180mm。

2）杆件连接

（1）纵向水平杆杆件宜采用对接，若采用搭接，其搭接长度不应小于1m，且固定应符合规范要求。

（2）立杆除顶层顶步外，不得采用搭接。

（3）杆件对接扣件应交错布置，并符合规范要求。

（4）扣件紧固力矩不应小于40N·m，且不应大于65N·m。

3）层间防护

（1）作业层脚手板下应采用安全平网兜底，以下每隔10m应采用安全平网封闭。

（2）作业层里排架体与建筑物之间应采用脚手板或安全平网封闭。

4）构配件材质

（1）钢管直径、壁厚、材质应符合规范要求。

（2）钢管弯曲、变形、锈蚀应在规范允许范围内。

（3）扣件应进行复试且技术性能符合规范要求。

5）通道

（1）架体应设置供人员上下的专用通道；

（2）专用通道的设置应符合规范要求。

（四）门式钢管脚手架

1. 门式钢管脚手架检查评定应符合现行行业标准《建筑施工门式钢管脚手架安全技术规范》（JGJ 128）的规定。

2. 门式钢管脚手架检查评定保证项目应包括：施工方案、架体基础、架体稳定、杆件锁臂、脚手板、交底与验收。一般项目应包括：架体防护、构配件材质、荷载、通道。

3. 门式钢管脚手架保证项目的检查评定应符合下列规定：

1）施工方案

（1）架体搭设应编制专项施工方案，结构设计应进行计算，并按规定进行审核、审批。

（2）当架体搭设超过规范允许高度时，应组织专家对专项施工方案进行论证。

2）架体基础

（1）立杆基础应按方案要求平整、夯实，并应采取排水措施。

（2）架体底部应设置垫板和立杆底座，并应符合规范要求。

（3）架体扫地杆设置应符合规范要求。

3）架体稳定

（1）架体与建筑物结构拉结应符合规范要求。

（2）架体剪刀撑斜杆与地面夹角应在45°~60°之间，应采用旋转扣件与立杆固定，剪刀撑设置应符合规范要求。

（3）门架立杆的垂直偏差应符合规范要求。

（4）交叉支撑的设置应符合规范要求。

4）杆件锁臂

（1）架体杆件、锁臂应按规范要求进行组装。

（2）应按规范要求设置纵向水平加固杆。

（3）架体使用的扣件规格应与连接杆件相匹配。

5）脚手板

（1）脚手板材质、规格应符合规范要求。

（2）脚手板应铺设严密、平整、牢固。

（3）挂扣式钢脚手板的挂扣必须完全挂扣在水平杆上，挂钩应处于锁住状态。

6）交底与验收

（1）架体搭设前应进行安全技术交底，并应有文字记录。

（2）当架体分段搭设、分段使用时，应进行分段验收。

（3）搭设完毕应办理验收手续，验收应有量化内容并经责任人签字确认。

4. 门式钢管脚手架一般项目的检查评定应符合下列规定：

1）架体防护

（1）作业层应按规范要求设置防护栏杆。

（2）作业层外侧应设置高度不小于180mm的挡脚板。

（3）架体外侧应采用密目式安全网进行封闭，网间连接应严密。

（4）架体作业层脚手板下应采用安全平网兜底，以下每隔10m应采用安全平网封闭。

2）构配件材质

（1）门架不应有严重的弯曲、锈蚀和开焊。

（2）门架及构配件的规格、型号、材质应符合规范要求。

3）荷载

（1）架体上的施工荷载应符合设计和规范要求。

（2）施工均布荷载、集中荷载应在设计允许范围内。

4）通道

（1）架体应设置供人员上下的专用通道。

（2）专用通道的设置应符合规范要求。

（五）碗扣式钢管脚手架

1. 碗扣式钢管脚手架检查评定应符合现行行业标准《建筑施工碗扣式钢管脚手架安全技术规范》（JGJ 166）的规定。

2. 碗扣式钢管脚手架检查评定保证项目应包括：施工方案、架体基础、架体稳定、杆件锁件、脚手板、交底与验收。一般项目应包括：架体防护、构配件材质、荷载、通道。

3. 碗扣式钢管脚手架保证项目的检查评定应符合下列规定：

1）施工方案

（1）架体搭设应编制专项施工方案，结构设计应进行计算，并按规定进行审核、审批。

（2）当架体搭设超过规范允许高度时，应组织专家对专项施工方案进行论证。

2）架体基础

（1）立杆基础应按方案要求平整、夯实，并应采取排水措施，立杆底部设置的垫板和底座应符合规范要求。

（2）架体纵横向扫地杆距立杆底端高度不应大于350mm。

3）架体稳定

（1）架体与建筑结构拉结应符合规范要求，并应从架体底层第一步纵向水平杆处开始设置连墙件，当该处设置有困难时应采取其他可靠措施固定。

（2）架体拉结点应牢固可靠。

（3）连墙件应采用刚性杆件。

（4）架体竖向应沿高度方向连续设置专用斜杆或八字撑。

（5）专用斜杆两端应固定在纵横向水平杆的碗扣节点处。

（6）专用斜杆或八字型斜撑的设置角度应符合规范要求。

4）杆件锁件

（1）架体立杆间距、水平杆步距应符合设计和规范要求。

（2）应按专项施工方案设计的步距在立杆连接碗扣节点处设置纵、横向水平杆。

（3）当架体搭设高度超过24m时，顶部24m以下的连墙件层应设置水平斜杆，并应符合规范要求。

（4）架体组装及碗扣紧固应符合规范要求。

5）脚手板

（1）脚手板材质、规格应符合规范要求。

（2）脚手板应铺设严密、平整、牢固。

（3）挂扣式钢脚手板的挂扣必须完全挂扣在水平杆上，挂钩应处于锁住状态。

6）交底与验收

（1）架体搭设前应进行安全技术交底，并应有文字记录。

（2）架体分段搭设、分段使用时，应进行分段验收。

（3）搭设完毕应办理验收手续，验收应有量化内容并经责任人签字确认。

4. 碗扣式钢管脚手架一般项目的检查评定应符合下列规定：

1）架体防护

（1）架体外侧应采用密目式安全网进行封闭，网间连接应严密。

（2）作业层应按规范要求设置防护栏杆。

（3）作业层外侧应设置高度不小于180mm的挡脚板。

（4）作业层脚手板下应采用安全平网兜底，以下每隔10m应采用安全平网封闭。

2）构配件材质

（1）架体构配件的规格、型号、材质应符合规范要求。

（2）钢管不应有严重的弯曲、变形、锈蚀。

3）荷载

（1）架体上的施工荷载应符合设计和规范要求。

（2）施工均布荷载、集中荷载应在设计允许范围内。

4）通道

（1）架体应设置供人员上下的专用通道。

（2）专用通道的设置应符合规范要求。

（六）承插型盘扣式钢管脚手架

1. 承插型盘扣式钢管脚手架检查评定应符合现行行业标准《建筑施工承插型盘扣式钢管支架安全技术规程》（JGJ 231）的规定。

2. 承插型盘扣式钢管脚手架检查评定保证项目包括：施工方案、架体基础、架体稳定、杆件设置、脚手板、交底与验收。一般项目包括：架体防护、杆件连接、构配件材质、通道。

3. 承插型盘扣式钢管脚手架保证项目的检查评定应符合下列规定：

1）施工方案

（1）架体搭设应编制专项施工方案，结构设计应进行计算。

（2）专项施工方案应按规定进行审核、审批。

2）架体基础

（1）立杆基础应按方案要求平整、夯实，并应采取排水措施。

（2）立杆底部应设置垫板和可调底座，并应符合规范要求。

（3）架体纵、横向扫地杆设置应符合规范要求。

3）架体稳定

（1）架体与建筑结构拉结应符合规范要求，并应从架体底层第一步水平杆处开始设置连墙件，当该处设置有困难时应采取其他可靠措施固定。

（2）架体拉结点应牢固可靠。

（3）连墙件应采用刚性杆件。

（4）架体竖向斜杆、剪刀撑的设置应符合规范要求。

（5）竖向斜杆的两端应固定在纵、横向水平杆与立杆汇交的盘扣节点处。

（6）斜杆及剪刀撑应沿脚手架高度连续设置，角度应符合规范要求。

4）杆件设置

（1）架体立杆间距、水平杆步距应符合设计和规范要求。

（2）应按专项施工方案设计的步距在立杆连接插盘处设置纵、横向水平杆。

（3）当双排脚手架的水平杆未设挂扣式钢脚手板时，应按规范要求设置水平斜杆。

5）脚手板

（1）脚手板材质、规格应符合规范要求。

（2）脚手板应铺设严密、平整、牢固。

（3）挂扣式钢脚手板的挂扣必须完全挂扣在水平杆上，挂钩应处于锁住状态。

6）交底与验收

（1）架体搭设前应进行安全技术交底，并应有文字记录。

（2）架体分段搭设、分段使用时，应进行分段验收。

（3）搭设完毕应办理验收手续，验收应有量化内容并经责任人签字确认。

4. 承插型盘扣式钢管脚手架一般项目的检查评定应符合下列规定：

1）架体防护

（1）架体外侧应采用密目式安全网进行封闭，网间连接应严密。

（2）作业层应按规范要求设置防护栏杆。

（3）作业层外侧应设置高度不小于180mm的挡脚板。

（4）作业层脚手板下应采用安全平网兜底，以下每隔10m应采用安全平网封闭。

2）杆件连接

（1）立杆的接长位置应符合规范要求。

（2）剪刀撑的接长应符合规范要求。

3）构配件材质

（1）架体构配件的规格、型号、材质应符合规范要求。

（2）钢管不应有严重的弯曲、变形、锈蚀。

4）通道

（1）架体应设置供人员上下的专用通道。

（2）专用通道的设置应符合规范要求。

（七）满堂脚手架

1. 满堂脚手架检查评定应符合现行行业标准《建筑施工扣件式钢管脚手架安全技术规

范》（JGJ 130）、《建筑施工门式钢管脚手架安全技术规范》（JGJ 128）、《建筑施工碗扣式钢管脚手架安全技术规程》（JGJ 166）和《建筑施工承插型扣式钢管支架安全技术规程》（JGJ 231）的规定。

2. 满堂脚手架检查评定保证项目应包括：施工方案、架体基础、架体稳定、杆件锁件、脚手板、交底与验收。一般项目应包括：架体防护、构配件材质、荷载、通道。

3. 满堂脚手架保证项目的检查评定应符合下列规定：

1）施工方案

（1）架体搭设应编制专项施工方案，结构设计应进行计算。

（2）专项施工方案应按规定进行审核、审批。

2）架体基础

（1）架体基础应按方案要求平整、夯实，并应采取排水措施。

（2）架体底部应按规范要求设置垫板和底座，垫板规格应符合规范要求。

（3）架体扫地杆设置应符合规范要求。

3）架体稳定

（1）架体四周与中部应按规范要求设置竖向剪刀撑或专用斜杆。

（2）架体应按规范要求设置水平剪刀撑或水平斜杆。

（3）当架体高宽比大于规范规定时，应按规范要求与建筑结构拉结或采取增加架体宽度、设置钢丝绳张拉固定等稳定措施。

4）杆件锁件

（1）架体立杆件间距，水平杆步距应符合设计和规范要求。

（2）杆件的接长应符合规范要求。

（3）架体搭设应牢固，杆件节点应按规范要求进行紧固。

5）脚手板

（1）作业层脚手板应满铺，铺稳、铺牢。

（2）脚手板的材质、规格应符合规范要求。

（3）挂扣式钢脚手板的挂扣应完全挂扣在水平杆上，挂钩处应处于锁住状态。

6）交底与验收

（1）架体搭设前应进行安全技术交底，并应有文字记录。

（2）架体分段搭设、分段使用时，应进行分段验收。

（3）搭设完毕应办理验收手续，验收应有量化内容并经责任人签字确认。

4. 满堂脚手架一般项目的检查评定应符合下列规定：

1）架体防护

（1）作业层应按规范要求设置防护栏杆。

（2）作业层外侧应设置高度不小于180mm的挡脚板。

（3）作业层脚手板下应采用安全平网兜底，以下每隔10m应采用安全平网封闭。

2）构配件材质

（1）架体构配件的规格、型号、材质应符合规范要求。

（2）杆件的弯曲、变形和锈蚀应在规范允许范围内。

3）荷载

（1）架体上的施工荷载应符合设计和规范要求。

（2）施工均布荷载、集中荷载应在设计允许范围内。

4）通道

（1）架体应设置供人员上下的专用通道。

（2）专用通道的设置应符合规范要求。

（八）悬挑式脚手架

1. 悬挑式脚手架检查评定应符合现行行业标准《建筑施工扣件式钢管脚手架安全技术规范》（JGJ 130）、《建筑施工门式钢管脚手架安全技术规范》（JGJ 128）、《建筑施工碗扣式钢管脚手架安全技术规范》（JGJ 166）和《建筑施工承插型盘扣式钢管支架安全技术规程》（JGJ 231）的规定。

2. 悬挑式脚手架检查评定保证项目应包括：施工方案、悬挑钢梁、架体稳定、脚手板、荷载、交底与验收。一般项目应包括：杆件间距、架体防护、层间防护、构配件材质。

3. 悬挑式脚手架保证项目的检查评定应符合下列规定：

1）施工方案

（1）架体搭设应编制专项施工方案，结构设计应进行计算。

（2）架体搭设超过规范允许高度，专项施工方案应按规定组织专家论证。

（3）专项施工方案应按规定进行审核、审批。

2）悬挑钢梁

（1）钢梁截面尺寸应经设计计算确定，且截面型式应符合设计和规范要求。

（2）钢梁锚固端长度不应小于悬挑长度的1.25倍。

（3）钢梁锚固处结构强度、锚固措施应符合设计和规范要求。

（4）钢梁外端应设置钢丝绳或钢拉杆与上层建筑结构拉结。

（5）钢梁间距应按悬挑架体立杆纵距设置。

3）架体稳定

（1）立杆底部应与钢梁连接柱固定。

（2）承插式立杆接长应采用螺栓或销钉固定。

（3）纵横向扫地杆的设置应符合规范要求。

（4）剪刀撑应沿悬挑架体高度连续设置，角度应为45°～60°。

（5）架体应按规定设置横向斜撑。

（6）架体应采用刚性连墙件与建筑结构拉结，设置的位置、数量应符合设计和规范要求。

4）脚手板

（1）脚手板材质、规格应符合规范要求。

（2）脚手板铺设应严密、牢固，探出横向水平杆长度不应大于150mm。

5）荷载

架体上施工荷载应均匀，并不应超过设计和规范要求。

6）交底与验收

（1）架体搭设前应进行安全技术交底，并应有文字记录。

（2）架体分段搭设、分段使用时，应进行分段验收。

（3）搭设完毕应办理验收手续，验收应有量化内容并经责任人签字确认。

4. 悬挑式脚手架一般项目的检查评定应符合下列规定：

1）杆件间距

（1）立杆纵、横向间距、纵向水平杆步距应符合设计和规范要求。

（2）作业层应按脚手板铺设的需要增加横向水平杆。

2）架体防护

（1）作业层应按规范要求设置防护栏杆。

（2）作业层外侧应设置高度不小于180mm的挡脚板。

（3）架体外侧应采用密目式安全网封闭，网间连接应严密。

3）层间防护

（1）架体作业层脚手板下应采用安全平网兜底，以下每隔10m应采用安全平网封闭。

（2）作业层里排架体与建筑物之间应采用脚手板或安全平网封闭。

（3）架体底层沿建筑结构边缘在悬挑钢梁与悬挑钢梁之间应采取措施封闭。

（4）架体底层应进行封闭。

4）构配件材质

（1）型钢、钢管、构配件规格材质应符合规范要求。

（2）型钢、钢管弯曲、变形、锈蚀应在规范允许范围内。

（九）附着式升降脚手架

1. 附着式升降脚手架检查评定应符合现行行业标准《建筑施工工具式脚手架安全技术规范》（JGJ 202）的规定。

2. 附着式升降脚手架检查评定保证项目包括：施工方案、安全装置、架体构造、附着支座、架体安装、架体升降。一般项目包括：检查验收、脚手板、架体防护、安全作业。

3. 附着式升降脚手架保证项目的检查评定应符合下列规定：

1）施工方案

（1）附着式升降脚手架搭设作业应编制专项施工方案，结构设计应进行计算。

（2）专项施工方案应按规定进行审核、审批。

（3）脚手架提升超过规定允许高度，应组织专家对专项施工方案进行论证。

2）安全装置

（1）附着式升降脚手架应安装防坠落装置，技术性能应符合规范要求。

（2）防坠落装置与升降设备应分别独立固定在建筑结构上。

（3）防坠落装置应设置在竖向主框架处，与建筑结构附着。

（4）附着式升降脚手架应安装防倾覆装置，技术性能应符合规范要求。

（5）升降和使用工况时，最上和最下两个防倾装置之间最小间距应符合规范要求。

（6）附着式升降脚手架应安装同步控制装置，并应符合规范要求。

3）架体构造

（1）架体高度不应大于5倍楼层高度，宽度不应大于1.2m。

（2）直线布置的架体支承跨度不应大于7m，折线、曲线布置的架体支撑点处的架体外侧距离不应大于5.4m。

（3）架体水平悬挑长度不应大于2m，且不应大于跨度的1/2。

（4）架体悬臂高度不应大于架体高度的2/5，且不应大于6m。

（5）架体高度与支承跨度的乘积不应大于110m^2。

4）附着支座

（1）附着支座数量、间距应符合规范要求。

（2）使用工况应将竖向主框架与附着支座固定。

（3）升降工况应将防倾、导向装置设置在附着支座上。

（4）附着支座与建筑结构连接固定方式应符合规范要求。

5）架体安装

（1）主框架和水平支承桁架的节点应采用焊接或螺栓连接，各杆件的轴线应汇交于节点。

（2）内外两片水平支承桁架的上弦和下弦之间应设置水平支撑杆件，各节点应采用焊接或螺栓连接。

（3）架体立杆底端应设在水平桁架上弦杆的节点处。

（4）竖向主框架组装高度应与架体高度相等。

（5）剪刀撑应沿架体高度连续设置，并应将竖向主框架、水平支承桁架和架体构架连成一体，剪刀撑斜杆水平夹角应为45°~60°。

6）架体升降

（1）两跨以上架体同时升降应采用电动或液压动力装置，不得采用手动装置。

（2）升降工况附着支座处建筑结构混凝土强度应符合设计和规范要求。

（3）升降工况架体上不得有施工荷载，严禁人员在架体上停留。

4. 附着式升降脚手架一般项目的检查评定应符合下列规定：

1）检查验收

（1）动力装置、主要结构配件进场应按规定进行验收。

（2）架体分区段安装、分区段使用时，应进行分区段验收。

（3）架体安装完毕应按规定进行整体验收，验收应有量化内容并经责任人签字确认。

（4）架体每次升、降前应按规定进行检查，并应填写检查记录。

2）脚手板

（1）脚手板应铺设严密、平整、牢固。

（2）作业层里排架体与建筑物之间应采用脚手板或安全平网封闭。

（3）脚手板材质、规格应符合规范要求。

3）架体防护

（1）架体外侧应采用密目式安全网封闭，网间连接应严密。

（2）作业层应按规范要求设置防护栏杆。

（3）作业层外侧应设置高度不小于180mm的挡脚板。

4）安全作业

（1）操作前应对有关技术人员和作业人员进行安全技术交底，并应有文字记录。

（2）作业人员应经培训并定岗作业。

（3）安装拆除单位资质应符合要求，特种作业人员应持证上岗。

（4）架体安装、升降、拆除时应设置安全警戒区，并应设置专人监护。

（5）荷载分布应均匀，荷载最大值应在规范允许范围内。

（十）高处作业吊篮

1. 高处作业吊篮检查评定应符合现行行业标准《建筑施工工具式脚手架安全技术规范》（JGJ 202）的规定。

2. 高处作业吊篮检查评定保证项目应包括：施工方案、安全装置、悬挂机构、钢丝绳、安装作业、升降作业。一般项目应包括：交底与验收、安全防护、吊篮稳定、荷载。

3. 高处作业吊篮保证项目的检查评定应符合下列规定：

1）施工方案

（1）吊篮安装作业应编制专项施工方案，吊篮支架支撑处的结构承载力应经过验算。

（2）专项施工方案应按规定进行审核、审批。

2）安全装置

（1）吊篮应安装防坠安全锁，并应灵敏有效。

（2）防坠安全锁不应超过标定期限。

（3）吊篮应设置为作业人员挂设安全带专用的安全绳和安全锁扣，安全绳应固定在建筑物可靠位置上，不得与吊篮上的任何部位连接。

（4）吊篮应安装上限位装置，并应保证限位装置灵敏可靠。

3）悬挂机构

（1）悬挂机构前支架不得支撑在女儿墙及建筑物外挑檐边缘等非承重结构上。

（2）悬挂机构前梁外伸长度应符合产品说明书规定。

（3）前支架应与支撑面垂直，且脚轮不应受力。

（4）上支架应固定在前支架调节杆与悬挑梁连接的节点处。

（5）严禁使用破损的配重块或其他替代物。

（6）配重块应固定可靠，重量应符合设计规定。

4）钢丝绳

（1）钢丝绳不应有断丝、断股、松股、锈蚀、硬弯、油污和附着物。

（2）安全钢丝绳应单独设置，型号规格应与工作钢丝绳一致。

（3）吊篮运行时安全钢丝绳应张紧悬垂。

（4）电焊作业时应对钢丝绳采取保护措施。

5）安装作业

（1）吊篮平台的组装长度应符合产品说明书和规范要求。

（2）吊篮的构配件应为同一厂家的产品。

6）升降作业

（1）必须由经过培训合格的人员操作吊篮升降。

（2）吊篮内的作业人员不应超过 2 人。

（3）吊篮内作业人员应将安全带用安全锁扣正确挂置在独立设置的专用安全绳上。

（4）作业人员应从地面进出吊篮。

4. 高处作业吊篮一般项目的检查评定应符合下列规定：

1）交底与验收

（1）吊篮安装完毕，应按规范要求进行验收，验收表应由责任人签字确认。

（2）班前、班后应按规定对吊篮进行检查。

（3）吊篮安装、使用前对作业人员进行安全技术交底，并应有文字记录。

2）安全防护

（1）吊篮平台周边的防护栏杆、挡脚板的设置应符合规范要求。

（2）上下立体交叉作业时吊篮应设置顶部防护板。

3）吊篮稳定

（1）吊篮作业时应采取防止摆动的措施。

（2）吊篮与作业面距离应在规定要求范围内。

4）荷载

（1）吊篮施工荷载应符合设计要求。

（2）吊篮施工荷载应均匀分布。

（十一）基坑工程

1. 基坑工程安全检查评定应符合现行国家标准《建筑基坑工程监测技术规范》（GB 50497）和现行行业标准《建筑基坑支护技术规程》（JGJ 120）、《建筑施工土石方工程安全技术规范》（JGJ 180）的规定。

2. 基坑工程检查评定保证项目应包括：施工方案、基坑支护、降排水、基坑开挖、坑边荷载、安全防护。一般项目应包括：基坑监测、支撑拆除、作业环境、应急预案。

3. 基坑工程保证项目的检查评定应符合下列规定：

1）施工方案

（1）基坑工程施工应编制专项施工方案，开挖深度超过3m或虽未超过3m但地质条件和周边环境复杂的基坑土方开挖、支护、降水工程，应单独编制专项施工方案。

（2）专项施工方案应按规定进行审核、审批。

（3）开挖深度超过5m的基坑土方开挖、支护、降水工程或开挖深度虽未超过5m但地质条件、周围环境复杂的基坑土方开挖、支护、降水工程专项施工方案，应组织专家进行论证。

（4）当基坑周边环境或施工条件发生变化时，专项施工方案应重新进行审核、审批。

2）基坑支护

（1）人工开挖的狭窄基槽，开挖深度较大并存在边坡塌方危险时，应采取支护措施。

（2）地质条件良好、土质均匀且无地下水的自然放坡的坡率应符合规范要求。

（3）基坑支护结构应符合设计要求。

（4）基坑支护结构水平位移应在设计允许范围内。

3）降排水

（1）当基坑开挖深度范围内有地下水时，应采取有效的降排水措施。

（2）基坑边沿周围地面应设排水沟；放坡开挖时，应对坡顶、坡面、坡脚采取降排水措施。

（3）基坑底四周应按专项施工方案设排水沟和集水井，并应及时排除积水。

4）基坑开挖

（1）基坑支护结构必须在达到设计要求的强度后，方可开挖下层土方，严禁提前开挖和超挖。

（2）基坑开挖应按设计和施工方案的要求，分层、分段、均衡开挖。

（3）基坑开挖应采取措施防止碰撞支护结构、工程桩或扰动基底原状土土层。

（4）当采用机械在软土场地作业时，应采取铺设渣土或砂石等硬化措施。

5）坑边荷载

（1）基坑边堆置土、料具等荷载应在基坑支护设计允许范围内。

（2）施工机械与基坑边沿的安全距离应符合设计要求。

6）安全防护

（1）开挖深度超过2m及以上的基坑周边必须安装防护栏杆，防护栏杆的安装应符合规范要求。

（2）基坑内应设置供施工人员上下的专用梯道；梯道应设置扶手栏杆，梯道的宽度不应小于1m，梯道搭设应符合规范要求。

（3）降水井口应设置防护盖板或围栏，并应设置明显的警示标志。

4. 基坑工程一般项目的检查评定应符合下列规定：

1）基坑监测

（1）基坑开挖前应编制监测方案，并应明确监测项目、监测报警值、监测方法和监测点的布置、监测周期等内容。

（2）监测的时间间隔应根据施工进度确定，当监测结果变化速率较大时，应加密观测次数。

（3）基坑开挖监测工程中，应根据设计要求提交阶段性监测报告。

2）支撑拆除

（1）基坑支撑结构的拆除方式、拆除顺序应符合专项施工方案的要求。

（2）当采用机械拆除时，施工荷载应小于支撑结构承载能力。

（3）人工拆除时，应按规定设置防护设施。

（4）当采用爆破拆除、静力破碎等拆除方式时，必须符合国家现行相关规范的要求。

3）作业环境

（1）基坑内土方机械、施工人员的安全距离应符合规范要求。

（2）上下垂直作业应按规定采取有效的防护措施。

（3）在电力、通信、燃气、上下水等管线2m范围内挖土时，应采取安全保护措施，并应设专人监护。

（4）施工作业区域应采光良好，当光线较弱时应设置有足够照度的光源。

4）应急预案

（1）基坑工程应按规范要求结合工程施工过程中可能出现的支护变形、漏水等影响基坑工程安全的不利因素制定应急预案。

（2）应急组织机构应健全，应急的物资、材料、工具、机具等品种、规格、数量应满足应急的需要，并应符合应急预案的要求。

（十二）模板支架

1. 模板支架安全检查评定应符合现行行业标准《建筑施工模板安全技术规范》（JGJ 162）、《建筑施工扣件式钢管脚手架安全技术规范》（JGJ 130）、《建筑施工门式钢管脚手架安全技术规范》（JGJ 128）、《建筑施工碗扣式钢管脚手架安全技术规范》（JGJ 166）

和《建筑施工承插型盘扣式钢管支架安全技术规程》（JGJ 231）的规定。

2. 模板支架检查评定保证项目应包括：施工方案、支架基础、支架构造、支架稳定、施工荷载、交底与验收。一般项目应包括：杆件连接、底座与托撑、构配件材质、支架拆除。

3. 模板支架保证项目的检查评定应符合下列规定：

1）施工方案

（1）模板支架搭设应编制专项施工方案，结构设计应进行计算，并应按规定进行审核、审批。

（2）模板支架搭设高度 8m 及以上；跨度 18m 及以上，施工总荷载 $15kN/m^2$ 及以上；集中线荷载 $20kN/m^2$ 及以上的专项施工方案，应按规定组织专家论证。

2）支架基础

（1）基础应坚实、平整，承载力应符合设计要求，并应能承受支架上部全部荷载。

（2）支架底部应按规范要求设置底座、垫板，垫板规格应符合规范要求。

（3）支架底部纵、横向扫地杆的设置应符合规范要求。

（4）基础应采取排水设施，并应排水畅通。

（5）当支架设在楼面结构上时，应对楼面结构强度进行验算，必要时应对楼面结构采取加固措施。

3）支架构造

（1）立杆间距应符合设计和规范要求。

（2）水平杆步距应符合设计和规范要求，水平杆应按规范要求连续设置。

（3）竖向、水平剪刀撑或专用斜杆、水平斜杆的设置应符合规范要求。

4）支架稳定

（1）当支架高宽比大于规定值时，应按规定设置连墙杆或采用增加架体宽度的加强措施。

（2）立杆伸出顶层水平杆中心线至支撑点的长度应符合规范要求。

（3）浇筑混凝土时应对架体基础沉降、架体变形进行监控，基础沉降、架体变形应在规定允许范围内。

5）施工荷载

（1）施工均布荷载、集中荷载应在设计允许范围内。

（2）当浇筑混凝土时，应对混凝土堆积高度进行控制。

6）交底与验收

（1）支架搭设、拆除前应进行交底，并应有交底记录。

（2）支架搭设完毕，应按规定组织验收，验收应有量化内容并经责任人签字确认。

4. 模板支架一般项目的检查评定应符合下列规定：

1）杆件连接

（1）立杆应采用对接、套接或承插式连接方式，并应符合规范要求。

（2）水平杆的连接应符合规范要求。

（3）当剪刀撑斜杆采用搭接时，搭接长度不应小于 1m。

（4）杆件各连接点的紧固应符合规范要求。

2）底座与托撑

（1）可调底座、托撑螺杆直径应与立杆内径匹配，配合间隙应符合规范要求。

（2）螺杆旋入螺母内长度不应少于5倍的螺距。

3）构配件材质

（1）钢管壁厚应符合规范要求。

（2）构配件规格、型号、材质应符合规范要求。

（3）杆件弯曲、变形、锈蚀量应在规范允许范围内。

4）支架拆除

（1）支架拆除前结构的混凝土强度应达到设计要求。

（2）支架拆除前应设置警戒区，并应设专人监护。

（十三）高处作业

1. 高处作业检查评定应符合现行国家标准《安全网》（GB 5725）、《安全帽》（GB 2118）、《安全带》（GB 6095）和现行行业标准《建筑施工高处作业安全技术规范》（JGJ 80）的规定。

2. 高处作业检查评定项目应包括：安全帽、安全网、安全带、临边防护、洞口防护、通道口防护、攀登作业、悬空作业、移动式操作平台、悬挑式物料钢平台。

3. 高处作业的检查评定应符合下列规定：

1）安全帽

（1）进入施工现场的人员必须正确佩戴安全帽。

（2）安全帽的质量应符合规范要求。

2）安全网

（1）在建工程外脚手架的外侧应采用密目式安全网进行封闭。

（2）安全网的质量应符合规范要求。

3）安全带

（1）高处作业人员应按规定系挂安全带。

（2）安全带的系挂应符合规范要求。

（3）安全带的质量应符合规范要求。

4）临边防护

（1）作业面边沿应设置连续的临边防护设施。

（2）临边防护设施的构造、强度应符合规范要求。

（3）临边防护设施宜定型化、工具式，杆件的规格及连接固定方式应符合规范要求。

5）洞口防护

（1）在建工程的预留洞口、楼梯口、电梯井口等孔洞应采取防护措施。

（2）防护措施、设施应符合规范要求。

（3）防护设施宜定型化、工具式。

（4）电梯井内每隔2层且不大于10m应设置安全平网防护。

6）通道口防护

（1）通道口防护应严密、牢固。

（2）防护棚两侧应采取封闭措施。

（3）防护棚宽度应大于通道口宽度，长度应符合规范要求。
（4）当建筑物高度超过24m时，通道口防护顶棚应采用双层防护。
（5）防护棚的材质应符合规范要求。
7）攀登作业
（1）梯脚底部应坚实，不得垫高使用。
（2）折梯使用时上部夹角宜为35°~45°，并应设有可靠的拉撑装置。
（3）梯子的材质和制作质量应符合规范要求。
8）悬空作业
（1）悬空作业处应设置防护栏杆或采取其他可靠的安全措施。
（2）悬空作业所使用的索具、吊具等应经验收，合格后方可使用。
（3）悬空作业人员应系挂安全带、佩戴工具袋。
9）移动式操作平台
（1）操作平台应按规定进行设计计算。
（2）移动式操作平台轮子与平台连接应牢固、可靠，立柱底端距地面高度不得大于80mm。
（3）操作平台应按设计和规范要求进行组装，铺板应严密。
（4）操作平台四周应按规范要求设置防护栏杆，并应设置登高扶梯。
（5）操作平台的材质应符合规范要求。
10）悬挑式物料钢平台
（1）悬挑式物料钢平台的制作、安装应编制专项施工方案，并应进行设计计算。
（2）悬挑式物料钢平台的下部支撑系统或上部拉结点，应设置在建筑结构上。
（3）斜拉杆或钢丝绳应按规范要求在平台两侧各设置前后两道。
（4）钢平台两侧必须安装固定的防护栏杆，并应在平台明显处设置荷载限定标牌。
（5）钢平台台面、钢平台与建筑结构间铺板应严密、牢固。

（十四）施工用电

1. 施工用电检查评定应符合现行国家标准《建设工程施工现场供用电安全规范》（GB 50194）和现行行业标准《施工现场临时用电安全技术规范》（JGJ 46）的规定。

2. 施工用电检查评定的保证项目应包括：外电防护、接地与接零保护系统、配电线路、配电箱与开关箱。一般项目应包括：配电室与配电装置、现场照明、用电档案。

3. 施工用电保证项目的检查评定应符合下列规定：
1）外电防护
（1）外电线路与在建工程及脚手架、起重机械、场内机动车道的安全距离应符合规范要求。
（2）当安全距离不符合规范要求时，必须采取隔离防护措施，并应悬挂明显的警示标志。
（3）防护设施与外电线路的安全距离应符合规范要求，并应坚固、稳定。
（4）外电架空线路正下方不得进行施工、建造临时设施或堆放材料物品。
2）接地与接零保护系统
（1）施工现场专用的电源中性点直接接地的低压配电系统应采用TN-S接零保护系统。

（2）施工现场配电系统不得同时采用两种保护系统。

（3）保护零线应由工作接地线、总配电箱电源侧零线或总漏电保护器电源零线处引出，电气设备的金属外壳必须与保护零线连接。

（4）保护零线应单独敷设，线路上严禁装设开关或熔断器，严禁通过工作电流。

（5）保护零线应采用绝缘导线，规格和颜色标记应符合规范要求。

（6）保护零线应在总配电箱处、配电系统的中间处和末端处作重复接地。

（7）接地装置的接地线应采用 2 根及以上导体，在不同点与接地体做电气连接。接地体应采用角钢、钢管或光面圆钢。

（8）工作接地电阻不得大于4Ω，重复接地电阻不得大于10Ω。

（9）施工现场起重机、物料提升机、施工升降机、脚手架应按规范要求采取防雷措施，防雷装置的冲击接地电阻值不得大于30Ω。

（10）做防雷接地机械上的电气设备，保护零线必须同时做重复接地。

3）配电线路

（1）线路及接头应保证机械强度和绝缘强度。

（2）线路应设短路、过载保护，导线截面应满足线路负荷电流。

（3）线路的设施、材料及相序排列、挡距、与邻近线路或固定物的距离应符合规范要求。

（4）电缆应采用架空或埋地敷设并应符合规范要求，严禁沿地面明设或沿脚手架、树木等敷设。

（5）电缆中必须包含全部工作芯线和用作保护零线的芯线，并应按规定接用。

（6）室内明敷主干线距地面高度不得小于2.5m。

4）配电箱与开关箱

（1）施工现场配电系统应采用三级配电、二级漏电保护系统，用电设备必须有各自专用的开关箱。

（2）箱体结构、箱内电器设置及使用应符合规范要求。

（3）配电箱必须分设工作零线端子板和保护零线端子板，保护零线、工作零线必须通过各自的端子板连接。

（4）总配电箱与开关箱应安装漏电保护器，漏电保护器参数应匹配并灵敏可靠。

（5）箱体应设置系统接线图和分路标记，并应有门、锁及防雨措施。

（6）箱体安装位置、高度及周边通道应符合规范要求。

（7）分配箱与开关箱间的距离不应超过30m，开关箱与用电设备间的距离不应超过3m。

4. 施工用电一般项目的检查评定应符合下列规定：

1）配电室与配电装置

（1）配电室的建筑耐火等级不应低于三级，配电室应配置适用于电气火灾的灭火器材。

（2）配电室、配电装置的布设应符合规范要求。

（3）配电装置中的仪表、电器元件设置应符合规范要求。

（4）备用发电机组应与外电线路进行连锁。

（5）配电室应采取防止风雨和小动物侵入的措施。

（6）配电室应设置警示标志、工地供电平面图和系统图。

2）现场照明

（1）照明用电应与动力用电分别敷设。

（2）特殊场所和手持照明灯应采用安全电压供电。

（3）照明变压器应采用双绕组安全隔离变压器。

（4）灯具金属外壳应接保护零线。

（5）灯具与地面、易燃物间的距离应符合规范要求。

（6）照明线路和安全电压线路的架设应符合规范要求。

（7）施工现场应按规范要求配备应急照明。

3）用电档案

（1）总包单位与分包单位应签订临时用电管理协议，明确各方相关责任。

（2）施工现场应制定专项用电施工组织设计、外电防护专项方案。

（3）专项用电施工组织设计、外电防护专项方案应履行审批程序，实施后应由相关部门组织验收。

（4）用电各项记录应按规定填写，记录应真实有效。

（5）用电档案资料应齐全，并应设专人管理。

（十五）物料提升机

1. 物料提升机检查评定应符合现行行业标准《龙门架及井架物料提升机安全技术规范》（JGJ 88）的规定。

2. 物料提升机检查评定保证项目应包括：安全装置、防护设施、附墙架与缆风绳、钢丝绳、安拆、验收与使用。一般项目应包括：基础与导轨架、动力与传动、通信装置、卷扬机操作棚、避雷装置。

3. 物料提升机保证项目的检查评定应符合下列规定：

1）安全装置

（1）应安装起重量限制器、防坠安全器，并应灵敏可靠。

（2）安全停层装置应符合规范要求，并应定型化。

（3）应安装上行程限位并灵敏可靠，安全越程不应小于 3m。

（4）安装高度超过 30m 的物料提升机应安装渐进式防坠安全器及自动停层、语音影像信号监控装置。

2）防护设施

（1）应在地面进料口安装防护围栏和防护棚，防护围栏、防护棚的安装高度和强度应符合规范要求。

（2）停层平台两侧应设置防护栏杆、挡脚板，平台脚手板应铺满、铺平。

（3）平台门、吊笼门安装高度、强度应符合规范要求，并应定型化。

3）附墙架与缆风绳

（1）附墙架结构、材质、间距应符合产品说明书要求。

（2）附墙架应与建筑结构可靠连接。

（3）缆风绳设置的数量、位置、角度应符合规范要求，并应与地锚可靠连接。

（4）安装高度超过 30m 的物料提升机必须使用墙架。

（5）地锚设置应符合规范要求。

4）钢丝绳

（1）钢丝绳磨损、断丝、变形、锈蚀量应在规范允许范围内。

（2）钢丝绳夹设置应符合规范要求。

（3）当吊笼处于最低位置时，卷筒上钢丝绳严禁少于3圈。

（4）钢丝绳应设置过路保护措施。

5）安拆、验收与使用

（1）安装、拆卸单位应具有起重设备安装工程专业承包资质和安全生产许可证。

（2）安装、拆卸作业应制定专项施工方案，并应按规定进行审核、审批。

（3）安装完毕应履行验收程序，验收表格应由责任人签字确认。

（4）安装、拆卸作业人员及司机应持证上岗。

（5）物料提升机作业前应按规定进行例行检查，并应填写检查记录。

（6）实行多班作业，应按规定填写交接班记录。

4. 物料提升机一般项目的检查评定应符合下列规定：

1）基础与导轨架

（1）基础的承载力和平整度应符合规范要求。

（2）基础周边应设置排水设施。

（3）导轨架垂直度偏差不应大于导轨架高度0.15%。

（4）井架停层平台通道处的结构应采取加强措施。

2）动力与传动

（1）卷扬机、曳引机应安装牢固，当卷扬机卷筒与导轨底部导向轮的距离小于20倍卷筒宽度时，应设置排绳器。

（2）钢丝绳应在卷筒上排列整齐。

（3）滑轮与导轨架、吊笼应采用刚性连接，滑轮应与钢丝绳相匹配。

（4）卷筒、滑轮应设置防止钢丝绳脱出装置。

（5）当曳引钢丝绳为2根及以上时，应设置曳引力平衡装置。

3）通信装置

（1）应按规范要求设置通信装置。

（2）通信装置应具有语音和影像显示功能。

4）卷扬机操作棚

（1）应按规范要求设置卷扬机操作棚。

（2）卷扬机操作棚强度、操作空间应符合规范要求。

5）避雷装置

（1）当物料提升机未在其他防雷保护范围内时，应设置避雷装置。

（2）避雷装置设置应符合现行行业标准《施工现场临时用电安全技术规范》（JGJ 46）的规定。

（十六）施工升降机

1. 施工升降机检查评定应符合现行国家标准《施工升降机安全规程》（GB 10055）和现行行业标准《建筑施工升降机安装、使用、拆卸安全技术规程》（JGJ 215）的规定。

2. 施工升降机检查评定保证项目应包括：安全装置、限位装置、防护设施、附墙架、钢丝绳、滑轮与对重、安拆、验收与使用。一般项目应包括：导轨架、基础、电气安全、通信装置。

3. 施工升降机保证项目的检查评定应符合下列规定：

1）安全装置

（1）应安装起重量限制器，并应灵敏可靠。

（2）应安装渐进式防坠安全器并应灵敏可靠，防坠安全器应在有效的标定期内使用。

（3）对重钢丝绳应安装防松绳装置，并应灵敏可靠。

（4）吊笼的控制装置应安装非自动复位型的急停开关，任何时候均可切断控制电路停止吊笼运行。

（5）底架应安装吊笼和对重缓冲器，缓冲器应符合规范要求。

（6）SC 型施工升降机应安装 1 对以上安全钩。

2）限位装置

（1）应安装非自动复位型极限开关并应灵敏可靠。

（2）应安装自动复位型上、下限位开关并应灵敏可靠，上、下限位开关安装位置应符合规范要求。

（3）上极限开关与上限位开关之间的安全越程不应小于 0. 15m。

（4）极限开关、限位开关应设置独立的触发元件。

（5）吊笼门应安装机电连锁装置，并应灵敏可靠。

（6）吊笼顶窗应安装电气安全开关，并应灵敏可靠。

3）防护设施

（1）吊笼和对重升降通道周围应安装地面防护围栏，防护围栏的安装高度、强度应符合规范要求，围栏门应安装机电连锁装置并应灵敏可靠。

（2）地面出入通道防护棚的搭设应符合规范要求。

（3）停层平台两侧应设置防护栏杆、挡脚板，平台脚手板应铺满、铺平。

（4）层门安装高度、强度应符合规范要求，并应定型化。

4）附墙架

（1）附墙架应采用配套标准产品，当附墙架不能满足施工现场要求时，应对附墙架另行设计，附墙架的设计应满足构件刚度、强度、稳定性等要求，制作应满足设计要求。

（2）附墙架与建筑结构连接方式、角度应符合产品说明书要求。

（3）附墙架间距、最高附着点以上导轨架的自由高度应符合产品说明书要求。

5）钢丝绳、滑轮与对重

（1）对重钢丝绳绳数不得少于 2 根且应相互独立。

（2）钢丝绳磨损、变形、锈蚀应在规范允许范围内。

（3）钢丝绳的规格、固定应符合产品说明书及规范要求。

（4）滑轮应安装钢丝绳防脱装置，并应符合规范要求。

（5）对重重量、固定方式应符合产品说明书要求。

（6）对重除导向轮或滑靴外应设有防脱轨保护装置。

6）安拆、验收与使用

（1）安装、拆卸单位应具有起重设备安装工程专业承包资质和安全生产许可证。

（2）安装、拆卸应制定专项施工方案，并经过审核、审批。

（3）安装完毕应履行验收程序，验收表格应由责任人签字确认。
（4）安装、拆卸作业人员及司机应持证上岗。
（5）施工升降机作业前应按规定进行例行检查，并应填写检查记录。
（6）实行多班作业，应按规定填写交接班记录。
4. 施工升降机一般项目的检查评定应符合下列规定：
1）导轨架
（1）导轨架垂直度应符合规范要求。
（2）标准节的质量应符合产品说明书及规范要求。
（3）对重导轨应符合规范要求。
（4）标准节连接螺栓使用应符合产品说明书及规范要求。
2）基础
（1）基础制作、验收应符合说明书及规范要求。
（2）基础设置在地下室顶板或楼面结构上时，应对其支承结构进行承载力验算。
（3）基础应设有排水设施。
3）电气安全
（1）施工升降机与架空线路的安全距离和防护措施应符合规范要求。
（2）电缆导向架设置应符合说明书及规范要求。
（3）施工升降机在其他避雷装置保护范围外应设置避雷装置，并应符合规范要求。
4）通信装置
施工升降机应安装楼层信号联络装置，并应清晰有效。

（十七）塔式起重机

1. 塔式起重机检查评定应符合现行国家标准《塔式起重机安全规程》（GB 5144）和现行行业标准《建筑施工塔式起重机安装、使用、拆卸安全技术规程》（JGJ 196）的规定。

2. 塔式起重机检查评定保证项目应包括：载荷限定装置、行程限位装置、保护装置、吊钩、滑轮、卷筒与钢丝绳、多塔作业、安拆、验收与使用。一般项目应包括：附着、基础与轨道、结构设施、电气安全。

3. 塔式起重机保证项目的检查评定应符合下列规定：
1）载荷限制装置
（1）应安装起重量限制器并应灵敏可靠。当起重量大于相应挡位的额定值并小于该额定值的110%时，应切断上升方向的电源，但机构可作下降方向的运动。
（2）应安装起重力矩限制器并应灵敏可靠。当起重力矩大于相应工况下的额定值并小于该额定值的110%，应切断上升和幅度增大方向的电源，但机构可作下降和减小幅度方向的运动。
2）行程限位装置
（1）应安装起升高度限位器，起升高度限位器的安全越程应符合规范要求，并应灵敏可靠。
（2）小车变幅的塔式起重机应安装小车行程开关，动臂变幅的塔式起重机应安装臂架幅度限制开关，并应灵敏可靠。
（3）回转部分不设集电器的塔式起重机应安装回转限位器，并应灵敏可靠。
（4）行走式塔式起重机应安装行走限位器，并应灵敏可靠。

3）保护装置

（1）小车变幅的塔式起重机应安装断绳保护及断轴保护装置，并应符合规范要求。

（2）行走及小车变幅的轨道行程末端应安装缓冲器及止挡装置，并应符合规范要求。

（3）起重臂根部绞点高度大于50m的塔式起重机应安装风速仪，并应灵敏可靠。

（4）当塔式起重机顶部高度大于30m且高于周围建筑物时，应安装障碍指示灯。

4）吊钩、滑轮、卷筒与钢丝绳

（1）吊钩应安装钢丝绳防脱钩装置并应完好可靠，吊钩的磨损、变形应在规定允许范围内。

（2）滑轮、卷筒应安装钢丝绳防脱装置并应完整可靠，滑轮、卷筒的磨损应在规定允许范围内。

（3）钢丝绳的磨损、变形、锈蚀应在规定允许范围内，钢丝绳的规格、固定、缠绕应符合说明书及规范要求。

5）多塔作业

（1）多塔作业应制定专项施工方案并经过审批。

（2）任意两台塔式起重机之间的最小架设距离应符合规范要求。

6）安拆、验收与使用

（1）安装、拆卸单位应具有起重设备安装工程专业承包资质和安全生产许可证。

（2）安装、拆卸应制定专项施工方案，并经过审核、审批。

（3）安装完毕应履行验收程序，验收表格应由责任人签字确认。

（4）安装、拆卸作业人员及司机、指挥应持证上岗。

（5）塔式起重机作业前应按规定进行例行检查，并应填写检查记录。

（6）实行多班作业，应按规定填写交接班记录。

4. 塔式起重机一般项目的检查评定应符合下列规定：

1）附着

（1）当塔式起重机高度超过产品说明书规定时，应安装附着装置，附着装置安装应符合产品说明书及规范要求。

（2）当附着装置的水平距离不能满足产品说明书要求时，应进行设计计算和审批。

（3）安装内爬式塔式起重机的建筑承载结构应进行承载力验算。

（4）附着前和附着后塔身垂直度应符合规范要求。

2）基础与轨道

（1）塔式起重机基础应按产品说明书及有关规定进行设计、检测和验收。

（2）基础应设置排水措施。

（3）路基箱或枕木铺设应符合产品说明书及规范要求。

（4）轨道铺设应符合产品说明书及规范要求。

3）结构设施

（1）主要结构构件的变形、锈蚀应在规范允许范围内。

（2）平台、走道、梯子、护栏的设置应符合规范要求。

（3）高强螺栓、销轴、紧固件的紧固、连接应符合规范要求，高强螺栓应使用力矩扳手或专用工具紧固。

4）电气安全

（1）塔式起重机应采用TN-S接零保护系统供电。

（2）塔式起重机与架空线路的安全距离或防护措施应符合规范要求。

（3）塔式起重机应安装避雷接地装置，并应符合规范要求。

（4）电缆的使用及固定应符合规范要求。

（十八）起重吊装

1. 起重吊装检查评定应符合现行国家标准《起重机械安全规程》（GB 6067）的规定。

2. 起重吊装检查评定保证项目应包括：施工方案、起重机械、钢丝绳与地锚、索具、作业环境、作业人员。一般项目应包括：起重吊装、高处作业、构建码放、警戒监护。

3. 起重吊装保证项目的检查评定应符合下列规定：

1）施工方案

（1）起重吊装作业应编制专项施工方案，并按规定进行审核、审批。

（2）超规模的起重吊装作业，应组织专家对专项施工方案进行论证。

2）起重机械

（1）起重机械应按规定安装荷载限制器及行程限位装置。

（2）荷载限制器、行程限位装置应灵敏可靠。

（3）起重拔杆组装应符合设计要求。

（4）起重拔杆组装后应进行验收，并应由责任人签字确认。

3）钢丝绳与地锚

（1）钢丝绳磨损、断丝、变形、锈蚀应在规范允许范围内。

（2）钢丝绳规格应符合起重机产品说明书要求。

（3）吊钩、卷筒、滑轮磨损应在规范允许范围内。

（4）吊钩、卷筒、滑轮应安装钢丝绳防脱装置。

（5）起重拔杆的缆风绳、地锚设置应符合设计要求。

4）索具

（1）当采用编结连接时，编结长度不应小于15倍的绳径，且不应小于300mm。

（2）当采用绳夹连接时，绳夹规格应与钢丝绳相匹配，绳夹数量、间距应符合规范要求。

（3）索具安全系数应符合规范要求。

（4）吊索规格应互相匹配，机械性能应符合设计要求。

5）作业环境

（1）起重机行走作业处地面承载能力应符合产品说明书要求。

（2）起重机与架空线路安全距离应符合规范要求。

6）作业人员

（1）起重机司机应持证上岗，操作证应与操作机型相符。

（2）起重机作业应设专职信号指挥和司索人员，一人不得同时兼顾信号指挥和司索作业。

（3）作业前应按规定进行安全技术交底，并应有交底记录。

4. 起重吊装一般项目的检查评定应符合下列规定：

1）起重吊装

（1）当多台起重机同时起吊一个构件时，单台起重机所承受的荷载应符合专项施工方案要求。

（2）吊索系挂点应符合专项施工方案要求。

（3）起重机作业时，任何人不应停留在起重臂下方，被吊物不应从人的正上方通过。

（4）起重机不应采用吊具载运人员。

（5）当吊运易散落物件时，应使用专用吊笼。

2）高处作业

（1）应按规定设置高处作业平台。

（2）平台强度、护栏高度应符合规范要求。

（3）爬梯的强度、构造应符合规范要求。

（4）应设置可靠的安全带悬挂点，并应高挂低用。

3）构件码放

（1）构件码放荷载应在作业面承载能力允许范围内。

（2）构件码放高度应在规定允许范围内。

（3）大型构件码放应有保证稳定的措施。

4）警戒监护

（1）应按规定设置作业警戒区。

（2）警戒区应设专人监护。

（十九）施工机具

1. 施工机具检查评定应符合现行行业标准《建筑机械使用安全技术规程》（JGJ 33）和《施工现场机械设备检查技术规程》（JGJ 160）的规定。

2. 施工机具检查评定项目应包括：平刨、圆盘锯、手持电动工具、钢筋机械、电焊机、搅拌机、气瓶、翻斗车、潜水泵、振捣器、桩工机械。

3. 施工机具的检查评定应符合下列规定：

1）平刨

（1）平刨安装完毕应按规定履行验收程序，并应经责任人签字确认。

（2）平刨应设置护手及防护罩等安全装置。

（3）保护零线应单独设置，并应安装漏电保护装置。

（4）平刨应按规定设置作业棚，并应具有防雨、防晒等功能。

（5）不得使用同台电机驱动多种刃具、钻具的多功能木工机具。

2）圆盘锯

（1）圆盘锯安装完毕应按规定履行验收程序，并应经责任人签字确认。

（2）圆盘锯应设置防护罩、分料器、防护挡板等安全装置。

（3）保护零线应单独设置，并应安装漏电保护装置。

（4）圆盘锯应按规定设置作业棚，并应具有防雨、防晒等功能。

（5）不得使用同台电机驱动多种刃具、钻具的多功能木工机具。

3）手持电动工具

（1）I类手持电动工具应单独设置保护零线，并应安装漏电保护装置。

（2）使用I类手持电动工具应按规定戴绝缘手套、穿绝缘鞋。

（3）手持电动工具的电源线应保持出厂时的状态，不得接长使用。

4）钢筋机械

（1）钢筋机械安装完毕应按规定履行验收程序，并应经责任人签字确认。

（2）保护零线应单独设置，并应安装漏电保护装置。

（3）钢筋加工区应搭设作业棚，并应具有防雨、防晒等功能。

（4）对焊机作业应设置防火花飞溅的隔离设施。

（5）钢筋冷拉作业应按规定设置防护栏。

（6）机械传动部位应设置防护罩。

5）电焊机

（1）电焊机安装完毕应按规定履行验收程序，并应经责任人签字确认。

（2）保护零线应单独设置，并应安装漏电保护装置。

（3）电焊机应设置二次空载降压保护装置。

（4）电焊机一次线长度不得超过5m，并应穿管保护。

（5）二次线应采用防水橡皮护套铜芯软电缆。

（6）电焊机应设置防雨罩，接线柱应设置防护罩。

6）搅拌机

（1）搅拌机安装完毕应按规定履行验收程序，并应经责任人签字确认。

（2）保护零线应单独设置，并应安装漏电保护装置。

（3）离合器、制动器应灵敏有效，料斗钢丝绳的磨损、锈蚀、变形量应在规定允许范围内。

（4）料斗应设置安全挂钩或止挡装置，传动部位应设置防护罩。

（5）搅拌机应按规定设置作业棚，并应具有防雨、防晒等功能。

7）气瓶

（1）气瓶使用时必须安装减压器，乙炔瓶应安装回火防止器，并应灵敏可靠。

（2）气瓶间安全距离不应小于5m，与明火安全全距离不应小于10m。

（3）气瓶应设置防振圈、防护帽，并应按规定存放。

8）翻斗车

（1）翻斗车制动、转向装置应灵敏可靠。

（2）司机应经专门培训，持证上岗，行车时车斗内不得载人。

9）潜水泵

（1）保护零线应单独设置，并应安装漏电保护装置。

（2）负荷线应采用专用防水橡皮电缆，不得有接头。

10）振捣器

（1）振捣器作业时应使用移动配电箱、电缆线长度不应超过30m。

（2）保护零线应单独设置，并应安装漏电保护装置。

（3）操作人员应按规定戴绝缘手套、穿绝缘鞋。

11）桩工机械

（1）桩工机械安装完毕应按规定履行验收程序，并应经责任人签字确认。

（2）作业前应编制专项方案，并应对作业人员进行安全技术交底。

（3）桩工机械应按规定安装安全装置，并应灵敏可靠。

（4）机械作业区域地面承载力应符合机械说明书要求。

（5）机械与输电线路安全距离应符合现行行业标准《施工现场临时用电安全技术规范》（JGJ 46）的规定。

第六章　安全生产评价[①]

一、评价内容

（一）安全生产管理评价

1. 施工企业安全生产条件应按安全生产管理、安全技术管理、设备和设施管理、企业市场行为和施工现场安全管理等5项内容进行考核，并应按本标准附录A中的内容具体实施考核评价。

2. 每项考核内容应以评分表的形式和量化的方式，根据其评定项目的量化评分标准及其重要程度进行评定。

3. 安全生产管理评价应为对企业安全管理制度建立和落实情况的考核，其内容应包括安全生产责任制度、安全文明资金保障制度、安全教育培训制度、安全检查及隐患排查制度、生产安全事故报告处理制度、安全生产应急救援制度等6个评定项目。

4. 施工企业安全生产责任制度的考核评价应符合下列要求：

（1）未建立以企业法人为核心分级负责的各部门及各类人员的安全生产责任制，则该评定项目不应得分。

（2）未建立各部门、各级人员安全生产责任落实情况考核的制度及未对落实情况进行检查的，则该评定项目不应得分。

（3）未实行安全生产的目标管理、制定年度安全生产目标计划、落实责任和责任人及未落实考核的，则该评定项目不应得分。

（4）对责任制和目标管理等的内容和实施，应根据具体情况评定折减分数。

5. 施工企业安全文明资金保障制度的考核评价应符合下列要求：

（1）制度未建立且每年未对与本企业施工规模相适应的资金进行预算和决算，未"专款专用"，则该评定项目不应得分。

（2）未明确安全生产、文明施工资金使用、监督及考核的责任部门或责任人，应根据具体情况评定折减分数。

6. 施工企业安全教育培训制度的考核评价应符合下列要求：

（1）未建立制度且每年未组织对企业主要负责人、项目经理、安全专职人员及其他管理人员的继续教育的，则该评定项目不应得分。

（2）企业年度安全教育计划的编制、职工培训教育的档案管理，各类人员的安全教育，应根据具体情况评定折减分数。

7. 施工企业安全检查及隐患排查制度的考核评价应符合下列要求：

（1）未建立制度且未对所属的施工现场、后方场站、基地等组织定期和不定期安全检

---

① 本章内容引自 JGJ/T 77—2010

查的，则该评定项目不应得分。

（2）隐患的整改、排查及治理，应根据具体情况评定折减分数。

8. 施工企业生产安全事故报告处理制度的考核评价应符合下列要求：

（1）未建立制度且未及时、如实上报施工生产中发生伤亡事故的，则该评定项目不应得分。

（2）对已发生的和未遂事故，未按照“四不放过”原则进行处理的，则该评定项目不应得分。

（3）未建立生产安全事故发生及处理情况事故档案的，则该评定项目不应得分。

9. 施工企业安全生产应急救援制度的考核评价应符合下列要求：

（1）未建立制度且未按照本企业经营范围，并结合本企业的施工特点，制定易发、多发事故部位、工序、分部、分项工程的应急救援预案，未对各项应急预案组织实施演练的，则该评定项目不应得分。

（2）应急救援预案的组织、机构、人员和物资的落实，应根据具体情况评定折减分数。

（二）安全技术管理评价

1. 安全技术管理评价应为对企业安全技术管理工作的考核，其内容应包括法规、标准和操作规程配置，施工组织设计，专项施工方案（措施），安全技术交底，危险源控制等5个评定项目。

2. 施工企业法规、标准和操作规程配置及实施情况的考核评价应符合下列要求：

（1）未配置与企业生产经营内容相适应的、现行的有关安全生产方面的法规、标准，以及各工种安全技术操作规程，并未及时组织学习和贯彻的，则该评定项目不应得分。

（2）配置不齐全，应根据具体情况评定折减分数。

3. 施工企业施工组织设计编制和实施情况的考核评价应符合下列要求：

（1）未建立施工组织设计编制、审核、批准制度的，则该评定项目不应得分。

（2）安全技术措施的针对性及审核、审批程序的实施情况等，应根据具体情况评定折减分数。

4. 施工企业专项施工方案（措施）编制和实施情况的考核评价应符合下列要求：

（1）未建立对危险性较大的分部、分项工程专项施工方案编制、审核、批准制度的，则该评定项目不应得分。

（2）制度的执行，应根据具体情况评定折减分数。

5. 施工企业安全技术交底制定和实施情况的考核评价应符合下列要求：

（1）未制定安全技术交底规定的，则该评定项目不应得分。

（2）安全技术交底资料的内容、编制方法及交底程序的执行，应根据具体情况评定折减分数。

6. 施工企业危险源控制制度的建立和实施情况的考核评价应符合下列要求：

（1）未根据本企业的施工特点，建立危险源监管制度的，则该评定项目不应得分。

（2）危险源公示、告知及相应的应急预案编制和实施，应根据具体情况评定折减分数。

（三）设备和设施管理评价

1. 设备和设施管理评价应为对企业设备和设施安全管理工作的考核，其内容应包括设备安全管理、设施和防护用品、安全标志、安全检查测试工具等4个评定项目。

2. 施工企业设备安全管理制度的建立和实施情况的考核评价应符合下列要求：

(1) 未建立机械、设备（包括应急救援器材）采购、租赁、安装、拆除、验收、检测、使用、检查、保养、维修、改造和报废制度的，则该评定项目不应得分。

(2) 设备的管理台账、技术档案、人员配备及制度落实，应根据具体情况评定折减分数。

3. 施工企业设施和防护用品制度的建立及实施情况的考核评价应符合下列要求：

(1) 未建立安全设施及个人劳保用品的发放、使用管理制度的，则该评定项目不应得分；

(2) 安全设施及个人劳保用品管理的实施及监管，应根据具体情况评定折减分数。

4. 施工企业安全标志管理规定的制定和实施情况的考核评价应符合下列要求：

(1) 未制定施工现场安全警示、警告标识、标志使用管理规定的，则该评定项目不应得分。

(2) 管理规定的实施、监督和指导，应根据具体情况评定折减分数。

5. 施工企业安全检查测试工具配备制度的建立和实施情况的考核评价应符合下列要求：

(1) 未建立安全检查检验仪器、仪表及工具配备制度的，则该评定项目不应得分。

(2) 配备及使用，应根据具体情况评定折减分数。

(四) 企业市场行为评价

1. 企业市场行为评价应为对企业安全管理市场行为的考核，其内容包括安全生产许可证、安全生产文明施工、安全质量标准化达标、资质机构与人员管理制度等4个评定项目。

2. 施工企业安全生产许可证许可状况的考核评价应符合下列要求：

(1) 未取得安全生产许可证而承接施工任务的、在安全生产许可证暂扣期间承接工程的、企业承发包工程项目的规模和施工范围与本企业资质不相符的，则该评定项目不应得分。

(2) 企业主要负责人、项目负责人和专职安全管理人员的配备和考核，应根据具体情况评定折减分数。

3. 施工企业安全生产文明施工动态管理行为的考核评价应符合下列要求：

(1) 企业资质因安全生产、文明施工受到降级处罚的，则该评定项目不应得分。

(2) 其他不良行为，视其影响程度、处理结果等，应根据具体情况评定折减分数。

4. 施工企业安全质量标准化达标情况的考核评价应符合下列要求：

(1) 本企业所属的施工现场安全质量标准化年度达标合格率低于国家或地方规定的，则该评定项目不应得分。

(2) 安全质量标准化年度达标优良率低于国家或地方规定的，应根据具体情况评定折减分数。

5. 施工企业资质、机构与人员管理制度的建立和人员配备情况的考核评价应符合下列要求：

(1) 未建立安全生产管理组织体系、未制定人员资格管理制度、未按规定设置专职安全管理机构、未配备足够的安全生产专管人员的，则该评定项目不应得分。

(2) 实行分包的，总承包单位未制定对分包单位资质和人员资格管理制度并监督落实的，则该评定项目不应得分。

（五）施工现场安全管理评价

1. 施工现场安全管理评价应为对企业所属施工现场安全状况的考核，其内容应包括施工现场安全达标、安全文明资金保障、资质和资格管理、生产安全事故控制、设备设施工艺选用、保险等6个评定项目。

2. 施工现场安全达标考核，企业应对所属的施工现场按现行规范标准进行检查，有一个工地未达到合格标准的，则该评定项目不应得分。

3. 施工现场安全文明资金保障，应对企业按规定落实其所属施工现场安全生产、文明施工资金的情况进行考核，有一个施工现场未将施工现场安全生产、文明施工所需资金编制计划并实施、未做到专款专用的，则该评定项目不应得分。

4. 施工现场分包资质和资格管理规定的制定以及施工现场控制情况的考核评价应符合下列要求：

（1）未制定对分包单位安全生产许可证、资质、资格管理及施工现场控制的要求和规定，且在总包与分包合同中未明确参建各方的安全生产责任，分包单位承接的施工任务不符合其所具有的安全资质，作业人员不符合相应的安全资格，未按规定配备项目经理、专职或兼职安全生产管理人员的，则该评定项目不应得分。

（2）对分包单位的监督管理，应根据具体情况评定折减分数。

5. 施工现场生产安全事故控制的隐患防治、应急预案的编制和实施情况的考核评价应符合下列要求：

（1）未针对施工现场实际情况制定事故应急救援预案的，则该评定项目不应得分。

（2）对现场常见、多发或重大隐患的排查及防治措施的实施，应急救援组织和救援物资的落实，应根据具体情况评定折减分数。

6. 施工现场设备、设施、工艺管理的考核评价应符合下列要求：

（1）使用国家明令淘汰的设备或工艺，则该评定项目不应得分。

（2）使用不符合国家现行标准的且存在严重安全隐患的设施，则该评定项目不应得分。

（3）使用超过使用年限或存在严重隐患的机械、设备、设施、工艺的，则该评定项目不应得分。

（4）对其余机械、设备、设施以及安全标识的使用情况，应根据具体情况评定折减分数。

（5）对职业病的防治，应根据具体情况评定折减分数。

7. 施工现场保险办理情况的考核评价应符合下列要求：

（1）未按规定办理意外伤害保险的，则该评定项目不应得分。

（2）意外伤害保险的办理实施，应根据具体情况评定折减分数。

二、评价方法

1. 施工企业每年度应至少进行一次自我考核评价。发生下列情况之一时，企业应再进行复核评价：

（1）适用法律、法规发生变化时。

（2）企业组织机构和体制发生重大变化后。

（3）发生生产安全事故后。

（4）其他影响安全生产管理的重大变化。

2. 施工企业考核自评应由企业负责人组织，各相关管理部门均应参与。

3. 评价人员应具备企业安全管理及相关专业能力，每次评价不应少于 3 人。

4. 对施工企业安全生产条件的量化评价应符合下列要求：

（1）当施工企业无施工现场时，应采用本标准附录 A 中表 A-1 ~ 表 A-4 进行评价。

（2）当施工企业有施工现场时，应采用本标准附录 A 中表 A-1 ~ 表 A-5 进行评价。

（3）施工企业的安全生产情况应依据自评价之月起前 12 个月以来的情况，施工现场应依据自开工日起至评价时的安全管理情况。

（4）施工现场评价结论，应取抽查及核验的施工现场评价结果的平均值，且其中不得有一个施工现场评价结果为不合格。

5. 抽查及核验企业在建施工现场，应符合下列要求：

（1）抽查在建工程实体数量，对特级资质企业不应少于 8 个施工现场；对一级资质企业不应少于 5 个施工现场；对一级资质以下企业不应小于 3 个施工现场；企业在建工程实体少于上述规定数量的，则应全数检查。

（2）核验企业所属其他在建施工现场安全管理状况，核验总数不应少于企业在建工程项目总数的 50%。

6. 抽查发生因工死亡事故的企业在建施工现场，应按事故等级或情节轻重程度，在本标准第 4.0.5 条规定的基础上分别增加 2 ~ 4 个在建工程项目；应增加核验企业在建工程项目总数的 10% ~ 30%。

7. 对评价时无在建工程项目的企业，应在企业有在建工程项目时，再次进行跟踪评价。

8. 安全生产条件和能力评分应符合下列要求：

（1）施工企业安全生产评价应按评定项目、评分标准和评分方法进行，并应符合本标准附录 A 的规定，满分分值均应为 100 分。

（2）在评价施工企业安全生产条件能力时，应采用加权法计算，权重系数应符合表 2-6-1的规定，并应按本标准附录 B 进行评价。

表 2-6-1　权重系数

评价内容			权重系数
无施工项目	①	安全生产管理	0.3
	②	安全技术管理	0.2
	③	设备和设施管理	0.2
	④	企业市场行为	0.3
有施工项目	①②③④加权值		0.6
	⑤	施工现场安全管理	0.4

9. 各评分表的评分应符合下列要求：

（1）评分表的实得分数应为各评定项目实得分数之和。

（2）评分表中的各个评定项目应采用扣减分数的方法，扣减分数总和不得超过该项目的应得分数。

（3）项目遇有缺项的，其评分的实得分应为可评分项目的实得分之和与可评分项目的应得分之和比值的百分数。

三、评价等级

1. 施工企业安全生产考核评定应分为合格、基本合格、不合格三个等级，并宜符合下列要求：

（1）对有在建工程的企业，安全生产考核评定宜分为合格、不合格 2 个等级。

（2）对无在建工程的企业，安全生产考核评定宜分为基本合格、不合格 2 个等级。

2. 考核评价等级划分应按表 2-6-2 核定。

表 2-6-2　施工企业安全生产考核评价等级划分

考核评价等级	考核内容		
	各项评分表中的实得分数为零的项目数（个）	各评分表实得分数（分）	汇总分数（分）
合格	0	≥70 且其中不得有一个施工现场评定结果为不合格	≥75
基本合格	0	≥70	≥75
不合格	出现不满足基本合格条件的任意一项时		

第七章　安全生产教育管理

一、基本规定

1. 施工企业安全生产教育培训应贯穿于生产经营的全过程，教育培训应包括计划编制、组织实施和人员持证审核等工作内容。

2. 施工企业安全生产教育培训计划应依据类型、对象、内容、时间安排、形式等需求进行编制。

3. 安全教育和培训的类型应包括各类上岗证书的初审、复审培训，三级教育（企业、项目、班组）、岗前教育、日常教育、年度继续教育。

4. 安全生产教育培训的对象应包括企业各管理层的负责人、管理人员、特殊工种以及新上岗、待岗复工、转岗、换岗的作业人员。

5. 施工企业的从业人员上岗应符合下列要求：

1）企业主要负责人、项目负责人和专职安全生产管理人员必须经安全生产知识和管理能力考核合格，依法取得安全生产考核合格证书。

2）企业的各类管理人员必须具备与岗位相适应的安全生产知识和管理能力，依法取得必要的岗位资格证书。

3）特殊工种作业人员必须经安全技术理论和操作技能考核合格，依法取得建筑施工特种作业人员操作资格证书。

6. 施工企业新上岗操作工人必须进行岗前教育培训，教育培训应包括下列内容：

1）安全生产法律法规和规章制度。

2）安全操作规程。

3）针对性的安全防范措施。

4）违章指挥、违章作业、违反劳动纪律产生的后果。

5）预防、减少安全风险以及紧急情况下应急救援的基本知识、方法和措施。

7. 施工企业应结合季节施工要求及安全生产形势对从业人员进行日常安全生产教育培训。

8. 施工企业每年应按规定对所有从业人员进行安全生产继续教育，教育培训应包括下列内容：

1）新颁布的安全生产法律法规、安全技术标准规范和规范性文件。

2）先进的安全生产技术和管理经验。

3）典型事故案例分析。

9. 施工企业应定期对从业人员持证上岗情况进行审核、检查，并应及时统计、汇总从业人员的安全教育培训和资格认定等相关记录。

二、培训对象和培训时间

（一）安全类证书上岗培训（表 2-7-1）

表 2-7-1　安全类证书上岗培训

<table>
<tr><th colspan="2">培训对象</th><th>理论培训时间</th><th>发证单位</th><th>有效期限</th></tr>
<tr><td rowspan="5">安全生产考核三类人员</td><td>建筑施工企业主要负责人</td><td rowspan="2">32 学时</td><td rowspan="5">建设行业行政主管部门</td><td rowspan="5">3 年</td></tr>
<tr><td>建筑施工企业项目负责人</td></tr>
<tr><td>机械类专职安全生产管理人员 C1</td><td rowspan="3">40 学时</td></tr>
<tr><td>土建类专职安全生产管理人员 C2</td></tr>
<tr><td>综合类专职安全生产管理人员 C3</td></tr>
<tr><td rowspan="11">特种作业人员</td><td>建筑电工</td><td rowspan="8">32 学时</td><td rowspan="8">建设行业行政主管部门</td><td rowspan="8">2 年</td></tr>
<tr><td>建筑架子工（P）</td></tr>
<tr><td>建筑起重司机（T）</td></tr>
<tr><td>建筑起重司机（S）</td></tr>
<tr><td>建筑起重司机（W）</td></tr>
<tr><td>起重设备拆装工</td></tr>
<tr><td>吊篮安装拆卸工</td></tr>
<tr><td>建筑起重信号指挥工</td></tr>
<tr><td>架子工</td><td rowspan="3">32 学时</td><td rowspan="3">安全生产监督管理部门</td><td rowspan="3">3 年</td></tr>
<tr><td>电工</td></tr>
<tr><td>焊工</td></tr>
</table>

（二）三级安全教育（表 2-7-2）

表 2-7-2　三级安全教育

培训对象	培训内容	培训时间
公司级教育	①安全生产法律、法规。 ②事故发生的一般规律及典型事故案例。 ③预防事故的基本知识，急救措施。	不少于 15 学时
工程项目（施工队）级教育	①各级管理部门有关安全生产的标准。 ②在施工程基本情况和必须遵守的安全事项。 ③施工用化工产品的用途，防毒、防火知识。	同上
班组级教育	①本班组生产工作概况，工作性质及范围。 ②本人从事工作的性质，必要的安全知识，各种机具设备及其安全防护设施的性能和作用。 ③本工种的安全操作规程。 ④本工程容易发生事故的部位及劳动防护用品的使用要求。	不少于 20 学时

（三）安全继续教育（表 2-7-3）

表 2-7-3　安全继续教育

人员类别	培训教育内容	培训时间
企业主要负责人	国家安全生产方针、政策和有关安全生产的法律、法规、规章及标准；安全生产管理基本知识、安全生产技术、安全生产专业知识；国内外先进的安全生产管理经验；典型事故和应急救援案例分析；其他需要培训的内容	不少于 12 学时
项目负责人	国家安全生产方针、政策和有关安全生产的法律、法规、规章及标准；安全生产管理基本知识、安全生产技术、安全生产专业知识；重大危险源管理、重大事故防范、应急管理、组织救援以及事故调查处理的有关规定；职业危害及其预防措施；国内外先进的安全生产管理经验；典型事故和应急救援案例分析；其他需要培训的内容	不少于 16 学时
专职安全生产管理人员	国家安全生产方针、政策和有关安全生产的法律、法规、规章及标准；安全生产管理、安全生产技术、职业卫生等知识；伤亡事故统计、报告及职业危害的调查处理方法；应急管理、应急预案编制以及应急处置的内容和要求；国内外先进的安全生产管理经验；典型事故和应急救援案例分析；其他需要培训的内容	不少于 20 学时
关键岗位管理人员	安全生产有关法律法规、安全生产方针和目标；安全生产基本知识；安全生产规章制度和劳动纪律；施工现场危险因素及危险源，危害后果及防范对策；个人防护用品的使用和维护；自救互救、急救方法和现场紧急情况的处理；岗位安全知识；有关事故案例；其他需要培训的内容	不少于 20 学时
特种作业人员	①安全生产有关法律法规本岗位安全操作规程。 ②安全生产规章制度、危险源辨识。 ③个人防护技能。 ④相关事故案例。	不少于 24 学时
转场人员	①本工程项目安全生产状况及施工条件。 ②施工现场中危险部位的防护措施及典型事故案例。 ③本工程项目的安全管理体系、规定及制度。	不少于 20 学时
变换工种人员	①新工作岗位或生产班组安全生产概况、工作性质和职责。 ②新工作岗位必要的安全知识，各种机具设备及安全防护设施的性能和作用。 ③新工作岗位、新工种的安全技术操作规程。 ④新工作岗位容易发生事故及有毒有害的地方。 ⑤新工作岗位个人防护用品的使用和保管。	不少于 20 学时

（四）教育形式

安全教育形式可分为以下几种：

（1）广告宣传式。包括安全广告、标语、宣传画、标志、展览、黑板报等形式。

（2）演讲式。包括教学、讲座、讲演、经验介绍、现身说法、演讲比赛等形式。

（3）会议讨论式。包括事故现场分析会、班前班后会、专题座谈会等。

（4）竞赛式。包括口头、笔头知识竞赛，安全、消防技能竞赛，其他各种安全教育活动评比等。

（5）声像式。用电影、录像等现代手段，使安全教育寓教于乐。主要有安全方面的广播、电影、电视、录像等。

（6）文艺演出式。以安全为题材编写和演出的相声、小品、话剧等文艺演出的教育形式。

（五）教育计划

安全教育计划分为以下几种：

（1）结合企业实际情况，编制企业年度安全教育计划，每个季度应有教育重点，每月要有教育内容。

（2）严格按制度进行教育对象的登记、培训、考核、发证、资料存档等工作。考试不合格者、不准上岗工作。

（3）要有相对的教育培训大纲、培训教材和培训师资，确保教育时间和质量。

（4）经常监督检查，认真查处未经培训就上岗操作和特种作业人员无证操作的责任单位和责任人员。

三、安全教育档案管理

（一）建立“职工安全教育卡”

职工的安全教育档案管理应由企业安全管理部门统一规范，为每位在职员工建立“职工安全教育卡”。

（二）教育卡的管理

1. 分级管理

“职工安全教育卡”由职工所属的安全管理部门负责保存和管理。班组人员的“职工安全教育卡”由所属项目负责保存和管理；机关人员的“职工安全教育卡”由企业安全管理部门负责保存和管理。

2. 跟踪管理

“职工安全教育卡”实行跟踪管理，职工调动单位或变换工种时，交由职工本人带到新单位，由新单位的安全管理人员保存和管理。

3. 职工日常安全教育

职工的日常安全教育由公司安全管理部门负责组织实施，日常安全教育结束后，安全管理部门负责在职工的“职工安全教育卡”中作出相应的记录。

4. 新入厂职工安全教育规定

新入厂职工必须按规定经公司、项目、班组三级安全教育，分别由公司安全部门、项目安全部门、班组安全员在“职工安全教育卡”中作出相应的记录并签名。

（三）考核规定

1. 公司安全管理部门每月抽查“职工安全教育卡”一次。

2. 对丢失“职工安全教育卡”的部门进行相应考核。

3. 对未按规定对本部门职工进行安全教育的进行相应考虑。

4. 对未按规定对本部门职工的安全教育情况进行登记的部门进行相应考核。

四、农民工夜校

（一）组织机构

1. 工程总承包部成立“农民工夜校”领导小组，由工程总承包部主要领导和相关业务系统主管领导组成。负责制定农民工培训的规章制度，确定教育培训计划，指导和监督各农民工夜校分校工作。

2. 建立农民工夜校管理办公室，管理办公室设在劳务管理部，由部门经理担任主任，主要负责：

（1）制定农民工夜校全年培训工作实施计划，确保培训课程落实。

（2）落实农民工教育培训的模式、对象、内容、形式、方法和教材，组织实施培训工作。

（3）建立农民工培训师资库。

（4）建立农民工夜校培训工作报表制度，考核各项目部实施情况。

3. 各项目部要建立农民工夜校分校，统一挂牌，统一管理。并成立由相关专业领导和管理人员组成的分校组织机构，负责制定农民工夜校分校全年培训计划，确保培训课程落实；确定分校农民工教育培训模式、对象、内容、形式、方法和教材，组织实施培训工作；确定分校农民工培训师资。

（二）培训内容与要求

1. 农民工培训课堂设立在项目部，培训重点应以安全知识、技术质量要求、工种技能知识的岗位培训为主，突出适应现场生产需要的技能和能力培养；同时要开展法律法规知识、城市文明生活知识等培训。

2. 培训内容应包括安全知识培训和应知应会培训。安全知识培训要把好“入场”关，作业人员100%进行入场“三级安全教育”和考核。应知应会培训要做好职业技能岗位（专业工种）专业知识培训并进行实际操作训练，作业人员基本达到初、中级技能岗位水平。

3. 各夜校应定期组织开展对农民工每人每月不少于2次，每次课时不少于2学时的农民工培训。培训可以采取集中讲课、观看教学光盘、现场观摩、各种班前教育、文艺演出等多种形式进行。

4. 各项目部要制定相应的夜校管理措施，确定夜校培训工作责任人，每次培训要有农民工本人签到的记录，并将培训情况及时做好记录，备案备查。

5. 各项目部应每半年统计一次业校培训情况，培训效果总结及相关统计报表以书面形式上报工程总承包部农民工夜校管理办公室。

6. 对农民工夜校教育培训，各项目部要设置专项教育经费。教育经费用于“农民工夜校”的培训教学设施和培训教材的购置、授课教师的讲课费支付等开支。

五、《建筑施工企业主要负责人、项目负责人和专职安全生产管理人员安全生产管理规定》（建设部令第 **17** 号）相关规定

第一章　总　　则

第三条　企业主要负责人，是指对本企业生产经营活动和安全生产工作具有决策权的领导人员。

项目负责人，是指取得相应注册执业资格，由企业法定代表人授权，负责具体工程项目管理的人员。

专职安全生产管理人员，是指在企业专职从事安全生产管理工作的人员，包括企业安全生产管理机构的人员和工程项目专职从事安全生产管理工作的人员。

第二章　考核发证

第五条　“安管人员”应当通过其受聘企业，向企业工商注册地的省、自治区、直辖市人民政府住房城乡建设主管部门（以下简称考核机关）申请安全生产考核，并取得安全生产考核合格证书。安全生产考核不得收费。

第六条　申请参加安全生产考核的“安管人员”，应当具备相应文化程度、专业技术职称和一定安全生产工作经历，与企业确立劳动关系，并经企业年度安全生产教育培训合格。

第七条　安全生产考核包括安全生产知识考核和管理能力考核。

安全生产知识考核内容包括：建筑施工安全的法律法规、规章制度、标准规范，建筑施工安全管理基本理论等。

安全生产管理能力考核内容包括：建立和落实安全生产管理制度、辨识和监控危险性较大的分部分项工程、发现和消除安全事故隐患、报告和处置生产安全事故等方面的能力。

第九条　安全生产考核合格证书有效期为 3 年，证书在全国范围内有效。

证书式样由国务院住房城乡建设主管部门统一规定。

第十条　安全生产考核合格证书有效期届满需要延续的，“安管人员”应当在有效期届满前 3 个月内，由本人通过受聘企业向原考核机关申请证书延续。准予证书延续的，证书有效期延续 3 年。

对证书有效期内未因生产安全事故或者违反本规定受到行政处罚，信用档案中无不良行为记录，且已按规定参加企业和县级以上人民政府住房城乡建设主管部门组织的安全生产教育培训的，考核机关应当在受理延续申请之日起 20 个工作日内，准予证书延续。

第十一条　“安管人员”变更受聘企业的，应当与原聘用企业解除劳动关系，并通过新聘用企业到考核机关申请办理证书变更手续。考核机关应当在受理变更申请之日起 5 个工作日内办理完毕。

第十二条　“安管人员”遗失安全生产考核合格证书的，应当在公共媒体上声明作废，通过其受聘企业向原考核机关申请补办。考核机关应当在受理申请之日起 5 个工作日内办理完毕。

第十三条　“安管人员”不得涂改、倒卖、出租、出借或者以其他形式非法转让安全生产考核合格证书。

第三章　安全责任

第十四条　主要负责人对本企业安全生产：工作全面负责，应当建立健全企业安全生产管理体系，设置安全生产管理机构，配备专职安全生产管理人员，保证安全生产投入，督促检查本企业安全生产工作，及时消除安全事故隐患，落实安全生产责任。

第十五条　主要负责人应当与项目负责人签订安全生产责任书，确定项目安全生产考核目标、奖惩措施，以及企业为项目提供的安全管理和技术保障措施。

工程项目实行总承包的，总承包企业应当与分包企业签订安全生产协议，明确双方安全生产责任。

第十六条　主要负责人应当按规定检查企业所承担的工程项目，考核项目负责人安全生产管理能力。发现项目负责人履职不到位的，应当责令其改正；必要时，调整项目负责人。检查情况应当记入企业和项目安全管理档案。

第十七条　项目负责人对本项目安全生产管理全面负责，应当建立项目安全生产管理体系，明确项目管理人员安全职责，落实安全生产管理制度，确保项目安全生产费用有效使用。

第十八条　项目负责人应当按规定实施项目安全生产管理，监控危险性较大分部分项工程，及时排查处理施工现场安全事故隐患，隐患排查处理情况应当记入项目安全管理档案；发生事故时，应当按规定及时报告并开展现场救援。

工程项目实行总承包的，总承包企业项目负责人应当定期考核分包企业安全生产管理情况。

第十九条　企业安全生产管理机构专职安全生产管理人员应当检查在建项目安全生产管理情况，重点检查项目负责人、项目专职安全生产管理人员履责情况，处理在建项目违规违章行为，并记入企业安全管理档案。

第二十条　项目专职安全生产管理人员应当每天在施工现场开展安全检查，现场监督危险性较大的分部分项工程安全专项施工方案实施。对检查中发现的安全事故隐患，应当立即处理：不能处理的，应当及时报告项目负责人和企业安全生产管理机构。项目负责人应当及时处理。检查及处理情况应当记入项目安全管理档案。

第二十一条　建筑施工企业应当建立安全生产教育培训制度，制定年度培训计划，每年对“安管人员”进行培训和考核，考核不合格的，不得上岗。培训情况应当记入企业安全生产教育培训档案。

第二十二条　建筑施工企业安全生产管理机构和工程项目应当按规定配备相应数量和相关专业的专职安全生产管理人员。危险性较大的分部分项工程施工时，应当安排专职安全生产管理人员现场监督。

第五章　法律责任

第二十七条　“安管人员”隐瞒有关情况或者提供虚假材料申请安全生产考核的，考核机关不予考核，并给予警告；“安管人员”1 年内不得再次申请考核。

“安管人员”以欺骗、贿赂等不正当手段取得安全生产考核合格证书的，由原考核机关撤销安全生产考核合格证书；“安管人员”3 年内不得再次申请考核。

第二十八条　“安管人员”涂改、倒卖、出租、出借或者以其他形式非法转让安全生产考核合格证书的，由县级以上地方人民政府住房城乡建设主管部门给予警告，并处1000元以上5000元以下的罚款。

第二十九条　建筑施工企业未按规定开展“安管人员”安全生产教育培训考核，或者未按规定如实将考核情况记入安全生产教育培训档案的，由县级以上地方人民政府住房城乡建设主管部门责令限期改正，并处2万元以下的罚款。

第三十条　建筑施工企业有下列行为之一的，由县级以上人民政府住房城乡建设主管部门责令限期改正；逾期未改正的，责令停业整顿，并处2万元以下的罚款：导致不具备《安全生产许可证条例》规定的安全生产条件的，应当依法暂扣或者吊销安全生产许可证：

（一）未按规定设立安全生产管理机构的；

（二）未按规定配备专职安全生产管理人员的；

（三）危险性较大的分部分项工程施工时未安排专职安全生产管理人员现场监督的；

（四）“安管人员”未取得安全生产考核合格证书的。

第三十一条　“安管人员”未按规定办理证书变更的，由县级以上地方人民政府住房城乡建设主管部门责令限期改正，并处1000元以上5000元以下的罚款。

第三十二条　主要负责人、项目负责人未按规定履行安全生产管理职责的，由县级以上人民政府住房城乡建设主管部门责令限期改正；逾期未改正的，责令建筑施工企业停业整顿；造成生产安全事故或者其他严重后果的，按照《生产安全事故报告和调查处理条例》的有关规定，依法暂扣或者吊销安全生产考核合格证书；构成犯罪的，依法追究刑事责任。

主要负责人、项目负责人有前款违法行为，尚不够刑事处罚的，处2万元以上20万元以下的罚款或者按照管理权限给予撤职处分；自刑罚执行完毕或者受处分之日起，5年内不得担任建筑施工企业的主要负责人、项目负责人。

第三十三条　专职安全生产管理人员未按规定履行安全生产管理职责的，由县级以上地方人民政府住房城乡建设主管部门责令限期改正，并处1000元以上5000元以下的罚款；造成生产安全事故或者其他严重后果的，按照《生产安全事故报告和调查处理条例》的有关规定，依法暂扣或者吊销安全生产考核合格证书；构成犯罪的，依法追究刑事责任。

六、《建筑施工企业主要负责人、项目负责人和专职安全生产管理人员安全生产管理规定实施意见》（建质［2015］206号）相关规定

一、企业主要负责人的范围

企业主要负责人包括法定代表人、总经理（总裁）、分管安全生产的副总经理（副总裁）、分管生产经营的副总经理（副总裁）、技术负责人、安全总监等。

二、专职安全生产管理人员的分类

（一）分类

专职安全生产管理人员分为机械、土建、综合三类。机械类专职安全生产管理人员可以从事起重机械、土石方机械、桩工机械等安全生产管理工作。土建类专职安全生产管理人员可以从事除起重机械、上石方机械、桩工机械等安全生产管理工作以外的安全生产管理工作。综合类专职安全生产管理人员可以从事全部安全生产管理工作。

（二）考核要求

新申请专职安全生产管理人员安全生产考核只可以在机械、土建、综合三类中选择一类。机械类专职安全生产管理人员在参加土建类安全生产管理专业考试合格后，可以申请取得综合类专职安全生产管理人员安全生产考核合格证书。土建类专职安全生产管理人员在参加机械类安全生产管理专业考试合格后，可以申请取得综合类专职安全生产管理人员安全生产考核合格证书。

三、申请安全生产考核应具备的条件

（一）申请建筑施工企业主要负责人安全生产考核，应当具备下列条件：

1. 具有相应的文化程度、专业技术职称（法定代表人除外）；

2. 与所在企业确立劳动关系；

3. 经所在企业年度安全生产教育培训合格。

（二）申请建筑施工企业项目负责人安全生产考核，应当具备下列条件：

1. 取得相应注册执业资格；

2. 与所在企业确立劳动关系；

3. 经所在企业年度安全生产教育培训合格。

（三）申请专职安全生产管理人员安全生产考核，应当具备下列条件：

1. 年龄已满18周岁未满60周岁，身体健康；

2. 具有中专（含高中、中技、职高）及以上文化程度或初级及以上技术职称；

3. 与所在企业确立劳动关系，从事施工管理工作两年以上；

4. 经所在企业年度安全生产教育培训合格。

四、安全生产考核的内容与方式

安全生产考核包括安全生产知识考核和安全生产管理能力考核。

安全生产知识考核可采用书面或计算机答卷的方式；安全生产管理能力考核可采用现场实操考核或通过视频、图片等模拟现场考核方式。

机械类专职安全生产管理人员及综合类专职安全生产管理人员安全生产管理能力考核内容必须包括攀爬塔吊及起重机械隐患识别等。

七、安全生产考核合格证书的延续

建筑施工企业主要负责人、项目负责人和专职安全生产管理人员应当在安全生产考核合格证书有效期届满前3个月内，经所在企业向原考核机关申请证书延续，

符合下列条件的准予证书延续：

（一）在证书有效期内未因生产安全事故或者安全生产违法违规行为受到行政处罚；

（二）信用档案中无安全生产不良行为记录；

（三）企业年度安全生产教育培训合格，且在证书有效期内参加县级以上住房城乡建设主管部门组织的安全生产教育培训时间满24学时。

不符合证书延续条件的应当申请重新考核。不办理证书延续的，证书自动失效。

八、安全生产考核合格证书的换发

在本意见实施前已经取得专职安全生产管理人员安全生产考核合格证书且证书在有效期内的人员，经所在企业向原考核机关提出换发证书申请，可以选择换发土建类专职安全生产管理人员安全生产考核合格证书或者机械类专职安全生产管理人员安全生产考核合格证书。

九、安全生产考核合格证书的跨省变更

建筑施工企业主要负责人、项目负责人和专职安全生产管理人员跨省更换受聘企业的，应到原考核发证机关办理证书转出手续。原考核发证机关应为其办理包含原证书有效期限等信息的证书转出证明。

建筑施工企业主要负责人、项目负责人和专职安全生产管理人员持相关证明通过新受聘企业到该企业工商注册所在地的考核发证机关办理新证书。新证书应延续原证书的有效期。

十、专职安全生产管理人员的配备

建筑施工企业应当按照《建筑施工企业安全生产管理机构设置及专职安全生产管理人员配备办法》（建质［2008］91号）的有关规定配备专职安全生产管理人员。建筑施工企业安全生产管理机构和建设工程项目中，应当既有可以从事起重机械、土石方机械、桩工机械等安全生产管理工作的专职安全生产管理人员，也有可以从事除起重机械、土石方机械、桩工机械等安全生产管理工作以外的安全生产管理工作的专职安全生产管理人员。

十一、安全生产考核合格证书的暂扣和撤销

建筑施工企业专职安全生产管理人员未按规定履行安全生产管理职责，导致发生一般生产安全事故的，考核机关应当暂扣其安全生产考核合格证书六个月以上一年以下。建筑施工企业主要负责人、项目负责人和专职安全生产管理人员未按规定履行安全生产管理职责，导致发生较大及以上生产安全事故的，考核机关应当撤销其安全生产考核合格证书。

安全生产考核要点

3　建筑施工企业机械类专职安全生产管理人员（C1类）

3.1　安全生产知识考核要点

3.1.1　建筑施工安全生产的方针政策、法律法规、规章制度和标准规范。

3.1.2　建筑施工安全生产管理、工程项目施工安全生产管理的基本理论和基础知识。

3.1.3　工程建设各方主体的安全生产法律义务与法律责任。

3.1.4　企业、工程项目安全生产责任制和安全生产管理制度。

3.1.5　安全生产保证体系、资质资格、费用保险、教育培训、机械设备、防护用品、评价考核等管理。

3.1.6　危险性较大的分部分项工程、危险源辨识、安全技术交底安全技术资料等安全技术管理。

3.1.7　施工现场安全检查、隐患排查与安全生产标准化。

3.1.8　场地管理与文明施工。

3.1.9　事故应急救和事故报告、调查与处理。

3.1.10　起重吊装、土方与筑路机械、建筑起重与升降机械设备，以及混凝土、木工、钢筋和桩工机械等安全技术要点。

3.1.11　国内外安全生产管理经验。

3.1.12　机械类典型事故案例分析。

3.2　安全生产管理能力考核要点

3.2.1　贯彻执行建筑施工安全生产的方针政策、法律法规、规章制度和标准规范情况。

3.2.2　对施工现场进行检查、巡查，查处建筑起重机械、升降设备、施工机械机具等方面违反安全生产规范标准、规章制度行为，监督落实安全隐患的整改情况。

3.2.3 发现生产安全事故隐患，及时向项目负责人和安全生产管理机构报告以及消除隐患情况。

3.2.4 制止现场相关专业违章指挥、违章操作、违反劳动纪律等行为情况。

3.2.5 监督相关专业施工方案、技术措施和技术交底的执行情况，督促安全技术资料的整理、归档情况。

3.2.6 检查相关专业作业人员安全教育培训和持证上岗情况。

3.2.7 发生事故后，参加抢救、救护和及时如实报告事故、积极配合事故的调查处理情况。

3.2.8 安全生产业绩：自考核之日起，是否存在下列情形之一：

（1）未履行安全生产职责，对所发生的建筑施工生产安全事故负有责任，受到刑事处罚和撤职处分，刑事处罚执行完毕不满三年或者受处分之日起不满三年的。

（2）三年内，因未履行安全生产职责，受到行政处罚的。

（3）一年内，因未履行安全生产职责，信用档案中被记入不良行为记录或仍未撤销的。

3.3 考核内容与方式

3.3.1 考核内容包括安全生产知识考试、安全生产管理能力考核和安全生产管理实际能力考核等。

3.3.2 安全生产知识考试

采用书面或计算机闭卷考试方式，内容包括安全生产法律法规、安全管理和安全技术等内容。其中，法律法规占20%，安全管理占40%，机械设备安全技术占40%。

3.3.3 安全生产管理能力考核

（1）申请考核时，施工企业结合工作实际，对安全生产实际工作能力和安全生产业绩进行初步考核；

（2）受理企业申报后，建设主管部门结合日常监督管理和信用档案记录情况，对实际安全生产管理工作情况和安全生产业绩进行考核。

3.3.4 安全生产管理实际能力考核

施工现场实地或模拟施工现场，采用现场实操和口头陈述方式，考核查找存在的管理缺陷、事故隐患和处理紧急情况等实际工作能力。

4 建筑施工企业土建类专职安全生产管理人员（C2类）

4.1 安全生产知识考核要点

4.1.1 建筑施工安全生产的方针政策、法律法规和标准规范。

4.1.2 建筑施工安全生产管理、工程项目施工安全生产管理的基本理论和基础知识。

4.1.3 工程建设各方主体的安全生产法律义务与法律责任。

4.1.4 企业、工程项目安全生产责任制和安全生产管理制度。

4.1.5 安全生产保证体系、资质资格、费用保险、教育培训、机械设备、防护用品、评价考核等管理。

4.1.6 危险性较大的分部分项工程、危险源辨识、安全技术交底和安全技术资料等安全技术管理。

4.1.7 施工现场安全检查、隐患排查与安全生产标准化。

4.1.8 场地管理与文明施工。

4.1.9 事故应急救援和事故报告、调查与处理。

4.1.10 模板支撑工程、脚手架工程、土方基坑工程、施工临时用电、高处作业、电气焊（割）作业、现场防火和季节性施工等安全技术要点。

4.1.11 国内外安全生产管理经验。

4.1.12 土建类典型事故案例分析。

4.2 安全生产管理能力考核要点

4.2.1 贯彻执行建筑施工安全生产的方针政策、法律法规、规章制度和标准规范情况。

4.2.2 对施工现场进行检查、巡查，查处模板支撑、脚手架和土方基坑工程、施工临时用电、高处作业、电气焊（割）作业和季节性施工，以及施工现场生产生活设施、现场消防和文明施工等方面违反安全生产规范标准、规章制度行为，监督落实安全隐患的整改情况。

4.2.3 发现生产安全事故隐患，及时向项目负责人和安全生产管理机构报告以及消除情况。

4.2.4 制止现场违章指挥、违章操作、违反劳动纪律等行为情况。

4.2.5 监督相关专业施工方案、技术措顺口技术交底的执行情况，督促安全技术资料的整理、归档情况。

4.2.6 检查相关专业作业人员安全教育培训和持证上岗情况。

4.2.7 发生事故后，参加救援、救护和及时如实报告事故、积极配合事故的调查处理情况。

4.2.8 安全生产业绩：同3.2.8内容。

4.3 考核内容与方式

4.3.1 考核内容包括安全生产知识考试、安全生产管理能力考核和安全生产管理实际能力考核等。

4.3.2 安全生产知识考试

采用书面或计算机闭卷考试方式，内容包括安全生产法律法规、安全管理和安全技术等内容。其中，法律法规占20%，安全管理占40%，土建综合安全技术占40%。

4.3.3 安全生产管理能力考核

（1）申请考核时，施工企业结合工作实际，对安全生产实际工作能力和安全生产业绩进行初步考核；

（2）受理企业申报后，建设主管部门结合日常监督管理和信用档案记录情况，对实际安全生产管理工作情况和安全生产业绩进行考核。

4.3.4 安全生产管理实际能力考核

施工现场实地或模拟施工现场，采用现场实操和口头陈述方式，考核查找存在的管理缺陷、事故隐患和处理紧急情况等实际工作能力。

5 建筑施工企业综合类专职安全生产管理人员（C3类）

5.1 安全生产知识考核要点

5.1.1 建筑施工安全生产的方针政策、法律法规、规章制度和标准规范。

5.1.2 建筑施工安全生产管理、工程项目施工安全生产管理的基本理论和基础知识。

5.1.3　工程建设各方主体的安全生产法律义务与法律责任。

5.1.4　企业、工程项目安全生产责任制和安全生产管理制度。

5.1.5　安全生产保证体系、资质资格、费用保险、教育培训、机械设备、防护用品、评价考核等管理。

5.1.6　危险性较大的分部分项工程、危险源辨识、安全技术交底和安全技术资料等安全技术管理。

5.1.7　施工现场安全检查、隐患排查与安全生产标准化。

5.1.8　场地管理与文明施工。

5.1.9　事故应急救援和事故报告、调查与处理。

5.1.10　起重吊装、土方与筑路机械、建筑起重与升降机械设备，以及混凝土、木工、钢筋和桩工机械等安全技术要点；模板支撑工程、脚手架工程、土方基坑工程、施工临时用电、高处作业、电气，焊（割）作业、现场防火和季节性施工等安全技术要点。

5.1.11　国内外安全生产管理经验。

5.1.12　典型事故案例分析。

5.2　安全生产管理能力考核要点

5.2.1　贯彻执行建筑施工安全生产的方针政策、法律法规、规章制度和标准规范情况。

5.2.2　对施工现场进行检查、巡查，查处建筑起重机械、升降设备、施工机械机具等方面违反安全生产规范标准、规章制度行为，监督落实安全隐患的整改情况；对施工现场进行检查、巡查，查处模板支撑、脚手架和土方基坑工程、施工临时用电、高处作业、电气焊（割）作业和季节性施工，以及施工现场生产生活设施、现场消防和文明施工等方面违反安全生产规范标准、规章制度行为，监督落实安全隐患的整改情况。

5.2.3　发现生产安全事故隐患，及时向项目负责人和安全生产管理机构报告，及时消除生产安全事故隐患情况。

5.2.4　制止现场违章指挥、违章操作、违反劳动纪律等行为情况。

5.2.5　监督相关专业施工方案、技术措施和技术交底的执行情况，督促安全技术资料的整理、归档情况。

5.2.6　检查施工现场作业人员安全教育培训和持证上岗情况。

5.2.7　发生事故后，参加抢救、救护和及时如实报告事故、积极配合事故的调查处理情况。

5.2.8　安全生产业绩：同3.2.8内容。

5.3　考核内容与方式

5.3.1　考核内容包括安全生产知识考试、安全生产管理能力考核和安全生产管理实际能力考核等。

5.3.2　安全生产知识考试

采用书面或计算机闭卷考试方式，内容包括安全生产法律法规、安全管理和安全技术等内容。其中，法律法规占20%，安全管理占40%，机械设备、土建综合安全技术占40%。

5.3.3　安全生产管理能力考核

（1）申请考核时，施工企业结合工作实际，对安全生产实际工作能力和安全生产业绩进行初步考核；

（2）受理企业申报后，建设主管部门结合日常监督管理和信用档案记录情况，对实际安全生产管理工作情况和安全生产业绩进行考核。

5.3.4　安全生产管理实际能力考核

施工现场实地或模拟施工现场，采用现场实操和口头陈述方式，考核查找存在的管理缺陷、事故隐患和处理紧急情况等实际工作能力。

第八章　施工现场环境与卫生管理

一、环境保护岗位责任制

（一）主要职能部门岗位职责

1. 工会

（1）负责公司环境、安全方针的宣传、教育，负责有关法律法规的宣传教育工作。

（2）每季度组织有关人员进行现场环境安全检查工作。

2. 项目经理部

（1）是公司环境保证体系的具体落实者，负责执行公司环境安全方针和相关的法律法规。

（2）对环境保证体系的实施进行连续监控。

（3）负责项目部环境因素、重大环境因素的识别、危险源、重大安全风险的识别与评定，建立项目部环境因素台账、重大环境因素清单，危险源台账和重大安全风险清单及控制计划。

（4）负责建立项目环境保证管理方案，作业指导书、应急响应预案及安全技术交底。

（5）负责配备满足要求的各类管理人员，建立健全项目各级人员环境职责分工，明确各级人员的责任。

（6）组织进行三级安全教育，进行环境安全交底，进行分包方环境管理的考核和评定。

（7）负责配备足够的工程项自施工管理过程的环境保证资源，进行生产进度、成本的管理，保证项目环境，保证体系的运行。

（8）负责组织项目每月进行环境管理体系的运行自检，进行内部沟通，负责纠正措施的制定、实施与跟踪验证。

3. 质量部

（1）负责公司环境保证体系的策划、建立与实施。

（2）组织编制公司环境保证体系文件。

（3）负责环境管理文件和记录的控制管理。

（4）负责公司环境管理体系的内、外部信息交流。

（5）负责每季度组织公司有关部门监督检查公司的体系运行情况。

（6）协助人力资源部组织举办环境保证体系标准、相关法律法规、专业知识和文件要求的培训或讲座。

（7）负责审核各部门下发的环境管理方面的文件。

4. 工程部

（1）负责施工全过程环境保证体系的控制。

（2）负责环境因素的识别、评价、更新管理。

（3）负责公司环境目标指标管理方案的制定与实施跟踪。

（4）负责公司环境管理的具体运作，负责施工场界噪声的监测和控制管理。

（5）负责公司安全监视和测量装置管理。

（6）参加质量管理部组织的体系运行季度考核，重点检查环境运行控制绩效。

5. 技术部

（1）负责获取、评价、更新公司适用的环境、安全法律法规与其他要求。

（2）负责组织环境、安全管理的数据收集与分析，指导进行统计技术的应用，建立和保持数据分析程序。

（3）负责组织环境、安全严重不合格的纠正与预防措施的制定，并跟踪验证其实施的结果。

（二）施工现场管理人员岗位

1. 项目经理

（1）负责贯彻执行国家环境方面的法律、法规、方针、政策。

（2）负责本项目部环境管理体系的建立、保持和实施。

（3）负责组织进行环境因素和危险源的识别，控制重大环境因素和安全风险。

（4）保障环境管理体系运行所需资源。

2. 技术负责人

（1）对项目经理负责，贯彻实施环境方针和环境目标，协助建立、完善环境管理体系，确保其有效运行。

（2）负责施工过程所涉及的有关环境的法律、法规及其他要求的识别与传递。

（3）负责运行程序和对有关环境人员的培训、意识和能力的评价。

（4）负责制定纠正和预防措施，并验证结果。

3. 环境管理员

（1）对项目经理负责，贯彻实施环境方针和环境目标，协助建立、完善环境管理体系，确保其有效运行。

（2）负责制定环境管理方案，并保存记录。

（3）负责环境管理体系文件收发工作，及时传递到有关人员手中，保证运行有效。

（4）负责与外部、本部门各层次之间的信息交流，并保持渠道畅通。

（5）负责收集整理有关记录，以备查阅。

4. 工长

（1）识别环境因素，并协助制定环境管理方案。

（2）负责对本专业人员及相关方的环境意识培训，并施加直接影响。

（3）保存有关活动记录以备查阅。

（4）及时反馈该专业所涉及的有关环保方面的信息，以便做出响应。

5. 质检员

（1）遵守有关环境方面的法律法规，贯彻执行总公司的环境方针，保证目标和指标的顺利实现。

（2）协助识别本工程的环境因素，制定环境管理方案。

（3）负责工程劳务分包方对环境管理协议的履行监督工作，并施加直接影响。

（4）协助做好体系运行控制工作。

（5）协助本部门各层次人员的工作并做出响应。

6. 试验员

（1）遵守有关环境方面的法律法规，贯彻执行总公司的环境方针，保证目标和指标的顺利实现。

（2）识别本岗位的环境因素并进行控制。

（3）协助本部门各层次人员的工作并做出响应。

7. 安全员

（1）对项目经理负责，贯彻实施环境方针和环境目标，协助建立、完善环境管理体系，确保其有效运行。

（2）负责对有关环境方面法律、法规及其他要求等的识别与传递。

（3）负责制定环境管理方案。

（4）负责制定纠正和预防措施。

8. 库管员

（1）遵守有关环境方面的法律法规，贯彻执行总公司的环境方针，保证目标和指标的顺利实现。

（2）负责对油漆类、化学危险品、油类等物资的妥善保存，并做好应急准备与响应。

（3）协助本部门各层次人员的工作，并做出响应。

（4）参加环境管理体系审核。

9. 班组长

（1）遵守工地各项有关环境方面的规章制度。

（2）负责向职工传达有关环保方面的知识，协助做好培训工作。

（3）协助各层次人员工作，对异常事件做出应急准备和响应，如火灾、地震等。

（三）施工现场环境保护管理网控制图

施工现场环境保护管理网控制图如图 2-8-1 所示。

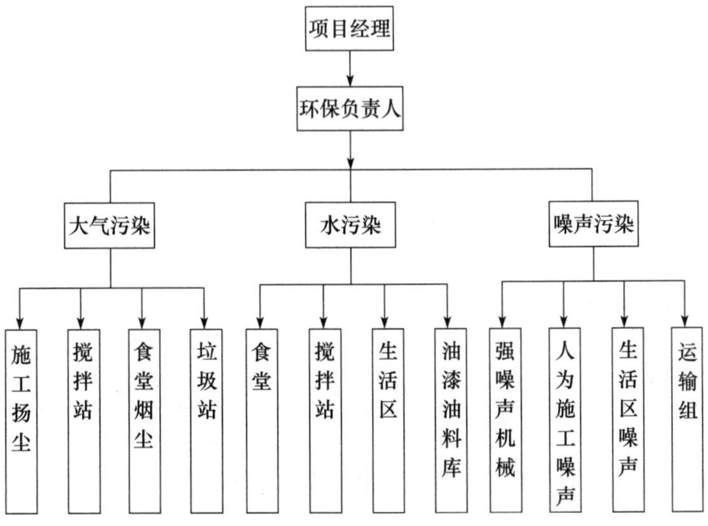

图 2-8-1　施工现场环境保护管理网控制图

（四）重大环境因素控制

重大环境因素控制如表 2-8-1 所示。

表 2-8-1　重大环境因素控制表

环境因素	活动点/工序/部位	环境影响	控制方式
噪声的排放	施工机械：推土机、挖掘机、装载机、钻孔桩机、打夯机、混凝土输送泵；运输设备：翻斗车；电动工具：电锯、电刨、空压机、切割机、混凝土振捣棒、冲击钻	影响人体健康、社区居民休息	执行《环境管理方案》
	脚手架装卸、安装与拆除		
	模板支拆、清理与修复		
粉尘的排放	施工场地平整作业、土堆、砂堆、石灰、现场路面、进出车辆车轮带泥砂、水泥搬运、混凝土搅拌、木工房锯末、拆除作业	污染大气、影响居民身体健康	
甲醛、氨、放射性核素及各种有害物质的超量排放	各种室内建筑装饰材料、混凝土外加剂（氨）、建筑材料作业和使用	影响用户健康	
化学危险品的使用排放	装饰、防水、焊接作业现场	大气、土地、光污染	
运输的遗撒	运输渣土、商品混凝土、生活垃圾	污染路面、影响居民生活	
有毒有害废弃物的排放	施工现场（废化工材料及其包装物、容器等，废玻璃丝布，废铝箔纸，工业棉布，抽手套，含油棉纱棉布，漆刷，废旧测温计）	污染土地、水体	
	中心试验室有毒有害容器清洗液及废试液瓶、油布及油手套		
	现场清洗工具废渣、机械维修保养废渣		
	办公区废复写纸、复印机废墨盒和废粉、打印机废硒鼓、废色带、废电池、废磁盘、废计算器、废日光灯、废涂改液瓶		
火灾、爆炸的发生	油漆、易燃材料库房及作业面、木工房、电气焊作业点、氧气瓶（库）、乙炔气瓶（库）、液化气瓶、油库、建筑垃圾、冬季混凝土养护作业、施工现场配电室、试验室使用的乙醇、松节油、燃煤取暖	污染大气	
污水的排放	食堂、现场搅拌站、厕所、现场洗车处	污染水体	

二、《建设工程施工现场环境与卫生标准》（JGJ 146—2013）

（一）基本规定

（1）建设工程总承包单位应对施工现场的环境与卫生负总责，分包单位应服从总承包单位的管理。参建单位及现场人员应有维护施工现场环境与卫生的责任和义务。

（2）建设工程的环境与卫生管理应纳入施工组织设计或编制专项方案，应明确环境与卫生管理的目标和措施。

（3）施工现场应建立环境与卫生制度，落实管理责任制，应定期检查并记录。

（4）建设工程的参与建设单位应根据法律的规定，针对可能发生的环境、卫生等突发事件建立应急管理体系，制定相应的应急预案并组织演练。

（5）当施工现场发生有关环境、卫生等突发事件时，应按相关规定及时向施工现场所在地建设行政主管部门和相关部门报告，并应配合调查处置。

（6）施工人员的教育培训、考核应包括环境与卫生等有关内容。

（7）施工现场临时设施、临时道路的设置应科学合理，并应符合安全、消防、节能、环保等有关规定。施工区、材料加工及存放区应与办公区、生活区划分清楚，并应采取相应的隔离措施。

（8）施工现场应实行封闭管理，并应采用硬质围挡。市区主要路段的施工现场围挡高度不应低于2.5m，一般路段围挡高度不应低于1.8m，围挡应牢固、稳定、整洁。距离交通路口20m范围内占据道路施工设置的围挡，其0.8m以上部分应采用通透性围挡，并应采取交通疏导和警示措施。

（9）施工现场出入口应标有企业名称或企业标识。主要出入口明显处应设置工程概况牌，施工现场大门内应有施工现场总平面图和安全管理、环境保护与绿色施工、消防保卫等制度牌和宣传栏。

（10）施工单位应采取有效的安全防护措施。参建单位必须为施工人员提供必备的劳动防护用品，施工人员应正确使用劳动防护用品。劳动防护用品应符合现行行业标准《建筑施工作业劳动防护用品配备及使用标准》（JGJ 184）的规定。

（11）有毒有害作业场所应在醒目位置设置安全警示标识，并应符合现行国家标准《工作场所职业病危害警示标识》（GBZ 158）的规定，施工单位应依据有关规定对从事有职业病危害作业的人员定期进行体检和培训。

（12）施工单位应根据季节气候特点，做好施工人员的饮食卫生和防暑降温、防寒保暖、防中毒、卫生防疫等工作。

（二）绿色施工

1. 节约能源资源

（1）施工总平面布置、临时设施的布置设计及材料选用应科学合理，节约能源。临时用电设备及器具应选用节能型产品。施工现场宜利用新能源和可再生能源。

（2）施工现场宜利用拟建道路路基作为临时道路路基。临时设施应利用既有建筑物、构筑物和设施。土方施工应优化施工方案，减少土方开挖和回填量。

（3）施工现场周转材料宜采用金属、化学合成材料等可回收再利用产品代替，并应加强保养维护，提高周转率。

（4）施工现场应合理安排材料进场计划，减少二次搬运，并应实行限额领料。

（5）施工现场办公应利用信息化管理，减少办公用品的使用及消耗。

（6）施工现场生产生活用水用电等资源能源的消耗应实行计量管理。

（7）施工现场应保护地下水资源。采取施工降水是应执行国家及当地有关水资源保护的规定，并应综合利用抽排出的地下水。

（8）施工现场应采用节水器具，并应设置节水标识。

（9）施工现场宜设置废水回收、循环再利用设施、宜对雨水进行收集利用。

（10）施工现场应对可回收再利用物资及时分拣、回收、再利用。

2. 大气污染防治

（1）施工现场的主要道路要进行硬化处理。裸露的场地和堆放的土方应采取覆盖、固化或绿化等措施。

（2）施工现场土方作业应采取防止扬尘措施，主要道路应定期清扫、洒水。

（3）拆除建筑物或者构筑物时，应采用隔离、洒水等降噪、降尘措施，并及时清理废弃物。

（4）土方和建筑垃圾的运输必须采用封闭式运输车辆或采取覆盖措施。施工现场出口处应设置车辆冲洗设施，并应对驶出的车辆进行清洗。

（5）建筑物内垃圾应采用容器或搭设专用封闭式垃圾道的方式清运，严禁凌空抛掷。

（6）施工现场严禁焚烧各类废弃物。

（7）在规定区域内的施工现场应使用预拌制混凝土及预拌砂浆。采用现场搅拌混凝土或砂浆的场所应采取封闭、降尘、降噪措施。水泥和其他易飞扬的细颗粒建筑材料应密闭存放或采取覆盖等措施。

（8）当市政道路施工进行铣刨、切割等作业时，应采取有效的防扬尘措施。灰土和无机料应采用预拌进场，碾压过程中应洒水降尘。

（9）城镇、旅游景点、重点文物保护区及人口密集区的施工现场应使用清洁能源。

（10）施工现场的机械设备、车辆的尾气排放应符合国家环保排放标准。

（11）当环境空气质量指数达到中度及以上的污染时，施工现场应增加洒水频次，加强覆盖措施，减少宜造成大气污染的施工作业。

3. 水土污染防治

（1）施工现场应设置排水管及沉淀池，施工污水应经沉淀处理达到排放标准后，方可排入市政污水管网。

（2）废弃的降水井应及时回填，并应封闭井口，防止污染地下水。

（3）施工现场临时厕所的化粪池应进行防渗漏处理。

（4）施工现场存放的油料和化学溶剂等物品应设置专用库房，地面应进行防渗漏处理。

（5）施工现场的危险废物应按国家有关规定处理，严禁填满。

4. 施工噪声及光污染防治

（1）施工现场场界噪声排放应符合现行国家标准《建筑施工场界环境噪声排放标准》（GB 12523）的规定。施工现场应对场界噪声排放进行监测、记录和控制，并应采取降低噪声的措施。

（2）施工现场宜选用低噪声、低振动的设备，强噪声设备宜设置在远离居民区的一侧，并应采用隔声、吸声材料搭设的防护棚或屏障。

（3）进入施工现场的车辆禁止鸣笛。装卸材料时应轻拿轻放。

（4）因生产工艺要求或其他特殊要求，确需进行夜间施工的，施工单位因加强噪声控制，并减少人为噪声。

（5）施工现场应对强光作业和照明灯具采取遮挡措施，减少对周边居民和环境的影响。

（三）环境卫生

1. 临时设施

（1）施工现场应设置办公室、宿舍、食堂、厕所、盥洗设施、淋浴房、开水间、文体活动室、职工夜校等临时设施。文体活动室应配备文体活动设施和用品。尚未竣工的建筑物内严禁设置宿舍。

（2）生活区、办公区的通道、楼梯处应设置应急疏散、逃生指示标识和应急照明灯。宿舍内宜设置烟感报警装置。

（3）施工现场应设置封闭式建筑垃圾站。办公区和生活区应设置封闭式垃圾容器。生活垃圾应分类存放，并应及时清运、消纳。

（4）施工现场应配备常用药及绷带、止血带、担架等急救器材。

（5）宿舍内应保证必要的生活空间，室内净高不得小于2.5m，通道宽度不得小于0.9m，宿舍人员人均面积不得小于2.5m^2，每间宿舍居住人员不得超过16人。宿舍应有专人负责管理，床头宜设置姓名卡。

（6）施工现场生活区宿舍、休息室必须设置可开启式外窗，床铺不得超过2层，不得使用通铺。

（7）施工现场宜采用集中供暖，使用炉火取暖时应采取防止一氧化碳中毒的措施。彩钢板活动房严禁使用炉火或明火取暖。

（8）宿舍内应有防暑降温措施。宿舍应设生活用品专柜、鞋柜或鞋架、垃圾桶等生活设施。生活区应提供晾晒衣物的场所和晾衣架。

（9）宿舍照明电源宜选用安全电压，采用强电照明的宜使用限流器。生活区宜单独设置手机充电柜或充电房间。

（10）食堂应设置在远离厕所、垃圾站、有毒有害场所等有污染源的地方。

（11）食堂应设置隔油池，并应定期清理。

（12）食堂应设置独立的制作间、储藏间，门扇下方应设不低于0.2m的防鼠挡板。制作间灶台及周边应采取宜清洁、耐擦洗措施，墙面处理高度大于1.5m，地面应做硬化和防滑处理，并保持墙面、地面整洁。

（13）食堂应配备必要的排风和冷藏设施，宜设置通风天窗和油烟净化装置，油烟净化装置应定期清理。

（14）食堂宜使用电炊具。使用燃气的食堂，燃气罐应单独设置存放间并应加装燃气报警装置，存放间应通风良好并严禁存放其他物品。供气单位资质应齐全，气源应有可追溯性。

（15）食堂制作间的炊具宜存放在封闭的橱柜内，刀、盆、案板等炊具应生熟分开。

（16）食堂制作间、锅炉房、可燃材料库房及易燃易爆危险品库房等应采用单层建筑，应与宿舍和办公用房分别设置，并应按相关规定保持安全距离。临时用房内设置的食堂、库房和会议室应设在首层。

（17）易燃易爆危险品库房应使用不燃材料搭建，面积不应超过200m^2。

（18）施工现场应设置水冲式或移动式厕所，厕所地面应硬化，门窗应齐全并通风良好。侧位宜设置门及隔板，高度不应小于0.9m。

（19）厕所面积应根据施工人员数量设置。厕所应设专人负责，定期清扫、消毒，化粪池应及时清掏。高层建筑施工超过8层时，宜每隔4层设置临时厕所。

（20）淋浴间内应设置满足需要的淋浴喷头，并应设置储衣柜或挂衣架。

（21）施工现场应设置满足施工人员使用的盥洗设施。盥洗设施的下水管口应设置过滤网，并应与市政污水管线连接，排水应畅通。

（22）生活区应设置开水炉、点热水器或保温水桶，施工区应配备流动保温水桶。开水炉、电热水器、保温水桶应上锁由专人负责管理。

（23）未经施工总承包单位批准，施工现场和生活区不得使用电热器具。

2. 卫生防疫

（1）办公区和生活区应设专职或兼职保洁员，并应采取灭鼠、灭蚊蝇、灭蟑螂等措施。

（2）食堂应取得相关部门颁发的许可证，并应悬挂在制作间醒目位置。炊事人员必须经体检合格并持证上岗。

（3）炊事人员上岗应穿戴整洁的工作服、工作帽和口罩，并应保持个人卫生。非炊事人员不得随意进入食堂制作间。

（4）食堂的炊具、餐具和公共饮水器具应及时清洗定期消毒。

（5）施工现场应加强食品、原料的进货管理，建立食品、原料采购台账，保存原始采购单据。严禁购买无照、无证商贩的食品和原料。食堂应按许可范围经营，严禁制售易导致食物中毒食品和变质食品。

（6）生熟食品应分开加工和保管，存放成品或半成品的器皿应有耐擦洗的生熟标识。成品或半成品应遮盖，遮盖物品应有正反面标识。各种佐料和副食应存放在密闭器皿内，并应有标识。

（7）存放食品原料的储藏间或库房应有通风、防潮、防虫、防鼠等措施，库房不得兼作他用。粮食存放台距墙和地面应大于0.2m。

（8）当事故现场遇突发疫情时，应及时上报，并应按卫生防疫部门的相关规定进行处理。

第九章　劳动保护管理

一、劳动防护用品管理制度

（一）劳动防护用品的使用管理

基本要求：

1. 建立健全劳动防护用品的购买、验收、保管、发放、使用、更换、报废等管理制度，并应按照劳动防护用品的使用要求，在使用前对其防护功能进行必要的检查。

2. 购买的劳动防护用品须经本单位的安全技术部门验收。

3. 教育本单位劳动者按照劳动防护用品使用规则和防护要求正确使用劳动防护用品。

（二）劳动防护用品选用规定

劳动防护用品选用规定如表2-9-1所示。

表 2-9-1　劳动防护用品选用表

作业类别编号	作业类别名称	不可使用的品类	必须使用的护品	可考虑使用的护品
A01	易燃易爆场所作业	的确良、尼龙等着火焦结的衣物； 聚氯乙烯塑料鞋； 底面钉铁件的鞋	棉布工作服； 防静电服； 防静电鞋	
A02	可燃性粉尘场所作业	的确良、尼龙等着火焦结的衣物； 底面钉铁件的鞋	棉布工作服； 防毒口罩	防静电服； 防静电鞋
A03	高温作业	的确良、尼龙等着火焦结的衣物； 聚氯乙烯塑料鞋	白帆布类隔热服； 耐高温鞋； 防强光、紫外线、红外线护目镜或面罩	镀反射膜类隔热服； 其他零星护品的披肩帽、鞋罩、围裙、袖套等
A04	低温作业	底面钉铁件的鞋	防寒服、防寒手套、防寒鞋	防寒帽、防寒工作鞋
A05	低压带电作业		绝缘手套、绝缘鞋	安全帽、防异物伤害护目镜
A06	高压带电作业		绝缘手套、绝缘鞋、安全帽	等电位工作服、防异物伤害护目镜
A07	吸入性气相毒物作业		防毒口罩	有相应滤毒罐的防毒面罩； 供应空气的呼吸保护器
A08	吸入性气溶胶毒物作业		防毒口罩或防尘口罩、护发罩	防化学液眼镜； 有相应滤毒罐的防毒面罩； 供应空气的呼吸保护器； 防毒物渗透工作服
A09	沾染性毒物作业		防化学液眼镜、防毒口罩； 防毒物渗透工作服、防毒物渗透手套； 护发帽	有相应滤毒罐的防毒面罩； 供应空气的呼吸保护器； 相应的皮肤保护剂
A10	生物性毒物作业		防毒口罩、防毒物渗透工作服、护发帽、防毒物渗透手套、防异物伤害护目镜	有相应滤毒罐的防毒面罩；相应的皮肤保护剂
A11	腐蚀性作业		防化学液眼镜、防毒口罩、防酸（碱）工作服； 耐酸（碱）手套、耐酸（碱）鞋、护发帽	供应空气的呼吸保护器
A12	易污作业		防尘口罩、护发帽、一般性工作服； 其他零星护品如披肩帽、鞋罩、围裙、袖套等	相应的皮肤保护剂

续表

作业类别编号	作业类别名称	不可使用的品类	必须使用的护品	可考虑使用的护品
A13	恶味作业		一般性工作服	供应空气的呼吸保护器；相应的皮肤保护剂；护发帽
A14	密闭场所作业		供应空气的呼吸保护器	
A15	噪声作业			塞栓式耳塞；耳罩
A16	强光作业		防强光、紫外线、红外线护目镜或面罩	
A17	激光作业		防激光护目镜	
A18	荧光屏作业			荧光屏作业护目镜
A19	微波作业			防微波护目镜、屏蔽服
A20	射线作业		防射线护目镜、防射线服	
A21	高处作业	底面钉铁件的鞋	安全帽、安全带	防滑工作鞋
A22	存在物体坠落、撞击的作业		安全帽、防砸安全鞋	
A23	有碎屑飞溅的作业		防异物伤害护目镜；一般性工作服	
A24	操纵转动机械	手套	护发帽、防异物伤害护目镜；一般性的工作服	
A25	人工搬运	底面钉铁件的鞋	防滑手套	安全帽、防滑工作鞋；防砸安全鞋
A26	接触使用锋利器具		一般性的工作服	防割伤手套、防砸安全鞋、防刺穿鞋
A27	地面存在尖利器物的作业		防刺穿鞋	
A28	手持振动机械作业		防射线服	
A29	人承受全身震动的作业		减震鞋	
A30	野外作业		防水工作服（包括防水鞋）	防寒帽、防寒服、防寒手套、防寒鞋、防异物伤害护目镜、防滑工作鞋
A31	水上作业		防滑工作鞋、救生衣（服）	安全带、水上作业服
A32	涉水作业		防水工作服（包括防水鞋）	
A33	潜水作业		潜水服	
A34	地下挖掘建筑作业		安全帽	防尘口罩、塞栓式耳塞、减震手套、防砸安全鞋、防水工作服（包括防水鞋）

续表

作业类别编号	作业类别名称	不可使用的品类	必须使用的护品	可考虑使用的护品
A35	车辆驾驶		一般性的工作服	防强光、紫外线、红外线护目镜或面罩； 防异物伤害护目镜； 防冲击安全头盔
A36	铲、装、吊、推机械操纵		一般性的工作服	防尘口罩；防强光、紫外线、红外线护目镜或面罩；防异物伤害护目镜；防水工作服（包括防水鞋）
A37	一般性作业			一般性的工作服
A38	其他作业			一般性的工作服

二、“三宝”（安全网、安全帽、安全带）安全使用制度

（一）安全网安全使用制度

1. 网内不得存留建筑垃圾，网下不能堆积物品，两身不能出现严重变形和磨损，防止受化学品与酸、碱烟雾的污染及电焊火花的烧灼等。

2. 支撑架不得出现严重变形和磨损，其连接部位不得有松脱现象。网与网之间及网与支撑架之间的连接点亦不允许出现松脱。所有绑拉的绳都不能使其受严重的磨损或有变形。

3. 网内的坠落物要经常清理，保持网体洁净。还要避免大量焊接或其他火星落入网内，并避免高温或蒸气环境。当网体受到化学品的污染或网绳嵌入粗砂粒或其他可能引起磨损的异物时，即须进行清洗，洗后使其自然干燥。

4. 安全网在搬运中不可使用铁钩或带尖刺的工具，以防损伤网绳。网体要存放在仓库或专用场所，并将其分类、分批存放在架子上，不允许随意乱堆。对仓库要求具备通风、遮光、隔热、防潮、避免化学物品的侵蚀等条件。在存放过程中，亦要求对网体作定期检验，发现问题，立即处理，以确保安全。

（二）安全帽安全使用制度

1. 凡进入施工现场的所有人员，都必须佩戴安全帽。作业中不得将安全帽脱下、搁置一旁或当坐垫使用。

2. 国家标准中规定佩戴安全帽的高度，为帽箍底边至人头顶端（以试验时木质人头模型作代表）的垂直距离为80~90mm。国家标准对安全帽最主要的要求是能够承受5000N的冲击力。

3. 要正确使用安全帽，要扣好帽带，调整好帽衬间距（一般约40~50mm），勿使轻易松脱或颠动摇晃。缺衬缺带或破损的安全帽不准使用。

（三）安全带安全使用制度

1. 使用时要高挂低用，防止摆动碰撞，绳子不能打结，钩子要挂在连接环上。当发现有异常时要立即更换，换新绳时要加绳套。使用3m以上的长绳要加缓冲器。

2. 在攀登和悬空等作业中，必须佩戴安全带并有牢靠的挂钩设施，严禁只在腰间佩戴安全带，而不在固定的设施上拴挂钩环。

3. 安全带不使用时要妥善保管，不可接触高温、明火、强酸、强碱或尖锐物体。使用频繁的绳要经常做外观检查；使用两年后要做抽检，抽验过的样带要更换新绳。

第十章　机械设备管理

一、设备管理责任制

（一）总公司机械设备管理责任制

1. 总公司机械设备管理部

1）负责贯彻执行国家、上级部门颁发的有关机械设备的法律、法规和标准规范；负责制定、修订公司设备管理制度及企业标准；负责制度、标准实施过程的检查、指导和监督；负责发布内部机械租赁费统一报价。

2）根据上级及行业的有关规定，选择建筑起重机械检验检测的委托机构，预审进入施工现场的租赁机械设备。

3）负责机械设备启用验收工作。

4）负责企业内机械设备的检查、指导和监督等管理工作。

5）负责机械设备选型、购置、验收入账、调拨、报废更新和报废处理。

6）负责机械设备固定资产账务管理和设备统计汇总。

7）负责机械设备事故的调查，分析及上报处理工作。

2. 总公司技术部门

1）负责编制施工组织设计包括建筑起重机械专项施工方案的审批。

2）负责试验、检验、测量仪器设备的购置、使用、检测封存、报废的管理。

3. 总公司建筑机械施工分公司

1）负责自有和租赁机械设备的管理，业务管理受单位机械设备管理部门领导。

2）负责自有和租赁机械设备的经营管理，承担施工现场机械设备的日常管理、维修检查安装启用验收和申报检测工作。

3）负责贯彻执行机械设备管理的法律、法规、标准及制度，结合本单位情况制定实施细则，检查执行情况，组织改进活动。

4）机械设备购置、报废及更新的申请工作。

5）负责出租建筑起重机械安（拆）装工程方案的编制和实施。

6）负责机械设备固定资产的账务、实物、附件管理及统计报表的上报。

7）负责机械设备使用过程中的维护保养，安全使用和巡视检查工作。

8）接受分包（专业分包）单位委托的机械设备的有偿管理，并履行每月不少于一次专业检查、实施监督与监视。

（二）项目经理部机械设备管理责任制

1. 设置专职或兼职的机管员，负责编制项目设备使用计划，建立设备租赁合同及安全协议台账。

2. 负责建立项目机械设备使用台账和机械设备租赁费用台账。

3. 参与机械检测机构对机械设备的检测工作，负责对检测不合格项的整改复查工作。

4. 参与机械设备的安（拆）装监护工作，做好机械设备进退场的协调工作。

5. 负责项目经理部设备定期检查和不定期巡回检查。

6. 负责编制并实施中小型机械设备的保养计划。

7. 负责对机械设备操作人员的上岗安全交底，建立特种作业人员名册。并督促操作人员持证上岗和执行安全操作规程。

8. 负责项目机械设备启用验收工作。

(三) 项目部相关负责人的责任制

1. 项目经理

1）负责项目施工现场准备工作，保证机械设备使用条件，按要求配备管理和操作人员。

2）督促有关人员做好现场机械设备的使用和管理工作。

2. 项目工程师

1）选择合适的机械设备，安排适宜的机械设备作业环境，绘制机械设备现场布置图。对超性能使用机械设备应列专项说明。

2）组织编制或审查建筑起重机械安（拆）装工程专项施工方案。

3）组织机械设备的相关交底和验收工作。

3. 机械管理人员

1）参加现场准备工作，检查机械设备使用条件，负责自有及租赁机械设备的进场验收。

2）督促操作人员遵守操作规程，正确安装和操作机械设备，做好机械设备的例行保养工作。

3）定期检查机械设备的安全运行情况、工地临时用电情况，按要求建立使用管理台账。

4）组织或协助组织对机械设备故障的处理。

5）负责监督机械设备安全使用、定期检查、整改等工作。

6）参与编制或审查建筑起重机械安（拆）装专项施工方案。

7）参与机械设备的检测和验收工作。

4. 安全员

1）参加现场准备工作，检查机械设备使用条件，参与自有及租赁机械设备的进场验收。

2）负责检查机械设备操作人员的操作资格证书。

二、建筑起重机械安（拆）装工程技术管理

(一) 建筑起重机械专项施工方案的编制

建筑起重机械专项施工方案由安（拆）装专项施工方案、塔式起重机防止相互碰撞安全技术措施（方案）、基础设计方案等组成，方案由使用单位编制，安（拆）装工程实行分包的，由专业承包企业组织编制。专项施工方案应当包括以下内容：

1. 塔式起重机安装工程专项施工方案主要内容

1）工程概况。

2）编制依据。
3）施工计划。
4）安装位置平面和立面图。
5）所选用的塔式起重机型号及性能技术参数。
6）基础和附着装置的设置。
7）爬升工况及附着节点详图。
8）安装顺序和安装质量要求。
9）主要安装部件的重量和吊点位置。
10）安装辅助设备的型号、性能及布置位置。
11）电源设置。
12）吊索具和专用工具的配备。
13）安装工艺程序。
14）安全装置的调试。
15）检查、验收。
16）劳动力计划。
17）重大危险源、安全技术措施和应急预案。
18）计算书及相关图纸。

2. 塔式起重机拆卸工程专项施工方案主要内容

1）工程概况。
2）编制依据。
3）施工计划。
4）拆卸位置平面和立面图。
5）拆卸顺序。
6）部件的重量和吊点位置。
7）拆卸辅助设备的型号、性能及布置位置。
8）电源设置。
9）吊索具和专用工具的配备。
10）重大危险源、施工安全技术措施和应急预案。
11）劳动力计划。
12）计算书及相关图纸。

3. 施工升降机安（拆）装工程专项施工方案主要内容

1）工程概况。
2）编制依据。
3）施工计划。
4）施工升降机技术参数、主要零部件外形尺寸和重量。
5）安（拆）装位置平面布置、立面图和安装作业范围平面图。
6）基础和附着装置的设置。
7）安（拆）装顺序和安装质量要求。
8）辅助起重设备的种类、型号、性能及位置安排。

9）电源设置。

10）吊索具和专用工具的配备。

11）安（拆）装工艺程序。

12）安全装置调试。

13）重大危险源、施工安全技术措施和应急预案。

14）检查、验收。

15）劳动力计划。

16）计算书及相关图纸。

4. 塔式起重机防止相互碰撞安全技术措施（方案）

1）编制说明。

2）编制依据。

3）工程概况。

4）建筑塔机布置。

5）群塔施工组织管理网络。

6）群塔施工现场管理措施。

7）群塔施工安全保证措施。

5. 建筑起重机械的基础方案（设计）

1）工程概况。

2）编制依据。

3）工程地质情况、地质条件及水文概况。

4）塔式起重机布置概况。

5）塔式起重机基础施工方案。

6）施工流程。

7）质量保证与质量保证措施。

8）安全生产与文明施工措施。

9）塔式起重机基础计算。

10）附图。

（二）建筑起重机械专项施工方案的审批

1. 方案编制人应是项目技术负责人或相关专业技术人员。

2. 建筑起重机械安（拆）装工程实行分包的，专项施工方案由分包单位编制并审批。

3. 总包单位应对分包单位编制的专项施工方案进行审批，对分包单位编制的专项施工方案未涉及的部分（如建筑起重机械的防护棚、门、空中人员通道、交叉施工的协调等）总包单位应编制补充方案进行完善，补充方案也应进行审批。

4. 专项施工方案审批程序应符合相关规定（施工项目部、施工企业职能部门、总工程师）。

5. 各审批人员的签字、注册执业人员的签章及企业盖章。

（三）建筑起重机械专项施工方案的专家论证

依据建设部建质［2009］87号《危险性较大的分部分项工程安全管理办法》，起重量300kN及以上的起重设备安装工程、高度200m及以上内爬起重设备的拆除工程的专项施工方案应当组织召开专家论证会。论证会可由总承包单位、建设行业技术部门和中介机构组织，论证会应有下列人员参加：

1. 专家组成员。

2. 建设单位项目负责人或技术负责人。

3. 监理单位项目总监理工程师及相关人员。

4. 总承包单位分管安全的负责人、技术负责人、项目负责人、项目技术负责人、专项方案编制人员、项目专职安全生产管理人员。

5. 勘察、设计单位项目技术负责人及相关人员。

其中，专家组成员应当由 5 名及以上建筑起重机械或相关专业的专家组成。项目参建各方的人员不得以专家身份参加专家论证会。

总承包单位应按专家论证审查意见对专项施工方案进行修改完善，需做重大修改的，应重新组织专家论证审查。

（四）建筑起重机械专项施工方案的报审

总承包单位完成建筑起重机械专项施工方案审批后，报送监理单位审批。

三、建筑起重机械使用管理

（一）制定多塔作业防碰撞专项方案

当多台塔式起重机在同一施工现场交叉作业时，应编制专项方案，并应采取防碰撞的安全措施。任意两台塔式起重机之间的最小架设距离应符合下列规定：

1. 低位塔式起重机的起重臂端部与另一台塔式起重机的塔身之间的距离不得小于 2m。

2. 高位塔式起重机的最低位置的部件（或吊钩升至最高点或平衡重的最低部位）与低位塔式起重机中处于最高位置部件之间的垂直距离不得小于 2m。

（二）编制建筑起重机械使用过程中应急预案

应急预案要点：

1. 应急处置基本原则。

2. 组织机构及职责。

3. 事故类型和危害程度分析。

4. 预防与预警。

5. 应急处置。

6. 应急物资与装备保障。

（三）建筑起重机械的使用管理

1. 使用单位应在施工现场配备专职设备管理人员。

2. 建筑起重机械的司机、起重信号工、司索工等操作人员应取得建筑施工特种作业操作资格证书上岗，严禁无证上岗。

3. 建筑起重机械使用前应对上述作业人员进行安全教育与安全技术交底，交底资料应留存备查。

4. 维修单位应按使用说明书的要求对需润滑部件进行全面润滑，不得使用有故障的建筑起重机械。

5. 当遇到可能影响建筑起重机械安全技术性能的自然灾害、发生事故或停工 6 个月以上时，应对建筑起重机械重新组织检查验收。

6. 塔式起重机的使用要求：

1）应按照《建筑施工塔式起重机安装、使用、拆卸安全技术规程》（JGJ 196—2010）中的“塔式起重机的使用”要求进行使用。

2）塔式起重机的力矩限制器、重量限制器、变幅限位器、行走限位器、高度限位器等安全保护装置不得随意调整和拆除，严禁用限位装置代替操纵机构。

3）遇风速在12m/s及以上的大风或大雨、大雪、大雾等恶劣天气时，应停止作业；雨雪过后，应先经过试吊，确认制动器灵敏可靠方可进行作业；夜间施工应有足够照明，照明的安装应符合现行行业标准《施工现场临时用电安全技术规范》（JGJ 46）的要求。

7. 施工升降机的使用要求：

1）应按照《建筑施工升降机安装、使用、拆卸安全技术规程》（JGJ 215—2010）中“施工升降机的使用”要求进行使用。

2）严禁施工升降机使用超过有效标定期的防坠安全器。

3）严禁用行程开关代为停止运行的控制开关。

4）钢丝绳式施工升降机的使用还应符合现行国家标准《起重机钢丝绳保养、维护、安装、检验和报废》（GB/T 5972）的规定。

5）施工升降机使用期间，每3个月应进行不少于一次的额定载重量坠落试验，坠落试验方法、时间间隔及评定标准应符合使用说明书和现行国家标准《施工升降机》（GB/T 10054）的有关要求。

四、安全检查

（一）安全检查

1. 各项目部机管员每月定期对本项目部的建筑起重机械进行一次安全检查，并将检查资料整理归档后备查。

2. 企业负责人带班检查时，应将建筑起重机械列入重点检查内容。

3. 项目部负责人带班生产时，必须对建筑起重机械的日常使用情况进行检查。

（二）安全检查内容

1. 各类建筑起重机械安全装置是否齐全，限位开关是否可靠有效，机械设备接地线是否符合有关规定。

2. 塔式起重机轨道接地线、路轨顶端止挡装置是否齐全可靠。

3. 轨道铺设平整、拉杆、压板是否符合要求。

4. 设备钢丝绳、吊索具是否符合安全要求。

5. 各类设备制动装置性能是否灵敏可靠。

6. 固定使用设备的布局搭设是否符合有关规定。

7. 施工升降机限速器、扶墙装置是否符合有关规定。

8. 井架、施工升降机进出口处，防护棚，门等搭设是否符合有关规定。

9. 建筑起重机械重要部位螺丝紧固，各类减速箱和滑轮等需要润滑部位的润滑是否符合有关规定。

10. 现场用电装置是否符合有关规定。

11. 操作人员是否持证上岗。

12. 建筑起重机械的清洁工作是否正常开展。

（三）安全检查资料汇总

企业设备部门应汇总检查中发现的问题，督促项目部改正，并做好相应记录，将整改情况及时反馈给公司设备管理分管负责人。

五、建筑起重机械定期维护保养、维修管理

（一）定期维护保养

1. 每班保养

每班保养是由建筑起重机械操作人员在上下班或交接班时间进行并填写《每班使用、检查保养记录表》，检查基础及行走轨道的情况、检查限位保护及安全装置、检查各部螺栓、检查钢丝绳、检查电气设备、检查制动器、工作中检查和视听、清洁工作、驾驶室的安全保护装置、润滑工作等。

2. 月度保养

1）建筑起重机械定期维护保养应由具有相应维护保养能力的企业进行。

2）建筑起重机械维护保养单位每月 15 ~ 20 日对建筑起重机械进行定期维护保养，填写《每月定期维护保养记录表》交项目机械管理人员存档备查。主要检查内容：地基和轨道、钢结构、各工作机构减速器的油量、回转机构、行走机构、制动器、电气设备及安全装置、起重钢丝绳等并同时进行润滑工作。

3. 转场保养

转场保养是建筑起重机械一个工程使用完成后，到下一个工程安装前进入保养场地所进行的维修保养。建筑起重机械转场保养的主要内容：

1）检查各系统磨损情况，调整间隙或松紧度。

2）检查紧固主要受力部位的固定螺栓。

3）检查全机钢结构部分，有无裂缝、脱焊及其他损坏。

4）按规定对各润滑部位加注或更换润滑油。

5）检查、调整各种制动器、安全保护装置和操作机构等，保证灵敏有效。

6）检查、调整液压系统，及时更换液压油。

7）检查、调整或更换各系统的齿轮、传动链条、摩擦片、制动带、皮碗垫料、密封圈、轴承、钢丝绳和其他磨损的零件。

8）排除漏油、漏水、漏电现象，清除污垢和锈蚀。

9）对整机进行比较全面的清洗、油漆、排除异常现象和整修。

（二）维修

建筑起重机械的维修应由具有相应维修资质的企业进行。维修前项目部机管员、安全部门人员、技术部门人员对维修人员进行安全技术交底，维修工作完成后，维修人员填写《机械设备维修记录》并加盖维修单位印章交项目部存档备查。

六、建筑起重机械档案管理

（一）自有机械设备原始资料

1. 购销合同。

2. 制造许可证。

3. 产品合格证。

4. 制造监督检验证明。

5. 安装使用说明书。

6. 备案证明等原始资料。

（二）运行资料

1. 定期检验报告。

2. 定期自行检查记录。

3. 定期维护保养记录。

4. 维修和技术改造记录。

5. 运行故障和生产安全事故记录。

6. 累计运转记录等运行资料。

（三）历次安（拆）装验收资料

1. 建筑起重机械专项施工方案。

2. 安装前后自检记录。

3. 安装质量检测报告、中间检测报告。

4. 安装、加节、附墙架安装验收资料等。

档案管理应由专人负责并形成制度化，确保建筑起重机械档案资料的完整性。

第十一章　安全生产标准化考评

《安全生产法》及《国务院关于坚持科学发展安全发展促进安全形势持续稳定好转的意见》（国发［2011］40号）都明确要求生产经营单位要“推进安全生产标准化建设”，住建部2014年7月31日颁布《建筑施工安全生产标准化考评暂行办法》（建质［2014］111号），进一步规范了施工安全生产标准化考评工作，将考评分为建筑施工项目安全标准化考评和建筑施工企业安全生产标准化考评。

一、项目考评

（一）责任分工

建筑施工企业应当建立健全以项目负责人为第一责任人的项目安全生产管理体系，依法履行安全生产职责，实施项目安全生产标准化工作。

建筑施工项目实行施工总承包的，施工总承包单位对项目安全生产标准化工作负总责。施工总承包单位应当组织专业承包单位等开展项目安全生产标准化工作。

（二）自评依据

工程项目应当成立由施工总承包及专业承包单位等组成的项目安全生产标准化自评机构，在项目施工过程中每月主要依据《建筑施工安全检查标准》（JGJ 59）等开展安全生产标准化自评工作。

（三）监督检查

1. 建筑施工企业安全生产管理机构应当定期对项目安全生产标准化工作进行监督检查，

检查及整改情况应当纳入项目自评材料。

2. 建设监理单位应当对建筑施工企业实施的项目安全生产标准化工作进行监督检查，并对建筑施工企业的项目自评材料进行审核并签署意见。

3. 对建筑施工项目实施安全生产监督的住房城乡建设主管部门或其委托的建筑施工安全监督机构（以下简称“项目考评主体”）负责建筑施工项目安全生产标准化考评工作。

4. 项目考评主体应当对已办理施工安全监督手续并取得施工许可证的建筑施工项目实施安全生产标准化考评。

5. 项目考评主体应当对建筑施工项目实施日常安全监督时同步开展项目考评工作，指导监督项目自评工作。

6. 项目完工后办理竣工验收前，建筑施工企业应当向项目考评主体提交项目安全生产标准化自评材料。

（四）项目自评材料主要内容

1. 项目建设、监理、施工总承包、专业承包等单位及其项目主要负责人名录。

2. 项目主要依据《建筑施工安全检查标准》（JGJ 59）等进行自评结果及项目建设、监理单位审核意见。

3. 项目施工期间因安全生产受到住房城乡建设主管部门奖惩情况（包括限期整改、停工整改、通报批评、行政处罚、通报表扬、表彰奖励等）。

4. 项目发生生产安全责任事故情况。

5. 住房城乡建设主管部门规定的其他材料。

（五）建筑施工项目

安全生产标准化评定为不合格的几种情形：

1. 未按规定开展项目自评工作的。

2. 发生生产安全责任事故的。

3. 因项目存在安全隐患在一年内受到住房城乡建设主管部门 2 次及以上停工整改的。

4. 住房城乡建设主管部门规定的其他情形。

二、企业考评

（一）责任分工

建筑施工企业应当建立健全以法定代表人为第一责任人的企业安全生产管理体系，依法履行安全生产职责，实施企业安全生产标准化工作。

（二）评定依据

建筑施工企业应当成立企业安全生产标准化自评机构，每年主要依据《施工企业安全生产评价标准》（JGJ/T 77）等开展企业安全生产标准化自评工作。

（三）评定机构和考评内容

1. 对建筑施工企业颁发安全生产许可证的住房城乡建设主管部门或其委托的建筑施工安全监督机构（以下简称“企业考评主体”）负责建筑施工企业的安全生产标准化考评工作。

2. 企业考评主体应当取得安全生产许可证且许可证在有效期内的建筑施工企业实施安全生产标准化考评。

3. 企业考评主体应当对建筑施工企业安全生产许可证实施动态监管时同步开展企业安全生产标准化考评工作，指导监督建筑施工企业开展自评工作。

4. 建筑施工企业在办理安全生产许可证延期时，应当向企业考评主体提交企业自评材料。

（四）企业自评材料主要内容。

1. 企业承建项目台账及项目考评结果。

2. 企业主要依据《施工企业安全生产评价标准》（JGJ/T 77）等进行自评结果。

3. 企业近三年内因安全生产受到住房城乡建设主管部门奖惩情况（包括通报批评、行政处罚、通报表扬、表彰奖励等）。

4. 企业承建项目发生生产安全责任事故情况。

5. 省级及以上住房城乡建设主管部门规定的其他材料。

（五）建筑施工企业安全生产标准化评定为不合格的几种情形

1. 未按规定开展企业自评工作的。

2. 企业近三年所承建的项目发生较大及以上生产安全责任事故的。

3. 企业近三年所承建已竣工项目不合格率超过5%的（不合格率是指企业近三年作为项目考评不合格责任主体的竣工工程数量与企业承建已竣工工程数量之比）。

4. 省级及以上住房城乡建设主管部门规定的其他情形。

5. 建筑施工企业在办理安全生产许可证延期时未提交企业自评材料的，视同企业考评不合格。

三、奖励和惩戒

（一）奖励

1. 建筑施工安全生产标准化考评结果作为政府相关部门进行绩效考核、信用评级、诚信评价、评先推优、投融资风险评估、保险费率浮动等重要参考依据。

2. 政府投资项目招投标应优先选择建筑施工安全生产标准化工作业绩突出的建筑施工企业及项目负责人。

3. 住房城乡建设主管部门应当将建筑施工安全生产标准化考评情况记入安全生产信用档案。

（二）惩戒

1. 对于安全生产标准化考评不合格的建筑施工企业，住房城乡建设主管部门应当责令限期整改，在企业办理安全生产许可证延期时，复核其安全生产条件，对整改后具备安全生产条件的，安全生产标准化考评结果为“整改后合格”，核发安全生产许可证；对不再具备安全生产条件的，不予核发安全生产许可证。

2. 对于安全生产标准化考评不合格的建筑施工企业及项目，住房城乡建设主管部门应当在企业主要负责人、项目负责人办理安全生产考核合格证书延期时，责令限期重新考核，对重新考核合格的，核发安全生产考核合格证；对重新考核不合格的，不予核发安全生产考核合格证。

3. 经安全生产标准化考评合格或优良的建筑施工企业及项目，发现有下列情形之一的，由考评主体撤销原安全生产标准化考评结果，直接评定为不合格，并对有关责任单位和责任人员依法予以处罚。

1）提交的自评材料弄虚作假的。

2）漏报、谎报、瞒报生产安全事故的。

3）考评过程中有其他违法违规行为的。

第十二章　临时用电

一、临时用电管理

（一）临时用电组织设计

1. 施工现场临时用电设备在5台及以上或设备总容量在50kW及以上者，应编制用电组织设计。

2. 施工现场临时用电组织设计应包括下列内容：

1）现场勘测。

2）确定电源进线、变电所或配电室、配电装置、用电设备位置及线路走向。

3）进行负荷计算。

4）选择变压器。

5）设计配电系统：

（1）设计配电线路，选择导线或电缆。

（2）设计配电装置，选择电气设备。

（3）设计接地装置。

（4）绘制临时用电工程图纸，主要包括用电工程总平面图、配电装置布置图、配电系统接线图、接地装置设计图。

6）设计防雷装置。

7）确定防护措施。

8）制定安全用电措施和电气防火措施。

3. 临时用电工程图纸应单独绘制，临时用电工程应按图施工。

4. 临时用电组织设计及变更时，必须履行“编制、审核、批准”程序，由电气工程技术人员组织编制，经相关部门审核及具有法人资格企业的技术负责人批准后实施。变更用电组织设计时应补充有关图纸资料。

5. 临时用电工程必须经编制、审核、批准部门和使用单位共同验收，合格后方可投入使用。

6. 施工现场临时用电设备在5台以下和设备总容量在50kW以下者，应制定安全用电和电气防火措施，并应符合JGJ 46—2005第3.1.4、3.1.5条规定。

（二）专业人员用电

1. 电工必须经过按国家现行标准考核合格后，持证上岗工作；其他用电人员必须通过相关安全教育培训和技术交底，考核合格后方可上岗工作。

2. 安装、巡检、维修或拆除临时用电设备和线路，必须由电工完成，并应有人监护。电工等级应同工程的难易程度和技术复杂性相适应。

3. 各类用电人员应掌握安全用电基本知识和所用设备的性能，并应符合下列规定：

1）使用电气设备前必须按规定穿戴和配备好相应的劳动防护用品，并应检查电气装置和保护设施，严禁设备带“缺陷”运转。

2）保管和维护所用设备，发现问题及时报告解决。

3）暂时停用设备的开关箱必须分断电源隔离开关，并应关门上锁。

4）移动电气设备时，必须经电工切断电源并做妥善处理后进行。

（三）外电线路防护

JGJ 46—205 规定：

1. 在建工程不得在外电架空线路正下方施工、搭设作业棚、建造生活设施或堆放构件、架具、材料及其他杂物等。

2. 在建工程（含脚手架）的周边与外电架空线路的边线之间的最小安全操作距离应符合表 2-12-1 规定。

表 2-12-1　在建工程（含脚手架）的周边与架空线路的边线之间的最小安全操作距离

外电线路电压等级（kV）	<1	1～10	35～110	220	330～500
最小安全操作距离（m）	4.0	6.0	8.0	10	15

注：上、下脚手架的斜道不宜设在有外电线路的一侧。

3. 施工现场的机动车道与外电架空线路交叉时，架空线路的最低点与路面的最小垂直距离应符合表 2-12-2 规定。

表 2-12-2　施工现场的机动车道与架空线路交叉时的最小垂直距离

外电线路电压等级（kV）	<1	1～10	35
最小垂直距离（m）	6.0	7.0	7.0

4. 起重机严禁越过无防护设施的外电架空线路作业。在外电架空线路附近吊装时，起重机的任何部位或被吊物边缘在最大偏斜时与架空线路边线的最小安全距离应符合表 2-12-3 规定。

表 2-12-3　起重机与架空线路边线的最小安全距离

电压（kV）／安全距离（m）／方向	<1	10	35	110	220	330	500
沿垂直方向	1.5	3.0	4.0	5.0	6.0	7.0	8.5
沿水平方向	1.5	2.0	3.5	4.0	6.0	7.0	8.5

5. 施工现场开挖沟槽边缘与外电埋地电缆沟槽边缘之间的距离不得小于 0.5m。

6. 当达不到第 1～4 条中的规定时，必须采取绝缘隔离防护措施，并应悬挂醒目的警告标志。

架设防护设施时，必须经有关部门批准，采用线路暂时停电或其他可靠的安全技术措施，并应有电气工程技术人员和专职安全人员监护。

防护设施应坚固、稳定，且对外电线路的隔离防护应达到 IP30 级。

《建设工程施工现场供用电安全规范》（GB 50194—2014）外电线路管理相关标准：

1. 施工现场道路设施等与外电架空线路的最小距离应符表 2-12-4 的规定。

表 2-12-4　施工现场道路设施等与外电架空线路的最小距离

类别	距离	外电线路电压等级		
		10kV 及以下	220kV 及以下	500kV 及以下
施工道路与外电架空线路	跨越道路时距路面最小垂直距离（m）	7.0	8.0	14.0
	沿道路边敷设时距离路沿最小水平距离（m）	0.5	5.0	8.0
临时建筑物与外电架空线路	最小垂直距离（m）	5.0	8.0	14.0
	最小水平距离（m）	4.0	5.0	8.0
在建工程脚手架与外电架空线路	最小水平距离（m）	7.0	10.0	15.0
各类施工机械外缘与外电架空线路最小距离（m）		2.0	6.0	8.5

2. 当施工现场道路设施等与外电架空线路的最小距离达不到本规范第 7.5.3 条中的规定时，应采取隔离防护措施，防护设施的搭设和拆除应符合下列规定：

1）架设防护设施时，应采用线路暂时停电或其他可靠的安全技术措施，并应有电气专业技术人员和专职安全人员监护。

2）防护设施与外电架空线路之间的安全距离不应小于表 2-12-5 所列数值。

表 2-12-5　防护设施与外电架空线路之间的最小安全距离

外电架空线路电压等级（kV）	≤10	35	110	220	330	500
防护设施与外电架空线路之间的最小安全距离（m）	2.0	3.5	4.0	5.0	6.0	7.0

（四）设施设备防雷

1. 在土壤电阻率低于 200Ω · m 区域的电杆可不另设防雷接地装置，但在配电室的架空进线或出线处应将绝缘子铁脚与配电室的接地装置相连接。

2. 施工现场内的起重机、井字架、龙门架等机械设备，以及钢脚手架和正在施工的在建工程等的金属结构，当在相邻建筑物、构筑物等设施的防雷装置接闪器的保护范围以外时，应按表 2-12-6 规定安装防雷装置。表 2-12-6 中地区年均雷暴日应按 JGJ 46—2005 规范中附录 A 执行。

表 2-12-6　施工现场内机械设备及高架设施需安装防雷装置的规定

地区年平均雷暴日（d）	机械设备高度（m）
≤15	≥50
>15，<40	≥32
≥40，<90	≥20
≥90 及雷害特别严重地区	≥12

当最高机械设备上避雷针（接闪器）的保护范围能覆盖其他设备，且又最后退出现场，则其他设备可不设防雷装置。

确定防雷装置接闪器的保护范围可采用 JGJ 46—2005 规范中附录 B 的滚球法。

3. 机械设备或设施的防雷引下线可利用该设备或设施的金属结构体，但应保证电气连接。

4. 机械设备上的避雷针（接闪器）长度应为 1 ~ 2m。塔式起重机可不另设避雷针（接闪器）。

5. 安装避雷针（接闪器）的机械设备，所有固定的动力、控制、照明、信号及通信线路，宜采用钢管敷设。钢管与该机械设备的金属结构体应做电气连接。

6. 施工现场内所有防雷装置的冲击接地电阻值不得大于 30Ω。

7. 做防雷接地机械上的电气设备，所连接的 PE 线必须同时做重复接地，同一台机械电气设备的重复接地和机械的防雷接地可共用同一接地体，但接地电阻应符合重复接地电阻值的要求。

（五）配电室安全技术措施

1. 配电室应靠近电源，并应设在灰尘少、潮气少、振动小、无腐蚀介质、无易燃易爆物及道路畅通的地方。

2. 成列的配电柜和控制柜两端应与重复接地线及保护零线做电气连接。

3. 配电室和控制室应能自然通风，并应采取防止雨雪侵入和动物进入的措施。

4. 配电室布置应符合下列要求：

1）配电柜正面的操作通道宽度，单列布置或双列背对背布置不小于 1. 5m，双列面对面布置不小于 2m。

2）配电柜后面的维护通道宽度，单列布置或双列面对面布置不小于 0. 8m，双列背对背布置不小于 1. 5m，个别地点有建筑物结构凸出的地方，则此点通道宽度可减少 0. 2m。

3）配电柜侧面的维护通道宽度不小于 1m。

4）配电室的顶棚与地面的距离不低于 3m。

5）配电室内设置值班或检修室时，该室边缘距配电柜的水平距离大于 1m，并采取屏障隔离。

6）配电室内的裸母线与地面垂直距离小于 2. 5m 时，采用遮栏隔离，遮栏下面通道的高度不小于 1. 9m。

7）配电室围栏上端与其正上方带电部分的净距不小于 0. 075m。

8）配电装置的上端距顶棚不小于 0. 5m。

9）配电室内的母线涂刷有色油漆，以标志相序；以柜正面方向为基准，其涂色符合表 2-12-7规定。

表 2-12-7　母线涂色

相别	颜色	垂直排列	水平排列	引下排列
L_1(A)	黄	上	后	左
L_2(B)	绿	中	中	中
L_3(C)	红	下	前	右
N	淡蓝	—	—	—

10）配电室的建筑物和构筑物的耐火等级不低于 3 级，室内配置砂箱和可用于扑灭电气

火灾的灭火器。

11）配电室的门向外开，并配锁。

12）配电室的照明分别设置正常照明和事故照明。

5. 配电柜应装设电度表，并应装设电流表、电压表。电流表与计费电度表不得共用一组电流互感器。

6. 配电柜应装设电源隔离开关及短路、过载、漏电保护电器。电源隔离开关分断时应有明显可见分断点。

7. 配电柜应编号，并应有用途标记。

8. 配电柜或配电线路停电维修时，应接地线，并应悬挂“禁止合闸、有人工作”停电标志牌。停送电必须由专人负责。

9. 配电室应保持整洁，不得堆放任何妨碍操作、维修的杂物。

（六）架空线路安全防护

1. 架空线必须采用绝缘导线。

2. 架空线必须架设在专用电杆上，严禁架设在树木、脚手架及其他设施上。

3. 架空线导线截面的选择应符合下列要求：

1）导线中的计算负荷电流不大于其长期连续负荷允许载流量。

2）线路末端电压偏移不大于其额定电压的5%。

3）三相四线制线路的N线和PE线截面不小于相线截面的50%，单相线路的零线截面与相线截面相同。

4）按机械强度要求，绝缘铜线截面不小于$10mm^2$，绝缘铝线截面不小于$16mm^2$。

5）在跨越铁路、公路、河流、电力线路挡距内，绝缘铜线截面不小于$16mm^2$，绝缘铝线截面不小于$25mm^2$。

4. 架空线在一个挡距内，每层导线的接头数不得超过该层导线条数的50%，且一条导线应只有一个接头。

在跨越铁路、公路、河流、电力线路挡距内，架空线不得有接头。

5. 架空线路相序排列应符合下列规定：

1）动力、照明线在同一横担上架设时，导线相序排列是：面向负荷从左侧起依次为L_1、N、L_2、L_3、PE；

2）动力、照明线在二层横担上分别架设时，导线相序排列是：上层横担面向负荷从左侧起依次为L_1、L_2、L_3；下层横担面向负荷从左侧起依次为L_1（L_2、L_3）、N、PE。

6. 架空线路的挡距不得大于35m。

7. 架空线路的线间距不得小于0.3m，靠近电杆的两导线的间距不得小于0.5m。

8. 架空线路横担间的最小垂直距离不得小于表2-12-8所列数值；横担宜采用角钢或方木，低压铁横担角钢应按表2-12-9选用，方木横担截面应按80mm×80mm选用；横担长度应按表2-12-10选用。

表2-12-8　横担间的最小垂直距离

排列方式	直线杆（m）	分支或转角杆（m）
高压与低压	1.2	1.0
低压与低压	0.6	0.3

表 2-12-9　低压铁横担角钢选用

导线截面（mm^2）	直线杆	分支或转角杆	
		二线及三线	四线及以上
16 25 35 50	∟50×5	2×∟50×5	2×∟63×5
70 95 120	∟63×5	2×∟63×5	2×∟70×6

表 2-12-10　横担长度选用

横担长度（m）		
二线	三线、四线	五线
0.7	1.5	1.8

9. 架空线路与邻近线路或固定物的距离应符合表 2-12-11 的规定。

表 2-12-11　架空线路与邻近线路或固定物的距离

<table>
<tr><td>项目</td><td colspan="7">距离类别</td></tr>
<tr><td rowspan="2">最小净空距离（m）</td><td colspan="2">架空线路的过引线、接下线与邻线</td><td colspan="2">架空线与架空线电杆外缘</td><td colspan="3">架空线与摆动最大时树梢</td></tr>
<tr><td colspan="2">0.13</td><td colspan="2">0.05</td><td colspan="3">0.50</td></tr>
<tr><td rowspan="3">最小垂直距离（m）</td><td rowspan="2">架空线同杆架设下方的通信、广播线路</td><td colspan="3">架空线最大弧垂与地面</td><td rowspan="2">架空线最大弧垂与暂设工程顶端</td><td colspan="2">架空线与邻近电力线路交叉</td></tr>
<tr><td>施工现场</td><td>机动车道</td><td>铁路轨道</td><td>1kV 以下</td><td>1～10kV</td></tr>
<tr><td>1.0</td><td>4.0</td><td>6.0</td><td>7.5</td><td>2.5</td><td>1.2</td><td>2.5</td></tr>
<tr><td rowspan="2">最小水平距离（m）</td><td colspan="2">架空线电杆与路基边缘</td><td colspan="2">架空线电杆与铁路轨道边缘</td><td colspan="3">架空线边线与建筑物凸出部分</td></tr>
<tr><td colspan="2">1.0</td><td colspan="2">杆高+3.0</td><td colspan="3">1.0</td></tr>
</table>

10. 架空线路宜采用钢筋混凝土杆或木杆。钢筋混凝土杆不得有露筋、宽度大于 0.4mm 的裂纹和扭曲；木杆不得腐朽，其梢径不应小于 140mm。

11. 电杆埋设深度宜为杆长的 10% 加 0.6m，回填土应分层夯实。在松软土质处宜加大埋人深度或采用卡盘等加固。

12. 直线杆和 15°以下的转角杆，可采用单横担单绝缘子，但跨越机动车道时应采用单横担双绝缘子；5°～45°的转角杆应采用双横担双绝缘子；45°以上的转角杆，应采用十字横担。

13. 架空线路绝缘子应按下列原则选择：

1）直线杆采用针式绝缘子。

2）耐张杆采用蝶式绝缘子。

14. 电杆的拉线宜采用不少于 3 根 *DN*4.0mm 的镀锌钢丝。拉线与电杆的夹角应在 30°～

45°之间。拉线埋设深度不得小于 1m。电杆拉线如从导线之间穿过，应在高于地面 2.5m 处装设拉线绝缘子。

15. 因受地形环境限制不能装设拉线时，可采用撑杆代替拉线，撑杆埋设深度不得小于 0.8m，其底部应垫底盘或石块。撑杆与电杆的夹角宜为 30°。

16. 接户线在挡距内不得有接头，进线处离地高度不得小于 2.5m。接户线最小截面应符合表 2-12-12 规定。接户线线间及与邻近线路间的距离应符合表 2-12-13 的要求。

表 2-12-12　接户线的最小截面

接户线架设方式	接户线长度（m）	接户线截面（mm^2）	
		铜线	铝线
架空或沿墙敷设	10～25	6.0	10.0
	≤10	4.0	6.0

表 2-12-13　接户线线间及与邻近线路间的距离

接户线架设方式	接户线挡距（m）	接户线线间距离（mm）
架空敷设	≤25	150
	>25	200
沿墙敷设	≤6	>6
	>6	150
架空接户线与广播电话线交叉时的距离（mm）		接户线在上部，600 接户线在下部，300
架空或沿墙敷设的接户线零线和相线交叉时的距离（mm）		100

17. 架空线路必须有短路保护。

采用熔断器做短路保护时，其熔体额定电流不应大于明敷绝缘导线长期连续负荷允许载流量的 1.5 倍。

采用断路器做短路保护时，其瞬动过流脱扣器脱扣电流整定值应小于线路末端单相短路电流。

18. 架空线路必须有过载保护。

采用熔断器或断路器做过载保护时，绝缘导线长期连续负荷允许载流量不应小于熔断器熔体额定电流或断路器长延时过流脱扣器脱扣电流整定值的 1.25 倍。

（七）电缆线路

1. 电缆中必须包含全部工作芯线和用作保护零线或保护线的芯线。需要三相四线制配电的电缆线路必须采用五芯电缆。

五芯电缆必须包含淡蓝、绿/黄二种颜色绝缘芯线。淡蓝色芯线必须用作 N 线；绿/黄双色芯线必须用作 PE 线，严禁混用。

2. 电缆截面的选择应符合 JGJ 46—2005 规范中第 7.1.3 条 1、2、3 款的规定，根据其长期连续负荷允许载流量和允许电压偏移确定。

3. 电缆线路应采用埋地或架空敷设，严禁沿地面明设，并应避免机械损伤和介质腐蚀。埋地电缆路径应设方位标志。

4. 电缆类型应根据敷设方式、环境条件选择。埋地敷设宜选用铠装电缆；当选用无铠装电缆时，应能防水、防腐。架空敷设宜选用无铠装电缆。

5. 电缆直接埋地敷设的深度不应小于0.7m，并应在电缆紧邻上、下、左、右侧均匀敷设不小于50mm厚的细砂，然后覆盖砖或混凝土板等硬质保护层。

6. 埋地电缆在穿越建筑物、构筑物、道路、易受机械损伤、介质腐蚀场所及引出地面从2.0m高到地下0.2m处，必须加设防护套管，防护套管内径不应小于电缆外径的1.5倍。

7. 埋地电缆与其附近外电电缆和管沟的平行间距不得小于2m，交叉间距不得小于1m。

8. 埋地电缆的接头应设在地面上的接线盒内，接线盒应能防水、防尘、防机械损伤，并应远离易燃、易爆、易腐蚀场所。

9. 架空电缆应沿电杆、支架或墙壁敷设，并采用绝缘子固定，绑扎线必须采用绝缘线，固定点间距应保证电缆能承受自重所带来的荷载，敷设高度应符合JGJ 46—2005规范中第7.1节架空线路敷设高度的要求，但沿墙壁敷设时最大弧垂距地不得小于2.0m。

架空电缆严禁沿脚手架、树木或其他设施敷设。

10. 在建工程内的电缆线路必须采用电缆埋地引入，严禁穿越脚手架引入。电缆垂直敷设应充分利用在建工程的竖井、垂直孔洞等，并宜靠近用电负荷中心，固定点每楼层不得少于一处。电缆水平敷设宜沿墙或门口刚性固定，最大弧垂距地不得小于2.0m。

装饰装修工程或其他特殊阶段，应补充编制单项施工用电方案。电源线可沿墙角、地面敷设，但应采取防机械损伤和电火措施。

11. 电缆线路必须有短路保护和过载保护，短路保护和过载保护电器与电缆的选配应符合JGJ 46—2005规范中第7.1.17条和7.1.18条要求。

《建设工程施工现场供用电安全规范》（GB 50194—2014）电缆线路管理相关标准：

1. 施工现场配电线路路径选择应符合下列规定：

1）应结合施工现场规划及布局，在满足安全要求的条件下方便线路敷设、接引及维护。

2）应避开过热、腐蚀以及储存易燃、易爆物的仓库等影响线路安全运行的区域。

3）宜避开易遭受机械性外力的交通、吊装、挖掘作业频繁场所，以及河道、低洼、易受雨水冲刷的地段。

4）应跨越在建工程、脚手架、临时建筑物。

2. 配电线路的敷设方式应符合下列规定：

1）应根据施工现场环境特点，以满足线路安全运行、便于维护和拆除的原则来选择，敷设方式应能够避免受到机械性损伤或其他损伤。

2）供用电电缆可采用架空、直埋、沿支架等方式进行敷设。

3）不应敷设在树木上或直接绑挂在金属构架和金属脚手架上。

4）不应接触潮湿地面或接近热源。

3. 直埋线路宜采用有外护层的铠装电缆，芯线绝缘层标识应符合GB 50194—2014第6.3.9条规定。

4. 直埋敷设的电缆线路应符合下列规定：

1）在地下管网较多、有较频繁开挖的地段不宜直埋。

2）应埋电缆应沿道路或建筑物边缘埋设，并宜沿直线敷设，直线段每隔20m处、转弯处和中间接头处应设电缆走向标识桩。

3）电缆直埋时，其表面距地面的距离不宜小于0.7m：电缆上、下、左、右侧应铺以软土或砂土，其厚度及宽度不得小于100mm，上部应覆盖硬质保护层。直埋敷设于冻土地区时，电缆宜埋入冻土层以下，当无法深埋时可在土壤排水性好的干燥冻土层或回填土中埋设。

4）埋电缆的中间接头宜采用热缩或冷缩工艺，接头处应采取防水措施，并应绝缘良好。中间接头不得浸泡在水中。

5）直埋电缆在穿越建筑物、构筑物、道路，易受机械损伤、腐蚀介质场所及引出地面2.0m高至地下0.2m处，应加设防护套管。防护套管应固定牢固，端口应有防止电缆损伤的措施，其内径不应小于电缆外径的1.5倍。

6）宜埋电缆与外电线路电缆、其他管道、道路、建筑物等之间平行和交叉时的最小距离应符合表2-12-14的规定，当距离不能满足表2-12-14的要求时，应采取穿管、隔离等防护措施。

表2-12-14　电缆之间，电缆与管道、道路、建筑物之间平行和交叉时的最小距离

电缆直埋敷设时的配置情况		平行（m）	交叉（m）
施工现场电缆与外电线路电缆		0.5	0.5
电缆与地下管沟	热力管沟	2.0	0.5
	油管成易（可）燃气管道	1.0	0.5
	其他管道	0.5	0.5
电缆与建筑物基础		躲开散水宽度	—
电缆与道路边、树木主干、1kV以下架空线电杆		1.0	—
电缆与1kV以上架空线杆塔基础		4.0	—

5. 以支架方式敷设的电缆线路应符合下列规定：

1）当电缆敷设在金属支架上时，金属支架应可靠接地。

2）固定点间距应保证电缆能承受自重及风雪等带来的荷载。

3）电缆线路应固定牢固，绑扎线应使用绝缘材料。

4）沿构、建筑物水平敷设的电缆线路，距地面高度不宜小于2.5m。

5）垂直引上敷设的电缆线路，固定点每楼层不得少于1处。

6. 沿墙面或地面敷设电缆线路应符合下列规定：

1）电缆线路宜敷设在人不易触及的地方。

2）电缆线路敷设路径应有醒目的警告标识。

3）沿地面明敷的电缆线路应沿建筑物墙体根部敷设，穿越道路或其他易受机械损伤的区域，应采取防机械损伤的措施，周围环境应保持干燥。

4）在电缆敷设路径附近，当有产生明火的作业时，应采取防止火花损伤电缆的措施。

7. 临时设施的室内配线应符合下列规定：

1）室内配线在穿过楼板或墙壁时应用绝缘保护管保护。

2）明敷线路应采用护套绝缘电缆或导线，且应固定牢固，塑料护套线不应直接埋入抹灰层内敷设。

3）当采用无护套绝缘导线时应穿管或线槽敷设。

（八）配电箱及开关箱的设置

1. 配电系统应设置配电柜或总配电箱、分配电箱、开关箱，实行三级配电。

配电系统宜使三相负荷平衡。220V 或 380V 单相用电设备宜接入 220/380V 三相四线系统；当单相照明线路电流大于 30A 时，宜采用 220/380V 三相四线制供电。

室内配电柜的设置应符合 JGJ 46—2005 规范中第 6.1 节的规定。

2. 总配电箱以下可设若干分配电箱；分配电箱以下可设若干开关箱。

总配电箱应设在靠近电源的区域，分配电箱应设在用电设备或负荷相对集中的区域，分配电箱与开关箱的距离不得超过 30m，开关箱与其控制的固定式用电设备的水平距离不宜超过 3m。

3. 每台用电设备必须有各自专用的开关箱，严禁用同一个开关箱直接控制 2 台及 2 台以上用电设备（含插座）。

4. 动力配电箱与照明配电箱宜分别设置。当合并设置为同一配电箱时，动力和照明应分路配电；动力开关箱与照明开关箱必须分设。

5. 配电箱、开关箱应装设在干燥、通风及常温场所，不得装设在有严重损伤作用的瓦斯、烟气、潮气及其他有害介质中，亦不得装设在易受外来固体物撞击、强烈振动、液体浸溅及热源烘烤场所，否则，应予清除或做防护处理。

6. 配电箱、开关箱周围应有足够 2 人同时工作的空间和通道，不得堆放任何妨碍操作、维修的物品，不得有灌木、杂草。

7. 配电箱、开关箱应采用冷轧钢板或阻燃绝缘材料制作，钢板厚度应为 1.2 ~ 2.0mm，其中开关箱箱体钢板厚度不得小于 1.2mm，配电箱箱体钢板厚度不得小于 1.5mm，箱体表面应做防腐处理。

8. 配电箱、开关箱应装设端正、牢固。固定式配电箱、开关箱的中心点与地面的垂直距离应为 1.4 ~ 1.6m。移动式配电箱、开关箱应装设在坚固、稳定的支架上。其中心点与地面的垂直距离宜为 0.8 ~ 1.6m。

9. 配电箱、开关箱内的电器（含插座）应先安装在金属或非木质阻燃绝缘电器安装板上，然后方可整体紧固在配电箱、开关箱箱体内。

金属电器安装板与金属箱体应做电气连接。

10. 配电箱、开关箱内的电器（含插座）应按其规定位置紧固在电器安装板上，不得歪斜和松动。

11. 配电箱的电器安装板上必须分设 N 线端子板和 PE 线端子板。N 线端子板必须与金属电器安装板绝缘；PE 线端子板必须与金属电器安装板做电气连接。

进出线中的 N 线必须通过 N 线端子板连接；PE 线必须通过 PE 线端子板连接。

12. 配电箱、开关箱内的连接线必须采用铜芯绝缘导线。导线绝缘的颜色标志应按 JGJ 46—2005 规范中第 5.1.11 条要求配置并排列整齐；导线分支接头不得采用螺栓压接，应采用焊接并做绝缘包扎，不得有外露带电部分。

13. 配电箱、开关箱的金属箱体、金属电器安装板以及电器正常不带电的金属底座、外壳等必须通过 PE 线端子板与 PE 线做电气连接，金属箱门与金属箱体必须通过采用编织软铜线做电气连接。

14. 配电箱、开关箱的箱体尺寸应与箱内电器的数量和尺寸相适应，箱内电器安装板板面电器安装尺寸可按照表 2-12-15 确定。

表 2-12-15　配电箱、开关箱内电器安装尺寸选择值

间距名称	最小净距（mm）
并列电器（含单极熔断器）间	30
电器进、出线瓷管（塑胶管）孔与电器边沿间	15A，30 20～30A，50 60A 及以上，80
上、下排电器进出线瓷管（塑胶管）孔间	25
电器进、出线瓷管（塑胶管）孔至板边	40
电器至板边	40

15. 配电箱、开关箱中导线的进线口和出线口应设在箱体的下底面。

16. 配电箱、开关箱的进、出线口应配置固定线卡，进出线应加绝缘护套并成束卡固在箱体上，不得与箱体直接接触。移动式配电箱、开关箱的进、出线应采用橡皮护套绝缘电缆，不得有接头。

17. 配电箱、开关箱外形结构应能防雨、防尘。

（九）电器装置的选择

1. 配电箱、开关箱内的电器必须可靠、完好，严禁使用破损、不合格的电器。

2. 总配电箱的电器应具备电源隔离，正常接通与分断电路，以及短路、过载、漏电保护功能。电器设置应符合下列原则：

（1）当总路设置总漏电保护器时，还应装设总隔离开关、分路隔离开关以及总断路器、分路断路器或总熔断器、分路熔断器。当所设总漏电保护器是同时具备短路、过载、漏电保护功能的漏电断路器时，可不设总断路器或总熔断器。

（2）当各分路设置分路漏电保护器时，还应装设总隔离开关、分路隔离开关以及总断路器、分路断路器或总熔断器、分路熔断器。当分路所设漏电保护器是同时具备短路、过载、漏电保护功能的漏电断路器时，可不设分路断路器或分路熔断器。

（3）隔离开关应设置于电源进线端，应采用分断时具有可见分断点，并能同时断开电源所有极的隔离电器。如采用分断时具有可见分断点的断路器，可不另设隔离开关。

（4）熔断器应选用具有可靠灭弧分断功能的产品。

（5）总开关电器的额定值、动作整定值应与分路开关电器的额定值、动作整定值相适应。

（十）配电箱、开关箱使用与维护

1. 配电箱、开关箱应有名称、用途、分路标记及系统接线图。

2. 配电箱、开关箱箱门应配锁，并应由专人负责。

3. 配电箱、开关箱应定期检查、维修。检查、维修人员必须是专业电工。检查、维修时必须按规定穿戴绝缘鞋、手套，必须使用电工绝缘工具，并应做检查、维修工作记录。

4. 对配电箱、开关箱进行定期维修、检查时，必须将其前一级相应的电源隔离开关分闸断电，并悬挂“禁止合闸、有人工作”停电标志牌，严禁带电作业。

5. 配电箱、开关箱必须按照下列顺序操作：

1）送电操作顺序为：总配电箱→分配电箱→开关箱。

2）停电操作顺序为：开关箱→分配电箱斗→配电箱。

但出现电气故障的紧急情况可除外。

6. 施工现场停止作业 1 小时以上时，应将动力开关箱断电上锁。

7. 开关箱的操作人员必须符合 JGJ 46—2005 规范中第 3. 2. 3 条规定。

8. 配电箱、开关箱内不得放置任何杂物，并应保持整洁。

9. 配电箱、开关箱内不得随意挂接其他用电设备。

10. 配电箱、开关箱内的电气配置和接线严禁随意改动。

熔断器的熔体更换时，严禁采用不符合原规格的熔体代替。漏电保护器每天使用前应启动漏电试验按钮试跳一次，试跳不正常时严禁继续使用。

11. 配电箱、开关箱的进线和出线严禁承受外力，严禁与金属尖锐断口、强腐蚀介质和易燃易爆物接触。

《建设工程施工现场供用电安全规范》（GB 50194—2014）配电箱管理相关标准：

1. 低压配电系统宜采用三级配电，宜设置总配电箱、分配电箱、末级配电箱。

2. 低压配电系统不宜采用链式配电。当部分用电设备距离供电点较远，而彼此相距很近、容量小的次要用电设备，可采用链式配电，但每一回路环链设备不宜超过 5 台，其总容量不宜超过 10kW。

3. 消防等重要负荷应由总配电箱专用回路直接供电，并不得接入过负荷保护和剩余电流保护器。

4. 消防泵、施工升降机、塔式起重机、混凝土输送泵等大型设备应设专用配电箱。

5. 配电柜的安装应符合下列规定：

1）配电柜应安装在高于地面的型钢或混凝土基础上，且应平正、牢固。

2）配电柜的金属框架及基础型钢应可靠接地。门和框架的接地端子间应采用软铜线进行跨接，配电柜门和框架间跨接接地线的最小截面积应符合表 2-12-16 的规定。

表 2-12-16　配电柜门和框架间跨接接地线的最小截面积

额定工作电流 I_e（A）	接地线的最小截面积（mm^2）
$I_e \leqslant 25$	2. 5
$25 < I_e \leqslant 32$	4
$32 < I_e \leqslant 63$	6
$63 < I_e$	10

注：I_e 为配电柜（箱）内主断路器的额定电流。

6. 总配电箱以下可设若干分配电箱；分配电箱以下可设若干末级配电箱。分配电箱以下可根据需要，再设分配电箱。总配电箱应设在靠近电源的区域，分配电箱应设在用电设备或负荷相对集中的区域，分配电箱与末级配电箱的距离不宜超过 30m。

7. 固定式配电箱的中心与地面的垂直距离宜为 1. 4 ~ 1. 6m，安装应平正、牢固。户外落地安装的配电箱、柜，其底部离地面不应小于 0. 2m。

8. 配电箱内的连接线应采用铜排或铜芯绝缘导线，当采用铜排时应有防护措施；连接导线不应有接头、线芯损伤及断股。

9. 配电箱的金属箱体、金属电器安装板以及电器正常不带电的金属底座、外壳等应通过保护导体（PE）汇流排可靠接地。金属箱门与金属箱体间的跨接接地线应符合表2-12-16的有关规定。

10. 配电箱内的电器应完好，不应使用破损及不合格的电器。

11. 总配电箱、分配电箱的电器应具备正常接通与分断电路，以及短路、过负荷、接地故障保护功能。电器设置应符合下列规定：

1）总配电箱、分配电箱进线应设置隔离开关、总断路器，当采用带隔离功能的断路器时，可不设置隔离开关。各分支回路应设置具有短路、过负荷、接地故障保护功能的电器。

2）总断路器的额定值应与分路断路器的额定值相匹配。

说明：在TN系统配电线路中，接地故障保护宜采用下列方式：

（1）当过电流保护能满足在规定时间内切断接地故障线路的要求时，宜采用过电流保护兼做接地故障保护；

（2）在三相四线制配电线系统中，如果电流保护不能满足在规定时间（干线不大于5s，末级线路不大于0.4s）内切断接地故障线路，则采用零序电流保护，但其整定电流应大于配电线路最大不平衡电流。

（3）当以上两项的保护都不能满足要求时，应采用漏电电流动作保护电器。

（十一）档案管理

1. 施工现场临时用电必须建立安全技术档案，并应包括下列内容：

1）用电组织设计的全部资料。

2）修改用电组织设计的资料。

3）用电技术交底资料。

4）用电工程检查验收表。

5）电气设备的试、检验凭单和调试记录。

6）接地电阻、绝缘电阻和漏电保护器漏电动作参数测定记录表。

7）定期检（复）查表。

8）电工安装、巡检、维修、拆除工作记录。

2. 安全技术档案应由主管该现场的电气技术人员负责建立与管理。其中“电工安装、巡检、维修、拆除工作记录”可指定电工代管，每周由项目经理审核认可，并应在临时用电工程拆除后统一归档。

3. 临时用电工程应定期检查。定期检查时，应复查接地电阻值和绝缘电阻值。

4. 临时用电工程定期检查应按分部、分项工程进行，对安全隐患必须及时处理，并应履行复查验收手续。

二、建筑机械用电安全

（一）一般规定

1. 施工现场中电动建筑机械和手持式电动工具的选购、使用、检查和维修应遵守下列规定：

1）选购的电动建筑机械、手持式电动工具及其用电安全装置符合相应的国家现行有关强制性标准的规定，且具有产品合格证和使用说明书。

2）建立和执行专人专机负责制，并定期检查和维修保养。

3）接地符合 JGJ 46—2005 规范中第 5. 1. 1 条和 5. 1. 2 条要求，运行时产生振动的设备的金属基座、外壳与 PE 线的连接点不少于 2 处。

4）漏电保护符合 JGJ 46—2005 规范中第 8. 2. 5 条、第 8. 2. 8 ~ 8. 2. 10 条及 8. 2. 12 条和 8. 2. 13 条要求。

5）按使用说明书使用、检查、维修。

2. 塔式起重机、外用电梯、滑升模板的金属操作平台及需要设置避雷装置的物料提升机，除应连接 PE 线外，还应做重复接地。设备的金属结构构件之间应保证电气连接。

3. 手持式电动工具中的塑料外壳Ⅱ类工具和一般场所手持式电动工具中的Ⅲ类工具可不连接 PE 线。

4. 电动建筑机械和手持式电动工具的负荷线应按其计算负荷选用无接头的橡皮护套铜芯软电缆，其性能应符合现行国家标准《额定电压 450/750V 及以下橡皮绝缘电缆》（GB 5013）中第 1 部分（一般要求）和第 4 部分（软线和软电缆）的要求；其截面可按本规范附录 C 选配。

电缆芯线数应根据负荷及其控制电器的相数和线数确定：三相四线时，应选用五芯电缆；三相三线时，应选用四芯电缆；当三相用电设备中配置有单相用电器具时，应选用五芯电缆；单相二线时，应选用三芯电缆。

电缆芯线应符合 JGJ 46—2005 规范中第 7. 2. 1 条规定，其中 PE 线应采用绿/黄双色绝缘导线。

5. 每一台电动建筑机械或手持式电动工具的开关箱内，除应装设过载、短路、漏电保护电器外，还应按 JGJ 46—2005 规范中第 8. 2. 5 条要求装设隔离开关或具有可见分断点的断路器，以及按照第 8. 2. 6 条要求装设控制装置。正、反向运转控制装置中的控制电器应采用接触器、继电器等自动控制电器，不得采用手动双向转换开关作为控制电器。电器规格可按 JGJ46—2005 规范附录 C 选配。

（二）起重机械用电安全技术措施

1. 塔式起重机的电气设备应符合现行国家标准《塔式起重机安全规程》（GB 5144）中的要求。

2. 塔式起重机应按 JGJ 46—2005 规范中第 5. 4. 7 条要求做重复接地和防雷接地。轨道式塔式起重机接地装置的设置应符合下列要求：

（1）轨道两端各设一组接地装置。

（2）轨道的接头处作电气连接，两条轨道端部做环形电气连接。

（3）较长轨道每隔不大于 30m 加一组接地装置。

3. 塔式起重机与外电线路的安全距离应符合 JGJ 46—2005 规范中第 4. 1. 4 条要求。

4. 轨道式塔式起重机的电缆不得拖地行走。

5. 需要夜间工作的塔式起重机，应设置正对工作面的投光灯。

6. 塔身高于 30m 的塔式起重机，应在塔顶和臂架端部设红色信号灯。

7. 在强电磁波源附近工作的塔式起重机，操作人员应戴绝缘手套和穿绝缘鞋，并应在吊钩与机体间采取绝缘隔离措施，或在吊钩吊装地面物体时，在吊钩上挂接临时接地装置。

8. 外用电梯梯笼内、外均应安装紧急停止开关。

9. 外用电梯和物料提升机的上、下极限位置应设置限位开关。

10. 外用电梯和物料提升机在每日工作前必须对行程开关、限位开关、紧急停止开关、驱动机构和制动器等进行空载检查，正常后方可使用。检查时必须有防坠落措施。

（三）桩工机械用电安全技术措施

1. 潜水式钻孔机电机的密封性能应符合现行国家标准《外壳防护等级（IP 代码）》（GB 4208）中的 IP68 级的规定。

2. 潜水电机的负荷线应采用防水橡皮护套铜芯软电缆，长度不应小于 1.5m，且不得承受外力。

3. 潜水式钻孔机开关箱中的漏电保护器必须符合 JGJ 46—2005 规范中第 8.2.10 条对潮湿场所选用漏电保护器的要求。

（四）夯土机械用电安全技术措施

1. 夯土机械开关箱中的漏电保护器必须符合 JGJ 46—2005 规范中第 8.2.10 条对潮湿场所选用漏电保护器的要求。

2. 夯土机械 PE 线的连接点不得少于 2 处。

3. 夯土机械的负荷线应采用耐气候型橡皮护套铜芯软电缆。

4. 使用夯土机械必须按规定穿戴绝缘用品，使用过程应有专人调整电缆，电缆长度不应大于 50m。电缆严禁缠绕、扭结和被夯土机械跨越。

5. 多台夯土机械并列工作时，其间距不得小于 5m；前后工作时，其间距不得小于 10m。

6. 夯土机械的操作扶手必须绝缘。

（五）焊接机械用电安全技术措施

1. 电焊机械应放置在防雨、干燥和通风良好的地方。焊接现场不得有易燃、易爆物品。

2. 交流弧焊机变压器的一次侧电源线长度不应大于 5m，其电源进线处必须设置防护罩。发电机式直流电焊机的换向器应经常检查和维护，应消除可能产生的异常电火花。

3. 电焊机械开关箱中的漏电保护器必须符合 JGJ 46—2005 规范中第 8.2.10 条的要求。交流电焊机械应配装防二次侧漏电保护器。

4. 电焊机械的二次线应采用防水橡皮护套铜芯软电缆，电缆长度不应大于 30m，不得采用金属构件或结构钢筋代替二次线的地线。

5. 使用电焊机械焊接时必须穿戴防护用品。严禁露天冒雨从事电焊作业。

（六）手持式电动工具用电安全技术措施

1. 空气湿度小于 75% 的一般场所可选用 Ⅰ 类或 Ⅱ 类手持式电动工具，其金属外壳与 PE 线的连接点不得少于 2 处；除塑料外壳 Ⅱ 类工具外，相关开关箱中漏电保护器的额定漏电动作电流不应大于 15mA，额定漏电动作时间不应大于 0.1s，其负荷线插头应具备专用的保护触头。所用插座和插头在结构上应保持一致，避免导电触头和保护触头混用。

2. 在潮湿场所或金属构架上操作时，必须选用 Ⅱ 类或由安全隔离变压器供电的 Ⅲ 类手持式电动工具。金属外壳 Ⅱ 类手持式电动工具使用时，必须符合 JGJ 46—2005 第 9.6.1 条要求；其开关箱和控制箱应设置在作业场所外面。在潮湿场所或金属构架上严禁使用 Ⅰ 类手持式电动工具。

3. 狭窄场所必须选用由安全隔离变压器供电的Ⅲ类手持式电动工具，其开关箱和安全隔离变压器均应设置在狭窄场所外面，并连接 PP 线。漏电保护器的选择应符合本规范第 8.2.10 条使用于潮湿或有腐蚀介质场所漏电保护器的要求。操作过程中，应有人在外面监护。

4. 手持式电动工具的负荷线应采用耐气候型的橡皮护套铜芯软电缆，并不得有接头。

5. 手持式电动工具的外壳、手柄、插头、开关、负荷线等必须完好无损，使用前必须做绝缘检查和空载检查，在绝缘合格、空载运转正常后方可使用。绝缘电阻不应小于表 2-12-17规定的数值。

表 2-12-17 手持式电动工具绝缘电阻限值

测量部位	绝缘电阻（MΩ）		
	Ⅰ类	Ⅱ类	Ⅲ类
带电零件与外壳之间	2	7	1

注：绝缘电阻用 500V 兆欧表测量。

6. 使用手持式电动工具时，必须按规定穿、戴绝缘防护用品。

三、施工现场照明安全防护

（一）现场照明

1. 在坑、洞、井内作业、夜间施工或厂房、道路、仓库、办公室、食堂、宿舍、料具堆放场及自然采光差等场所，应设一般照明、局部照明或混合照明。

在一个工作场所内，不得只设局部照明。

停电后，操作人员需及时撤离的施工现场，必须装设自备电源的应急照明。

2. 现场照明应采用高光效、长寿命的照明光源。对需大面积照明的场所，应采用高压汞灯、高压钠灯或混光用的卤钨灯等。

3. 照明器的选择必须按下列环境条件确定：

1）正常湿度一般场所，选用开启式照明器。

2）潮湿或特别潮湿场所，选用密闭型防水照明器或配有防水灯头的开启式照明器。

3）含有大量尘埃但无爆炸和火灾危险的场所，选用防尘型照明器。

4）有爆炸和火灾危险的场所，按危险场所等级选用防爆型照明器。

5）存在较强振动的场所，选用防振型照明器。

6）有酸碱等强腐蚀介质场所，选用耐酸碱型照明器。

4. 照明器具和器材的质量应符合国家现行有关强制性标准的规定，不得使用绝缘老化或破损的器具和器材。

5. 无自然采光的地下大空间施工场所，应编制单项照明用电方案。

（二）照明供电

1. 一般场所宜选用额定电压为 220V 的照明器。

2. 下列特殊场所应使用安全特低电压照明器：

1）隧道、人防工程、高温、有导电灰尘、比较潮湿或灯具离地面高度低于 2.5m 等场所的照明，电源电压不应大于 36V。

2）潮湿和易触及带电体场所的照明，电源电压不得大于24V。

3）特别潮湿场所、导电良好的地面、锅炉或金属容器内的照明，电源电压不得大于12V。

3. 使用行灯应符合下列要求：

1）电源电压不大于36V。

2）灯体与手柄应坚固、绝缘良好并耐热耐潮湿。

3）灯头与灯体结合牢固，灯头无开关。

4）灯泡外部有金属保护网。

5）金属网、反光罩、悬吊挂钩固定在灯具的绝缘部位上。

4. 远离电源的小面积工作场地、道路照明、警卫照明或额定电压为12～36V照明的场所，其电压允许偏移值为额定电压值的－10%～5%；其余场所电压允许偏移值为额定电压值的±5%。

5. 照明变压器必须使用双绕组型安全隔离变压器，严禁使用自耦变压器。

6. 照明系统宜使三相负荷平衡，其中每一单相回路上，灯具和插座数量不宜超过25个，负荷电流不宜超过15A。

7. 携带式变压器的一次侧电源线应采用橡皮护套或塑料护套铜芯软电缆，中间不得有接头，长度不宜超过3m，其中绿/黄双色线只可作PE线使用，电源插销应有保护触头。

8. 工作零线截面应按下列规定选择：

1）单相二线及二相二线线路中，零线截面与相线截面相同。

2）三相四线制线路中，当照明器为白炽灯时，零线截面不小于相线截面的50%；当照明器为气体放电灯时，零线截面按最大负载相的电流选择。

3）在逐相切断的三相照明电路中，零线截面与最大负载相相线截面相同。

9. 室内、室外照明线路的敷设应符合JGJ 46—2005规范第7章要求。

（三）照明装置使用

1. 照明灯具的金属外壳必须与PE线相连接，照明开关箱内必须装设隔离开关、短路与过载保护电器和漏电保护器，并应符合，JGJ 46—2005规范第8.2.5条和第8.2.6条的规定。

2. 室外220V灯具距地面不得低于3m，室内220V灯具距地面不得低于2.5m。

普通灯具与易燃物距离不宜小于300mm；聚光灯、碘钨灯等高热灯具与易燃物距离不宜小于500mm，且不得直接照射易燃物。达不到规定安全距离时，应采取隔热措施。

3. 路灯的每个灯具应单独装设熔断器保护。灯头线应做防水弯。

4. 荧光灯管应采用管座固定或用吊链悬挂。荧光灯的镇流器不得安装在易燃的结构物上。

5. 碘钨灯及钠、铊、铟等金属卤化物灯真的安装高度宜在3m以上，灯线应固定在接线柱上，不得靠近灯具表面。

6. 投光灯的底座应安装牢固，应按需要的光轴方向将枢轴拧紧固定。

7. 螺口灯头及其接线应符合下列要求：

1）灯头的绝缘外壳无损伤、无漏电。

2）相线接在与中心触头相连的一端，零线接在与螺纹口相连的一端。

8. 灯具内的接线必须牢固，灯具外的接线必须做可靠的防水绝缘包扎。

9. 暂设工程的照明灯具宜采用拉线开关控制，开关安装位置宜符合下列要求：

1）拉线开关距地面高度为2～3m，与出入口的水平距离为0.15～0.2m，拉线的出口向下。

2）其他开关距地面高度为1.3m，与出入口的水平距离为0.15～0.2m。

10. 灯具的相线必须经开关控制，不得将相线直接引入灯具。

11. 对夜间影响飞机或车辆通行的在建工程及机械设备，必须设置醒目的红色信号灯，其电源应设在施工现场总电源开关的前侧，并应设置外电线路停止供电时的应急自备电源。

《建设工程施工现场供用电安全规范》（GB 50194—2014）照明设备相关标准：

照明灯具的选择应符合下列规定：

1. 照明灯具应根据施工现场环境条件设计并应选用防水型，防尘型、防爆型灯具。

2. 行灯应采用Ⅲ类灯具，采用安全特低电压系统（SELV），其额定电压值不应超过24V。

3. 行灯灯体及手柄绝缘应良好、坚固、耐热、耐潮湿，灯头与灯体应结合紧固，灯泡外部应有金属保护网、反光罩及悬吊挂钩，挂钩应固定在灯具的绝缘手柄上。

4. 严禁利用额定电压220V的临时照明灯具作为行灯使用。

特殊场所应使用安全特低电压系统（SELV）供电的照明装置，且电源电压应符合下列规定：

（1）下列特殊场所的安全特低电压系统照明电源电压不应大于24V：

①金属结构构架场所。

②隧道、人防等地下空间。

③有导电粉尘、腐蚀介质、蒸汽及高温炎热的场所。

（2）下列特殊场所的特低电压系统照明电源电压不应大于12V：

①相对湿度长期处于95%以上的潮湿场所。

②导电良好的地面、狭窄的导电场所。

5. 行灯变压器严禁带入金属容器或金属管道内使用。

第十三章　高处作业

一、综合性管理①

（一）高处作业管理要求

1. 施工单位的法定代表人对本单位的安全生产全面负责。施工单位在编制施工组织设计时，应制定预防高处坠落事故的安全技术措施。

2. 项目经理对本项目的安全生产全面负责。项目经理部应结合施工组织设计，根据建筑工程特点编制预防高处坠落事故的专项施工方案，并组织实施。

3. 施工单位应做好高处作业人员的安全教育及相关的安全预防工作。

---

① 引自《建筑工程预防高处坠落事故若干规定》（建质［2003］82号）

1）所有高处作业人员应接受高处作业安全知识的教育；特种高处作业人员应持证上岗，上岗前应依据有关规定进行专门的安全技术签字交底。采用新工艺、新技术、新材料和新设备的，应按规定对作业人员进行相关安全技术签字交底。

2）高处作业人员应经过体检，合格后方可上岗。施工单位应为作业人员提供合格的安全帽、安全带等必备的安全防护用具，作业人员应按规定正确佩戴和使用。

3）施工单位应按类别，有针对性地将各类安全警示标志悬挂于施工现场各相应部位，夜间应设红灯示警。

（二）高处作业安全实施

1. 高处作业前，应由项目分管负责人组织有关部门对安全防护设施进行验收，经验收合格签字后，方可作业。安全防护设施应做到定型化、工具化，防护栏杆以黄黑（或红白）相间的条纹标示，盖件等以黄（或红）色标示。需要临时拆除或变动安全设施的，应经项目分管负责人审批签字，并组织有关部门验收，经验收合格签字后，方可实施。

2. 物料提升机应按有关规定由其产权单位编制安装拆卸施工方案，产权单位分管负责人审批签字，并负责安装和拆卸；使用前与施工单位共同进行验收，经验收合格签字后，方可作业。物料提升机应有完好的停层装置，各层联络要有明确信号和楼层标记。物料提升机上料口应装设有联锁装置的安全门，同时采用断绳保护装置或安全停靠装置。通道口走道板应满铺并固定牢靠，两侧边应设置符合要求的防护栏杆和挡脚板，并用密目式安全网封闭两侧。物料提升机严禁乘人。

3. 施工外用电梯应按有关规定由其产权单位编制安装拆卸施工方案，产权单位分管负责人审批签字，并负责安装和拆卸；使用前与施工单位共同进行验收，经验收合格签字后，方可作业。施工外用电梯各种限位应灵敏可靠，楼层门应采取防止人员和物料坠落措施，电梯上下运行行程内应保证无障碍物。电梯轿厢内乘人、载物时，严禁超载，载荷应均匀分布，防止偏重。

4. 移动式操作平台应按相关规定编制施工方案，项目分管负责人审批签字并组织有关部门验收，经验收合格签字后，方可作业。移动式操作平台立杆应保持垂直，上部适当向内收紧，平台作业面不得超出底脚。立杆底部和平台立面应分别设置扫地杆、剪刀撑或斜撑，平台应用坚实木板满铺，并设置防护栏杆和登高扶梯。

5. 各类作业平台、卸料平台应按相关规定编制施工方案，项目分管负责人审批签字并组织有关部门验收，经验收合格签字后，方可作业。架体应保持稳固，不得与施工脚手架连接。作业平台上严禁超载。

6. 脚手架应按相关规定编制施工方案，施工单位分管负责人审批签字，项目分管负责人组织有关部门验收，经验收合格签字后，方可作业。作业层脚手架的脚手板应铺设严密，下部应用安全平网兜底。脚手架外侧应采用密目式安全网做全封闭，不得留有空隙。密目式安全网应可靠固定在架体上。作业层脚手板与建筑物之间的空隙大于15cm时应做好全封闭，防止人员和物料坠落。作业人员上下应有专用通道，不得攀爬架体。

7. 附着式升降脚手架和其他外挂式脚手架应按相关规定由其产权单位编制施工方案，产权单位分管负责人审批签字，并与施工单位在使用前进行验收，经验收合格签字后，方可作业。附着式升降脚手架和其他外挂式脚手架每提升一次，都应由项目分管负责人组织有关部门验收，经验收合格签字后，方可作业。附着式升降脚手架和其他外挂式脚手架应设置安全可靠的防倾覆、防坠落装置，每一作业层架体外侧应设置符合要求的防护栏杆和挡脚板。附着式升降脚手架和其他外挂式脚手架升降时，应设专人对脚手架作业区域进行监护。

8. 模板工程应按相关规定编制施工方案，施工单位分管负责人审批签字；项目分管负责人组织有关部门验收，经验收合格签字后，方可作业。模板工程在绑扎钢筋、粉刷模板、支拆模板时应保证作业人员有可靠立足点，作业面应按规定设置安全防护设施。模板及其支撑体系的施工荷载应均匀堆置，并不得超过设计计算要求。

9. 吊篮应按相关规定由其产权单位编制施工方案，产权单位分管负责人审批签字，并与施工单位在使用前进行验收，经验收合格签字后，方可作业。吊篮产权单位应做好日常例保和记录。吊篮悬挂机构的结构件应选用钢材或其他适合的金属结构材料制造，其结构应具有足够的强度和刚度。作业人员应按规定佩戴安全带；安全带应挂设在单独设置的安全绳上，严禁安全绳与吊篮连接。

10. 施工单位对电梯井门应按定型化、工具化的要求设计制作，其高度应在 15 ~ 18m 范围内。电梯井内不超过 10m 应设置一道安全平网；安装拆卸电梯井内安全平网时，作业人员应按规定佩戴安全带。

11. 施工单位进行屋面卷材防水层施工时，屋面周围应设置符合要求的防护栏杆。屋面上的孔洞应加盖封严，短边尺寸大于 15m 时，孔洞周边也应设置符合要求的防护栏杆，底部加设安全平网。在坡度较大的屋面作业时，应采取专门的安全措施。

从中不难看出，《建筑施工扣件式钢管脚手架安全技术规范》（JGJ 130）、《建筑施工门式钢管脚手架安全技术规范》（JGJ 128）、《建筑施工碗扣式钢管脚手架安全技术规范》（JGJ 166）和《建筑施工承插型盘扣式钢管支架安全技术规范》（JGJ 231）等标准规范在高处作业管理中都有相应的要求。

二、基本规定

1. 高处作业的安全技术措施及其所需料具，必须列入工程的施工组织设计。

2. 单位工程施工负责人应对工程的高处作业安全技术负责并建立相应的责任制。

施工前，应逐级进行安全技术教育及交底，落实所有安全技术措施和人身防护用品，未经落实时不得进行施工。

3. 高处作业中的安全标志、工具、仪表、电气设施和各种设备，必须在施工前加以检查，确认其完好，方能投入使用。

4. 攀登和悬空高处作业人员以及搭设高处作业安全设施的人员，必须经过专业技术培训及专业考试合格，持证上岗，并必须定期进行体格检查。

5. 施工中对高处作业的安全技术设施，发现有缺陷和隐患时，必须及时解决；危及人身安全时，必须停止作业。

6. 施工作业场所有坠落可能的物件，应一律先行撤除或加以固定。

高处作业中所用的物料，均应堆放平稳，不妨碍通行和装卸。工具应随手放入工具袋；作业中的走道、通道板和登高用具，应随时清扫干净；拆卸下的物件及余料和废料均应及时清理运走，不得任意乱置或向下丢弃。传递物件禁止抛掷。

7. 雨天和雪天进行高处作业时，必须采取可靠的防滑、防寒和防冻措施。凡水、冰、霜、雪均应及时清除。对进行高处作业的高耸建筑物，应事先设置避雷设施。遇有六级以上强风、浓雾等恶劣气候，不得进行露天攀登与悬空高处作业。暴风雪及台风暴雨后，应对高处作业安全设施逐一加以检查，发现有松动、变形、损坏或脱落等现象，应立即修理完善。

8. 因作业必需，临时拆除或变动安全防护设施时，必须经施工负责人同意，并采取相应的可靠措施，作业后应立即恢复。

9. 防护棚搭发与拆除时，应设警戒区，并应派专人监护。严禁上下同时拆除。

10. 高处作业安全设施的主要受力杆件，力学计算按一般结构力学公式，强度及挠度计算按现行有关规范进行，但钢受弯构件的强度计算不考虑塑性影响，构造上应符合现行的相应规范的要求。

三、临边安全防护

（一）临边作业防护设施

1. 基坑周边，尚未安装栏杆或栏板的阳台、料台与挑平台周边，雨篷与挑檐边，无外脚手的屋面与楼层周边及水箱与水塔周边等处，都必须设置防护栏杆。

2. 头层墙高度超过3.2m的二层楼面周边，以及无外脚手的高度超过3.2m的楼层周边，必须在外围架设安全平网一道。

3. 分层施工的楼梯口和梯段边，必须安装临时护栏。顶层楼梯口应随工程结构进度安装正式防护栏杆。

4. 井架与施工用电梯和脚手架等与建筑物通道的两侧边，必须设防护栏杆。地面通道上部应装设安全防护棚。双笼井架通道中间，应予分隔封闭。

5. 各种垂直运输接料平台，除两侧设防护栏杆外，平台口还应设置安全门或活动防护栏杆。

（二）临边防护栏杆杆件的规格及连接要求

1. 毛竹横杆小头有效直径不应小于72mm，栏杆柱小头直径不应小于80mm，并须用不小于16号的镀锌钢丝绑扎，不应少于3圈，并无泻滑。

2. 原木横杆上杆梢径不应小于70mm，下杆梢径不应小于60mm，栏杆柱梢径不应小于75mm。并须用相应长度的圆钉钉紧，或用不小于12号的镀锌钢丝绑扎，要求表面平顺和稳固无动摇。

3. 钢筋横杆上杆直径不应小于16mm，下杆自径不应小于14mm，栏杆柱直径不应小于18mm，采用电焊或镀锌钢丝绑扎固定。

4. 钢管横杆及栏杆柱均采用ϕ48mm×（2.75～3.5）mm的管材，以扣件或电焊固定。

5. 以其他钢材如角钢等作防护栏杆杆件时，应选用强度相当的规格，以电焊固定。

（三）临边防护栏杆搭设要求

1. 防护栏杆应由上、下两道横杆及栏杆柱组成，上杆离地高度为1.0～1.2m，下杆离地高度为0.5～0.6m。坡度大于1:22的屋面，防护栏杆应高1.5m，并加挂安全立网。除经设计计算外，横杆长度大于2m时，必须加设栏杆柱。

2. 栏杆柱的固定应符合下列要求：

1）当在基坑四周固定时，可采用钢管并打入地面50～70cm深。钢管离边口的距离，不应小于50cm。当基坑周边采用板桩时，钢管可打在板桩外侧。

2）当在混凝土楼面、屋面或墙面固定时，可用预埋件与钢管或钢筋焊牢。采用竹、木栏杆时，可在预埋件上焊接30cm长的∟50×5角钢，其上下各钻一孔，然后用1mm螺栓与竹、木杆件拴牢。

3）当在砖或砌块等砌体上固定时，可预先砌入规格相适应的806弯转扁钢作预埋铁的混凝土块，然后用十项方法固定。

3. 栏杆柱的固定及其与横杆的连接，其整体构造应使防护栏杆在上杆任何处，能经受任何方向的1000N外力。当栏杆所处位置有发生人群拥挤、车辆冲击或物件碰撞等可能时，应加大横杆截面或加密柱距。

4. 防护栏杆必须自上而下用安全立网封闭，或在栏杆下边放置严密固定的高度不低于18cm的挡脚板或40cm的挡脚笆。挡脚板与挡脚笆上如有孔眼，不应大于25mm。板与笆下边距离底面的空隙不应大于10mm。

卸料平台两侧的栏杆，必须自上而下加挂安全立网或满扎竹笆。

5. 当临边的外侧面临街道时，除防护栏杆外，敞口立面必须采取满挂安全网或其他可靠措施作全封闭处理。

四、洞口作业安全防护

（一）设置防护设施规定

1. 板与墙的洞口，必须发置牢固的盖板、防护栏杆、安全网或其他防坠落的防护设施。

2. 电梯井口必须设防护栏杆或固定栅门：电梯井内应每隔两层并最多隔10m设一道安全网。

3. 钢管桩、钻孔桩等桩孔上口，杯形、条形基础上口，未填土的坑槽，以及人孔、天窗、地板门等处，均应按洞口防护设置稳固的盖件。

4. 施工现场通道附近的各类洞口与坑槽等处，除设置防护设施与安全标志外，夜间还应设红灯示警。

（二）洞口根据具体情况采取设防护栏杆、加盖件、张挂安全网与装栅门等措施时，必须符合下列要求

1. 楼板、屋面和平台等面上短边尺寸小于25cm但大于2.5cm的孔口，必须用坚实的盖板盖没。盖板应能防止挪动移位。

2. 楼板面等处边长为25～50cm的洞口、安装预制构件时的洞口以及缺件临时形成的洞口，可用竹、木等作盖板，盖住洞口。盖板须能保持四周搁置均衡，并有固定其位置的措施。

3. 边长为50～150cm的洞口，必须设置以扣件扣接钢管而成的网格，并在其上满铺竹笆或脚手板。也可采用贯穿于混凝土板内的钢筋构成防护网，钢筋网格间距不得大于20cm。

4. 边长在150cm以上的洞口，四周设防护栏杆，洞口下张设安全平网。

5. 垃圾井道和烟道，应随楼层的砌筑或安装而消除洞口，或参照预留洞口作防护。管道井施工时，除按上款办理外，还应加设明显的标志。如有临时性拆移，需经施工负责人核准，工作完毕后必须恢复防护设施。

6. 位于车辆行驶道旁的洞口、深沟与管道坑、槽，所加盖板应能承受不小于当地额定卡车后轮有效承载力2倍的荷载。

7. 墙面等处的竖向洞口，凡落地的洞口应加装开关式、工具式或固定式的防护门，门栅网格的间距不应大于15cm，也可采用防护栏杆，下设挡脚板（笆）。

8. 下边沿至楼板或底面低于80cm的窗台等竖向洞口，如侧边落差大于2m时，应加设1.2m高的临时护栏。

9. 对邻近的人与物有坠落危险性的其他竖向的孔、洞口，均应予以盖没或加以防护，并有固定其位置的措施。

五、交叉作业安全防护

1. 支模、粉刷、砌墙等各工种进行上下立体交叉作业时，不得在同一垂直方向上操作。下层作业的位置，必须处于依上层高度确定的可能坠落范围半径之外。不符合以上条件时，应设置安全防护层。

2. 钢模板、脚手架等拆除时，下方不得有其他操作人员。

3. 钢板部件拆除后，临时堆放处离楼层边沿不应小于1m，堆放高度不得超过1m。楼层边口、通道口、脚手架边缘等处，严禁堆放任何拆下物件。

4. 结构施工自二层起，凡人员进出的通道口（包括井架、施工用电梯的进出通道口），均应搭设安全防护棚。高度超过24m的层上的交叉作业，应设双层防护。

5. 由于上方施工可能坠落物件或处于起重机把杆回转范围之内的通道，在其受影响的范围内，必须搭设顶部能防止穿透的双层防护廊。

六、高处作业安全防护设施的验收

1. 建筑施工进行高处作业之前，应进行安全防护设施的逐项检查和验收。验收合格后，方可进行高处作业。验收也可分层进行，或分阶段进行。

2. 安全防护设施，应由单位工程负责人验收，并组织有关人员参加。

3. 安全防护设施的验收，应具备下列资料：

1）施工组织设计及有关验算数据。

2）安全防护设施验收记录。

3）安全防护设施变更记录及签证。

4. 安全防护设施的验收，主要包括以下内容：

1）所有临边、洞口等各类技术措施的设置状况。

2）技术措施所用的配件、材料和丁具的规格和材质。

3）技术措施的节点构造及其与建筑物的固定情况。

4）扣件和连接件的紧固程度。

5）安全防护设施的用品及设备的性能与质量是否合格的验证。

5. 安全防护设施的验收应按类别逐项查验，并作出验收记录。凡不符合规定者，必须修整合格后再行查验。施工工期内还应定期进行抽查。

第十四章　消防安全管理

一、基本规定

（一）施工单位消防责任

1. 施工现场的消防安全管理应由施工单位负责。

实行施工总承包时，应由总承包单位负责。分包单位应向总承包单位负责，并应服从总承包单位的管理，同时应承担国家法律、法规规定的消防责任和义务。

2. 施工单位应根据建设项目规模、现场消防安全管理的重点，在施工现场建立消防安全管理组织机构及义务消防组织，并应确定消防安全负责人和消防安全管理人员，同时应落实相关人员的消防安全管理责任。

（二）消防安全管理制度

施工单位应针对施工现场可能导致火灾发生的施工作业及其他活动，制订消防安全管理制度。消防安全管理制度应包括下列主要内容：

1. 消防安全教育与培训制度。

2. 可燃及易燃易爆危险品管理制度。

3. 用火、用电、用气管理制度。

4. 消防安全检查制度。

5. 应急预案演练制度。

（三）防火技术方案

施工单位应编制施工现场防火技术方案，并应根据现场情况变化及时对其修改、完善。防火技术方案应包括下列主要内容：

1. 施工现场重大火灾危险源辨识。

2. 施工现场防火技术措施。

3. 临时消防设施、临时疏散设施配备。

4. 临时消防设施和消防警示标识布置图。

（四）应急疏散预案

施工单位应编制施工现场灭火及应急疏散预案。灭火及应急疏散预案应包括下列主要内容：

1. 应急灭火处置机构及各级人员应急处置职责。

2. 报警、接警处置的程序和通讯联络的方式。

3. 扑救初起火灾的程序和措施。

4. 应急疏散及救援的程序和措施。

（五）消防安全教育

施工人员进场时，施工现场的消防安全管理人员应向施工人员进行消防安全教育和培训。消防安全教育和培训应包括下列内容：

1. 施工现场消防安全管理制度、防火技术方案、灭火及应急疏散预案的主要内容。

2. 施工现场临时消防设施的性能及使用、维护方法。

3. 扑灭初起火灾及自救逃生的知识和技能。

4. 报警、接警的程序和方法。

（六）消防安全技术交底

施工作业前，施工现场的施工管理人员应向作业人员进行消防安全技术交底。消防安全技术交底应包括下列主要内容：

1. 施工过程中可能发生火灾的部位或环节。

2. 施工过程应采取的防火措施及应配备的临时消防设施。

3. 初起火灾的扑救方法及注意事项。

4. 逃生方法及路线。

（七）消防检查

施工过程中，施工现场的消防安全负责人应定期组织消防安全管理人员对施工现场的消防安全进行检查。消防安全检查应包括下列主要内容：

（1）可燃物及易燃易爆危险品的管理是否落实。

（2）动火作业的防火措施是否落实。

（3）用火、用电、用气是否存在违章操作，电、气焊及保温防水施工是否执行操作规程。

（4）临时消防设施是否完好有效。

（5）临时消防车道及临时疏散设施是否畅通。

施工单位应依据灭火及应急疏散预案，定期开展灭火及应急疏散的演练。

施工单位应做好并保存施工现场消防安全管理的相关文件和记录，并应建立现场消防安全管理档案。

二、消防安全职责

（一）项目经理责任

“法人单位的法定代表人和非法人单位的主要负责人是单位的消防安全责任人，对本单位的消防安全工作全面负责”。（《公安部61号令》第四条）

1. 项目经理是施工项目消防安全责任人，对本单位的消防安全工作全面负责：应依法履行责任，保障消防投入，切实在检查消除火灾隐患、组织扑救初起火灾、组织人员疏散逃生和消防宣传教育培训等方面提升能力。

2. 施工现场确保消防设施完好有效；不得埋压、圈占、损坏消防设施。

3. 要保障疏散通道、安全出口和应急通道畅通。

4. 要落实每日防火巡查检查制度，及时发现和消除火灾隐患。

5. 组织开展针对性消防安全培训和应急演练。

（二）项目消防安全管理人职责

单位可以根据需要确定本单位的消防安全管理人。消防安全管理人对单位的消防安全责任人负责，实施和组织落实消防安全管理工作。（《公安部61号令》第七条）

1. 拟订年度消防工作计划，组织实施日常消防安全管理工作。

2. 组织制定消防安全制度和保障消防安全的操作规程并检查督促其落实。

3. 拟订消防安全工作的资金投入和组织保障方案。

4. 组织实施防火检查和火灾隐患整改工作。

5. 组织实施对本项目消防设施、灭火器材和消防安全标志的维护保养，确保其完好有效，确保疏散通道和安全出口畅通。

6. 组织管理义务消防队。

7. 在员工中组织开展消防知识、技能的宣传教育和培训，组织灭火和应急疏散预案的实施和演练。

8. 项目消防安全责任人委托的其他消防安全管理工作。

（三）专兼职消防管理人员职责

《公安部61号令》第十五条规定：单位应当确定专职或者兼职消防管理人员，专兼职消防管理人员在消防安全责任人或者消防安全管理人的领导下开展消防安全管理工作。

专兼职消防管理人员是做好消防安全的重要力量。其应当履行下列消防安全责任：

1. 掌握消防安全法律、法规，了解本单位消防安全状况，及时向上级报告。

2. 提请确定消防安全重点单位，提出落实消防安全管理措施的建议。

3. 实施日常防火检查、巡查，及时发现火灾隐患，落实火灾隐患整改措施。

4. 管理维护消防设施、灭火器材和消防安全标志。

5. 组织开展消防宣传，对全体员工进行教育培训。

6. 编制灭火和应急疏散预案，组织演练。

7. 记录有关消防工作的开展情况，完善消防档案。

8. 完成其他消防安全管理工作。

（四）工长责任

1. 认真执行上级有关消防安全生产规定，对所管辖班组的消防安全生产负直接领导责任。

2. 认真执行消防安全技术措施及安全操作规程，针对生产任务的特点，向班组进行书面消防保卫安全技术交底，履行签字手续，并对规程、措施、交底的执行情况实施经常检查，随时纠正现场及作业中违章、违规行为。

3. 经常检查所辖班组作业环境及各种设备、设施的消防安全状况，发现问题及时纠正、解决。对重点、特殊部位施工，必须检查作业人员及设备、设施技术状况是否符合消防保卫安全要求，严格执行消防保卫安全技术交底，落实安全技术措施，并监督其认真执行，做到不违章指挥。

4. 定期组织所辖班组学习消防规章制度，开展消防安全教育活动，接受安全部门或人员的消防安全监督检查，及时解决提出的不安全问题。

5. 对分管工程项目应用的符合审批手续的新材料、新工艺、新技术，要组织作业工人进行消防安全技术培训；若在施工中发现问题，必须立即停止使用，并上报有关部门或领导。

6. 发生火灾或未遂事故要保护现场，立即上报。

（五）班组长责任

1. 认真执行消防保卫规章制度及安全操作规程，合理安排班组人员工作。

2. 经常组织班组人员学习消防知识，监督班组人员正确使用个人劳动保护用品。

3. 认真落实消防安全技术交底。

4. 定期检查班组作业现场消防状况，发现问题及时解决。

5. 发现火灾苗头，保护好现场，立即上报有关领导。

（六）班组工人责任

1. 认真学习，严格执行消防保卫制度。

2. 认真执行消防保卫安全交底，不违章作业，服从指导管理。

3. 发扬团结友爱精神，在消防保卫安全生产方面做到相互帮助、互相监督，对新工人要积极传授消防保卫知识，维护一切消防设施和防护用具，做到正确使用，不私自拆改、挪用。

4. 对不利于消防安全的作业要积极提出意见，并有权拒绝违章指令。

5. 严格遵守本岗位安全操作规程。

6. 有权拒绝违章指挥。

三、总平面布局

（一）一般规定

1. 临时用房、临时设施的布置应满足现场防火、灭火及人员安全疏散的要求。

2. 下列临时用房和临时设施应纳入施工现场总平面布局：

（1）施工现场的出入口、围墙、围挡。

（2）场内临时道路。

（3）给水管网或管路和配电线路敷设或架设的走向、高度。

（4）施工现场办公用房、宿舍、发电机房、变配电房、可燃材料库房、易燃易爆危险品库房、可燃材料堆场及其加工场、固定动火作业场等。

（5）临时消防车道、消防救援场地和消防水源。

3. 施工现场出入口的设置应满足消防车通行的要求，并宜布置在不同方向，其数量不宜少于2个。当确有困难只能设置1个出入口时，应在施工现场内设置满足消防车通行的环形道路。

4. 施工现场临时办公、生活、生产、物料存贮等功能区宜相对独立布置，防火间距应符合GB 50720—2011第（二）章第1条和第2条的规定。

5. 固定动火作业场应布置在可燃材料堆场及其加工场、易燃易爆危险品库房等全年最小频率风向的上风侧，并宜布置在临时办公用房、宿舍、可燃材料库房、在建工程等全年最小频率风向的上风侧。

6. 易燃易爆危险品库房应远离明火作业区、人员密集区和建筑物相对集中区。

7. 可燃材料堆场及其加工场、易燃易爆危险品库房不应布置在架空电力线下。

（二）防火间距

1. 易燃易爆危险品库房与在建工程的防火间距不应小于15m，可燃材料堆场及其加工场、固定动火作业场与在建工程的防火间距不应小于10m，其他临时用房、临时设施与在建工程的防火间距不应小于6m。

2. 施工现场主要临时用房、临时设施的防火间距不应小于表2-14-1的规定，当办公用房、宿舍成组布置时，其防火间距可适当减小，但应符合下列规定：

（1）每组临时用房的栋数不应超过10栋，组与组之间的防火间距不应小于8m。

（2）组内临时用房之间的防火间距不应小于3.5m，当建筑构件燃烧性能等级为A级时，其防火间距可减少到3m。

表2-14-1　施工现场主要临时用房、临时设施的防火间距

间距（m）＼名称（列）／名称（行）	办公用房、宿舍	发电机房、变配电房	可燃材料库房	厨房操作间、锅炉房	可燃材料堆场及其加工场	固定动火作业场	易燃易爆危险品库房
办公室用房、宿舍	4	4	5	5	7	7	10
发电机房、变配电房	4	4	5	5	7	7	10

续表

间距（m） 名称 \ 名称	办公用房、宿舍	发电机房、变配电房	可燃材料库房	厨房操作间、锅炉房	可燃材料堆场及其加工场	固定动火作业场	易燃易爆危险品库房
可燃材料库房	5	5	5	5	7	7	10
厨房操作间、锅炉房	5	5	5	5	7	7	10
可燃材料堆场及其加工场	7	7	7	7	7	10	10
固定动火作业场	7	7	7	7	10	10	12
易燃易爆危险品库房	10	10	10	10	10	12	12

注：1. 临时用房、临时设施的防火间距应按临时用房外墙外边线或堆场、作业场、作业棚边线间的最小距离计算，当临时用房外墙有突出可燃构件时，应从其突出可燃构件的外缘算起；
2. 两栋临时用房相邻较高一面的外墙为防火墙时，防火间距不限；
3. 本表未规定的，可按同等火灾危险性的临时用房、临时设施的防火间距确定。

（三）消防车道

1. 施工现场内应设置临时消防车道，临时消防车道与在建工程、临时用房、可燃材料堆场及其加工场的距离不宜小于5m，且不宜大于40m；施工现场周边道路满足消防车通行及灭火救援要求时，施工现场内可不设置临时消防车道。

2. 临时消防车道的设置应符合下列规定：

（1）临时消防车道宜为环形，设置环形车道确有困难时，应在消防车道尽端设置尺寸不小于12m×12m的回车场。

（2）临时消防车道的净宽度和净空高度均不应小于4m。

（3）临时消防车道的右侧应设置消防车行进路线指示标识。

（4）临时消防车道路基、路面及其下部设施应能承受消防车通行压力及工作荷载。

3. 下列建筑应设置环形临时消防车道，设置环形临时消防车道确有困难时，除应按GB 50720—2011第3.3.2条的规定设置回车场外，尚应按GB 50720—011第3.3.4条的规定设置临时消防救援场地：

（1）建筑高度大于24m的在建工程。

（2）建筑工程单体占地面积大于3000m^2的在建工程。

（3）超过10栋，且成组布置的临时用房。

4. 临时消防救援场地的设置应符合下列规定：

（1）临时消防救援场地应在在建工程装饰装修阶段设置。

（2）临时消防救援场地应设置在成组布置的临时用房场地的长边一侧及在建工程的长边一侧。

（3）临时救援场地宽度应满足消防车正常操作要求，且不应小于6m，与在建工程外脚手架的净距不宜小于2m，且不宜超过6m。

四、建筑防火

（一）临时用房防火

1. 宿舍、办公用房的防火设计应符合下列规定：

（1）建筑构件的燃烧性能等级应为A级。当采用金属夹芯板材时，其芯材的燃烧性能等级应为 A 级。

（2）建筑层数不应超过 3 层，每层建筑面积不应大于 $300m^2$。

（3）层数为 3 层或每层建筑面积大于 $200m^2$ 时，应设置至少 2 部疏散楼梯，房间疏散门至疏散楼梯的最大距离不应大于 25m。

（4）单面布置用房时，疏散走道的净宽度不应小于 1.0m；双面布置用房时，疏散走道的净宽度不应小于 1.5m。

（5）疏散楼梯的净宽度不应小于疏散走道的净宽度。

（6）宿舍房间的建筑面积不应大于 $30m^2$，其他房间的建筑面积不宜大于 $100m^2$。

（7）房间内任一点至最近疏散门的距离不应大于 15m，房门的净宽度不应小于 0.8m；房间建筑面积超过 $50m^2$ 时，房门的净宽度不应小于 1.2m。

（8）隔墙应从楼地面基层隔断至顶板基层底面。

2. 发电机房、变配电房、厨房操作间、锅炉房、可燃材料库房及易燃易爆危险品库房的防火设计应符合下列规定：

（1）建筑构件的燃烧性能等级应为 A 级。

（2）层数应为 1 层，建筑面积不应大于 $200m^2$。

（3）可燃材料库房单个房间的建筑面积不应超过 $30m^2$，易燃易爆危险品库房单个房间的建筑面积不应超过 $20m^2$。

（4）房间内任一点至最近疏散门的距离不应大于 10m，房门的净宽度不应小于 0.8m。

3. 其他防火设计应符合下列规定：

（1）宿舍、办公用房不应与厨房操作间、锅炉房、变配电房等组合建造。

（2）会议室、文化娱乐室等人员密集的房间应设置在临时用房的第一层，其疏散门应向疏散方向开启。

（二）在建工程防火

1. 在建工程作业场所的临时疏散通道应采用不燃、难燃材料建造，并应与在建工程结构施工同步设置，也可利用在建工程施工完毕的水平结构、楼梯。

2. 在建工程作业场所临时疏散通道的设置应符合下列规定：

（1）耐火极限不应低于 0.5h。

（2）设置在地面上的临时疏散通道，其净宽度不应小于 1.5m；利用在建工程施工完毕的水平结构、楼梯作临时疏散通道时，其净宽度不宜小于 1.0m；用于疏散的爬梯及设置在脚手架上的临时疏散通道，其净宽度不应小于 0.6m。

（3）临时疏散通道坡道，且坡度大于 25°时，应修建楼房或台阶踏步或设置防滑条。

（4）临时疏散通道不宜采用爬梯，确需采用时，采取可靠固定措施。

（5）临时疏散通道的侧面为临空面时，应沿临空面设置高度不小于 1.2m 的防护栏杆。

（6）临时疏散通道设置在脚手架上时，脚手架应采用不燃材料搭设。

（7）临时疏散通道应设置明显的疏散指示标识。

（8）临时疏散通道应设置照明设施。

3. 既有建筑进行扩建、改建施工时，必须明确划分施工区和非施工区。施工区不得营业、使用和居住；非施工区继续营业、使用和居住时，应符合下列规定：

（1）施工区和非施工区之间应采用不开设门、窗、洞口的耐火极限不低于 3.0h 的不燃烧体隔墙进行防火分隔。

（2）非施工区内的消防设施应完好和有效，疏散通道应保持畅通，并应落实日常值班及消防安全管理制度。

（3）施工区的消防安全应配有专人值守，发生火情应能立即处置。

（4）施工单位应向居住和使用者进行消防宣传教育，告知建筑消防设施、疏散通道的位置及使用方法，同时应组织疏散演练。

（5）外脚手架搭设不应影响安全疏散、消防车正常通行及灭火救援操作，外脚手架搭设长度不应超过该建筑物外立面周长的1/2。

4. 外脚手架、支模架的架体宜采用不燃或难燃材料搭设，下列工程的外脚手架、支模架的架体应采用不燃材料搭设：

（1）高层建筑。

（2）既有建筑改造工程。

5. 下列安全防护网应采用阻燃型安全防护网：

（1）高层建筑外脚手架的安全防护网。

（2）既有建筑外墙改造时，其外脚手架的安全防护网。

（3）临时疏散通道的安全防护网。

6. 作业场所应设置明显的疏散指示标志，其指示方向应指向最近的临时疏散通道入口。

7. 作业层的醒目位置应设置安全疏散示意图。

五、临时消防设施

（一）一般规定

1. 施工现场应设置灭火器、临时消防给水系统和应急照明等临时消防设施。

2. 临时消防设施应与在建工程的施工同步设置。房屋建筑工程中，临时消防设施的位置与在建工程主体结构施工进度的差距不应超过3层。

3. 在建工程可利用已具备使用条件的永久性消防设施作为临时消防设施。当永久消防设施无法满足使用要求时，应增设临时消防设施，并应符合GB 50720—2011第（二）章～第（四）章的有关规定。

4. 施工现场的消火栓泵应采用专用消防配电线路。专用消防配电线路应自施工现场总配电箱的总断路器上端接入，且应保持不间断供电。

5. 地下工程的施工作业场所宜配备防毒面具。

6. 临时消防给水系统的贮水池、消火栓泵、室内消防竖管及水泵接合器等应设置醒目标识。

（二）灭火器

1. 在建工程及临时用房的下列场所应配置灭火器：

（1）易燃易爆危险品存放及使用场所。

（2）动火作业场所。

（3）可燃材料存放、加工及使用场所。

（4）厨房操作间、锅炉房、发电机房、变配电房、设备用房、办公用房、宿舍等临时用房。

（5）其他具有火灾危险的场所。

2. 施工现场灭火器配置应符合下列规定：

（1）灭火器的类型应与配备场所可能发生的火灾类型相匹配。

（2）灭火器的最低配置标准应符合表 2-14-2 的规定。

表 2-14-2 灭火器的最低配置标准

项目	固体物质火灾		液体或可熔化固体物质火灾、气体火灾	
	单具灭火器最小灭火级别	单位灭火级别最大保护面积（m^2/A）	单具灭火器最小灭火级别	单位灭火级别最大保护面积（m^2/B）
易燃易爆危险品存放及使用场所	3A	50	89B	0.5
固定动火作业场	3A	50	89B	0.5
临时动火作业点	2A	50	55B	0.5
可燃材料存放、加工及使用场所	2A	75	55B	1.0
厨房操作间、锅炉房	2A	75	55B	1.0
自备发电机房	2A	75	55B	1.0
变配电房	2A	75	55B	1.0
办公用房、宿舍	1A	100	—	—

（3）灭火器的配置数量应按现行国家标准《建筑灭火器配置设计规范》（GB 50140）的有关规定经计算确定，且每个场所的灭火器数量不应少于 2 具。

（4）灭火器的最大保护距离应符合表 2-14-3 的规定。

表 2-14-3 灭火器的最大保护距离

灭火器配置场所	固体物质火灾（m）	液体或可熔化固体物质火灾、气体火灾（m）
易燃易爆危险品存放及使用场所	15	9
固定动火作业场	15	9
临时动火作业场	10	6
可燃材料存放、加工及使用场所所	20	12
厨房操作间、锅炉房	20	12
发电机房、变配电房	20	12
办公用房、宿舍等	25	—

（三）临时消防给水系统

1. 施工现场或其附近应设置稳定、可靠的水源，并应能满足施工现场临时消防用水的需要。

消防水源可采用市政给水管网或天然水源。当采用天然水源时，应采取确保冰冻季节、枯水期最低水位时顺利取水的措施，并应满足临时消防用水量的要求。

2. 临时消防用水量应为临时室外消防用水量与临时室内消防用水量之和。

3. 临时室外消防用水量应按临时用房和在建工程的临时室外消防用水量的较大者确定，施工现场火灾次数可按同时发生 1 次确定。

4. 临时用房建筑面积之和大于 $1000m^2$ 或在建工程单体体积大于 $10000m^3$ 时，应设置临时室外消防给水系统。当施工现场处于市政消火栓 150m 保护范围内，且市政消火栓的数量满足室外消防用水量要求时，可不设置临时室外消防给水系统。

5. 临时用房的临时室外消防用水量不应小于表 2-14-4 的规定。

表 2-14-4　临时用房的临时室外消防用水量

临时用房的建筑面积之和	火灾延续时间（h）	消火栓用水量（L/s）	每支水枪最小流量（L/s）
$1000m^2$ < 面积 ≤ $5000m^2$	1	10	5
面积 > $5000m^2$		15	5

6. 在建工程的临时室外消防用水量不应小于表 2-14-5 的规定。

表 2-14-5　在建工程的临时室外消防用水量

在建工程（单体）体积	火灾延续时间（h）	消火栓用水量（L/s）	每支水枪最小流量（L/s）
$10000m^3$ < 体积 ≤ $30000m^3$	1	15	5
体积 > $30000m^3$	2	20	5

7. 施工现场临时室外消防给水系统的设置应符合下列规定：

（1）给水管网宜布置成环状。

（2）临时室外消防给水干管的管径，应根据施工现场临时消防用水量和干管内水流计算速度计算确定，且不应小于 *DN*100。

（3）室外消火栓应沿在建工程、临时用房和可燃材料堆场及其加工场均匀布置。与在建工程、临时用房和可燃材料堆场及其加工场的外边线的距离不应小于 5m。

（4）消火栓的间距不应大于 120m。

（5）消火栓的最大保护半径不应大于 150m。

8. 建筑高度大于 24m 或单体体积超过 $30000m^3$ 的在建工程，应设置临时室内消防给水系统。

9. 在建工程的临时室内消防用水量不应小丁表 2-14-6 的规定。

表 2-14-6　在建工程的临时室内消防用水量

建筑高度、在建工程体积（单体）	火灾延续时间（h）	消火栓用水量（L/s）	每支水枪最小流量（L/s）
24m < 建筑高度 ≤ $50m^3$ 或 $30000m^3$ < 体积 ≤ $50000m^3$	1	10	5
建筑高度 > 50m 或体积 > $50000m^3$	1	15	5

10. 在建工程临时室内消防竖管的设置应符合下列规定：

（1）消防竖管的设置位置应便于消防人员操作，其数量不应少于 2 根，当结构封顶时，应将消防竖管设置成环状。

（2）消防竖管的管径应根据在建工程临时消防用水量、竖管内水流计算速度计算确定，且不应小于 *DN*100。

11. 设置室内消防给水系统的在建工程，应设置消防水泵接合器。消防水泵接合器应设置在室外便于消防车取水的部位，与室外消火栓或消防水池取水口的距离宜为 15～40m。

12. 设置临时室内消防给水系统的在建工程，各结构层均应设置室内消火栓接口及消防软管接口，并应符合下列规定：

（1）消火栓接口及软管接口应设置在位置明显且易于操作的部位。

（2）消火栓接口的前端应设置截止阀。

（3）消火栓接口或软管接口的间距，多层建筑不应大于50m，高层建筑不应大于30m。

13. 在建工程结构施工完毕的每层楼梯处应设置消防水枪、水带及软管，且每个设置点不应少于2套。

14. 高度超过100m的在建工程，应在适当楼层增设临时中转水池及加压水泵。中转水池的有效容积不应少于$10m^3$，上、下两个中转水池的高差不宜超过100m。

15. 临时消防给水系统的给水压力应满足消防水枪充实水柱长度不小于10m的要求；给水压力不能满足要求时，应设置消火栓泵，消火栓泵不应少于2台，且应互为备用；消火栓泵宜设置自动启动装置。

16. 当外部消防水源不能满足施工现场的临时消防用水量要求时，应在施工现场设置临时贮水池。临时贮水池宜设置在便于消防车取水的部位，其有效容积不应小于施工现场火灾延续时间内一次灭火的全部消防用水量。

17. 施工现场临时消防给水系统应与施工现场生产、生活给水系统合并设置，但应设置将生产、生活用水转为消防用水的应急阀门。应急阀门不应超过2个，且应设置在易于操作的场所，并应设置明显标识。

18. 严寒和寒冷地区的现场临时消防给水系统应采取防冻措施。

（四）应急照明

1. 施工现场的下列场所应配备临时应急照明：

（1）自备发电机房及变配电房。

（2）水泵房。

（3）无天然采光的作业场所及疏散通道。

（4）高度超过100m的在建工程的室内疏散通道。

（5）发生火灾时仍需坚持工作的其他场所。

2. 作业场所应急照明的照度不应低于正常工作所需照度的90%，疏散通道的照度值不应小于0.51lx。

3. 临时消防应急照明灯具宜选用自备电源的应急照明灯具，自备电源的连续供电时间不应小于60min。

六、可燃物及易燃易爆危险品管理

（一）用于在建工程的保温、防水、装饰及防腐等材料的燃烧性能等级应符合设计要求。

（二）可燃材料及易燃易爆危险品应按计划限量进场。进场后，可燃材料宜存放于库房内，露天存放时，应分类成垛堆放，垛高不应超过2m，单垛体积不应超过$50m^3$，垛与垛之间的最小间距不应小于2m，且应采用不燃或难燃材料覆盖；易燃易爆危险品应分类专库储存，库房内应通风良好，并应设置严禁明火标志。

（三）室内使用油漆及其有机溶剂、乙二胺、冷底子油等易挥发产生易燃气体的物资作业时，应保持良好通风，作业场所严禁明火，并应避免产生静电。

（四）施工产生的可燃、易燃建筑垃圾或余料，应及时清理。

七、用火、用电、用气管理

（一）用火管理

施工现场用火应符合下列规定：

1. 动火作业应办理动火许可证；动火许可证的签发人收到动火申请后，应前往现场查验并确认动火作业的防火措施落实后，再签发动火许可证。

2. 动火操作人员应具有相应资格。

3. 焊接、切割、烘烤或加热等动火作业前，应对作业现场的可燃物进行清理；作业现场及其附近无法移走的可燃物应采用不燃材料对其覆盖或隔离。

4. 施工作业安排时，宜将动火作业安排在使用可燃建筑材料的施工作业前进行。确需在使用可燃建筑材料的施工作业之后进行动火作业时，应采取可靠的防火措施。

5. 裸露的可燃材料上严禁直接进行动火作业。

6. 焊接、切割、烘烤或加热等动火作业应配备灭火器材，并应设置动火监护人进行现场监护，每个动火作业点均应设置1个监护人。

7. 五级（含五级）以上风力时，应停止焊接、切割等室外动火作业；确需动火作业时，应采取可靠的挡风措施。

8. 动火作业后，应对现场进行检查，并应在确认无火灾危险后，动火操作人员再离开。

9. 具有火灾、爆炸危险的场所严禁明火。

10. 施工现场不应采用明火取暖。

11. 厨房操作间炉灶使用完毕后，应将炉火熄灭，排油烟机及油烟管道应定期清理油垢。

（二）用电管理

施工现场用电应符合下列规定：

1. 施工现场供用电设施的设计、施工、运行和维护应符合现行国家标准《建设工程施工现场供用电安全规范》（GB 50194）的有关规定；

2. 电气线路应具有相应的绝缘强度和机械强度，严禁使用绝缘老化或失去绝缘性能的电气线路，严禁在电气线路上悬挂物品。破损、烧焦的插座、插头应及时更换。

3. 电气设备与可燃、易燃易爆危险品和腐蚀性物品应保持一定的安全距离。

4. 有爆炸和火灾危险的场所，应按危险场所等级选用相应的电气设备。

5. 配电屏上每个电气回路应设置漏电保护器、过载保护器，距配电屏2m范围内不应堆放可燃物，5m范围内不应设置可能产生较多易燃、易爆气体、粉尘的作业区。

6. 可燃材料库房不应使用高热灯具，易燃易爆危险品库房内应使用防爆灯具。

7. 普通灯具与易燃物的距离不宜小于300mm，聚光灯、碘钨灯等高热灯具与易燃物的距离不宜小于500mm。

8. 电气设备不应超负荷运行或带故障使用。

9. 严禁私自改装现场供用电设施。

10. 应定期对电气设备和线路的运行及维护情况进行检查。

（三）用气管理

施工现场用气应符合下列规定：

1. 储装气体的罐瓶及其附件应合格、完好和有效，严禁使用减压器及其他附件缺损的氧气瓶，严禁使用乙炔专用减压器、回火防止器及其他附件缺损的乙炔瓶。

2. 气瓶运输、存放、使用时，应符合下列规定：

①气瓶应保持直立状态，并采取防倾倒措施，乙炔瓶严禁横躺卧放。

②严禁碰撞、敲打、抛掷、滚动气瓶。

③气瓶应远离火源，与火源的距离不应小于10m，并应采取避免高温和防止曝晒的措施。

④燃气储装瓶罐应设置防静电装置。

3. 气瓶应分类储存，库房内应通风良好；空瓶和实瓶同库存放时，应分开放置，空瓶和实瓶的间距不应小于1.5m。

4. 气瓶使用时，应符合下列规定：

①使用前，应检查气瓶及气瓶附件的完好性，检查连接气路的气密性，并采取避免气体泄漏的措施，严禁使用已老化的橡皮气管。

②氧气瓶与乙炔瓶的工作间距不应小于5m，气瓶与明火作业点的距离不应小于10m。

③冬季使用气瓶，气瓶的瓶阀、减压器等发生冻结时，严禁用火烘烤或用铁器敲击瓶阀，严禁猛拧减压器的调节螺丝。

④氧气瓶内剩余气体的压力不应小于0.1MPa。

⑤气瓶用后应及时归库。

（四）其他防火管理

1. 施工现场的重点防火部位或区域应设置防火警示标识。

2. 施工单位应做好施工现场临时消防设施的日常维护工作，对已失效、损坏或丢失的消防设施应及时更换、修复或补充。

3. 临时消防车道、临时疏散通道、安全出口应保持畅通，不得遮挡、挪动疏散指示标识，不得挪用消防设施。

4. 施工期间，不应拆除临时消防设施及临时疏散设施。

5. 施工现场严禁吸烟。

八、施工现场消防安全管理问题性质的认定

（一）凡有下列行为之一为严重违章

1. 施工组织设计中未编制消防方案或危险性较大的作业如防水施工、保温材料安装使用、施工暂设搭建和冷却塔的安装及其他易燃、易爆物品的未编制防火措施。

2. 进行电焊作业、油漆粉刷或从事防水、保温材料、冷却塔安装等危险作业时，无防火要求的措施，也未进行安全交底。明火作业与防水施工、外墙保温材料等较大危险性作业进行违章交叉作业，存在较大火灾隐患的。

3. 明火作业无审批手续、非焊工从事电气焊、割作业，动火前未清理易燃物。

4. 施工暂设搭建未按防火规定使用非燃材料而采用易燃、可燃材料作围护结构的。

5. 在建筑工程主体内设置员工集体宿舍，设置的非燃品库房内住宿人员。

6. 在建筑物或库房内调配油漆、稀料。

7. 将在施建筑物作为仓库使用，或长期存放大量易燃、可燃材料。

8. 施工现场吸烟。

9. 工程内使用液化石油气钢瓶。

10. 冬季施工工程内采用炉火作取暖保温措施的。

11. 将住宿或办公区域安全出口上锁、遮挡，或者占用、堆放物品，或者影响疏散通道畅通的。

（二）凡下列问题为重大隐患

1. 施工现场未设消防车道。

2. 施工现场的消防重点部位（木工加工场所、油料及其他仓库等）未配备消防器材。

3. 施工现场无消防水源，或消火栓严重不足，未采取其他措施的。

4. 消火栓被埋、压、圈、占。因消火栓开启工具不匹配，不能及时开启出水的。

5. 施工现场进水干管直径小于100mm，无其他措施的。

6. 高度超过24m以上的建筑未设置消防竖管，或在正式消防给水系统投入使用前，拆除或者停用临时消防竖管的。

7. 消防竖管未设置水泵结合器，或设置水泵接合器，消防车无法靠近，不能起灭火作用的。

8. 消防泵的专用配电线路，未引自施工现场总断路器的上端，不能保证连续不间断供电。

9. 冬季施工消火栓、消防泵房、竖管无防冻保温措施，造成设备、管路被冻，不能出水起到灭火作用的。

10. 将安全出口上锁、遮挡，或者占用、堆放物品，或者影响疏散通道畅通的。

11. 消防设施管理、值班人员和防火巡查人员脱岗的。

12. 生活区食堂使用液化气瓶到期未检验，无安全供气协议；工程内或生产区域使用液化石油气的。

九、电气焊作业

（一）电气焊作业安全交底

1. 一般事项交底

（1）电气焊作业人员应持证上岗。

（2）动火必须开具用火证，用火证当日有效。用火地点变换，应重新办理。

（3）清理可燃物，作业现场及其附近无移走的可燃物应采用不燃材料对其覆盖或隔离。

（4）设专人看护，备足灭火器材和灭火用水，作业后确认无火源后方可离去。

（5）五级以上风力时应停止焊接、切割等室外动火作业。

2. 特殊事项交底

（1）焊、割存放过易燃易爆化学危险物品的容器或设备，在处于危险状态时，不得进行焊割。必须采取安全清洗措施后，方准进行焊割。

（2）焊割等明火作业不准与防水施工、外墙保温材料、冷却塔、油漆粉刷等作业同部位、同时间上下交叉作业。

（3）高层、外檐及孔洞周围作业必须有接挡、封堵措施。严禁在有火灾爆炸危险场所进行焊割作业。

（4）电焊机必须设立专用地线，不准将地线搭接在建筑物、机器设备或各种管道、金属架上。

（5）氧气瓶导管、软管、瓶阀等不得与油脂、沾油物品接触。氧气瓶和乙炔瓶应分开放置，两瓶之间工作间距不小于5m，两瓶与明火作业距离不小于10m，并不得倾倒和受热。

3. 逃生自救事项交底

（1）初起火灾的扑救方法及注意事项；

灭火器的使用，离操作点最近的消火栓位置及使用方法。

（2）逃生方法及路线。

4. 面临行政处罚交底事项

1）未取得相应的特种作业操作岗位资格进行电、气焊作业的人员一律行政拘留：

2）依据《中华人民共和国消防法》第二十一条，《中华人民共和国消防法》第六十三条第二项之规定，未经施工现场防火负责人审查批准，未开具动火证，动火作业时未清除周边可燃物，未配置消防器材，未设专人监护，未在指定用火时间、地点进行电、气焊作业的一律处罚款或拘留。

3）北京市公安消防总队《关于施工现场两类突出消防违法行为适用消防行政拘留的指导意见》

①指使强令他人冒险作业。消防监督检查中发现施工现场的消防通道、消防水源、消防设施和灭火器材等，不符合《北京市消防条例》、《北京市建设工程施工现场消防安全管理规定》（北京市人民政府令第84号）、《公安部、住房和城乡建设部关于进一步加强建设工程施工现场消防安全工作的通知》（公消［2009］131号）、《建设工程施工现场消防安全技术规范》（GB 50720—2011）等规定的消防安全条件，施工单位仍然进行施工作业的，可视为施工现场负责人指使、强令他人冒险作业，依照《消防法》第六十四条第一项的规定，对施工现场负责人处10日以上15日以下拘留，可以并处500元以下罚款。

②违反规定使用明火作业。消防监督检查中发现施工现场动用明火，违反《建设工程施工现场消防安全技术规范》（GB 50720—2011）有关用火、用电、用气管理规定，情节严重的，可根据《消防法》第六十三条第二项的规定，处5日以下拘留。

（二）焊接机械基本要求

1. 焊接前必须先进行动火审查，配备灭火器材和监护人员，后开动火证。

2. 焊接设备应有完整的防护外壳，一、二次接线柱处应有保护罩。

3. 焊接操作及配合人员必须按规定穿戴劳动防护用品，并必须采取防止触电、高空坠落、中毒和火灾等事故的安全措施。

4. 现场使用的电焊机，应设有防雨、防潮、防晒、防砸的机棚，并应装设相应的消防器材。

5. 焊割现场10m范围内及高空作业下方，不得堆放油类、木材、氧气瓶、乙炔发生器等易燃、易爆物品。

6. 电焊机绝缘电阻不得小于0.5MΩ，电焊机导线绝缘电阻不得小于1MΩ，电焊机接地电阻不得大于4Ω。

7. 电焊机导线和接地线不得搭在易燃、易爆及带有热源的和有油的物品上；不得利用建筑物的金属结构、管道、轨道或其他金属物体搭接起来形成焊接回路，并不得将电焊机和工件双重接地；严禁使用氧气、天然气等易燃易爆气体管道作为接地装置。

8. 电焊机械的二次线应采用防水橡皮护套铜芯软电缆，电缆长度不应大于 30m，二次线接头不得超过 3 个，二次线应双线到位，不得采用金属构件或结构钢筋代替二次线的地线。当需要加长导线时，应相应增加导线的截面。当导线通过道路时，必须架高或穿入防护管内埋设在地下；当通过轨道时，必须从轨道下面通过。当导线绝缘受损或断股时，应立即更换。

9. 电焊钳应有良好的绝缘和隔热能力。电焊钳握柄必须绝缘良好，握柄与导线连接应牢靠，接触良好，连接处应采用绝缘布包好并不得外露。操作人员不得用胳膊夹持电焊钳，也不得在水中冷却电焊钳。

10. 对压力容器和装有剧毒、易燃、易爆物品的容器及带电结构严禁进行焊接和切割。

11. 当需施焊受压容器、密封容器、油桶、管道、沾有可燃气体和溶液的工件时，应先清除容器及管道内压力，消除可燃气体和溶液，然后冲洗有毒、有害、易燃物质；对存有残余油脂的容器，应先用蒸汽、碱水冲洗，并打开盖门，确认容器清洗干净后，再灌满清水方可进行焊接。在容器内焊接应采取防止触电、中毒和窒息的措施，焊、割密封容器应留出气孔，必要时在进、出气口处装设通风设备；容器内照明电压不得超过 12V，焊工与焊件间应绝缘；容器外应设专人监护。严禁在已喷涂过油漆和塑料的容器内焊接。

12. 焊接铜、铝、锌、锡等有色金属时，应通风良好，焊接人员应戴防毒面罩、呼吸滤清器或采取其他防毒措施。

13. 当预热焊件温度达 150～700℃时，应设挡板隔离焊件发出的辐射热，焊接人员应穿戴隔热的石棉服装和鞋、帽等。

14. 高空焊接或切割时，必须系好安全带，焊接周围和下方应采取防火措施，并应有专人监护。

15. 雨天不得在露天电焊。在潮湿地带作业时，操作人员应站在铺有绝缘物品的地方，并应穿绝缘鞋。

16. 应按电焊机额定焊接电流和暂载率操作，严禁过载。在运行中，应经常检查电焊机的温升，当喷漆电焊机金属外壳温升超过 35℃时，必须停止运转并采取降温措施。

17. 当清除焊缝焊渣时，应戴防护眼镜，头部应避开敲击焊渣飞溅方向。

十、消防教育培训

（一）公安部《社会消防安全培训大纲》规定

1. 消防安全责任人、管理人和专职消防安全管理人员：

掌握常用灭火设施、器材的种类及使用方法。

掌握消防设施、器材特点、用途及检查、维护、保养的基本要求。

2. 义务消防队人员：

掌握常用消防设施、器材的种类及使用方法。掌握常用消防设施、器材的种类及使用方法。

3. 保安员：

掌握灭火器的种类、适用范围、使用方法、设置及日常维护保养要求。

掌握消火栓工作原理、操作方法及日常维护保养要求。

4. 单位员工：掌握常用消防设施、器材的种类及使用方法。

5. 在建设工地醒目位置、施工人员集中住宿场所设置消防安全宣传栏，悬挂消防安全挂图和消防安全警示标识。

6. 对明火作业人员进行经常性的消防安全教育。

7. 施工现场每半年应组织一次灭火和应急疏散演练。

（二）总承包单位要组织分包单位管理人员、保安、成品保护人员以及施工人员等进行全员消防安全教育培训。教育培训应当包括：

1. 有关消防法规、消防安全制度和保障消防安全的操作规程。

2. 本岗位的火灾危险性和防火措施。

3. 有关消防设施的性能、灭火器材的使用方法。

4. 报火警、扑救初起火灾以及自救逃生的知识和技能。

（三）施工单位应落实电焊、气焊、电工等特殊工种作业人员持证上岗制度，电焊、气焊等危险作业前，应对作业人员进行消防安全教育，强化消防安全意识，落实危险作业施工安全措施。

（四）通过消防宣传，职工要做到“三知三会”，即知道本岗位的火灾危险性、知道消防安全措施、知道灭火方法；会正确报火警、会扑救初期火灾、会组织疏散人员。

十一、消防资料

施工单位应建立健全消防档案。消防档案应包括消防安全基本情况和消防安全管理情况，消防档案应详实，全面反映施工单位消防工作的基本情况，并附有必要的图表，根据情况变化及时更新。施工单位应对消防档案统一保管、备查。

（一）消防安全基本情况应当包括以下内容

1. 施工现场的基本情况和消防安全重点部位情况。

2. 工程消防审批有关资料：

（1）送审报告（施工单位加盖公章的书面申请）。

（2）《××市消防局建筑设计消防审核意见书》。

（3）《××市建筑工程施工现场消防安全审核申请表》。

（4）施工现场消防安全措施方案、防火负责人和消防保卫人员名单。

（5）施工组织设计和方案。

（6）保卫消防方案。

3. 消防管理组织机构和各级消防安全责任人。

4. 消防安全责任协议。

5. 消防安全制度。

6. 消防设施灭火器材情况。

7. 义务消防队情况。

8. 与消防有关的重点工种人员情况。

9. 新增消防产品、防火材料的合格证明材料（施工现场一般是指对临建房屋围护结构的保温材料及现场使用的安全网、围网和施工保温材料的检测情况）。

10. 灭火和应急疏散预案。

（二）消防安全管理情况应当包括以下内容

1. 公安消防机构填发的各种法律文书。

2. 防火检查、巡查记录。

3. 火灾隐患及其整改记录。

4. 消防设施定期检查记录，灭火器材维修保养记录，燃气、电气设备监测（包括防雷、防静电）等记录资料。

5. 消防安全培训记录。

6. 明火作业审批手续。

7. 易燃、易爆化学危险物品，防水施工、保温材料安装、使用、存放的审批手续和措施。

8. 灭火和应急疏散预案的演练记录。

9. 火灾情况记录。

10. 消防奖惩情况记录。

第三部分　常用建筑机械安全使用规程

第一章　建筑起重机械

一、一般规定

1. 建筑起重机械进入施工现场应具备特种设备制造许可证、产品合格证、特种设备制造监督检验证明、备案证明、安装使用说明书和自检合格证明。

2. 建筑起重机械有下列情形之一时，不得出租和使用：

1）属国家明令淘汰或禁止使用的品种、型号。

2）超过安全技术标准或制造厂规定的使用年限。

3）经检验达不到安全技术标准规定。

4）没有完整安全技术档案。

5）没有齐全有效的安全保护装置。

3. 建筑起重机械的安全技术档案应包括下列内容：

1）购销合同、特种设备制造许可证、产品合格证、特种设备制造监督检验证明、安装使用说明书、备案证明等原始资料。

2）定期检验报告、定期自行检查记录、定期维护保养记录、维修和技术改造记录、运行故障和生产安全事故记录、累积运转记录等运行资料。

3）历次安装验收资料。

4. 建筑起重机械装拆方案的编制、审批和建筑起重机械首次使用、升节、附墙等验收应按现行有关规定执行。

5. 建筑起重机械的装拆应由具有起重设备安装工程承包资质的单位施工，操作和维修人员应持证上岗。

6. 建筑起重机械的内燃机、电动机和电气、液压装置部分，应按 JGJ 33—2012 第 3.2 节、3.4 节、3.6 节和附录 C 的规定执行。

7. 选用建筑起重机械时，其主要性能参数、利用等级、载荷状态、工作级别等应与建筑工程相匹配。

8. 施工现场应提供符合起重机械作业要求的通道和电源等工作场地和作业环境。基础与地基承载能力应满足起重机械的安全使用要求。

9. 操作人员在作业前应对行驶道路、架空电线、建（构）筑物等现场环境以及起吊重物进行全面了解。

10. 建筑起重机械应装有音响清晰的信号装置。在起重臂、吊钩、平衡重等转动物体上应有鲜明的色彩标志。

11. 建筑起重机械的变幅限位器、力矩限制器、起重量限制器、防坠安全器、钢丝绳防脱装置、防脱钩装置以及各种行程限位开关等安全保护装置，必须齐全有效，严禁随意调整或拆除。严禁利用限制器和限位装置代替操纵机构。

12. 建筑起重机械安装工、司机、信号司索工作业时应密切配合，按规定的指挥信号执行。当信号不清或错误时，操作人员应拒绝执行。

13. 施工现场应采用旗语、口哨、对讲机等有效的联络措施确保通信畅通。

14. 在风速达到 9.0m/s 及以上或大雨、大雪、大雾等恶劣天气时，严禁进行建筑起重机械的安装拆卸作业。

15. 在风速达到 12.0m/s 及以上或大雨、大雪、大雾等恶劣天气时，应停止露天的起重吊装作业。重新作业前，应先试吊，并应确认各种安全装置灵敏可靠后进行作业。

16. 操作人员进行起重机械回转、变幅、行走和吊钩升降等动作前，应发出音响信号示意。

17. 建筑起重机械作业时，应在臂长的水平投影覆盖范围外设置警戒区域，并应有监护措施；起重臂和重物下方不得有人停留、工作或通过。不得用吊车、物料提升机载运人员。

18. 不得使用建筑起重机械进行斜拉、斜吊和起吊埋设在地下或凝固在地面上的重物以及其他不明重量的物体。

19. 起吊重物应绑扎平稳、牢固，不得在重物上再堆放或悬挂零星物件。易散落物件应使用吊笼吊运。标有绑扎位置的物件，应按标记绑扎后吊运。吊索的水平夹角宜为 45°～60°，不得小于 30°，吊索与物件棱角之间应加保护垫料。

20. 起吊载荷达到起重机械额定起重量的 90% 及以上时，应先将重物吊离地面不大于 200mm，检查起重机械的稳定性和制动可靠性，并应在确认重物绑扎牢固平稳后再继续起吊。对大体积或易晃动的重物应拴拉绳。

21. 重物的吊运速度应平稳、均匀，不得突然制动。回转未停稳前，不得反向操作。

22. 建筑起重机械作业时，在遇突发故障或突然停电时，应立即把所有控制器拨到零位，并及时关闭发动机或断开电源总开关，然后进行检修。起吊物不得长时间悬挂在空中，应采取措施将重物降落到安全位置。

23. 起重机械的任何部位与架空输电导线的安全距离应符合现行行业标准《施工现场临时用电安全技术规范》（JGJ 46）的规定。

24. 建筑起重机械使用的钢丝绳，应有钢丝绳制造厂提供的质量合格证明文件。

25. 建筑起重机械使用的钢丝绳，其结构形式、强度、规格等应符合起重机使用说明书的要求。钢丝绳与卷筒应连接牢固，放出钢丝绳时，卷筒上应至少保留三圈，收放钢丝绳时应防止钢丝绳损坏、扭结、弯折和乱绳。

26. 钢丝绳采用编结固接时，编结部分的长度不得小于钢丝绳直径的 20 倍，并不应小于 300mm，其编结部分应用细钢丝捆扎。当采用绳卡固接时，与钢丝绳直径匹配的绳卡数量应符合下列表中的规定，绳卡间距应是 6～7 倍钢丝绳直径，最后一个绳卡距绳头的长度不得小于 140mm。绳卡滑鞍（夹板）应在钢丝绳承载时受力的一侧，U 形螺栓应在钢丝绳的尾端，不得正反交错。绳卡初次固定后，应待钢丝绳受力后再次紧固，并宜拧紧到使尾端钢丝绳受压处直径高度压扁 1/3。作业中应经常检查紧固情况。（表 3-1-1）

表 3-1-1　与绳径匹配的绳卡数

钢丝绳公称直径（mm）	≤18	>18～26	>26～36	>36～44	>44～60
最少绳卡数（个）	3	4	5	6	7

27. 每班作业前，应检查钢丝绳及钢丝绳的连接部位。钢丝绳报废标准按现行国家标准《起重机　钢丝绳　保养、维护、安装、检验和报废》（GB/T 5972）的规定执行。

28. 在转动的卷筒上缠绕钢丝绳时，不得用手拉或脚踩引导钢丝绳，不得给正在运转的钢丝绳涂抹润滑脂。

29. 建筑起重机械报废及超龄使用应符合国家现行有关规定。

30. 建筑起重机械的吊钩和吊环严禁补焊。当出现下列情况之一时应更换：

1）表面有裂纹、破口。

2）危险断面及钩颈永久变形。

3）挂绳处断面磨损超过高度10%。

4）吊钩衬套磨损超过原厚度50%。

5）销轴磨损超过其直径的5%。

31. 建筑起重机械使用时，每班都应对制动器进行检查。当制动器的零件出现下列情况之一时，应作报废处理：

1）裂纹。

2）制动器摩擦片厚度磨损达原厚度50%。

3）弹簧出现塑性变形。

4）小轴或轴孔直径磨损达原直径的5%。

32. 建筑起重机械制动轮的制动摩擦面不应有妨碍制动性能的缺陷或沾染油污。制动轮出现下列情况之一时，应作报废处理：

1）裂纹。

2）起升、变幅机构的制动轮，轮缘厚度磨损大于原厚度的40%。

3）其他机构的制动轮，轮缘厚度磨损大于原厚度的50%。

4）轮面凹凸不平度达1.5～2.0mm（小直径取小值，大直径取大值）。

二、履带式起重机

1. 起重机械应在平坦坚实的地面上作业、行走和停放。作业时，坡度不得大于3°，起重机械应与沟渠、基坑保持安全距离。

2. 起重机械启动前应重点检查下列项目，并应符合相应要求：

1）各安全防护装置及各指示仪表应齐全完好。

2）钢丝绳及连接部位应符合规定。

3）燃油、润滑油、液压油、冷却水等应添加充足。

4）各连接件不得松动。

5）在回转空间范围内不得有障碍物。

3. 起重机械启动前应将主离合器分离，各操纵杆放在空挡位置。应按JGJ 33—2012第3.2节规定启动内燃机。

4. 内燃机启动后，应检查各仪表指示值，应在运转正常后接合主离合器，空载运转时，应按顺序检查各工作机构及制动器，应在确认正常后作业。

5. 作业时，起重臂的最大仰角不得超过使用说明书的规定。当无资料可查时，不得超过78°。

6. 起重机械变幅应缓慢平稳，在起重臂未停稳前不得变换挡位。

7. 起重机械工作时，在行走、起升、回转及变幅四种动作中，应只允许不超过两种动作的复合操作。当负荷超过该工况额定负荷的90%及以上时，应慢速升降重物，严禁超过两种动作的复合操作和下降起重臂。

8. 在重物起升过程中，操作人员应把脚放在制动踏板上，控制起升高度，防止吊钩冒顶。当重物悬停空中时，即使制动踏板被固定，仍应脚踩在制动踏板上。

9. 采用双机抬吊作业时，应选用起重性能相似的起重机进行。抬吊时应统一指挥，动作应配合协调，载荷应分配合理，起吊重量不得超过两台起重机在该工况下允许起重量总和的75%，单机的起吊载荷不得超过允许载荷的80%。在吊装过程中，两台起重机的吊钩滑轮组应保持垂直状态。

10. 起重机械行走时，转弯不应过急；当转弯半径过小时，应分次转弯。

11. 起重机械不宜长距离负载行驶。起重机械负载时应缓慢行驶，起重量不得超过相应工况额定起重量的70%，起重臂应位于行驶方向正前方，载荷离地面高度不得大于500mm，并应拴好拉绳。

12. 起重机械上、下坡道时应无载行走，上坡时应将起重臂仰角适当放小，下坡时应将起重臂仰角适当放大。下坡严禁空挡滑行。在坡道上严禁带载回转。

13. 作业结束后，起重臂应转至顺风方向，并应降至40°~60°之间，吊钩应提升到接近顶端的位置，关停内燃机，并应将各操纵杆放在空挡位置，各制动器应加保险固定，操作室和机棚应关门加锁。

14. 起重机械转移工地，应采用火车或平板拖车运输，所用跳板的坡度不得大于15°；起重机械装上车后，应将回转、行走、变幅等机构制动，应采用木楔楔紧履带两端，并应绑扎牢固；吊钩不得悬空摆动。

15. 起重机械自行转移时，应卸去配重，拆短起重臂，主动轮应在后面，机身、起重臂、吊钩等必须处于制动位置，并应加保险固定。

16. 起重机械通过桥梁、水坝、排水沟等构筑物时，应先查明允许载荷后再通过，必要时应采取加固措施。通过铁路、地下水管、电缆等设施时，应铺设垫板保护，机械在上面行走时不得转弯。

三、汽车、轮胎式起重机

1. 起重机械工作的场地应保持平坦坚实，符合起重时的受力要求；起重机械应与沟渠、基坑保持安全距离。

2. 起重机械启动前应重点检查下列项目，并应符合相应要求：

1）各安全保护装置和指示仪表应齐全完好。

2）钢丝绳及连接部位应符合规定。

3）燃油、润滑油、液压油及冷却水应添加充足。

4）各连接件不得松动。

5）轮胎气压应符合规定。

6）起重臂应可靠搁置在支架上。

3. 起重机械启动前，应将各操纵杆放在空挡位置，手制动器应锁死，应按 JGJ 33—2012 第 3.2 节有关规定启动内燃机。应在怠速运转 3 ~ 5min 后进行中高速运转，并应在检查各仪表指示值，确认运转正常后接合液压泵，液压达到规定值，油温超过 30℃时，方可作业。

4. 作业前，应全部伸出支腿，调整机体使回转支撑面的倾斜度在无载荷时不大于 1/1000（水准居中）。支腿的定位销必须插上。底盘为弹性悬挂的起重机，插支腿前应先收紧稳定器。

5. 作业中不得扳动支腿操纵阀。调整支腿时应在无载荷时进行，应先将起重臂转至正前方或正后方之后，再调整支腿。

6. 起重作业前，应根据所吊重物的重量和起升高度，并应按起重性能曲线，调整起重臂长度和仰角；应估计吊索长度和重物本身的高度，留出适当起吊空间。

7. 起重臂顺序伸缩时，应按使用说明书进行，在伸臂的同时应下降吊钩。当制动器发出警报时，应立即停止伸臂。

8. 汽车式起重机变幅角度不得小于各长度所规定的仰角。

9. 汽车式起重机起吊作业时，汽车驾驶室内不得有人，重物不得超越汽车驾驶室上方，且不得在车的前方起吊。

10. 起吊重物达到额定起重量的 50% 及以上时，应使用低速挡。

11. 作业中发现起重机倾斜、支腿不稳等异常现象时，应在保证作业人员安全的情况下，将重物降至安全的位置。

12. 当重物在空中需停留较长时间时，应将起升卷筒制动锁住，操作人员不得离开操作室。

13. 起吊重物达到额定起重量的 90% 以上时，严禁向下变幅，同时严禁进行两种及以上的操作动作。

14. 起重机械带载回转时，操作应平稳，应避免急剧回转或急停，换向应在停稳后进行。

15. 起重机械带载行走时，道路应平坦坚实，载荷应符合使用说明书的规定，重物离地面不得超过 500mm，并应拴好拉绳，缓慢行驶。

16. 作业后，应先将起重臂全部缩回放在支架上，再收回支腿；吊钩应使用钢丝绳挂牢；车架尾部两撑杆应分别撑在尾部下方的支座内，并应采用螺母固定；阻止机身旋转的销式制动器应插入销孔，并应将取力器操纵手柄放在脱开位置，最后应锁住起重操作室门。

17. 起重机械行驶前，应检查确认各支腿收存牢固，轮胎气压应符合规定。行驶时，发动机水温应在 80 ~ 90℃范围内，当水温未达到 80℃时，不得高速行驶。

18. 起重机械应保持中速行驶，不得紧急制动，过铁道口或起伏路面时应减速，下坡时严禁空挡滑行，倒车时应有人监护指挥。

19. 行驶时，底盘走台上不得有人员站立或蹲坐，不得堆放物件。

四、塔式起重机

1. 行走式塔式起重机的轨道基础应符合下列要求：

1）路基承载能力应满足塔式起重机使用说明书要求。

2）每间隔6m应设轨距拉杆一个，轨距允许偏差应为公称值的1/1000，且不得超过±3mm。

3）在纵横方向上，钢轨顶面的倾斜度不得大于1/1000；塔机安装后，轨道顶面纵、横方向上的倾斜度，对上回转塔机不应大于3/1000；对下回转塔机不应大于5/1000。在轨道全程中，轨道顶面任意两点的高差应小于100mm。

4）钢轨接头间隙不得大于4mm，与另一侧轨道接头的错开距离不得小于1.5m，接头处应架在轨枕上，接头两端高度差不得大于2mm。

5）距轨道终端1m处应设置缓冲止挡器，其高度不应小于行走轮的半径。在轨道上应安装限位开关碰块，安装位置应保证塔机在与缓冲止挡器或与同一轨道上其他塔机相距大于1m处能完全停住，此时电缆线应有足够的富余长度。

6）鱼尾板连接螺栓应紧固，垫板应固定牢靠。

2. 塔式起重机的混凝土基础应符合使用说明书和现行行业标准《塔式起重机混凝土基础工程技术规程》（JGJ/T 187）的规定。

3. 塔式起重机的基础应排水通畅，并应按专项方案与基坑保持安全距离。

4. 塔式起重机应在其基础验收合格后进行安装。

5. 塔式起重机的金属结构、轨道应有可靠的接地装置，接地电阻不得大于4Ω。高位塔式起重机应设置防雷装置。

6. 装拆作业前应进行检查，并应符合下列规定：

1）混凝土基础、路基和轨道铺设应符合技术要求。

2）应对所装拆塔式起重机的各机构、结构焊缝、重要部位螺栓、销轴、卷扬机构和钢丝绳、吊钩、吊具、电气设备、线路等进行检查，消除隐患。

3）应对自升塔式起重机顶升液压系统的液压缸和油管、顶升套架结构、导向轮、顶升支撑（爬爪）等进行检查，使其处于完好工况。

4）装拆人员应使用合格的工具、安全带、安全帽。

5）装拆作业中配备的起重机械等辅助机械应状况良好，技术性能应满足装拆作业的安全要求。

6）装拆现场的电源电压、运输道路、作业场地等应具备装拆作业条件。

7）安全监督岗的设置及安全技术措施的贯彻落实应符合要求。

7. 指挥人员应熟悉装拆作业方案，遵守装拆工艺和操作规程，使用明确的指挥信号。参与装拆作业的人员，应听从指挥，如发现指挥信号不清或有错误时，应停止作业。

8. 装拆人员应熟悉装拆工艺，遵守操作规程，当发现异常情况或疑难问题时，应及时向技术负责人汇报，不得自行处理。

9. 装拆顺序、技术要求、安全注意事项应按批准的专项施工方案执行。

10. 塔式起重机高强度螺栓应由专业厂家制造，并应有合格证明。高强度螺栓严禁焊接。安装高强螺栓时，应采用扭矩扳手或专用扳手，并应按装配技术要求预紧。

11. 在装拆作业过程中，当遇天气剧变、突然停电、机械故障等意外情况时，应将已装拆的部件固定牢靠，并经检查确认无隐患后停止作业。

12. 塔式起重机各部位的栏杆、平台、扶杆、护圈等安全防护装置应配置齐全。行走式塔式起重机的大车行走缓冲止挡器和限位开关碰块应安装牢固。

13. 因损坏或其他原因而不能用正常方法拆卸塔式起重机时，应按照技术部门重新批准的拆卸方案执行。

14. 塔式起重机安装过程中，应分阶段检查验收。各机构动作应正确、平稳，制动可靠，各安全装置应灵敏有效。在无载荷情况下，塔身的垂直度允许偏差应为4‰。

15. 塔式起重机升降作业时，应符合下列规定：

1）升降作业应有专人指挥，专人操作液压系统，专人拆装螺栓。非作业人员不得登上顶升套架的操作平台。操作室内应只准一人操作。

2）升降作业应在白天进行。

3）顶升前应预先放松电缆，电缆长度应大于顶升总高度，并应紧固好电缆。下降时应适时收紧电缆。

4）升降作业前，应对液压系统进行检查和试机，应在空载状态下将液压缸活塞杆伸缩3～4次，检查无误后，再将液压缸活塞杆通过顶升梁借助顶升套架的支撑，顶起载荷100～150mm，停10min，观察液压缸载荷是否有下滑现象；

5）升降作业时，应调整好顶升套架滚轮与塔身标准节的间隙，并应按规定要求使起重臂和平衡臂处于平衡状态，将回转机构制动。当回转台与塔身标准节之间的最后一处连接螺栓。（销轴）拆卸困难时，应将最后一处连接螺栓（销轴）对角方向的螺栓重新插入，再采取其他方法进行拆卸。不得用旋转起重臂的方法松动螺栓（销轴）。

6）顶升撑脚（爬爪）就位后，应及时插上安全销，才能继续升降作业。

7）升降作业完毕后，应按规定扭力紧固各连接螺栓，应将液压操纵杆扳到中间位置，并应切断液压升降机构电源。

16. 塔式起重机的附着装置应符合下列规定：

1）附着建筑物的锚固点的承载能力应满足塔式起重机技术要求。附着装置的布置方式应按使用说明书的规定执行。当有变动时，应另行设计。

2）附着杆件与附着支座（锚固点）应采取销轴铰接。

3）安装附着框架和附着杆件时，应用经纬仪测量塔身垂直度，并应利用附着杆件进行调整，在最高锚固点以下垂直度允许偏差为2‰。

4）安装附着框架和附着支座时，各道附着装置所在平面与水平面的夹角不得超过10°。

5）附着框架宜设置在塔身标准节连接处，并应箍紧塔身。

6）塔身顶升到规定附着间距时，应及时增设附着装置。塔身高出附着装置的自由端高度，应符合使用说明书的规定。

7）塔式起重机作业过程中，应经常检查附着装置，发现松动或异常情况时，应立即停止作业，故障未排除，不得继续作业。

8）拆卸塔式起重机时，应随着降落塔身的进程拆卸相应的附着装置。严禁在落塔之前先拆附着装置。

9）附着装置的安装、拆卸、检查和调整应有专人负责。

10）行走式塔式起重机作固定式塔式起重机使用时，应提高轨道基础的承载能力，切断行走机构的电源，并应设置阻挡行走轮移动的支座。

17. 塔式起重机内爬升时应符合下列规定：

1）内爬升作业时，信号联络应通畅。

2）内爬升过程中，严禁进行塔式起重机的起升、回转、变幅等各项动作。

3）塔式起重机爬升到指定楼层后，应立即拔出塔身底座的支承梁或支腿，通过内爬升框架及时固定在结构上，并应顶紧导向装置或用楔块塞紧。

4）内爬升塔式起重机的塔身固定间距应符合使用说明书要求。

5）应对设置内爬升框架的建筑结构进行承载力复核，并应根据计算结果采取相应的加固措施。

18. 雨天后，对行走式塔式起重机，应检查轨距偏差、钢轨顶面的倾斜度、钢轨的平直度、轨道基础的沉降及轨道的通过性能等；对固定式塔式起重机，应检查混凝土基础不均匀沉降。

19. 根据使用说明书的要求，应定期对塔式起重机各工作机构、所有安全装置、制动器的性能及磨损情况、钢丝绳的磨损及绳端固定、液压系统、润滑系统、螺栓销轴连接处等进行检查。

20. 配电箱应设置在距塔式起重机 3m 范围内或轨道中部，且明显可见；电箱中应设置带熔断式断路器及塔式起重机电源总开关；电缆卷筒应灵活有效，不得拖缆。

21. 塔式起重机在无线电台、电视台或其他电磁波发射天线附近施工时，与吊钩接触的作业人员，应戴绝缘手套和穿绝缘鞋，并应在吊钩上挂接临时放电装置。

22. 当同一施工地点有两台以上塔式起重机并可能互相干涉时，应制定群塔作业方案；两台塔式起重机之间的最小架设距离应保证处于低位塔式起重机的起重臂端部与另一台塔式起重机的塔身之间至少有 2m 的距离；处于高位塔式起重机的最低位置的部件（吊钩升至最高点或平衡重的最低部位）与低位塔式起重机中处于最高位置部件之间的垂直距离不应小于 2m。

23. 轨道式塔式起重机作业前，应检查轨道基础平直无沉陷，鱼尾板、连接螺栓及道钉不得松动，并应清除轨道上的障碍物，将夹轨器固定。

24. 塔式起重机启动应符合下列要求：

1）金属结构和工作机构的外观情况应正常。

2）安全保护装置和指示仪表应齐全完好。

3）齿轮箱、液压油箱的油位应符合规定。

4）各部位连接螺栓不得松动。

5）钢丝绳磨损应在规定范围内，滑轮穿绕应正确。

6）供电电缆不得破损。

25. 送电前，各控制器手柄应在零位。接通电源后，应检查并确认不得有漏电现象。

26. 作业前，应进行空载运转，试验各工作机构并确认运转正常，不得有噪声及异响，各机构的制动器及安全保护装置应灵敏有效，确认正常后方可作业。

27. 起吊重物时，重物和吊具的总重量不得超过塔式起重机相应幅度下规定的起重量。

28. 应根据起吊重物和现场情况，选择适当的工作速度，操纵各控制器时应从停止点

（零点）开始，依次逐级增加速度，不得越挡操作。在变换运转方向时，应将控制器手柄扳到零位，待电动机停止运转后再转向另一方向，不得直接变换运转方向突然变速或制动。

29. 在提升吊钩、起重小车或行走大车运行到限位装置前，应减速缓行到停止位置，并应与限位装置保持一定距离。不得采用限位装置作为停止运行的控制开关。

30. 动臂式塔式起重机的变幅动作应单独进行；允许带载变幅的动臂式塔式起重机，当载荷达到额定起重量的90%及以上时，不得增加幅度。

31. 重物就位时，应采用慢就位工作机构。

32. 重物水平移动时，重物底部应高出障碍物0.5m以上。

33. 回转部分不设集电器的塔式起重机，应安装回转限位器，在作业时，不得顺一个方向连续回转1.5圈。

34. 当停电或电压下降时，应立即将控制器扳到零位，并切断电源。如吊钩上挂有重物，应重复放松制动器，使重物缓慢地下降到安全位置。

35. 采用涡流制动调速系统的塔式起重机，不得长时间使用低速挡或慢就位速度作业。

36. 遇大风停止作业时，应锁紧夹轨器，将回转机构的制动器完全松开，起重臂应能随风转动。对轻型俯仰变幅塔式起重机，应将起重臂落下并与塔身结构锁紧在一起。

37. 作业中，操作人员临时离开操作室时，应切断电源。

38. 塔式起重机载人专用电梯不得超员，专用电梯断绳保护装置应灵敏有效。塔式起重机作业时，不得开动电梯。电梯停用时，应降至塔身底部位置，不得长时间悬在空中。

39. 在非工作状态时，应松开回转制动器，回转部分应能自由旋转；行走式塔式起重机应停放在轨道中间位置，小车及平衡重应置于非工作状态，吊钩组顶部宜上升到距起重臂底面2～3m处。

40. 停机时，应将每个控制器拨回零位，依次断开各开关，关闭操作室门窗；下机后，应锁紧夹轨器，断开电源总开关，打开高空障碍灯。

41. 检修人员对高空部位的塔身、起重臂、平衡臂等检修时，应系好安全带。

42. 停用的塔式起重机的电动机、电气柜、变阻器箱及制动器等应遮盖严密。

43. 动臂式和未附着塔式起重机及附着以上塔式起重机桁架上不得悬挂标语牌。

五、门式、桥式起重机与电动葫芦

1. 起重机路基和轨道的铺设应符合使用说明书的规定，轨道接地电阻不得大于4Ω。

2. 门式起重机的电缆应设有电缆卷筒，配电箱应设置在轨道中部。

3. 用滑线供电的起重机应在滑线的两端标有鲜明的颜色，滑线应设置防护装置，防止人员及吊具钢丝绳与滑线意外接触。

4. 轨道应平直，鱼尾板连接螺栓不得松动，轨道和起重机运行范围内不得有障碍物。

5. 门式、桥式起重机作业前应重点检查下列项目，并应符合相应要求：

1）机械结构外观应正常，各连接件不得松动。

2）钢丝绳外表情况应良好，绳卡应牢固。

3）各安全限位装置应齐全完好。

6. 操作室内应垫木板或绝缘板，接通电源后应采用试电笔测试金属结构部分，并应确认无漏电现象；上、下操作室应使用专用扶梯。

7. 作业前，应进行空载试运转，检查并确认各机构运转正常，制动可靠，各限位开关灵敏有效。

8. 在提升大件时不得用快速，并应拴拉绳防止摆动。

9. 吊运易燃、易爆、有害等危险品时，应经安全主管部门批准，并应有相应的安全措施。

10. 吊运路线不得从人员、设备上面通过；空车行走时，吊钩应离地面 2m 以上。

11. 吊运重物应平稳、慢速，行驶中不得突然变速或倒退。两台起重机同时作业时，应保持 5m 以上距离。不得用一台起重机顶推另一台起重机。

12. 起重机行走时，两侧驱动轮应保持同步，发现偏移应及时停止作业，调整修理后继续使用。

13. 作业中，人员不得从一台桥式起重机跨越到另一台桥式起重机。

14. 操作人员进入桥架前应切断电源。

15. 门式、桥式起重机的主梁挠度超过规定值时，应修复后使用。

16. 作业后，门式起重机应停放在停机线上，用夹轨器锁紧；桥式起重机应将小车停放在两条轨道中间，吊钩提升到上部位置。吊钩上不得悬挂重物。

17. 作业后，应将控制器拨到零位，切断电源，应关闭并锁好操作室门窗。

18. 电动葫芦使用前应检查机械部分和电气部分，钢丝绳、链条、吊钩、限位器等应完好，电气部分应无漏电，接地装置应良好。

19. 电动葫芦应设缓冲器，轨道两端应设挡板。

20. 第一次吊重物时，应在吊离地面 100mm 时停止上升，检查电动葫芦制动情况，确认完好后再正式作业。露天作业时，电动葫芦应设有防雨棚。

21. 电动葫芦起吊时，手不得握在绳索与物体之间，吊物上升时应防止冲顶。

22. 电动葫芦吊重物行走时，重物离地不宜超过 1.5m 高。工作间歇不得将重物悬挂在空中。

23. 电动葫芦作业中发生异味、高温等异常情况时，应立即停机检查，排除故障后继续使用。

24. 使用悬挂电缆电气控制开关时，绝缘应良好，滑动应自如，人站立位置的后方应有 2m 的空地，并应能正确操作电钮。

25. 在起吊中，由于故障造成重物失控下滑时，应采取紧急措施，向无人处下放重物。

26. 在起吊中不得急速升降。

27. 电动葫芦在额定载荷制动时，下滑位移量不应大于 80mm。

28. 作业完毕后，电动葫芦应停放在指定位置，吊钩升起，并切断电源，锁好开关箱。

六、井架、龙门架物料提升机

1. 进入施工现场的井架、龙门架必须具有下列安全装置：

1）上料口防护棚。

2）层楼安全门、吊篮安全门、首层防护门。

3）断绳保护装置或防坠装置。

4）安全停靠装置。

5）起重量限制器。

6）上、下限位器。

7）紧急断电开关、短路保护、过电流保护、漏电保护。

8）信号装置。

9）缓冲器。

2. 卷扬机应符合 JGJ 33—2012 第 4.7 节的有关规定。

3. 基础应符合使用说明书要求。缆风绳不得使用钢筋、钢管。

4. 提升机的制动器应灵敏可靠。

5. 运行中吊篮的四角与井架不得互相擦碰，吊篮各构件连接应牢固、可靠。

6. 井架、龙门架物料提升机不得和脚手架连接。

7. 不得使用吊篮载人，吊篮下方不得有人员停留或通过。

8. 作业后，应检查钢丝绳、滑轮、滑轮轴和导轨等，发现异常磨损，应及时修理或更换。

9. 下班前，应将吊篮降到最低位置，各控制开关置于零位，切断电源，锁好开关箱。

七、施工升降机

1. 施工升降机基础应符合使用说明书要求，当使用说明书无要求时，应经专项设计计算，地基上表面平整度允许偏差为 10mm，场地应排水通畅。

2. 施工升降机导轨架的纵向中心线至建筑物外墙面的距离宜选用使用说明书中提供的较小的安装尺寸。

3. 安装导轨架时，应采用经纬仪在两个方向进行测量校准。其垂直度允许偏差应符合表 3-1-2 中的规定。

表 3-1-2　施工升降机导轨架垂直度

架设高度 H（m）	$H \leq 70$	$70 < H \leq 100$	$100 < H \leq 150$	$150 < H \leq 200$	$H > 200$
垂直度偏差（mm）	$\leq 1/1000H$	≤ 70	≤ 90	≤ 110	≤ 130

4. 导轨架自由高度、导轨架的附墙距离、导轨架的两附墙连接点间距离和最低附墙点高度不得超过使用说明书的规定。

5. 施工升降机应设置专用开关箱，馈电容量应满足升降机直接启动的要求，生产厂家配置的电气箱内应装设短路、过载、错相、断相及零位保护装置。

6. 施工升降机周围应设置稳固的防护围栏。楼层平台通道应平整牢固，出入口应设防护门。全行程不得有危害安全运行的障碍物。

7. 施工升降机安装在建筑物内部井道中时，各楼层门应封闭并应有电气连锁装置。装设在阴暗处或夜班作业的施工升降机，在全行程上应有足够的照明，并应装设明亮的楼层编号标志灯。

8. 施工升降机的防坠安全器应在标定期限内使用，标定期限不应超过一年。使用中不得任意拆检调整防坠安全器。

9. 施工升降机使用前，应进行坠落试验。施工升降机在使用中每隔 3 个月，应进行一次额定载重量的坠落试验，试验程序应按使用说明书规定进行，吊笼坠落试验制动距离应符合现行行业标准《施工升降机齿轮锥鼓形渐进式防坠安全器》（JG 121）的规定。防坠安全器试验后及正常操作中，每发生一次防坠动作，应由专业人员进行复位。

10. 作业前应重点检查下列项目，并应符合相应要求：

1）结构不得有变形，连接螺栓不得松动。

2）齿条与齿轮、导向轮与导轨应接合正常。

3）钢丝绳应固定良好，不得有异常磨损。

4）运行范围内不得有障碍。

5）安全保护装置应灵敏可靠。

11. 启动前，应检查并确认供电系统、接地装置安全有效，控制开关应在零位。电源接通后，应检查并确认电压正常。应试验并确认各限位装置、吊笼、围护门等处的电气连锁装置良好可靠，电气仪表应灵敏有效。作业前应进行试运行，测定各机构制动器的效能。

12. 施工升降机应按使用说明书要求，进行维护保养，并应定期检验制动器的可靠性，制动力矩应达到使用说明书要求。

13. 吊笼内乘人或载物时，应使载荷均匀分布，不得偏重，不得超载运行。

14. 操作人员应按指挥信号操作。作业前应鸣笛示警。在施工升降机未切断总电源开关前，操作人员不得离开操作岗位。

15. 施工升降机运行中发现有异常情况时，应立即停机并采取有效措施将吊笼就近停靠楼层，排除故障后再继续运行。在运行中发现电气失控时，应立即按下急停按钮，在未排除故障前，不得打开急停按钮。

16. 在风速达到20m/s及以上大风、大雨、大雾天气以及导轨架、电缆等结冰时，施工升降机应停止运行，并将吊笼降到底层，切断电源。暴风雨等恶劣天气后，应对施工升降机各有关安全装置等进行一次检查，确认正常后运行。

17. 施工升降机运行到最上层或最下层时，不得用行程限位开关作为停止运行的控制开关。

18. 当施工升降机在运行中由于断电或其他原因而中途停止时，可进行手动下降，将电动机尾端制动电磁铁手动释放拉手缓缓向外拉出，使吊笼缓慢地向下滑行。吊笼下滑时，不得超过额定运行速度，手动下降应由专业维修人员进行操纵。

19. 当需在吊笼的外面进行检修时，另外一个吊笼应停机配合，检修时应切断电源，并应有专人监护。

20. 作业后，应将吊笼降到底层，各控制开关拨到零位，切断电源，锁好开关箱，闭锁吊笼门和围护门。

第二章　土石方机械

一、一般规定

1. 土石方机械的内燃机、电动机和液压装置的使用，应符合 JGJ 33—2012 第 3.2 节、第 3.4 节和附录 C 的规定。

2. 机械进入现场前，应查明行驶路线上的桥梁、涵洞的上部净空和下部承载能力，确保机械安全通过。

3. 机械通过桥梁时，应采用低速挡慢行，在桥面上不得转向或制动。

4. 作业前，必须查明施工场地内明、暗铺设的各类管线等设施，并应采用明显记号标识。严禁在离地下管线、承压管道1m距离以内进行大型机械作业。

5. 作业中，应随时监视机械各部位的运转及仪表指示值，如发现异常，应立即停机检修。

6. 机械运行中，不得接触转动部位。在修理工作装置时，应将工作装置降到最低位置，并应将悬空工作装置垫上垫木。

7. 在电杆附近取土时，对不能取消的拉线、地垄和杆身，应留出土台，土台大小应根据电杆结构、掩埋深度和土质情况由技术人员确定。

8. 机械与架空输电线路的安全距离应符合现行行业标准《施工现场临时用电安全技术规范》（JGJ 46）的规定。

9. 在施工中遇下列情况之一时应立即停工：

1）填挖区土体不稳定，土体有可能坍塌。

2）地面涌水冒浆，机械陷车，或因雨水机械在坡道打滑。

3）遇大雨、雷电、浓雾等恶劣天气。

4）施工标志及防护设施被损坏。

5）工作面安全净空不足。

10. 机械回转作业时，配合人员必须在机械回转半径以外工作。当需在回转半径以内工作时，必须将机械停止回转并制动。

11. 雨期施工时，机械应停放在地势较高的坚实位置。

12. 机械作业不得破坏基坑支护系统。

13. 行驶或作业中的机械，除驾驶室外的任何地方不得有乘员。

二、单斗挖掘机

1. 单斗挖掘机的作业和行走场地应平整坚实，松软地面应用枕木或垫板垫实，沼泽或淤泥场地应进行路基处理，或更换专用湿地履带。

2. 轮胎式挖掘机使用前应支好支腿，并应保持水平位置，支腿应置于作业面的方向，转向驱动桥应置于作业面的后方。履带式挖掘机的驱动轮应置于作业面的后方。采用液压悬挂装置的挖掘机，应锁住两个悬挂液压缸。

3. 作业前应重点检查下列项目，并应符合相应要求：

1）照明、信号及报警装置等应齐全有效。

2）燃油、润滑油、液压油应符合规定。

3）各铰接部分应连接可靠。

4）液压系统不得有泄漏现象。

5）轮胎气压应符合规定。

4. 启动前，应将主离合器分离，各操纵杆放在空挡位置，并应发出信号，确认安全后启动设备。

5. 启动后，应先使液压系统从低速到高速空载循环10～20min，不得有吸空等不正常噪声，并应检查各仪表指示值，运转正常后再接合主离合器，再进行空载运转，顺序操纵各工作机构并测试各制动器，确认正常后开始作业。

6. 作业时，挖掘机应保持水平位置，行走机构应制动，履带或轮胎应楔紧。

7. 平整场地时，不得用铲斗进行横扫或用铲斗对地面进行夯实。

8. 挖掘岩石时，应先进行爆破。挖掘冻土时，应采用破冰锤或爆破法使冻土层破碎。不得用铲斗破碎石块、冻土，或用单边斗齿硬啃。

9. 挖掘机最大开挖高度和深度，不应超过机械本身性能规定。在拉铲或反铲作业时，履带式挖掘机的履带与工作面边缘距离应大于1.0m，轮胎式挖掘机的轮胎与工作面边缘距离应大于1.5m。

10. 在坑边进行挖掘作业，当发现有塌方危险时，应立即处理险情，或将挖掘机撤至安全地带。坑边不得留有伞状边沿及松动的大块石。

11. 挖掘机应停稳后再进行挖土作业。当铲斗未离开工作面时，不得作回转、行走等动作。应使用回转制动器进行回转制动，不得用转向离合器反转制动。

12. 作业时，各操纵过程应平稳，不宜紧急制动。铲斗升降不得过猛，下降时，不得撞碰车架或履带。

13. 斗臂在抬高及回转时，不得碰到坑、沟侧壁或其他物体。

14. 挖掘机向运土车辆装车时，应降低卸落高度，不得偏装或砸坏车厢。回转时，铲斗不得从运输车辆驾驶室顶上越过。

15. 作业中，当液压缸将伸缩到极限位置时，应动作平稳，不得冲撞极限块。

16. 作业中，当需制动时，应将变速阀置于低速挡位置。

17. 作业中，当发现挖掘力突然变化，应停机检查，不得在未查明原因前调整分配阀的压力。

18. 作业中，不得打开压力表开关，且不得将工况选择阀的操纵手柄放在高速挡位置。

19. 挖掘机应停稳后再反铲作业，斗柄伸出长度应符合规定要求，提斗应平稳。

20. 作业中，履带式挖掘机短距离行走时，主动轮应在后面，斗臂应在正前方与履带平行，并应制动回转机构。坡道坡度不得超过机械允许的最大坡度。下坡时应慢速行驶。不得在坡道上变速和空挡滑行。

21. 轮胎式挖掘机行驶前，应收回支腿并固定可靠，监控仪表和报警信号灯应处于正常显示状态。轮胎气压应符合规定，工作装置应处于行驶方向，铲斗宜离地面1m。长距离行驶时，应将回转制动板踩下，并应采用固定销锁定回转平台。

22. 挖掘机在坡道上行走时熄火，应立即制动，并应揳住履带或轮胎，重新发动后，再继续行走。

23. 作业后，挖掘机不得停放在高边坡附近或填方区，应停放在坚实、平坦、安全的位置，并应将铲斗收回平放在地面，所有操纵杆置于中位，关闭操作室和机棚。

24. 履带式挖掘机转移工地应采用平板拖车装运。短距离自行转移时，应低速行走。

25. 保养或检修挖掘机时，应将内燃机熄火，并将液压系统卸荷，铲斗落地。

26. 利用铲斗将底盘顶起进行检修时，应使用垫木将抬起的履带或轮胎垫稳，用木楔将落地履带或轮胎揳牢，然后再将液压系统卸荷，否则不得进入底盘下工作。

三、挖掘装载机

1. 挖掘装载机的挖掘及装载作业应符合 JGJ 33—2012 第 5. 2 节及第 5. 10 节的规定。

2. 挖掘作业前应先将装载斗翻转，使斗口朝地，并使前轮稍离开地面，踏下并锁住制动踏板，然后伸出支腿，使后轮离地并保持水平位置。

3. 挖掘装载机在边坡卸料时，应有专人指挥，挖掘装载机轮胎距边坡缘的距离应大于 1. 5m。

4. 动臂后端的缓冲块应保持完好；损坏时，应修复后使用。

5. 作业时，应平稳操纵手柄；支臂下降时不宜中途制动。挖掘时不得使用高速挡。

6. 应平稳回转挖掘装载机，并不得用装载斗砸实沟槽的侧面。

7. 挖掘装载机移位时，应将挖掘装置处于中间运输状态，收起支腿，提起提升臂。

8. 装载作业前，应将挖掘装置的回转机构置于中间位置，并应采用拉板固定。

9. 在装载过程中，应使用低速挡。

10. 铲斗提升臂在举升时，不应使用阀的浮动位置。

11. 前四阀用于支腿伸缩和装载的作业与后四阀用于回转和挖掘的作业不得同时进行。

12. 行驶时，不应高速和急转弯。下坡时不得空挡滑行。

13. 行驶时，支腿应完全收回，挖掘装置应固定牢靠，装载装置宜放低，铲斗和斗柄液压活塞杆应保持完全伸张位置。

14. 挖掘装载机停放时间超过 1h，应支起支腿，使后轮离地；停放时间超过 1d 时，应使后轮离地，并应在后悬架下面用垫块支撑。

四、推土机

1. 推土机在坚硬土壤或多石土壤地带作业时，应先进行爆破或用松土器翻松。在沼泽地带作业时，应更换专用湿地履带板。

2. 不得用推土机推石灰、烟灰等粉尘物料，不得进行碾碎石块的作业。

3. 牵引其他机构设备时，应有专人负责指挥。钢丝绳的连接应牢固可靠。在坡道或长距离牵引时，应采用牵引杆连接。

4. 作业前应重点检查下列项目，并应符合相应要求：

1）各部件不得松动，应连接良好。

2）燃油、润滑油、液压油等应符合规定。

3）各系统管路不得有裂纹或泄漏。

4）各操纵杆和制动踏板的行程、履带的松紧度或轮胎气压应符合要求。

5. 启动前，应将主离合器分离，各操纵杆放在空挡位置，并应按照 JGJ 33—2012 第 3. 2 节的规定启动内燃机，不得用拖、顶方式启动。

6. 启动后应检查各仪表指示值、液压系统，并确认运转正常，当水温达到 55℃、机油温度达到 45℃时，全载荷作业。

7. 推土机机械四周不得有障碍物，并确认安全后开动，工作时不得有人站在履带或刀片的支架上。

8. 采用主离合器传动的推土机接合应平稳，起步不得过猛，不得使离合器处于半接合状态下运转；液力传动的推土机，应先解除变速杆的锁紧状态，踏下减速器踏板，变速杆应在低挡位，然后缓慢释放减速踏板。

9. 在块石路面行驶时，应将履带张紧。当需要原地旋转或急转弯时，应采用低速挡。当行走机构夹入块石时，应采用正、反向往复行驶使块石排除。

10. 在浅水地带行驶或作业时，应查明水深，冷却风扇叶不得接触水面。下水前和出水后，应对行走装置加注润滑脂。

11. 推土机上、下坡或超过障碍物时应采用低速挡。推土机上坡坡度不得超过25°，下坡坡度不得大于35°，横向坡度不得大于10°。在25°以上的陡坡上不得横向行驶，并不得急转弯。上坡时不得换挡，下坡不得空挡滑行。当需要在陡坡上推土时，应先进行填挖，使机身保持平衡。

12. 在上坡途中，当内燃机突然熄灭，应立即放下铲刀，并锁住制动踏板。在推土机停稳后，将主离合器脱开，把变速杆放到空挡位置，并应用木块将履带或轮胎楔死后，重新启动内燃机。

13. 下坡时，当推土机下行速度大于内燃机传动速度时，转向操纵的方向应与平地行走时操纵的方向相反，并不得使用制动器。

14. 填沟作业驶近边坡时，铲刀不得越出边缘。后退时，应先换挡，后提升铲刀进行倒车。

15. 在深沟、基坑或陡坡地区作业时，应有专人指挥，垂直边坡高度应小于2m。当大于2m时，应放出安全边坡，同时禁止用推土刀侧面推土。

16. 推土或松土作业时，不得超载，各项操作应缓慢平稳，不得损坏铲刀、推土架、松土器等装置；无液力变矩器装置的推土机，在作业中有超载趋势时，应稍微提升刀片或变换低速挡。

17. 不得顶推与地基基础连接的钢筋混凝土桩等建筑物。顶推树木等物体不得倒向推土机及高空架设物。

18. 两台以上推土机在同一地区作业时，前后距离应大于8.0m；左右距离应大于1.5m。在狭窄道路上行驶时，未得前机同意，后机不得超越。

19. 作业完毕后，宜将推土机开到平坦安全的地方，并应将铲刀、松土器落到地面。在坡道上停机时，应将变速杆挂低速挡，接合主离合器，锁住制动踏板，并将履带或轮胎楔住。

20. 停机时，应先降低内燃机转速，变速杆放在空挡，锁紧液力传动的变速杆，分开主离合器，踏下制动踏板并锁紧，在水温降到75℃以下、油温降到90℃以下后熄火。

21. 推土机长途转移工地时，应采用平板拖车装运。短途行走转移距离不宜超过10km，铲刀距地面宜为400mm，不得用高速挡行驶和进行急转弯，不得长距离倒退行驶。

22. 在推土机下面检修时，内燃机应熄火，铲刀应落到地面或垫稳。

五、拖式铲运机

1. 拖式铲运机牵引使用时应符合JGJ 33—2012第5.4节的有关规定。

2. 铲运机作业时，应先采用松土器翻松。铲运作业区内不得有树根、大石块和大量杂草等。

3. 铲运机行驶道路应平整坚实，路面宽度应比铲运机宽度大2m。

4. 启动前，应检查钢丝绳、轮胎气压、铲土斗及卸土板回缩弹簧、拖把万向接头、撑架以及各部滑轮等，并确认处于正常工作状态；液压式铲运机铲斗和拖拉机连接叉座与牵引连接块应锁定，各液压管路应连接可靠。

5. 开动前，应使铲斗离开地面，机械周围不得有障碍物。

6. 作业中，严禁人员上下机械，传递物件，以及在铲斗内、拖把或机架上坐立。

7. 多台铲运机联合作业时，各机之间前后距离应大于10m（铲土时应大于5m），左右距离应大于2m，并应遵守“下坡让上坡、空载让重载、支线让干线”的原则。

8. 在狭窄地段运行时，未经前机同意，后机不得超越。两机交会或超车时应减速，两机左右间距应大于0.5m。

9. 铲运机上、下坡道时，应低速行驶，不得中途换挡，下坡时不得空挡滑行，行驶的横向坡度不得超过6°，坡宽应大于铲运机宽度2m。

10. 在新填筑的土堤上作业时，离堤坡边缘应大于1m。当需在斜坡横向作业时，应先将斜坡挖填平整，使机身保持平衡。

11. 在坡道上不得进行检修作业。在陡坡上不得转弯、倒车或停车。在坡上熄火时，应将铲斗落地、制动牢靠后再启动。下陡坡时，应将铲斗触地行驶，辅助制动。

12. 铲土时，铲土与机身应保持直线行驶。助铲时应有助铲装置，并应正确开启斗门，不得切土过深。两机动作应协调配合，平稳接触，等速助铲。

13. 在下陡坡铲土时，铲斗装满后，在铲斗后轮未达到缓坡地段前，不得将铲斗提离地面，应防铲斗快速下滑冲击主机。

14. 在不平地段行驶时，应放低铲斗，不得将铲斗提升到高位。

15. 拖拉陷车时，应有专人指挥，前后操作人员应配合协调，确认安全后起步。

16. 作业后，应将铲运机停放在平坦地面，并应将铲斗落在地面上。液压操纵的铲运机应将液压缸缩回，将操纵杆放在中间位置，进行清洁、润滑后，锁好门窗。

17. 非作业行驶时，铲斗应用锁紧链条挂牢在运输行驶位置上；拖式铲运机不得载人或装载易燃、易爆物品。

18. 修理斗门或在铲斗下检修作业时，应将铲斗提起后用销子或锁紧链条固定，再采用垫木将斗身顶住，并应采用木楔揳住轮胎。

六、自行式铲运机

1. 自行式铲运机的行驶道路应平整坚实，单行道宽度不宜小于5.5m。

2. 多台铲运机联合作业时，前后距离不得小于20m，左右距离不得小于2m。

3. 作业前，应检查铲运机的转向和制动系统，并确认灵敏可靠。

4. 铲土或在利用推土机助铲时，应随时微调转向盘，铲运机应始终保持直线前进。不得在转弯情况下铲土。

5. 下坡时，不得空挡滑行，应踩下制动踏板辅助以内燃机制动，必要时可放下铲斗，以降低下滑速度。

6. 转弯时，应采用较大回转半径低速转向，操纵转向盘不得过猛；当重载行驶或在弯道上、下坡时，应缓慢转向。

7. 不得在大于15°的横坡上行驶，也不得在横坡上铲土。

8. 沿沟边或填方边坡作业时，轮胎离路肩不得小于0.7m，并应放低铲斗，降速缓行。

9. 在坡道上不得进行检修作业。遇在坡道上熄火时，应立即制动，下降铲斗，把变速杆放在空挡位置，然后启动内燃机。

10. 穿越泥泞或松软地面时，铲运机应直线行驶，当一侧轮胎打滑时，可踏下差速器锁止踏板。当离开不良地面时，应停止使用差速器锁止踏板。不得在差速器锁止时转弯。

11. 夜间作业时，前后照明应齐全完好，前大灯应能照至30m；非作业行驶时，应符合JGJ 33—2012 第5.5.17 条的规定。

七、静作用压路机

1. 压路机碾压的工作面，应经过适当平整，对新填的松软土，应先用羊足碾或打夯机逐层碾压或夯实后，再用压路机碾压。

2. 工作地段的纵坡不应超过压路机最大爬坡能力，横坡不应大于20°。

3. 应根据碾压要求选择机种。当光轮压路机需要增加机重时，可在滚轮内加砂或水。当气温降至0℃及以下时，不得用水增重。

4. 轮胎压路机不宜在大块石基层上作业。

5. 作业前，应检查并确认滚轮的刮泥板应平整良好，各紧固件不得松动；轮胎压路机应检查轮胎气压，确认正常后启动。

6. 启动后，应检查制动性能及转向功能并确认灵敏可靠。开动前，压路机周围不得有障碍物或人员。

7. 不得用压路机拖拉任何机械或物件。

8. 碾压时应低速行驶。速度宜控制在3～4km/h范围内，在一个碾压行程中不得变速。碾压过程中应保持正确的行驶方向，碾压第二行时应与第一行重叠半个滚轮压痕。

9. 变换压路机前进、后退方向应在滚轮停止运动后进行。不得将换向离合器当作制动器使用。

10. 在新建场地上进行碾压时，应从中间向两侧碾压。碾压时，距场地边缘不应少于0.5m。

11. 在坑边碾压施工时，应由里侧向外侧碾压，距坑边不应少于1m。

12. 上下坡时，应事先选好挡位，不得在坡上换挡，下坡时不得空挡滑行。

13. 两台以上压路机同时作业时，前后间距不得小于3m，在坡道上不得纵队行驶。

14. 在行驶中，不得进行修理或加油。需要在机械底部进行修理时，应将内燃机熄火，刹车制动，并揳住滚轮。

15. 对有差速器锁定装置的三轮压路机，当只有一只轮子打滑时，可使用差速器锁定装置，但不得转弯。

16. 作业后，应将压路机停放在平坦坚实的场地，不得停放在软土路边缘及斜坡上，并不得妨碍交通，并应锁定制动。

17. 严寒季节停机时，宜采用木板将滚轮垫离地面，应防止滚轮与地面冻结。

18. 压路机转移距离较远时，应采用汽车或平板拖车装运。

八、振动压路机

1. 作业时，压路机应先起步后起振，内燃机应先置于中速，然后再调至高速。

2. 压路机换向时应先停机；压路机变速时应降低内燃机转速。

3. 压路机不得在坚实的地面上进行振动。

4. 压路机碾压松软路基时，应先碾压 1 ~2 遍后再振动碾压。

5. 压路机碾压时，压路机振动频率应保持一致。

6. 换向离合器、起振离合器和制动器的调整，应在主离合器脱开后进行。

7. 上下坡时或急转弯时不得使用快速挡。铰接式振动压路机在转弯半径较小绕圈碾压时不得使用快速挡。

8. 压路机在高速行驶时不得接合振动。

9. 停机时应先停振，然后将换向机构置于中间位置，变速器置于空挡，最后拉起手制动操纵杆。

10. 振动压路机的使用除应符合本节要求外，还应符合 JGJ 33—2012 第 5. 7 节的有关规定。

九、平地机

1. 起伏较大的地面宜先用推土机推平，再用平地机平整。

2. 平地机作业区内不得有树根、大石块等障碍物。

3. 作业前应按 JGJ 33—2012 第 5. 2. 3 条的规定进行检查。

4. 平地机不得用于拖拉其他机械。

5. 启动内燃机后，应检查各仪表指示值并应符合要求。

6. 开动平地机时，应鸣笛示意，并确认机械周围不得有障碍物及行人，用低速挡起步后，应测试并确认制动器灵敏有效。

7. 作业时，应先将刮刀下降到接近地面，起步后再下降刮刀铲土。铲土时，应根据铲土阻力大小，随时调整刮刀的切土深度。

8. 刮刀的回转、铲土角的调整及向机外侧斜，应在停机时进行；刮刀左右端的升降动作，可在机械行驶中调整。

9. 刮刀角铲土和齿耙松地时应采用一挡速度行驶；刮土和平整作业时应用二、三挡速度行驶。

10. 土质坚实的地面应先用齿耙翻松，翻松时应缓慢下齿。

11. 使用平地机清除积雪时，应在轮胎上安装防滑链，并应探明工作面的深坑、沟槽位置。

12. 平地机在转弯或调头时，应使用低速挡；在正常行驶时，应使用前轮转向；当场地特别狭小时，可使用前后轮同时转向。

13. 平地机行驶时，应将刮刀和齿耙升到最高位置，并将刮刀斜放，刮刀两端不得超出后轮外侧。行驶速度不得超过使用说明书规定。下坡时，不得空挡滑行。

14. 平地机作业中变矩器的油温不得超过 120℃。

15. 作业后，平地机应停放在平坦、安全的场地，刮刀应落在地面上，手制动器应拉紧。

十、轮胎式装载机

1. 装载机与汽车配合装运作业时，自卸汽车的车厢容积应与装载机铲斗容量相匹配。

2. 装载机作业场地坡度应符合使用说明书的规定。作业区内不得有障碍物及无关人员。

3. 轮胎式装载机作业场地和行驶道路应平坦坚实。在石块场地作业时，应在轮胎上加装保护链条。

4. 作业前应按 JGJ 33—2012 第 5. 2. 3 条的规定进行检查。

5. 装载机行驶前，应先鸣笛示意，铲斗宜提升离地 0. 5m。装载机行驶过程中应测试制动器的可靠性。装载机搭乘人员应符合规定。装载机铲斗不得载人。

6. 装载机高速行驶时应采用前轮驱动；低速铲装时，应采用四轮驱动。铲斗装载后升起行驶时，不得急转弯或紧急制动。

7. 装载机下坡时不得空挡滑行。

8. 装载机的装载量应符合使用说明书的规定。装载机铲斗应从正面铲料，铲斗不得单边受力。装载机应低速缓慢举臂翻转铲斗卸料。

9. 装载机操纵手柄换向应平稳。装载机满载时，铲臂应缓慢下降。

10. 在松散不平的场地作业时，应把铲臂放在浮动位置，使铲斗平稳地推进；当推进阻力增大时，可稍微提升铲臂。

11. 当铲臂运行到上下最大限度时，应立即将操纵杆回到空挡位置。

12. 装载机运载物料时，铲臂下铰点宜保持离地面 0. 5m，并保持平稳行驶。铲斗提升到最高位置时，不得运输物料。

13. 铲装或挖掘时，铲斗不应偏载。铲斗装满后，应先举臂，再行走、转向、卸料。铲斗行走过程中不得收斗或举臂。

14. 当铲装阻力较大，出现轮胎打滑时，应立即停止铲装，排除过载后再铲装。

15. 在向汽车装料时，铲斗不得在汽车驾驶室上方越过。如汽车驾驶室顶无防护，驾驶室内不得有人。

16. 向汽车装料，宜降低铲斗高度，减小卸落冲击。汽车装料不得偏载、超载。

17. 装载机在坡、沟边卸料时，轮胎离边缘应保留安全距离，安全距离宜大于 1. 5m；铲斗不宜伸出坡、沟边缘。在大于 3°的坡面上，装载机不得朝下坡方向俯身卸料。

18. 作业时，装载机变矩器油温不得超过 110℃，超过时，应停机降温。

19. 作业后，装载机应停放在安全场地，铲斗应平放在地面上，操纵杆应置于中位，制动应锁定。

20. 装载机转向架未锁闭时，严禁站在前后车架之间进行检修保养。

21. 装载机铲臂升起后，在进行润滑或检修等作业时，应先装好安全销，或先采取其他措施支住铲臂。

22. 停车时，应使内燃机转速逐步降低，不得突然熄火，应防止液压油因惯性冲击而溢出油箱。

十一、蛙式夯实机

1. 蛙式夯实机宜适用于夯实灰土和素土。蛙式夯实机不得冒雨作业。

2. 作业前应重点检查下列项目，并应符合相应要求：

1）漏电保护器应灵敏有效，接零或接地及电缆线接头应绝缘良好。

2）传动皮带应松紧合适，皮带轮与偏心块应安装牢固。

3）转动部分应安装防护装置，并应进行试运转，确认正常。

4）负荷线应采用耐气候型的四芯橡皮护套软电缆。电缆线长不应大于50m。

3. 夯实机启动后，应检查电动机旋转方向，错误时应倒换相线。

4. 作业时，夯实机扶手上的按钮开关和电动机的接线应绝缘良好。当发现有漏电现象时，应立即切断电源，进行检修。

5. 夯实机作业时，应一人扶夯，一人传递电缆线，并应戴绝缘手套和穿绝缘鞋。递线人员应跟随夯机后或两侧调顺电缆线。电缆线不得扭结或缠绕，并应保持3～4m的余量。

6. 作业时，不得夯击电缆线。

7. 作业时，应保持夯实机平衡，不得用力压扶手。转弯时应用力平稳，不得急转弯。

8. 夯实填高松软土方时，应先在边缘以内100～150mm夯实2～3遍后，再夯实边缘。

9. 不得在斜坡上夯行，以防夯头后折。

10. 夯实房心土时，夯板应避开钢筋混凝土基础及地下管道等地下物。

11. 在建筑物内部作业时，夯板或偏心块不得撞击墙壁。

12. 多机作业时，其平行间距不得小于5m，前后间距不得小于10m。

13. 夯实机作业时，夯实机四周2m范围内，不得有非夯实机操作人员。

14. 夯实机电动机温升超过规定时，应停机降温。

15. 作业时，当夯实机有异常响声时，应立即停机检查。

16. 作业后，应切断电源，卷好电缆线，清理夯实机。夯实机保管应防水防潮。

十二、振动冲击夯

1. 振动冲击夯适用于压实黏性土、砂及砾石等散状物料，不得在水泥路面和其他坚硬地面作业。

2. 内燃机冲击夯作业前，应检查并确认有足够的润滑油，油门控制器应转动灵活。

3. 内燃机冲击夯启动后，应逐渐加大油门，夯机跳动稳定后开始作业。

4. 振动冲击夯作业时，应正确掌握夯机，不得倾斜，手把不宜握得过紧，能控制夯机前进速度即可。

5. 正常作业时，不得使劲往下压手把，以免影响夯机跳起高度。夯实松软土或上坡时，可将手把稍向下压，并应能增加夯机前进速度。

6. 根据作业要求，内燃冲击夯应通过调整油门的大小，在一定范围内改变夯机振动频率。

7. 内燃冲击夯不宜在高速下连续作业。

8. 当短距离转移时，应先将冲击夯手把稍向上抬起，将运转轮装入冲击夯的挂钩内，再压下手把，使重心后倾，再推动手把转移冲击夯。

9. 振动冲击夯除应符合本节的规定外，还应符合 JGJ 33—2012 第 5. 11 节的规定。

十三、强夯机械

1. 担任强夯作业的主机，应按照强夯等级的要求经过计算选用。当选用履带式起重机作主机时，应符合 JGJ 33—2012 第 4. 2 节的规定。

2. 强夯机械的门架、横梁、脱钩器等主要结构和部件的材料及制作质量，应经过严格检查，对不符合设计要求的，不得使用。

3. 夯机驾驶室挡风玻璃前应增设防护网。

4. 夯机的作业场地应平整，门架底座与夯机着地部位的场地不平度不得超过 100mm。

5. 夯机在工作状态时，起重臂仰角应符合使用说明书的要求。

6. 梯形门架支腿不得前后错位，门架支腿在未支稳垫实前，不得提锤。变换夯位后，应重新检查门架支腿，确认稳固可靠，然后再将锤提升 100 ~ 300mm，检查整机的稳定性，确认可靠后作业。

7. 夯锤下落后，在吊钩尚未降至夯锤吊环附近前，操作人员严禁提前下坑挂钩。从坑中提锤时，严禁挂钩人员站在锤上随锤提升。

8. 夯锤起吊后，地面操作人员应迅速撤至安全距离以外，非强夯施工人员不得进入夯点 30m 范围内。

9. 夯锤升起如超过脱钩高度仍不能自动脱钩时，起重指挥应立即发出停车信号，将夯锤落下，应查明原因并正确处理后继续施工。

10. 当夯锤留有的通气孔在作业中出现堵塞现象时，应及时清理，并不得在锤下作业。

11. 当夯坑内有积水或因黏土产生的锤底吸附力增大时，应采取措施排除，不得强行提锤。

12. 转移夯点时，夯锤应由辅机协助转移，门架随夯机移动前，支腿离地面高度不得超过 500mm。

13. 作业后，应将夯锤下降，放在坚实稳固的地面上。在非作业时，不得将锤悬挂在空中。

第三章　桩工机械

一、一般规定

1. 桩工机械类型应根据桩的类型、桩长、桩径、地质条件、施工工艺等综合考虑选择。

2. 桩机上的起重部件应执行 JGJ 33—2012 第 4 章的有关规定。

3. 施工现场应按桩机使用说明书的要求进行整平压实，地基承载力应满足桩机的使用要求。在基坑和围堰内打桩，应配置足够的排水设备。

4. 桩机作业区内不得有妨碍作业的高压线路、地下管道和埋设电缆。作业区应有明显标志或围栏，非工作人员不得进入。

5. 桩机电源供电距离宜在 200m 以内，工作电源电压的允许偏差为其公称值的 ±5%。电源容量与导线截面应符合设备施工技术要求。

6. 作业前，应由项目负责人向作业人员作详细的安全技术交底。桩机的安装、试机、拆除应严格按设备使用说明书的要求进行。

7. 安装桩锤时，应将桩锤运到立柱正前方2m以内，并不得斜吊。桩机的立柱导轨应按规定润滑。桩机的垂直度应符合使用说明书的规定。

8. 作业前，应检查并确认桩机各部件连接牢靠，各传动机构、齿轮箱、防护罩、吊具、钢丝绳、制动器等应完好，起重机起升、变幅机构工作正常，润滑油、液压油的油位符合规定，液压系统无泄漏，液压缸动作灵敏，作业范围内不得有非工作人员或障碍物。电动机应按JGJ 33—2012第3.4节的要求执行。

9. 水上打桩时，应选择排水量比桩机重量大4倍以上的作业船或安装牢固的排架，桩机与船体或排架应可靠固定，并应采取有效的锚固措施。当打桩船或排架的偏斜度超过3°时，应停止作业。

10. 桩机吊桩、吊锤、回转、行走等动作不应同时进行。吊桩时，应在桩上拴好拉绳，避免桩与桩锤或机架碰撞。桩机吊锤（桩）时，锤（桩）的最高点离立柱顶部的最小距离应确保安全。轨道式桩机吊桩时应夹紧夹轨器。桩机在吊有桩和锤的情况下，操作人员不得离开岗位。

11. 桩机不得侧面吊桩或远距离拖桩。桩机在正前方吊桩时，混凝土预制桩与桩机立柱的水平距离不应大于4m，钢桩不应大于7m，并应防止桩与立柱碰撞。

12. 使用双向立柱时，应在立柱转向到位，并应采用锁销将立柱与基杆锁住后起吊。

13. 施打斜桩时，应先将桩锤提升到预定位置，并将桩吊起，套入桩帽，桩尖插入桩位后再后仰立柱。履带三支点式桩架在后倾打斜桩时，后支撑杆应顶紧；轨道式桩架应在平台后增加支撑，并夹紧夹轨器。立柱后仰时，桩机不得回转及行走。

14. 桩机回转时，制动应缓慢，轨道式和步履式桩架同向连续回转不应大于一周。

15. 桩锤在施打过程中，监视人员应在距离桩锤中心5m以外。

16. 插桩后，应及时校正桩的垂直度。桩入土3m以上时，不得用桩机行走或回转动作来纠正桩的倾斜度。

17. 拔送桩时，不得超过桩机起重能力；拔送载荷应符合下列规定：

1）电动桩机拔送载荷不得超过电动机满载电流时的载荷。

2）内燃机桩机拔送桩时，发现内燃机明显降速，应立即停止作业。

18. 作业过程中，应经常检查设备的运转情况，当发生异响、吊索具破损、紧固螺栓松动、漏气、漏油、停电以及其他不正常情况时，应立即停机检查，排除故障。

19. 桩机作业或行走时，除本机操作人员外，不应搭载其他人员。

20. 桩机行走时，地面的平整度与坚实度应符合要求，并应有专人指挥。走管式桩机横移时，桩机距滚管终端的距离不应小于1m。桩机带锤行走时，应将桩锤放至最低位。履带式桩机行走时，驱动轮应置于尾部位置。

21. 在有坡度的场地上，坡度应符合桩机使用说明书的规定，并应将桩机重心置于斜坡上方，沿纵坡方向作业和行走。桩机在斜坡上不得回转。在场地的软硬边际，桩机不应横跨软硬边际。

22. 遇风速12.0m/s及以上的大风和雷雨、大雾、大雪等恶劣气候时，应停止作业。当风速达到13.9m/s及以上时，应将桩机顺风向停置，并应按使用说明书的要求，增设缆风绳，或将桩架放倒。桩机应有防雷措施，遇雷电时，人员应远离桩机。冬期作业应清除桩机上积雪，工作平台应有防滑措施。

23. 桩孔成型后，当暂不浇筑混凝土时，孔口必须及时封盖。

24. 作业中，当停机时间较长时，应将桩锤落下垫稳。检修时，不得悬吊桩锤。

25. 桩机在安装、转移和拆运时，不得强行弯曲液压管路。

26. 作业后，应将桩机停放在坚实平整的地面上，将桩锤落下垫实，并切断动力电源。轨道式桩架应夹紧夹轨器。

二、柴油打桩锤

1. 作业前应检查导向板的固定与磨损情况，导向板不得有松动或缺件，导向面磨损不得大于 7mm。

2. 作业前应检查并确认起落架各工作机构安全可靠，启动钩与上活塞接触线距离应在 5 ~10mm 之间。

3. 作业前应检查柴油锤与桩帽的连接，提起柴油锤，柴油锤脱出砧座后，柴油锤下滑长度不应超过使用说明书的规定值，超过时，应调整桩帽连接钢丝绳的长度。

4. 作业前应检查缓冲胶垫，当砧座和橡胶垫的接触面小于原面积 2/3 时，或下气缸法兰与砧座间隙小于使用说明书的规定值时，均应更换橡胶垫。

5. 水冷式柴油锤应加满水箱，并应保证柴油锤连续工作时有足够的冷却水。冷却水应使用清洁的软水。冬期作业时应加温水。

6. 桩帽上缓冲垫木的厚度应符合要求，垫木不得偏斜。金属桩的垫木厚度应为 100 ~ 150mm；混凝土桩的垫木厚度应为 200 ~250mm。

7. 柴油锤启动前，柴油锤、桩帽和桩应在同一轴线上，不得偏心打桩。

8. 在软土打桩时，应先关闭油门冷打，当每击贯入度小于 100mm 时，再启动柴油锤。

9. 柴油锤运转时，冲击部分的跳起高度应符合使用说明书的要求，达到规定高度时，应减小油门，控制落距。

10. 当上活塞下落而柴油锤未燃爆，上活塞发生短时间的起伏时，起落架不得落下，以防撞击碰块。

11. 打桩过程中，应有专人负责拉好曲臂上的控制绳，在意外情况下，可使用控制绳紧急停锤。

12. 柴油锤启动后，应提升起落架，在锤击过程中起落架与上气缸顶部之间的距离不应小于 2m。

13. 筒式柴油锤上活塞跳起时，应观察是否有润滑油从泄油孔中流出。下活塞的润滑油应按使用说明书的要求加注。

14. 柴油锤出现早燃时，应停止工作，并应按使用说明书的要求进行处理。

15. 作业后，应将柴油锤放到最低位置，封盖上汽缸和吸排气孔，关闭燃料阀，将操作杆置于停机位置，起落架升至高于桩锤 1m 处，并应锁住安全限位装置。

16. 长期停用的柴油锤，应从桩机上卸下，放掉冷却水、燃油及润滑油，将燃烧室及上、下活塞打击面清洗干净，并应做好防腐措施，盖上保护套，入库保存。

三、振动桩锤

1. 作业前，应检查并确认振动桩锤各部位螺栓、销轴的连接牢靠，减振装置的弹簧、轴和导向套完好。

2. 作业前，应检查各传动胶带的松紧度，松紧度不符合规定时应及时调整。

3. 作业前，应检查夹持片的齿形。当齿形磨损超过 4mm 时，应更换或用堆焊修复。使用前，应在夹持片中间放一块 10 ~ 15mm 厚的钢板进行试夹。试夹中液压缸应无渗漏，系统压力应正常，夹持片之间无钢板时不得试夹。

4. 作业前，应检查并确认振动桩锤的导向装置牢固可靠。导向装置与立柱导轨的配合间隙应符合使用说明书的规定。

5. 悬挂振动桩锤的起重机吊钩应有防松脱的保护装置。振动桩锤悬挂钢架的耳环应加装保险钢丝绳。

6. 振动桩锤启动时间不应超过使用说明书的规定。当启动困难时，应查明原因，排除故障后继续启动。启动时应监视电流和电压，当启动后的电流降到正常值时，开始作业。

7. 夹桩时，夹紧装置和桩的头部之间不应有空隙。当液压系统工作压力稳定后，才能启动振动桩锤。

8. 沉桩前，应以桩的前端定位，并按使用说明书的要求调整导轨与桩的垂直度。

9. 沉桩时，应根据沉桩速度放松吊桩钢丝绳。沉桩速度、电机电流不得超过使用说明书的规定。沉桩速度过慢时，可在振动桩锤上按规定增加配重。当电流急剧上升时，应停机检查。

10. 拔桩时，当桩身埋入部分被拔起 1.0 ~ 1.5m 时，应停止拔桩，在拴好吊桩用钢丝绳后，再起振拔桩。当桩尖离地面只有 1.0 ~ 2.0m 时，应停止振动拔桩，由起重机直接拔桩。桩拔出后，吊桩钢丝绳未吊紧前，不得松开夹紧装置。

11. 拔桩应按沉桩的相反顺序起拔。夹紧装置在夹持板桩时，应靠近相邻一根。对工字桩应夹紧腹板的中央。当钢板桩和工字桩的头部有钻孔时，应将钻孔焊平或将钻孔以上割掉，或应在钻孔处焊接加强板，防止桩断裂。

12. 振动桩锤在正常振幅下仍不能拔桩时，应停止作业，改用功率较大的振动桩锤。拔桩时，拔桩力不应大于桩架的负荷能力。

13. 振动桩锤作业时，减振装置各摩擦部位应具有良好的润滑。减振器横梁的振幅超过规定时，应停机查明原因。

14. 作业中，当遇液压软管破损、液压操纵失灵或停电时，应立即停机，并应采取安全措施，不得让桩从夹紧装置中脱落。

15. 停止作业时，在振动桩锤完全停止运转前不得松开夹紧装置。

16. 作业后，应将振动桩锤沿导杆放至低处，并采用木块垫实，带桩管的振动桩锤可将桩管沉入土中 3m 以上。

17. 振动桩锤长期停用时，应卸下振动桩锤。

四、静力压桩机

1. 桩机纵向行走时，不得单向操作一个手柄，应两个手柄一起动作。短船回转或横向行走时，不应碰触长船边缘。

2. 桩机升降过程中，四个顶升缸中的两个一组，交替动作，每次行程不得超过 100mm。当单个顶升缸动作时，行程不得超过 50mm。压桩机在顶升过程中，船形轨道不宜压在已入土的单一桩顶上。

3. 压桩作业时，应有统一指挥，压桩人员和吊桩人员应密切联系，相互配合。

4. 起重机吊桩进入夹持机构，进行接桩或插桩作业后，操作人员在压桩前应确认吊钩已安全脱离桩体。

5. 操作人员应按桩机技术性能作业，不得超载运行。操作时动作不应过猛，应避免冲击。

6. 桩机发生浮机时，严禁起重机作业。如起重机已起吊物体，应立即将起吊物卸下，暂停压桩，在查明原因采取相应措施后，方可继续施工。

7. 压桩时，非工作人员应离机 10m。起重机的起重臂及桩机配重下方严禁站人。

8. 压桩时，操作人员的身体不得进入压桩台与机身的间隙之中。

9. 压桩过程中，桩产生倾斜时，不得采用桩机行走的方法强行纠正，应先将桩拔起，清除地下障碍物后，重新插桩。

10. 在压桩过程中，当夹持的桩出现打滑现象时，应通过提高液压缸压力增加夹持力，不得损坏桩，并应及时找出打滑原因，排除故障。

11. 桩机接桩时，上一节桩应提升 350～400mm，并不得松开夹持板。

12. 当桩的贯入阻力超过设计值时，增加配重应符合使用说明书的规定。

13. 当桩压到设计要求时，不得用桩机行走的方式，将超过规定高度的桩顶部分强行推断。

14. 作业完毕，桩机应停放在平整地面上，短船应运行至中间位置，其余液压缸应缩进回程，起重机吊钩应升至最高位置，各部制动器应制动，外露活塞杆应清理干净。

15. 作业后，应将控制器放在“零位”，并依次切断各部电源，锁闭门窗，冬期应放尽各部积水。

16. 转移工地时，应按规定程序拆卸桩机，所有油管接头处应加保护盖帽。

五、转盘钻孔机

1. 钻架的吊重中心、钻机的卡孔和护进管中心应在同一垂直线上，钻杆中心偏差不应大于 20mm。

2. 钻头和钻杆连接螺纹应良好，滑扣的不得使用。钻头焊接应牢固可靠，不得有裂纹。钻杆连接处应安装便于拆卸的垫圈。

3. 作业前，应先将各部操纵手柄置于空挡位置，人力盘动时不得有卡阻现象，然后空载运转，确认一切正常后方可作业。

4. 开钻时，应先送浆后开钻；停机时，应先停钻后停浆。泥浆泵应有专人看管，对泥浆质量和浆面高度应随时测量和调整，随时清除沉淀池中杂物，出现漏浆现象时应及时补充。

5. 开钻时，钻压应轻，转速应慢。在钻进过程中，应根据地质情况和钻进深度，选择合适的钻压和钻速，均匀给进。

6. 换挡时，应先停钻，挂上挡后再开钻。

7. 加接钻杆时，应使用特制的连接螺栓紧固，并应做好连接处的清洁工作。

8. 钻机下和井孔周围 2m 以内及高压胶管下，不得站人。钻杆不应在旋转时提升。

9. 发生提钻受阻时，应先设法使钻具活动后再慢慢提升，不得强行提升。当钻进受阻时，应采用缓冲击法解除，并查明原因，采取措施继续钻进。

10. 钻架、钻台平车、封口平车等的承载部位不得超载。

11. 使用空气反循环时，喷浆口应遮拦，管端应固定。

12. 钻进结束时，应把钻头略为提起，降低转速，空转 5 ~ 20min 后再停钻。停钻时，应先停钻后停风。

13. 作业后，应对钻机进行清洗和润滑，并应将主要部位进行遮盖。

六、螺旋钻孔机

1. 安装前，应检查并确认钻杆及各部件不得有变形；安装后，钻杆与动力头中心线的偏斜度不应超过全长的 1%。

2. 安装钻杆时，应从动力头开始，逐节往下安装。不得将所需长度的钻杆在地面上接好后一次起吊安装。

3. 钻机安装后，电源的频率与钻机控制箱的内频率应相同，不同时，应采用频率转换开关予以转换。

4. 钻机应放置在平稳、坚实的场地上。汽车式钻机应将轮胎支起，架好支腿，并应采用自动微调或线锤调整挺杆，使之保持垂直。

5. 启动前应检查并确认钻机各部件连接应牢固，传动带的松紧度应适当，减速箱内油位应符合规定，钻深限位报警装置应有效。

6. 启动前，应将操纵杆放在空挡位置。启动后，应进行空载运转试验，检查仪表、制动等各项，温度、声响应正常。

7. 钻孔时，应将钻杆缓慢放下，使钻头对准孔位，当电流表指针偏向无负荷状态时即可下钻。在钻孔过程中，当电流表超过额定电流时，应放慢下钻速度。

8. 钻机发出下钻限位报警信号时，应停钻，并将钻杆稍稍提升，在解除报警信号后，方可继续下钻。

9. 卡钻时，应立即停止下钻。查明原因前，不得强行启动。

10. 作业中，当需改变钻杆回转方向时，应在钻杆完全停转后再进行。

11. 作业中，当发现阻力过大、钻进困难、钻头发出异响或机架出现摇晃、移动、偏斜时，应立即停钻，在排除故障后，继续施钻。

12. 钻机运转时，应有专人看护，防止电缆线被缠入钻杆。

13. 钻孔时，不得用手清除螺旋片中的泥土。

14. 钻孔过程中，应经常检查钻头的磨损情况，当钻头磨损量超过使用说明书的允许值时，应予更换。

15. 作业中停电时，应将各控制器放置零位，切断电源，并应及时采取措施，将钻杆从孔内拔出。

16. 作业后，应将钻杆及钻头全部提升至孔外，先清除钻杆和螺旋叶片上的泥土，再将钻头放下接触地面，锁定各部制动，将操纵杆放到空挡位置，切断电源。

七、全套管钻机

1. 作业前应检查并确认套管和浇注管内侧不得有损坏和明显变形，不得有混凝土黏结。

2. 钻机内燃机启动后，应先怠速运转，再逐步加速至额定转速。钻机对位后，应进行试调，达到水平后，再进行作业。

3. 第一节套管入土后，应随时调整套管的垂直度。当套管入土深度大于5m时，不得强行纠偏。

4. 在套管内挖土碰到硬土层时，不得用锤式抓斗冲击硬土层，应采用十字凿锤将硬土层有效的破碎后，再继续挖掘。

5. 用锤式抓斗挖掘管内土层时，应在套管上加装保护套管接头的喇叭口。

6. 套管在对接时，接头螺栓应按出厂说明书规定的扭矩对称拧紧。接头螺栓拆下时，应立即洗净后浸入油中。

7. 起吊套管时，不得用卡环直接吊在螺纹孔内，损坏套管螺纹，应使用专用工具吊装。

8. 挖掘过程中，应保持套管的摆动。当发现套管不能摆动时，应拔出液压缸，将套管上提，再用起重机助拔，直至拔起部分套管能摆动为止。

9. 浇注混凝土时，钻机操作应和灌注作业密切配合，应根据孔深、桩长适当配管，套管与浇筑管保持同心，在浇注管埋入混凝土2~4m之间时，应同步拔管和拆管。

10. 上拔套管时，应左右摆动。套管分离时，下节套管头应用卡环保险，防止套管下滑。

11. 作业后，应及时清除机体、锤式抓斗及套管等外表的混凝土和泥砂，将机架放回行走位置，将机组转移至安全场所。

八、旋挖钻机

1. 作业地面应坚实平整，作业过程中地面不得下陷，工作坡度不得大于2°。

2. 钻机驾驶员进出驾驶室时，应利用阶梯和扶手上下。在作业过程中，不得将操纵杆当扶手使用。

3. 钻机行驶时，应将上车转台和底盘车架销住，履带式钻机还应锁定履带伸缩油缸的保护装置。

4. 钻孔作业前，应检查并确认固定上车转台和底盘车架的销轴已拔出。履带式钻机应将履带的轨距伸至最大。

5. 在钻机转移工作点、装卸钻具钻杆、收臂放塔和检修调试时，应有专人指挥，并确认附近不得有非作业人员和障碍。

6. 卷扬机提升钻杆、钻头和其他钻具时，重物应位于桅杆正前方。卷扬机钢丝绳与桅杆夹角应符合使用说明书的规定。

7. 开始钻孔时，钻杆应保持垂直，位置应正确，并应慢速钻进，在钻头进入土层后，再加快钻进。当钻斗穿过软硬土层交界处时，应慢速钻进。提钻时，钻头不得转动。

8. 作业中，发生浮机现象时，应立即停止作业，查明原因并正确处理后，继续作业。

9. 钻机移位时，应将钻桅及钻具提升到规定高度，并应检查钻杆，防止钻杆脱落。

10. 作业中，钻机作业范围内不得有非工作人员进入。

11. 钻机短时停机，钻桅可不放下，动力头及钻具应下放，并宜尽量接近地面。长时间停机，钻桅应按使用说明书的要求放置。

12. 钻机保养时，应按使用说明书的要求进行，并应将钻机支撑牢靠。

九、深层搅拌机

1. 搅拌机就位后，应检查搅拌机的水平度和导向架的垂直度，并应符合使用说明书的要求。

2. 作业前，应先空载试机，设备不得有异响，并应检查仪表、油泵等，确认正常后，正式开机运转。

3. 吸浆、输浆管路或粉喷高压软管的各接头应连接紧固。泵送水泥浆前，管路应保持湿润。

4. 作业中，应控制深层搅拌机的入土切削速度和提升搅拌的速度，并应检查电流表，电流不得超过规定。

5. 发生卡钻、停钻或管路堵塞现象时，应立即停机，并应将搅拌头提离地面，查明原因，妥善处理后，重新开机施工。

6. 作业中，搅拌机动力头的润滑应符合规定，动力头不得断油。

7. 当喷浆式搅拌机停机超过3h，应及时拆卸输浆管路，排除灰浆，清洗管道。

8. 作业后，应按使用说明书的要求，做好清洁保养工作。

十、成槽机

1. 作业前，应检查各传动机构、安全装置、钢丝绳等，并应确认安全可靠后，空载试车，试车运行中，应检查油缸、油管、油马达等液压元件，不得有渗漏油现象，油压应正常，油管盘、电缆盘应运转灵活，不得有卡滞现象，并应与起升速度保持同步。

2. 成槽机回转应平稳，不得突然制动。

3. 成槽机作业中，不得同时进行两种及以上动作。

4. 钢丝绳应排列整齐，不得松乱。

5. 成槽机起重性能参数应符合主机起重性能参数，不得超载。

6. 安装时，成槽抓斗应放置在把杆铅锤线下方的地面上，把杆角度应为75°~78°。起升把杆时，成槽抓斗应随着逐渐慢速提升，电缆与油管应同步卷起，以防油管与电缆损坏。接油管时应保持油管的清洁。

7. 工作场地应平坦坚实，在松软地面作业时，应在履带下铺设厚度在30mm以上的钢板，钢板纵向间距不应大于30mm。起重臂最大仰角不得超过78°，并应经常检查钢丝绳、滑轮，不得有严重磨损及脱槽现象，传动部件、限位保险装置、油温等应正常。

8. 成槽机行走履带应平行槽边，并应尽可能使主机远离槽边，以防槽段塌方。

9. 成槽机工作时，把杆下不得有人员，人员不得用手触摸钢丝绳及滑轮。

10. 成槽机工作时，应检查成槽的垂直度，并应及时纠偏。

11. 成槽机工作完毕，应远离槽边，抓斗应着地，设备应及时清洁。

12. 拆卸成槽机时，应将把杆置于75°~78°位置，放落成槽抓斗，逐渐变幅把杆，同步下放起升钢丝绳、电缆与油管，并应防止电缆、油管拉断。

13. 运输时，电缆及油管应卷绕整齐，并应垫高油管盘和电缆盘。

十一、冲孔桩机

1. 冲孔桩机施工场地应平整坚实。

2. 作业前应重点检查下列项目，并应符合相应要求：

1）连接应牢固，离合器、制动器、棘轮停止器、导向轮等传动应灵活可靠。

2）卷筒不得有裂纹，钢丝绳缠绕应正确，绳头应压紧，钢丝绳断丝、磨损不得超过规定。

3）安全信号和安全装置应齐全良好。

4）桩机应有可靠的接零或接地，电气部分应绝缘良好。

5）开关应灵敏可靠。

3. 卷扬机启动、停止或到达终点时，速度应平缓。卷扬机使用应按 JGJ 33—2011 第 4.7 节的规定执行。

4. 冲孔作业时，不得碰撞护筒、孔壁和钩挂护筒底缘；重锤提升时，应缓慢平稳。

5. 卷扬机钢丝绳应按规定进行保养及更换。

6. 卷扬机换向应在重锤停稳后进行，减少对钢丝绳的破坏。

7. 钢丝绳上应设有标记，提升落锤高度应符合规定，防止提锤过高，击断锤齿。

8. 停止作业时，冲锤应提出孔外，不得埋锤，并应及时切断电源；重锤落地前，司机不得离岗。

第四章　混凝土机械

一、一般规定

1. 混凝土机械的内燃机、电动机、空气压缩机等应符合 JGJ 33—2011 第 3 章的有关规定。行驶部分应符合 JGJ 33—2011 第 6 章的有关规定。

2. 液压系统的溢流阀、安全阀应齐全有效，调定压力应符合说明书要求。系统应无泄漏，工作应平稳，不得有异响。

3. 混凝土机械的工作机构、制动器、离合器、各种仪表及安全装置应齐全完好。

4. 电气设备作业应符合现行行业标准《施工现场临时用电安全技术规范》（JGJ 46）的有关规定。插入式、平板式振捣器的漏电保护器应采用防溅型产品，其额定漏电动作电流不应大于 15mA；额定漏电动作时间不应大于 0.1s。

5. 冬期施工，机械设备的管道、水泵及水冷却装置应采取防冻保温措施。

二、混凝土搅拌机

1. 作业区应排水通畅，并应设置沉淀池及防尘设施。

2. 操作人员视线应良好。操作台应铺设绝缘垫板。

3. 作业前应重点检查下列项目，并应符合相应要求：

1）料斗上、下限位装置应灵敏有效，保险销、保险链应齐全完好。钢丝绳报废应按现行国家标准《起重机　钢丝绳　保养、维护、安装、检验和报废》（GB/T 5972）的规定执行。

2）制动器、离合器应灵敏可靠。

3）各传动机构、工作装置应正常。开式齿轮、皮带轮等传动装置的安全防护罩应齐全可靠。齿轮箱、液压油箱内的油质和油量应符合要求。

4）搅拌筒与托轮接触应良好，不得窜动、跑偏。

5）搅拌筒内叶片应紧固，不得松动，叶片与衬板间隙应符合说明书规定。

6）搅拌机开关箱应设置在距搅拌机 5m 的范围内。

4. 作业前应进行空载运转，确认搅拌筒或叶片运转方向正确。反转出料的搅拌机应进行正、反转运转。空载运转时，不得有冲击现象和异常声响。

5. 供水系统的仪表计量应准确，水泵、管道等部件应连接可靠，不得有泄漏。

6. 搅拌机不宜带载启动，在达到正常转速后上料，上料量及上料程序应符合使用说明书的规定。

7. 料斗提升时，人员严禁在料斗下停留或通过；当需在料斗下方进行清理或检修时，应将料斗提升至上止点，并必须用保险销锁牢或用保险链挂牢。

8. 搅拌机运转时，不得进行维修、清理工作。当作业人员需进入搅拌筒内作业时，应先切断电源，锁好开关箱，悬挂“禁止合闸”的警示牌，并应派专人监护。

9. 作业完毕，宜将料斗降到最低位置，并应切断电源。

三、混凝土搅拌运输车

1. 混凝土搅拌运输车的内燃机和行驶部分应分别符合 JGJ 33—2011 第 3 章和第 6 章的有关规定。

2. 液压系统和气动装置的安全阀、溢流阀的调整压力应符合使用说明书的要求。卸料槽锁扣及搅拌筒的安全锁定装置应齐全完好。

3. 燃油、润滑油、液压油、制动液及冷却液应添加充足，质量应符合要求，不得有渗漏。

4. 搅拌筒及机架缓冲件应无裂纹或损伤，筒体与托轮应接触良好。搅拌叶片、进料斗、主辅卸料槽不得有严重磨损和变形。

5. 装料前应先启动内燃机空载运转，并低速旋转搅拌筒 3 ~ 5min，当各仪表指示正常、制动气压达到规定值时，并检查确认后装料。装载量不得超过规定值。

6. 行驶前，应确认操作手柄处于“搅动”位置并锁定，卸料槽锁扣应扣牢。搅拌行驶时最高速度不得大于 50km/h。

7. 出料作业时，应将搅拌运输车停靠在地势平坦处，应与基坑及输电线路保持安全距离，并应锁定制动系统。

8. 进入搅拌筒维修、清理混凝土前，应将发动机熄火，操作杆置于空挡，将发动机钥匙取出，并应设专人监护，悬挂安全警示牌。

四、混凝土输送泵

1. 混凝土泵应安放在平整、坚实的地面上，周围不得有障碍物，支腿应支设牢靠，机身应保持水平和稳定，轮胎应揳紧。

2. 混凝土输送管道的敷设应符合下列规定：

1）管道敷设前应检查并确认管壁的磨损量应符合使用说明书的要求，管道不得有裂纹、砂眼等缺陷。新管或磨损量较小的管道应敷设在泵出口处。

2）管道应使用支架或与建筑结构固定牢固。泵出口处的管道底部应依据泵送高度、混凝土排量等设置独立的基础，并能承受相应荷载。

3）敷设垂直向上的管道时，垂直管不得直接与泵的输出口连接，应在泵与垂直管之间敷设长度不小于 15m 的水平管，并加装逆止阀。

4）敷设向下倾斜的管道时，应在泵与斜管之间敷设长度不小于 5 倍落差的水平管。当倾斜度大于 7°时，应加装排气阀。

3. 作业前应检查并确认管道连接处管卡扣牢，不得泄漏。混凝土泵的安全防护装置应齐全可靠，各部位操纵开关、手柄等位置应正确，搅拌斗防护网应完好牢固。

4. 砂石粒径、水泥强度等级及配合比应符合出厂规定，并应满足混凝土泵的泵送要求。

5. 混凝土泵启动后，应空载运转，观察各仪表的指示值，检查泵和搅拌装置的运转情况，并确认一切正常后作业。泵送前应向料斗加入清水和水泥砂浆润滑泵及管道。

6. 混凝土泵在开始或停止泵送混凝土前，作业人员应与出料软管保持安全距离，作业人员不得在出料口下方停留。出料软管不得埋在混凝土中。

7. 泵送混凝土的排量、浇注顺序应符合混凝土浇筑施工方案的要求。施工荷载应控制在允许范围内。

8. 混凝土泵工作时，料斗中混凝土应保持在搅拌轴线以上，不应吸空或无料泵送。

9. 混凝土泵工作时，不得进行维修作业。

10. 混凝土泵作业中，应对泵送设备和管路进行观察，发现隐患应及时处理。对磨损超过规定的管子、卡箍、密封圈等应及时更换。

11. 混凝土泵作业后应将料斗和管道内的混凝土全部排出，并对泵、料斗、管道进行清洗。清洗作业应按说明书要求进行。不宜采用压缩空气进行清洗。

五、混凝土泵车

1. 混凝土泵车应停放在平整坚实的地方，与沟槽和基坑的安全距离应符合使用说明书的要求。臂架回转范围内不得有障碍物，与输电线路的安全距离应符合现行行业标准《施工现场临时用电安全技术规范》（JGJ 46）的有关规定。

2. 混凝土泵车作业前，应将支腿打开，并应采用垫木垫平，车身的倾斜度不应大于 3°。

3. 作业前应重点检查下列项目，并应符合相应要求：

1）安全装置应齐全有效，仪表应指示正常。

2）液压系统、工作机构应运转正常。

3）料斗网格应完好牢固。

4）软管安全链与臂架连接应牢固。

4. 伸展布料杆应按出厂说明书的顺序进行。布料杆在升离支架前不得回转。不得用布料杆起吊或拖拉物件。

5. 当布料杆处于全伸状态时，不得移动车身。当需要移动车身时，应将上段布料杆折叠固定，移动速度不得超过10km/h。

6. 不得接长布料配管和布料软管。

六、插入式振捣器

1. 作业前应检查电动机、软管、电缆线、控制开关等，并应确认处于完好状态。电缆线连接应正确。

2. 操作人员作业时应穿戴符合要求的绝缘鞋和绝缘手套。

3. 电缆线应采用耐候型橡皮护套铜芯软电缆，并不得有接头。

4. 电缆线长度不应大于30m。不得缠绕、扭结和挤压，并不得承受任何外力。

5. 振捣器软管的弯曲半径不得小于500mm，操作时应将振捣器垂直插入混凝土，深度不宜超过600mm。

6. 振捣器不得在初凝的混凝土、脚手板和干硬的地面上进行试振。在检修或作业间断时，应切断电源。

7. 作业完毕，应切断电源，并应将电动机、软管及振动棒清理干净。

七、附着式、平板式振捣器

1. 作业前应检查电动机、电源线、控制开关等，并确认完好无破损。附着式振捣器的安装位置应正确，连接应牢固，并应安装减振装置。

2. 操作人员穿戴应符合JGJ 33—2012第8.6.2条的要求。

3. 平板式振捣器应采用耐气候型橡皮护套铜芯软电缆，并不得有接头和承受任何外力，其长度不应超过30m。

4. 附着式、平板式振捣器的轴承不应承受轴向力，振捣器使用时，应保持振捣器电动机轴线在水平状态。

5. 附着式、平板式振捣器的使用应符合JGJ 33—2012规程第8.6.6条的规定。

6. 平板式振捣器作业时应使用牵引绳控制移动速度，不得牵拉电缆。

7. 在同一块混凝土模板上同时使用多台附着式振捣器时，各振动器的振频应一致，安装位置宜交错设置。

8. 安装在混凝土模板上的附着式振捣器，每次作业时间应根据施工方案确定。

9. 作业完毕，应切断电源，并应将振捣器清理干净。

八、混凝土振动台

1. 作业前应检查电动机、传动及防护装置，并确认完好有效。轴承座、偏心块及机座螺栓应紧固牢靠。

2. 振动台应设有可靠的锁紧夹，振动时应将混凝土槽锁紧，混凝土模板在振动台上不得无约束振动。

3. 振动台电缆应穿在电管内，并预埋牢固。

4. 作业前应检查并确认润滑油不得有泄漏，油温、传动装置应符合要求。

5. 在作业过程中，不得调节预置拨码开关。

6. 振动台应保持清洁。

九、混凝土喷射机

1. 喷射机风源、电源、水源、加料设备等应配套齐全。

2. 管道应安装正确，连接处应紧固密封。当管道通过道路时，管道应有保护措施。

3. 喷射机内部应保持干燥和清洁。应按出厂说明书规定的配合比配料，不得使用结块的水泥和未经筛选的砂石。

4. 作业前应重点检查下列项目，并应符合相应要求：

1）安全阀应灵敏可靠。

2）电源线应无破损现象，接线应牢靠。

3）各部密封件应密封良好，橡胶结合板和旋转板上出现的明显沟槽应及时修复。

4）压力表指针显示应正常。应根据输送距离，及时调整风压的上限值。

5）喷枪水环管应保持畅通。

5. 启动时，应按顺序分别接通风、水、电。开启进气阀时，应逐步达到额定压力。启动电动机后，应空载试运转，确认一切正常后方可投料作业。

6. 机械操作人员和喷射作业人员应有信号联系，送风、加料、停料、停风及发生堵塞时，应联系畅通，密切配合。

7. 喷嘴前方不得有人员。

8. 发生堵管时，应先停止喂料，敲击堵塞部位，使物料松散，然后用压缩空气吹通。操作人员作业时，应紧握喷嘴，不得甩动管道。

9. 作业时，输送软管不得随地拖拉和折弯。

10. 停机时，应先停止加料，再关闭电动机，然后停止供水，最后停送压缩空气，并应将仓内及输料管内的混合料全部喷出。

11. 停机后，应将输料管、喷嘴拆下清洗干净，清除机身内外粘附的混凝土料及杂物，并应使密封件处于放松状态。

十、混凝土布料机

1. 设置混凝土布料机前，应确认现场有足够的作业空间，混凝土布料机任一部位与其他设备及构筑物的安全距离不应小于0.6m。

2. 混凝土布料机的支撑面应平整坚实。固定式混凝土布料机的支撑应符合使用说明书的要求，支撑结构应经设计计算，并应采取相应加固措施。

3. 手动式混凝土布料机应有可靠的防倾覆措施。

4. 混凝土布料机作业前应重点检查下列项目，并应符合相应要求：

1）支腿应打开垫实，并应锁紧。

2）塔架的垂直度应符合使用说明书要求。

3）配重块应与臂架安装长度匹配。

4）臂架回转机构润滑应充足，转动应灵活。

5）机动混凝土布料机的动力装置、传动装置、安全及制动装置应符合要求。

6）混凝土输送管道应连接牢固。

5. 手动混凝土布料机回转速度应缓慢均匀，牵引绳长度应满足安全距离的要求。

6. 输送管出料口与混凝土浇筑面宜保持1m的距离，不得被混凝土掩埋。

7. 人员不得在臂架下方停留。

8. 当风速达到10.8m/s及以上或大雨、大雾等恶劣天气应停止作业。

第五章　钢筋加工机械

一、一般规定

1. 机械的安装应坚实稳固。固定式机械应有可靠的基础；移动式机械作业时应揳紧行走轮。

2. 手持式钢筋加工机械作业时，应佩戴绝缘手套等防护用品。

3. 加工较长的钢筋时，应有专人帮扶。帮扶人员应听从机械操作人员指挥，不得任意推拉。

二、钢筋调直切断机

1. 料架、料槽应安装平直，并应与导向筒、调直筒和下切刀孔的中心线一致。

2. 切断机安装后，应用手转动飞轮，检查传动机构和工作装置，并及时调整间隙，紧固螺栓。在检查并确认电气系统正常后，进行空运转。切断机空运转时，齿轮应啮合良好，并不得有异响，确认正常后开始作业。

3. 作业时，应按钢筋的直径，选用适当的调直块、曳引轮槽及传动速度。调直块的孔径应比钢筋直径大2～5mm。曳引轮槽宽应和所需调直钢筋的直径相符合。大直径钢筋宜选用较慢的传动速度。

4. 在调直块未固定或防护罩未盖好前，不得送料。作业中，不得打开防护罩。

5. 送料前，应将弯曲的钢筋端头切除。导向筒前应安装一根长度宜为1m的钢管。

6. 钢筋送入后，手应与曳轮保持安全距离。

7. 当调直后的钢筋仍有慢弯时，可逐渐加大调直块的偏移量，直到调直为止。

8. 切断3～4根钢筋后，应停机检查钢筋长度，当超过允许偏差时，应及时调整限位开关或定尺板。

三、钢筋切断机

1. 接送料的工作台面应和切刀下部保持水平，工作台的长度应根据加工材料长度确定。

2. 启动前，应检查并确认切刀不得有裂纹，刀架螺栓应紧固，防护罩应牢靠。应用手转动皮带轮，检查齿轮啮合间隙，并及时调整。

3. 启动后，应先空运转，检查并确认各传动部分及轴承运转正常后，开始作业。

4. 机械未达到正常转速前，不得切料。操作人员应使用切刀的中、下部位切料，应紧握钢筋对准刃口迅速投入，并应站在固定刀片一侧用力压住钢筋，防止钢筋末端弹出伤人。

不得用双手分在刀片两边握住钢筋切料。

5. 操作人员不得剪切超过机械性能规定强度及直径的钢筋或烧红的钢筋。一次切断多根钢筋时，其总截面积应在规定范围内。

6. 剪切低合金钢筋时，应更换高硬度切刀，剪切直径应符合机械性能的规定。

7. 切断短料时，手和切刀之间的距离应大于150mm，并应采用套管或夹具将切断的短料压住或夹牢。

8. 机械运转中，不得用手直接清除切刀附近的断头和杂物。在钢筋摆动范围和机械周围，非操作人员不得停留。

9. 当发现机械有异常响声或切刀歪斜等不正常现象时，应立即停机检修。

10. 液压式切断机启动前，应检查并确认液压油位符合规定。切断机启动后，应空载运转，检查并确认电动机旋转方向应符合规定，并应打开放油阀，在排净液压缸体内的空气后开始作业。

11. 手动液压式切断机使用前，应将放油阀按顺时针方向旋紧，作业完毕后，应立即按逆时针方向旋松。

四、钢筋弯曲机

1. 工作台和弯曲机台面应保持水平。

2. 作业前应准备好各种芯轴及工具，并应按加工钢筋的直径和弯曲半径的要求，装好相应规格的芯轴和成型轴、挡铁轴。

3. 芯轴直径应为钢筋直径的2.5倍。挡铁轴应有轴套。挡铁轴的直径和强度不得小于被弯钢筋的直径和强度。

4. 启动前，应检查并确认芯轴、挡铁轴、转盘等不得有裂纹和损伤，防护罩应有效。在空载运转并确认正常后，开始作业。

5. 作业时，应将需弯曲的一端钢筋插入在转盘固定销的间隙内，将另一端紧靠机身固定销，并用手压紧，在检查并确认机身固定销安放在挡住钢筋的一侧后，启动机械。

6. 弯曲作业时，不得更换轴芯、销子和变换角度以及调速，不得进行清扫和加油。

7. 对超过机械铭牌规定直径的钢筋不得进行弯曲。在弯曲未经冷拉或带有锈皮的钢筋时，应戴防护镜。

8. 在弯曲高强度钢筋时，应进行钢筋直径换算，钢筋直径不得超过机械允许的最大弯曲能力，并应及时调换相应的芯轴。

9. 操作人员应站在机身设有固定销的一侧。成品钢筋应堆放整齐，弯钩不得朝上。

10. 转盘换向应在弯曲机停稳后进行。

五、钢筋冷拉机

1. 应根据冷拉钢筋的直径，合理选用冷拉卷扬机。卷扬钢丝绳应经封闭式导向滑轮，并应和被拉钢筋成直角。操作人员应能见到全部冷拉场地。卷扬机与冷拉中心线距离不得小于5m。

2. 冷拉场地应设置警戒区，并应安装防护栏及警告标志。非操作人员不得进入警戒区。作业时，操作人员与受拉钢筋的距离应大于2m。

3. 采用配重控制的冷拉机应有指示起落的记号或专人指挥。冷拉机的滑轮、钢丝绳应相匹配。配重提起时，配重离地高度应小于300mm。配重架四周应设置防护栏杆及警告标志。

4. 作业前，应检查冷拉机，夹齿应完好；滑轮、拖拉小车应润滑灵活；拉钩、地锚及防护装置应齐全牢固。

5. 采用延伸率控制的冷拉机，应设置明显的限位标志，并应有专人负责指挥。

6. 照明设施宜设置在张拉警戒区外。当需设置在警戒区内时，照明设施安装高度应大于5m，并应有防护罩。

7. 作业后，应放松卷扬钢丝绳，落下配重，切断电源，并锁好开关箱。

六、钢筋冷拔机

1. 启动机械前，应检查并确认机械各部连接应牢固，模具不得有裂纹，轧头与模具的规格应配套。

2. 钢筋冷拔量应符合机械出厂说明书的规定。机械出厂说明书未作规定时，可按每次冷拔缩减模具孔径0.5~1.0mm进行。

3. 轧头时，应先将钢筋的一端穿过模具，钢筋穿过的长度宜为100~150mm，再用夹具夹牢。

4. 作业时，操作人员的手与轧辊应保持300~500mm的距离。不得用手直接接触钢筋和滚筒。

5. 冷拔模架中应随时加足润滑剂，润滑剂可采用石灰和肥皂水调和晒干后的粉末。

6. 当钢筋的末端通过冷拔模后，应立即脱开离合器，同时用手闸挡住钢筋末端。

7. 冷拔过程中，当出现断丝或钢筋打结乱盘时，应立即停机处理。

七、钢筋螺纹成型机

1. 在机械使用前，应检查并确认刀具安装应正确，连接应牢固，运转部位润滑应良好，不得有漏电现象，空车试运转并确认正常后作业。

2. 钢筋应先调直再下料。钢筋切口端面应与轴线垂直，不得用气割下料。

3. 加工锥螺纹时，应采用水溶性切削润滑液。当气温低于0℃时，可掺入15%~20%亚硝酸钠。套丝作业时，不得用机油作润滑液或不加润滑液。

4. 加工时，钢筋应夹持牢固。

5. 机械在运转过程中，不得清扫刀片上面的积屑杂物和进行检修。

6. 不得加工超过机械铭牌规定直径的钢筋。

八、钢筋除锈机

1. 作业前应检查并确认钢丝刷应固定牢靠，传动部分应润滑充分，封闭式防护罩及排尘装置等应完好。

2. 操作人员应束紧袖口，并应佩戴防尘口罩、手套和防护眼镜。

3. 带弯钩的钢筋不得上机除锈。弯度较大的钢筋宜在调直后除锈。

4. 操作时，应将钢筋放平，并侧身送料。不得在除锈机正面站人。较长钢筋除锈时，应有2人配合操作。

第六章 木工机械

一、一般规定

1. 机械操作人员应穿紧口衣裤，并束紧长发，不得系领带和戴手套。

2. 机械的电源安装和拆除及机械电气故障的排除，应由专业电工进行。机械应使用单向开关，不得使用倒顺双向开关。

3. 机械安全装置应齐全有效，传动部位应安装防护罩，各部件应连接紧固。

4. 机械作业场所应配备齐全可靠的消防器材。在工作场所，不得吸烟和动火，并不得混放其他易燃易爆物品。

5. 工作场所的木料应堆放整齐，道路应畅通。

6. 机械应保持清洁，工作台上不得放置杂物。

7. 机械的皮带轮、锯轮、刀轴、锯片、砂轮等高速转动部件的安装应平衡。

8. 各种刀具破损程度不得超过使用说明书的规定要求。

9. 加工前，应清除木料中的铁钉、铁丝等金属物。

10. 装设除尘装置的木工机械作业前，应先启动排尘装置，排尘管道不得变形、漏气。

11. 机械运行中，不得测量工件尺寸和清理木屑、刨花和杂物。

12. 机械运行中，不得跨越机械传动部分。排除故障、拆装刀具应在机械停止运转，并切断电源后进行。

13. 操作时，应根据木材的材质、粗细、湿度等选择合适的切削和进给速度。操作人员与辅助人员应密切配合，并应同步匀速接送料。

14. 使用多功能机械时，应只使用其中一种功能，其他功能的装置不得妨碍操作。

15. 作业后，应切断电源，锁好闸箱，并应进行清理、润滑。

16. 机械噪声不应超过建筑施工场界噪声限值；当机械噪声超过限值时，应采取降噪措施。机械操作人员应按规定佩戴个人防护用品。

二、带锯机

1. 作业前，应对锯条及锯条安装质量进行检查。锯条齿侧或锯条接头处的裂纹长度超过10mm、连续缺齿两个和接头超过两处的锯条不得使用。当锯条裂纹长度在10mm以下时，应在裂纹终端冲一止裂孔。锯条松紧度应调整适当。带锯机启动后，应空载试运转，并应确认运转正常，无串条现象后，开始作业。

2. 作业中，操作人员应站在带锯机的两侧，跑车开动后，行程范围内的轨道周围不应站人，不应在运行中跑车。

3. 原木进锯前，应调好尺寸，进锯后不得调整。进锯速度应均匀。

4. 倒车应在木材的尾端越过锯条500mm后进行，倒车速度不宜过快。

5. 平台式带锯作业时，送接料应配合一致。送料、接料时不得将手送进台面。锯短料时，应采用推棍送料。回送木料时，应离开锯条50mm及以上。

6. 带锯机运转中，当木屑堵塞吸尘管口时，不得清理管口。

7. 作业中，应根据锯条的宽度与厚度及时调节挡位或增减带锯机的压砣（重锤）。当发生锯条口松或串条等现象时，不得用增加压砣（重锤）重量的办法进行调整。

三、圆盘锯

1. 木工圆锯机上的旋转锯片必须设置防护罩。

2. 安装锯片时，锯片应与轴同心，夹持锯片的法兰盘直径应为锯片直径的1/4。

3. 锯片不得有裂纹。锯片不得有连续2个及以上的缺齿。

4. 被锯木料的长度不应小于500mm。作业时，锯片应露出木料10~20mm。

5. 送料时，不得将木料左右晃动或抬高；遇木节时，应缓慢送料；接近端头时，应采用推棍送料。

6. 当锯线走偏时，应逐渐纠正，不得猛扳，以防止损坏锯片。

7. 作业时，操作人员应戴防护眼镜，手臂不得跨越锯片，人员不得站在锯片的旋转方向。

四、平面刨（手压刨）

1. 刨料时，应保持身体平稳，用双手操作。刨大面时，手应按在木料上面；刨小料时，手指不得低于料高一半。不得手在料后推料。

2. 当被刨木料的厚度小于30mm，或长度小于400mm时，应采用压板或推棍推进。厚度小于15mm，或长度小于250mm的木料，不得在乎刨上加工。

3. 刨旧料前，应将料上的钉子、泥砂清除干净。被刨木料如有破裂或硬节等缺陷时，应处理后再施刨。遇木槎、节疤应缓慢送料。不得将手按在节疤上强行送料。

4. 刀片、刀片螺钉的厚度和重量应一致，刀架与夹板应吻合贴紧，刀片焊缝超出刀头或有裂缝的刀具不应使用。刀片紧固螺钉应嵌入刀片槽内，并离刀背不得小于10mm。刀片紧固力应符合使用说明书的规定。

5. 机械运转时，不得将手伸进安全挡板里侧去移动挡板或拆除安全挡板。

五、压刨床（单面和多面）

1. 作业时，不得一次刨削两块不同材质或规格的木料，被刨木料的厚度不得超过使用说明书的规定。

2. 操作者应站在进料的一侧。送料时应先进大头。接料人员应在被刨料离开料辊后接料。

3. 刨刀与刨床台面的水平间隙应在10~30mm之间。不得使用带开口槽的刨刀。

4. 每次进刀量宜为2~5mm。遇硬木或节疤，应减小进刀量，降低送料速度。

5. 刨料的长度不得小于前后压辊之间距离。厚度小于10mm的薄板应垫托板作业。

6. 压刨床的逆止爪装置应灵敏有效。进料齿辊及托料光辊应调整水平，上下距离应保持一致，齿辊应低于工件表面1~2mm，光辊应高出台面0.3~0.8mm。工作台面不得歪斜和高低不平。

7. 刨削过程中，遇木料走横或卡住时，应先停机，再放低台面，取出木料，排除故障。

8. 安装刀片时，应按JGJ 33—2012第10.4.4条的规定执行。

六、磨光机

1. 作业前，应对下列项目进行检查，并符合相应要求：

1）盘式磨光机防护装置应齐全有效。

2）砂轮应无裂纹破损。

3）带式磨光机砂筒上砂带的张紧度应适当。

4）各部轴承应润滑良好，紧固连接件应连接可靠。

2. 磨削小面积工件时，宜尽量在台面整个宽度内排满工件，磨削时，应渐次连续进给。

3. 带式磨光机作业时，压垫的压力应均匀。砂带纵向移动时，砂带应和工作台横向移动互相配合。

4. 盘式磨光机作业时，工件应放在向下旋转的半面进行磨光。手不得靠近磨盘。

第四部分　施工安全技术

第一章　土石方工程

一、基本规定

1. 土石方工程施工应由具有相应资质及安全生产许可证的企业承担。

2. 土石方工程应编制专项施工安全方案，并应严格按照方案实施。

3. 施工前应针对安全风险进行安全教育及安全技术交底。特种作业人员必须持证上岗，机械操作人员应经过专业技术培训。

4. 施工现场发现危及人身安全和公共安全的隐患时，必须立即停止作业，排除隐患后方可恢复施工。

5. 在土石方施工过程中，当发现古墓、古物等地下文物或其他不能辨认的液体、气体及异物时，应立即停止作业，做好现场保护，并报有关部门处理后方可继续施工。

二、基坑工程

（一）一般规定

1. 基坑工程应按现行行业标准《建筑基坑支护技术规程》（JGJ 120）进行设计；必须遵循先设计后施工的原则；应按设计和施工方案要求，分层、分段、均衡开挖。

2. 土方开挖前，应查明基坑周边影响范围内建（构）筑物、上下水、电缆、燃气、排水及热力等地下管线情况，并采取措施保护其使用安全。

3. 基坑开挖深度范围内有地下水时，应采取有效的地下水控制措施。

4. 基坑工程应编制应急预案。

（二）基坑开挖的防护

1. 开挖深度超过2m的基坑周边必须安装防护栏杆。防护栏杆应符合下列规定：

1）防护栏杆高度不应低于1.2m。

2）防护栏杆应由横杆及立杆组成；横杆应设2～3道，下杆离地高度宜为0.3～0.6m，上杆离地高度宜为1.2～1.5m；立杆间距不宜大于2.0m，立杆离坡边距离宜大于0.5m；

3）防护栏杆宜加挂密目安全网和挡脚板；安全网应自上而下封闭设置；挡脚板高度不应小于180mm，挡脚板下沿离地高度不应大于10mm。

4）防护栏杆应安装牢固，材料应有足够的强度。

2. 基坑内宜设置供施工人员上下的专用梯道。梯道应设扶手栏杆，梯道的宽度不应小于1m。梯道的搭设应符合相关安全规范的要求。

3. 基坑支护结构及边坡顶面等有坠落可能的物件时，应先行拆除或加以固定。

4. 同一垂直作业面的上下层不宜同时作业。需同时作业时，上下层之间应采取隔离防护措施。

（三）作业要求

1. 在电力管线、通信管线、燃气管线 2m 范围内及上下水管线 1m 范围内挖土时，应有专人监护。

2. 基坑支护结构必须在达到设计要求的强度后。方可开挖下层土方，严禁提前开挖和超挖。施工过程中，严禁设备或重物碰撞支撑、腰梁、锚杆等基坑支护结构，亦不得在支护结构上放置或悬挂重物。

3. 基坑边坡的顶部应设排水措施。基坑底四周宜设排水沟和集水井，并及时排除积水。基坑挖至坑底时应及时清理基底并浇筑垫层。

4. 对人工开挖的狭窄基槽或坑井，开挖深度较大并存在边坡塌方危险时，应采取支护措施。

5. 地质条件良好、土质均匀且无地下水的自然放坡的坡率允许值应根据地方经验确定。当无经验时，可符合表 4-1-1 的规定。

表 4-1-1　自然放坡的坡率允许值

边坡土体类别	状态	坡率允许值（高宽比）	
		坡高小于 5m	坡高 5m ~ 10m
碎石土	密实	1:0.35 ~ 1:0.50	1:0.50 ~ 1:0.75
	中密	1:0.50 ~ 1:0.75	1:0.75 ~ 1:1.00
	稍密	1:0.75 ~ 1:1.00	1:1.00 ~ 1:1.25
黏性土	坚硬	1:0.75 ~ 1:1.00	1:1.00 ~ 1:1.25
	硬塑	1:1.00 ~ 1:1.25	1:1.25 ~ 1:1.50

注：1. 表中碎石土的充填物为坚硬或硬塑状态的黏性土；
2. 对于砂土填充或充填物为砂石的碎石土，其边坡坡率允许值应按自然休止角确定。

6. 在软土场地上挖土，当机械不能正常行走和作业时，应对挖土机械行走路线用铺设渣土或砂石等方法进行硬化。

7. 场地内有孔洞时，土方开挖前应将其填实。

8. 遇异常软弱土层、流砂（土）、管涌，应立即停止施工，并及时采取措施。

9. 除基坑支护设计允许外，基坑边不得堆土、堆料、放置机具。

10. 采用井点降水时，井口应设置防护盖板或围栏，设置明显的警示标志。降水完成后，应及时将井填实。

11. 施工现场应采用防水型灯具，夜间施工的作业面及进出道路应有足够的照明措施和安全警示标志。

（四）险情预防

1. 深基坑开挖过程中必须进行基坑变形监测，发现异常情况应及时采取措施。

2. 土方开挖过程中，应定期对基坑及周边环境进行巡视，随时检查基坑位移（土体裂缝）、倾斜、土体及周边道路沉陷或隆起、地下水涌出、管线开裂、不明气体冒出和基坑防护栏杆的安全性等。

3. 在冰雹、大雨、大雪、风力 6 级及以上强风等恶劣天气之后，应及时对基坑和安全设施进行检查。

4. 当基坑开挖过程中出现位移超过预警值、地表裂缝或沉陷等情况时，应及时报告有关方面。出现塌方险情等征兆时，应立即停止作业，组织撤离危险区域，并立即通知有关方面进行研究处理。

三、深基坑工程

（一）基本规定

1. 建筑深基坑工程施工应根据深基坑工程地质条件、水文地质条件、周边环境保护要求、支护结构类型及使用年限、施工季节等因素，注重地区经验、因地制宜、精心组织，确保安全。

建筑深基坑工程施工安全等级划分应根据现行国家标准《建筑地基基础设计规范》（GB 50007）规定的地基基础设计等级，结合基坑本体安全、工程桩基与地基施工安全、基坑侧壁土层与荷载条件、环境安全等因素按表4-1-2确定。

表4-1-2 建筑深基坑工程施工安全等级

施工安全等级	划分条件
一级	1. 复杂地质条件及软土地区的2层及2层以上地下室的基坑工程； 2. 开挖深度大于15m的基坑工程； 3. 基坑支护结构与主体结构相结合的基坑工程； 4. 设计使用年限超过2年的基坑工程； 5. 侧壁为填土或软土，场地因开挖施工可能引起工程桩基发生倾斜、地基隆起变形等改变桩基、地铁隧道运营性能的工程； 6. 基坑侧壁受水浸透可能性大或基坑工程降水深度大于6m或降水对周边环境有较大影响的工程； 7. 地基施工对基坑侧壁土体状态及地基产生挤土效应较严重的工程； 8. 在基坑影响范围内存在较大交通荷载，或大于35kPa短期作用荷载的基坑工程， 9. 基坑周边环境条件复杂、对支护结构变形控制要求严格的工程； 10. 采用型钢水泥土墙支护方式、需要拔除型钢对基坑安全可能产生较大影响的基坑工程； 11. 采用逆作法上下同步施工的基坑工程； 12. 需要进行爆破施工的基坑工程
二级	除一级以外的其他基坑工程

2. 基坑工程施工前应具备下列资料：

1）基坑环境调查报告。明确基坑周边市政管线现状及渗漏情况，邻近建（构）筑物基础形式、埋深、结构类型、使用状况；相邻区域内正在施工和使用的基坑工程情况；相邻建筑工程打桩振动及重载车辆通行情况等。

2）基坑支护及降水设计施工图。对施工安全等级为一级的基坑工程，明确基坑变形控制设计指标，明确基坑变形、周围保护建筑、相关管线变形报警值。

3）基坑工程施工组织设计。开挖影响范围内的塔吊荷载、临建荷载、临时边坡稳定性等纳入设计验算范围，施工安全等级为一级的基坑工程应编制施工安全专项方案。

4）基坑安全监测方案。

3. 基坑工程设计施工图必须按有关规定通过专家评审，基坑工程施工组织设计必须按有关规定通过专家论证；对施工安全等级为一级的基坑工程，应进行基坑安全监测方案的专家评审。

4. 当基坑施工过程中发现地质情况或环境条件与原地质报告、环境调查报告不相符合，或环境条件发生变化时，应暂停施工，及时会同相关设计、勘察单位经过补充勘察、设计验算或设计修改后方可恢复施工。对涉及方案选型等重大设计修改的基坑工程，应重新组织评审和论证。

5. 在支护结构未达到设计强度前进行基坑开挖时，严禁在设计预计的滑（破）裂面范围内堆载；临时土石方的堆放应进行包括自身稳定性、邻近建筑物地基承载力、变形、稳定性和基坑稳定性验算。

6. 膨胀土、冻胀土、高灵敏土等场地深基坑工程的施工安全应符合 JGJ 311—2013 第 9 章的规定，湿陷性黄土基坑工程应符合现行行业标准《湿陷性黄土地区建筑基坑工程安全技术规程》（JGJ 167）的规定。

7. 基坑工程应实施信息施工法，并应符合下列规定：

1）施工准备阶段应根据设计要求和相关规范要求建立基坑安全监测系统。

2）土方开挖、降水施工前，监测设备与元器件应安装、调试完成。

3）高压旋喷注浆帷幕、三轴搅拌帷幕、土钉、锚杆等注浆类施工时，应通过对孔隙水压力、深层土体位移等监测与分析，评估水下施工对基坑周边环境影响，必要时应调整施工速度、工艺或工法。

4）对同时进行土方开挖、降水、支护结构、截水帷幕、工程桩等施工的基坑工程，应根据现场施工和运行的具体情况，通过试验与实测，区分不同危险源对基坑周边环境造成的影响，并应采取相应的控制措施。

5）应对变形控制指标按实施阶段性和工况节点进行控制目标分解；当阶段性控制目标或工况节点控制目标超标时，应立即采取措施在下一阶段或工况节点时实现累加控制目标。

6）应建立基坑安全巡查制度，及时反馈，并应有专业技术人员参与。

8. 对特殊条件下的施工安全等级为一级、超过设计使用年限的基坑工程应进行基坑安全评估。基坑安全评估原则应能确保不影响周边建（构）筑物及设施等的正常使用、不破坏景观、不造成环境污染。

（二）施工安全专项方案

1. 一般规定

1）应根据施工、使用与维护过程的危险源分析结果编制基坑工程施工安全专项方案。

2）基坑工程施工安全专项方案应符合下列规定：

（1）应针对危险源及其特征制定具体安全技术措施。

（2）应按消除、隔离、减弱危险源的顺序选择基坑工程安全技术措施。

（3）对重大危险源应论证安全技术方案的可靠性和可行性。

（4）应根据工程施工特点，提出安全技术方案实施过程中的控制原则、明确重点监控部位和监控指标要求。

（5）应包括基坑安全使用与维护全过程。

（6）设计和施工发生变更或调整时，施工安全专项方案应进行相应的调整和补充。

3）应根据施工图设计文件、危险源识别结果、周边环境与地质条件、施工工艺设备、施工经验等进行安全分析，选择相应的安全控制、监测预警、应急处理技术，制定应急预案并确定应急响应措施。

4）施工安全专项方案应通过专家论证。

2. 安全专项方案编制

1）基坑工程施工安全专项方案应与基坑工程施工组织设计同步编制。

2）基坑工程施工安全专项方案应包括下列主要内容：

（1）工程概况，包含基坑所处位置、基坑规模、基坑安全等级及现场勘查及环境调查结果、支护结构形式及相应附图。

（2）工程地质与水文地质条件，包含对基坑工程施工安全的不利因素分析。

（3）危险源分析，包含基坑工程本体安全、周边环境安全、施工设备及人员生命财产安全的危险源分析。

（4）各施工阶段与危险源控制相对应的安全技术措施，包含围护结构施工、支撑系统施工及拆除、土方开挖、降水等施工阶段危险源控制措施；各阶段施工用电、消防、防台风、防汛等安全技术措施。

（5）信息施工法实施细则，包含对施工监测成果信息的发布、分析、决策与指挥系统。

（6）安全控制技术措施、处理预案。

（7）安全管理措施，包含安全管理组织及人员教育培训等措施。

（8）对突发事件的应急响应机制，包含信息报告、先期处理、应急启动和应急终止。

3. 危险源分析

1）危险源分析应根据基坑工程周边环境条件和控制要求、工程地质条件、支护设计与施工方案、地下水与地表水控制方案、施工能力与管理水平、工程经验等进行，并应根据危险程度和发生的频率，识别为重大危险源和一般危险源。

2）符合下列特征之一的必须列为重大危险源：

（1）开挖施工对邻近建（构）筑物、设施必然造成安全影响或有特殊保护要求的。

（2）达到设计使用年限拟继续使用的。

（3）改变现行设计方案，进行加深、扩大及改变使用条件的。

（4）邻近的工程建设，包括打桩、基坑开挖降水施工影响基坑支护安全的。

（5）邻水的基坑。

3）下列情况应列为一般危险源：

（1）存在影响基坑工程安全性、适用性的材料低劣、质量缺陷、构件损伤或其他不利状态。

（2）支护结构、工程桩施工产生的振动、剪切等可能产生流土、土体液化、渗流破坏。

（3）截水帷幕可能发生严重渗漏。

（4）交通主干道位于基坑开挖影响范围内，或基坑周围建筑物管线、市政管线可能产生渗漏、管沟存水，或存在渗漏变形敏感性强的排水管等可能发生的水作用产生的危险源。

（5）雨期施工，土钉墙、浅层设置的预应力锚杆可能失效或承载力严重下降。

（6）侧壁为杂填土或特殊性岩土。

（7）基坑开挖可能产生过大隆起。

（8）基坑侧壁存在振动荷载。

（9）内支撑因各种原因失效或发生连续破坏。

（10）对支护结构可能产生横向冲击荷载。

（11）台风、暴雨或强降雨降水致使施工用电中断，基坑降排水系统失效。

（12）土钉、锚杆蠕变产生过大变形及地面裂缝。

4）危险源分析应采用动态分析方法，并应在施工安全专项方案中及时对危险源进行更新和补充。

4. 应急预案

1）应通过组织演练检验和评价应急预案的适用性和可操作性。

2）基坑工程发生险情时，应采取下列应急措施：

（1）基坑变形超过报警值时，应调整分层、分段土方开挖等施工方案，并宜采取坑内回填反压后增加临时支撑、锚杆等。

（2）周围地表或建筑物变形速率急剧加大，基坑有失稳趋势时，宜采取卸载、局部或全部回填反压，待稳定后再进行加固处理。

（3）坑底隆起变形过大时，应采取坑内加载反压、调整分区、分步开挖、及时浇筑快硬混凝土垫层等措施。

（4）坑外地下水位下降速率过快引起周边建筑物与地下管线沉降速率超过警戒值，应调整抽水速度减缓地下水位下降速度或采用回灌措施。

（5）围护结构渗水、流土，可采用坑内引流、封堵或坑外快速注浆的方式进行堵漏；情况严重时应立即回填，再进行处理。

（6）开挖底面出现流砂、管涌时，应立即停止挖土施工，根据情况采取回填、降水法降低水头差、设置反滤层封堵流土点等方式进行处理。

3）基坑工程施工引起邻近建筑物开裂及倾斜事故时，应根据具体情况采取下列处置措施：

（1）立即停止基坑开挖，回填反压。

（2）增设锚杆或支撑。

（3）采取回灌、降水等措施调整降深。

（4）在建筑物基础周围采用注浆加固土体。

（5）制定建筑物的纠偏方案并组织实施。

（6）情况紧急时应及时疏散人员。

4）基坑工程引起邻近地下管线破裂，应采取下列应急措施：

（1）立即关闭危险管道阀门，采取措施防止产生火灾、爆炸、冲刷、渗流破坏等安全事故。

（2）停止基坑开挖，回填反压、基坑侧壁卸载。

（3）及时加固、修复或更换破裂管线。

5）基坑工程变形监测数据超过报警值，或出现基坑、周边建（构）筑、管线失稳破坏征兆时，应立即停止施工作业，撤离人员。待险情排除后方可恢复施工。

5. 应急响应

1）应急响应应根据应急预案采取抢险准备、信息报告、应急启动和应急终止四个程序统一执行。

2）应急响应前的抢险准备，应包括下列内容：

（1）应急响应需要的人员、设备、物资准备。

（2）增加基坑变形监测手段与频次的措施。

（3）储备截水堵漏的必要器材。

（4）清理应急通道。

3）当基坑工程发生险情时，应立即启动应急响应，并向上级和有关部门报告以下信息：

（1）险情发生的时间、地点。

（2）险情的基本情况及抢救措施。

（3）险情的伤亡及抢救情况。

4）基坑工程施工与使用中，应针对下列情况启动安全应急响应：

（1）基坑支护结构水平位移或周围建（构）筑物、周边道路（地面）出现裂缝、沉降、地下管线不均匀沉降或支护结构构件内力等指标超过限值时。

（2）建筑物裂缝超过限值或土体分层竖向位移或地表裂缝宽度突然超过报警值时。

（3）施工过程出现大量涌水、涌砂时。

（4）基坑底部隆起变形超过报警值时。

（5）基坑施工过程遭遇大雨或暴雨天气，出现大量积水时。

（6）基坑降水设备发生突发性停电或设备损坏造成地下水位升高时。

（7）基坑施工过程因各种原因导致人身伤亡事故出现时。

（8）遭受自然灾害、事故或其他突发事件影响的基坑。

（9）其他有特殊情况可能影响安全的基坑。

5）应急终止应满足下列要求：

（1）引起事故的危险源已经消除或险情得到有效控制。

（2）应急救援行动已完全转化为社会公共救援。

（3）局面已无法控制和挽救，场内相关人员已全部撤离。

（4）应急总指挥根据事故的发展状态认为终止的。

（5）事故已经在上级主管部门结案。

6）应急终止后，应针对事故发生及抢险救援经过、事故原因分析、事故造成的后果、应急预案效果及评估情况提出书面报告，并应按有关程序上报。

6. 安全技术交底

1）施工前应进行技术交底，并应作好交底记录。

2）施工过程中各工序开工前，施工技术管理人员必须向所有参加作业的人员进行施工组织与安全技术交底，如实告知危险源、防范措施、应急预案，形成文件并签署。

3）安全技术交底应包括下列内容：

（1）现场勘查与环境调查报告。

（2）施工组织设计。

（3）主要施工技术、关键部位施工工艺工法、参数。

（4）各阶段危险源分析结果与安全技术措施。

（5）应急预案及应急响应等。

（三）检查与监测

1. 一般规定

1）基坑工程施工应对原材料质量、施工机械、施工工艺、施工参数等进行检查。

2）基坑土方开挖前，应复核设计条件，对已经施工的围护结构质量进行检查，检查合格后方可进行土方开挖。

3）基坑土方开挖及地下结构施工过程中，每个工序施工结束后，应对该工序的施工质量进行检查；检查发现的质量问题应进行整改，整改合格后方可进入下道施工工序。

4）施工现场平面、竖向布置应与支护设计要求一致，布置的变更应经设计认可。

5）基坑施工过程除应按现行国家标准《建筑基坑工程监测技术规范》（GB 50497）的规定进行专业监测外，施工方应同时编制包括下列内容的施工监测方案并实施：

（1）工程概况。

（2）监测依据和项目。

（3）监测人员配备。

（4）监测方法、精度和主要仪器设备。

（5）测点布置与保护。

（6）监测频率、监测报警值。

（7）异常情况下的处理措施。

（8）数据处理和信息反馈。

6）应根据环境调查结果，分析评估基坑周边环境的变形敏感度，宜根据基坑支护设计单位提出的各个施工阶段变形设计值和报警值，在基坑工程施工前对周边敏感的建筑物及管线设施采取加固措施。

7）施工过程中，应根据第三方专业监测和施工监测结果，及时分析评估基坑的安全状况，对可能危及基坑安全的质量问题，应采取补救措施。

8）监测标志应稳固、明显，位置应避开障碍物，便于观测；对监测点应有专人负责保护，监测过程应有工作人员的安全保护措施。

9）当遇到连续降雨等不利天气状况时，监测工作不得中断；并应同时采取措施确保监测工作的安全。

2. 检查

1）基坑工程施工质量检查应包括下列内容：

（1）原材料表观质量。

（2）围护结构施工质量。

（3）现场施工场地布置。

（4）土方开挖及地下结构施工工况。

（5）降水、排水质量。

（6）回填土质量。

（7）其他需要检查质量的内容。

2）围护结构施工质量检查应包括施工过程中原材料质量检查和施工过程检查、施工完成后的检查；施工过程应主要检查施工机械的性能、施工工艺及施工参数的合理性，施工完成后的质量检查应按相关技术标准及设计要求进行，主要内容及方法应符合表4-1-3的规定。

表 4-1-3　围护结构质量检查的主要内容及方法

质量项目与基坑安全等级			检查内容	检查方法
支护结构	一级	排桩	混凝土强度、桩位偏差、桩长、桩身完整性	1. 混凝土或水泥土强度可检查取芯报告； 2. 排桩完整性可查桩身低应变动测报告； 3. 地下连续墙墙身完整性可通过预埋声测管检查； 4. 锚杆和土钉的抗拔力查现场抗拔试验报告，锚杆与腰梁的连接节点可采用目测结合人工扭力扳手； 5. 几何参数，如桩径、桩距等用直尺量； 6. 标高由水准仪测量，桩长可通过取芯检查； 7. 坡度、中间平台宽度用直尺量测； 8. 其他可根据具体情况确定
		型钢水泥土搅拌墙	桩位偏差、桩长、水泥土强度、型钢长度及焊接质量	
		地下连续墙	墙深、混凝土强度、墙身完整性、接头渗水	
		锚杆	锚杆抗拔力、平面及竖向位置、锚杆与腰梁连接节点、腰梁与后靠结构之间的结合程度	
		土钉墙	放坡坡度、土钉抗拔力、土钉平面及竖向位置、土钉与喷射混凝土面层连接节点	
	二级	排桩	混凝土强度、桩身完整性	
		型钢水泥土搅拌墙	水泥土强度、型钢长度及焊接质量	
		地下连续墙	混凝土强度、接头渗水	
		锚杆	锚杆抗拔力、平面及竖向位置、锚杆与腰梁连接节点、腰梁与后靠结构之间的结合程度	
		土钉墙	放坡坡度、土钉抗拔力、土钉平面及竖向位置、土钉与喷射混凝土面层连接节点	
截水帷幕	一级	水泥搅拌墙	桩长、成桩状况、渗透性能	
		高压旋喷搅拌墙		
		咬合桩墙	桩长、桩径、桩间搭接量	
	二级	水泥搅拌墙	成桩状况、渗透性能	
		高压旋喷搅拌墙		
		咬合桩墙	桩间搭接量	
地基加固	一级	水泥土桩	顶标高、底标高、水泥土强度	
		压密注浆		
	二级	水泥土桩	顶标高、水泥土强度	
		压密注浆		
支撑	一级和二级	混凝土支撑	混凝土强度、截面尺寸、平直度等	
		钢支撑	支撑与腰梁连接节点、腰梁与后靠结构之间的密合程度等	
		竖向立柱	平面位置、顶标高、垂直度等	

3）安全等级为一级的基坑工程设置封闭的截水帷幕时，开挖前应通过坑内预降水措施检查帷幕截水效果。

4）施工现场平面、竖向布置检查应包括下列内容：

（1）出土坡道、出土口位置。

（2）堆载位置及堆载大小。

（3）重车行驶区域。

（4）大型施工机械停靠点。
（5）塔吊位置。
5）土方开挖及支护结构施工工况检查应包括下列内容：
（1）各工况的基坑开挖深度。
（2）坑内各部位土方高差及过渡段坡率。
（3）内支撑、土钉、锚杆等的施工及养护时间。
（4）土方开挖的竖向分层及平面分块。
（5）拆撑之前的换撑措施。
6）混凝土内支撑在混凝土浇筑前，应对支架、模板等进行检查。
7）降排水系统质量检查应包括下列内容：
（1）地表排水沟、集水井、地面硬化情况。
（2）坑内外井点位置。
（3）降水系统运行状况。
（4）坑内临时排水措施。
（5）外排通道的可靠性。
8）基坑回填后应检查回填土密实度。

3. 施工监测

1）施工监测应采用仪器监测与巡视相结合的方法。用于监测的仪器应按测量仪器有关要求定期标定。

2）基坑施工和使用中应采取多种方式进行安全监测，对有特殊要求或安全等级为一级的基坑工程，应根据基坑现场施工作业计划制定基坑施工安全监测应急预案。

3）施工监测应包括下列主要内容：
（1）基坑周边地面沉降。
（2）周边重要建筑沉降。
（3）周边建筑物、地面裂缝。
（4）支护结构裂缝。
（5）坑内外地下水位。
（6）地下管线渗漏情况。
（7）安全等级为一级的基坑工程施工监测尚应包含下列主要内容：
①围护墙或临时开挖边坡面顶部水平位移。
②围护墙或临时开挖边坡面顶部竖向位移。
③坑底隆起。
④支护结构与主体结构相结合时，主体结构的相关监测。
4）基坑工程施工过程中每天应有专人进行巡视检查，巡视检查应符合下列规定：
（1）支护结构，应包含下列内容：
①冠梁、腰梁、支撑裂缝及开展情况。
②围护墙、支撑、立柱变形情况。
③截水帷幕开裂、渗漏情况。
④墙后土体裂缝、沉陷或滑移情况。

⑤基坑涌土、流砂、管涌情况。

（2）施工工况，应包含下列内容：

①土质条件与勘察报告的一致性情况。

②基坑开挖分段长度、分层厚度、临时边坡、支锚设置与设计要求的符合情况。

③场地地表水、地下水排放状况，基坑降水、回灌设施的运转情况。

④基坑周边超载与设计要求的符合情况。

（3）周边环境，应包含下列内容：

①周边管道破损、渗漏情况。

②周边建筑开裂、裂缝发展情况。

③周边道路开裂、沉陷情况。

④邻近基坑及建筑的施工状况。

⑤周边公众反映。

（4）监测设施，应包含下列内容：

①基准点、监测点完好状况。

②监测元件的完好和保护情况。

③影响观测工作的障碍物情况。

5）巡视检查宜以目视为主，可辅以锤、钎、量尺、放大镜等工具以及摄像、摄影等手段进行，并应作好巡视记录。如发现异常情况和危险情况，应对照仪器监测数据进行综合分析。

（四）基坑安全使用与维护

1. 一般规定

1）基坑开挖完毕后，应组织验收，经验收合格并进行安全使用与维护技术交底后，方可使用。基坑使用与维护过程中应按施工安全专项方案要求落实安全措施。

2）基坑使用与维护中进行工序移交时，应办理移交签字手续。

3）应进行基坑安全使用与维护技术培训，定期开展应急处置演练。

4）基坑使用中应针对暴雨、冰雹、台风等灾害天气，及时对基坑安全进行现场检查。

5）主体结构施工过程中，不应损坏基坑支护结构。当需改变支护结构工作状态时，应经设计单位复核。

2. 使用安全

1）基坑工程应按设计要求进行地面硬化，并在周边设置防水围挡和防护栏杆。对膨胀性土及冻土的坡面和坡顶 3m 以内应采取防水及防冻措施。

2）基坑周边使用荷载不应超过设计限值。

3）在基坑周边破裂面以内不宜建造临时设施；必须建造时应经设计复核，并应采取保护措施。

4）雨期施工时，应有防洪、防暴雨措施及排水备用材料和设备。

5）基坑临边、临空位置及周边危险部位，应设置明显的安全警示标识，并应安装可靠围挡和防护。

6）基坑内应设置作业人员上下坡道或爬梯，数量不应少于 2 个。作业位置的安全通道应畅通。

7）基坑使用过程中施工栈桥的设置应符合下列规定：

（1）施工栈桥及立柱桩应根据基坑周边环境条件、基坑形状、支撑布置、施工方法等进行专项设计，立柱桩的设计间距应满足坑内小型挖土机械的移动和操作时的安全要求。

（2）专项设计应提交设计单位进行复核。

（3）使用中应按设计要求控制施工荷载。

8）当基坑周边地面产生裂缝时，应采取灌浆措施封闭裂缝。对于膨胀土基坑工程，应分析裂缝产生原因，及时反馈设计处理。

9）基坑使用中支撑的拆除应满足 JGJ 311—2013 第 6 章的规定。

3. 维护安全

1）使用单位应有专人对基坑安全进行定期巡查，雨期应增加巡查次数，并应作好记录；发现异常情况应立即报告建设、设计、监理等单位。

2）基坑工程使用与维护期间，对基坑影响范围内可能出现的交通荷载或大于 35kPa 的振动荷载，应评估其对基坑工程安全的影响。

3）降水系统维护应符合下列规定：

（1）定时巡视降排水系统的运行情况，及时发现和处理系统运行的故障和隐患。

（2）应采取措施保护降水系统，严禁损害降水井。

（3）在更换水泵时应先量测井深，确定水泵埋置深度。

（4）备用发电机应处于准备发动状态，并宜安装自动切换系统，当发生停电时，应及时切换电源，缩短停止抽水时间。

（5）发现喷水、涌砂，应立即查明原因，采取措施及时处理。

（6）冬期降水应采取防冻措施。

4）降水井点的拔除或封井除应满足设计要求外，应在基础及已施工部分结构的自重大于水浮力、已进行基坑回填的条件下进行，所留孔洞应用砂或土填塞，并可根据要求采用填砂注浆或混凝土封填；对地基有隔水要求时，地面下 2m 可用黏土填塞密实。

5）基坑围护结构出现损伤时，应编制加固修复方案并及时组织实施。

6）基坑使用与维护期间，遇有相邻基坑开挖施工时，应做好协调工作，防止相邻基坑开挖造成的安全损害。

7）邻近建（构）筑物、市政管线出现渗漏损伤时，应立即采取措施，阻止渗漏并应进行加固修复，排除危险源。

8）对预计超过设计使用年限的基坑工程应提前进行安全评估和设计复核，当设计复核不满足安全指标要求时，应及时进行加固处理。

9）基坑应及时按设计要求进行回填，当回填质量可能影响坑外建筑物或管线沉降、裂缝等发展变化时，应采用砂、砂石料回填并注浆处理，必要时可采用低强度等级混凝土回填密实。

第二章　模板工程

一、模板构造与安装

（一）一般规定

1. 模板安装前必须做好下列安全技术准备工作：

1）应审查模板结构设计与施工说明书中的荷载、计算方法、节点构造和安全措施，设计审批手续应齐全。

2）应进行全面的安全技术交底，操作班组应熟悉设计与施工说明书，并应做好模板安装作业的分工准备。采用爬模、飞模、隧道模等特殊模板施工时，所有参加作业人员必须经过专门技术培训，考核合格后方可上岗。

3）应对模板和配件进行挑选、检测，不合格者应剔除，并应运至工地指定地点堆放。

4）备齐操作所需的一切安全防护设施和器具。

2. 模板构造与安装应符合下列规定：

1）模板安装应按设计与施工说明书顺序拼装。木杆、钢管、门架等支架立柱不得混用。

2）竖向模板和支架立柱支承部分安装在基土上时，应加设垫板，垫板应有足够强度和支承面积，且应中心承载。基土应坚实，并应有排水措施。对湿陷性黄土应有防水措施；对特别重要的结构工程可采用混凝土、打桩等措施防止支架柱下沉。对冻胀性土应有防冻融措施。

3）当满堂或共享空间模板支架立柱高度超过8m时，若地基土达不到承载要求，无法防止立柱下沉，则应先施工地面下的工程，再分层回填夯实基土，浇筑地面混凝土垫层，达到强度后方可支模。

4）模板及其支架在安装过程中，必须设置有效防倾覆的临时固定设施。

5）现浇钢筋混凝土梁、板，当跨度大于4m时，模板应起拱；当设计无具体要求时，起拱高度宜为全跨长度的1‰～3‰。

6）现浇多层或高层房屋和构筑物，安装上层模板及其支架应符合下列规定：

（1）下层楼板应具有承受上层施工荷载的承载能力，否则应加设支撑支架。

（2）上层支架立柱应对准下层支架立柱，并应在立柱底铺设垫板。

（3）当采用悬臂吊模板、桁架支模方法时，其支撑结构的承载能力和刚度必须符合设计构造要求。

7）当层间高度大于5m时，应选用桁架支模或钢管立柱支模。当层间高度小于或等于5m时，可采用木立柱支模。

3. 安装模板应保证工程结构和构件各部分形状、尺寸和相互位置的正确，防止漏浆，构造应符合模板设计要求。

模板应具有足够的承载能力、刚度和稳定性，应能可靠承受新浇混凝土自重和侧压力以及施工过程中所产生的荷载。

4. 拼装高度为2m以上的竖向模板，不得站在下层模板上拼装上层模板。安装过程中应设置临时固定设施。

5. 当承重焊接钢筋骨架和模板一起安装时，应符合下列规定：

1）梁的侧模、底模必须固定在承重焊接钢筋骨架的节点上。

2）安装钢筋模板组合体时，吊索应按模板设计的吊点位置绑扎。

6. 当支架立柱成一定角度倾斜，或其支架立柱的顶表面倾斜时，应采取可靠措施确保支点稳定，支撑底脚必须有防滑移的可靠措施。

7. 除设计图另有规定者外，所有垂直支架柱应保证其垂直。

8. 对梁和板安装二次支撑前，其上不得有施工荷载，支撑的位置必须正确。安装后所传给支撑或连接件的荷载不应超过其允许值。

9. 支撑梁、板的支架立柱构造与安装应符合下列规定：

1）梁和板的立柱，其纵横向间距应相等或成倍数。

2）木立柱底部应设垫木，顶部应设支撑头。钢管立柱底部应设垫木和底座，顶部应设可调支托，U 形支托与楞梁两侧间如有间隙，必须揳紧，其螺杆伸出钢管顶部不得大于200mm，螺杆外径与立柱钢管内径的间隙不得大于3mm，安装时应保证上下同心。

3）在立柱底距地面200mm 高处，沿纵横水平方向应按纵下横上的程序设扫地杆。可调支托底部的立柱顶端应沿纵横向设置一道水平拉杆。扫地杆与顶部水平拉杆之间的间距，在满足模板设计所确定的水平拉杆步距要求条件下，进行平均分配确定步距后，在每一步距处纵横向应各设一道水平拉杆。当层高在 8 ~ 20m 时，在最顶步距两水平拉杆中间应加设一道水平拉杆；当层高大于 20m 时，在最顶两步距水平拉杆中间应分别增加一道水平拉杆。所有水平拉杆的端部均应与四周建筑物顶紧顶牢。无处可顶时，应在水平拉杆端部和中部沿竖向设置连续式剪刀撑。

4）木立柱的扫地杆、水平拉杆、剪刀撑应采用 40mm × 50mm 木条或 25mm × 80mm 的木板条与木立柱钉牢。钢管立柱的扫地杆、水平拉杆、剪刀撑应采用ϕ48mm × 3. 5mm 钢管，用扣件与钢管立柱扣牢。木扫地杆、水平拉杆、剪刀撑应采用搭接，并应采用铁钉钉牢。钢管扫地杆、水平拉杆应采用对接，剪刀撑应采用搭接，搭接长度不得小于 500mm，并应采用 2 个旋转扣件分别在离杆端不小于 100mm 处进行固定。

10. 施工时，在已安装好的模板上的实际荷载不得超过设计值。已承受荷载的支架和附件，不得随意拆除或移动。

11. 组合钢模板、滑升模板等的构造与安装，尚应符合现行国家标准《组合钢模板技术规范》（GB 50214）和《滑动模板工程技术规范》（GB 50113）的相应规定。

12. 安装模板时，安装所需各种配件应置于工具箱或工具袋内，严禁散放在模板或脚手板上；安装所用工具应系挂在作业人员身上或置于所配带的工具袋中，不得掉落。

13. 当模板安装高度超过 3. 0m 时，必须搭设脚手架，除操作人员外，脚手架下不得站其他人。

14. 吊运模板时，必须符合下列规定：

1）作业前应检查绳索、卡具、模板上的吊环，必须完整有效，在升降过程中应设专人指挥，统一信号，密切配合。

2）吊运大块或整体模板时，竖向吊运不应少于 2 个吊点，水平吊运不应少于 4 个吊点。吊运必须使用卡环连接，并应稳起稳落，待模板就位连接牢固后，方可摘除卡环。

3）吊运散装模板时，必须码放整齐，待捆绑牢固后方可起吊。

4）严禁起重机在架空输电线路下面工作。

5）遇五级及以上大风时，应停止一切吊运作业。

15. 木料应堆放在下风向，离火源不得小于 30m，且料场四周应设置灭火器材。

（二）支架立柱构造与安装

1. 梁式或桁架式支架的构造与安装应符合下列规定：

1）采用伸缩式桁架时，其搭接长度不得小于 500mm，上下弦连接销钉规格、数量应按设计规定，并应采用不少于 2 个 U 形卡或钢销钉销紧，2 个 U 形卡距或销距不得小于400mm。

2）安装的梁式或桁架式支架的间距设置应与模板设计图一致。

3）支承梁式或桁架式支架的建筑结构应具有足够强度，否则，应另设立柱支撑。

4）若桁架采用多榀成组排放，在下弦折角处必须加设水平撑。

2. 工具式立柱支撑的构造与安装应符合下列规定：

1）工具式钢管单立柱支撑的间距应符合支撑设计的规定。

2）立柱不得接长使用。

3）所有夹具、螺栓、销子和其他配件应处在闭合或拧紧的位置。

4）立杆及水平拉杆构造应符合 JGJ 162—2008 第6.1.9条的规定。

3. 木立柱支撑的构造与安装应符合下列规定：

1）木立柱宜选用整料，当不能满足要求时，立柱的接头不宜超过1个，并应采用对接夹板接头方式。立柱底部可采用垫块垫高，但不得采用单码砖垫高，垫高高度不得超过300mm。

2）木立柱底部与垫木之间应设置硬木对角楔调整标高，并应用铁钉将其固定在垫木上。

3）木立柱间距、扫地杆、水平拉杆、剪刀撑的设置应符合 JGJ 162—2008 第6.1.9条的规定，严禁使用板皮替代规定的拉杆。

4）所有单立柱支撑应在底垫木和梁底模板的中心，并应与底部垫木和顶部梁底模板紧密接触，且不得承受偏心荷载。

5）当仅为单排立柱时，应在单排立柱的两边每隔 3m 加设斜支撑，且每边不得少于2根，斜支撑与地面的夹角应为60°。

4. 当采用扣件式钢管作立柱支撑时，其构造与安装应符合下列规定：

1）钢管规格、间距、扣件应符合设计要求。每根立柱底部应设置底座及垫板，垫板厚度不得小子50mm。

2）钢管支架立柱间距、扫地杆、水平拉杆、剪刀撑的设置应符合 JGJ 162—2008 第6.1.9条的规定。当立柱底部不在同一高度时，高处的纵向扫地杆应向低处延长不少于2跨，高低差不得大于1m，立柱距边坡上方边缘不得小于0.5m。

3）立柱接长严禁搭接，必须采用对接扣件连接，相邻两立柱的对接接头不得在同步内，且对接接头沿竖向错开的距离不宜小于500mm，各接头中心距主节点不宜大于步距的1/3。

4）严禁将上段的钢管立柱与下段钢管立柱错开固定在水平拉杆上。

5）满堂模板和共享空间模板支架立柱，在外侧周圈应设由下至上的竖向连续式剪刀撑；中间在纵横向应每隔 10m 左右设由下至上的竖向连续式剪刀撑，其宽度宜为 4～6m，并剪刀撑部位的顶部、扫地杆处设置水平剪刀撑（图4-2-1）。剪刀撑杆件的底端应与地面顶紧，夹角宜为45°～60°。当建筑层高在8～20m 时，除应满足上述规定外，还应在纵横向相邻的两竖向连续式剪刀撑之间增加之字斜撑，在有水平剪刀撑的部位，应在每个剪刀撑中间处增加一道水平剪刀撑（图4-2-2）。当建筑层高超过20m 时，在满足以上规定的基础上，应将所有之字斜撑全部改为连续式剪刀撑（图4-2-3）。

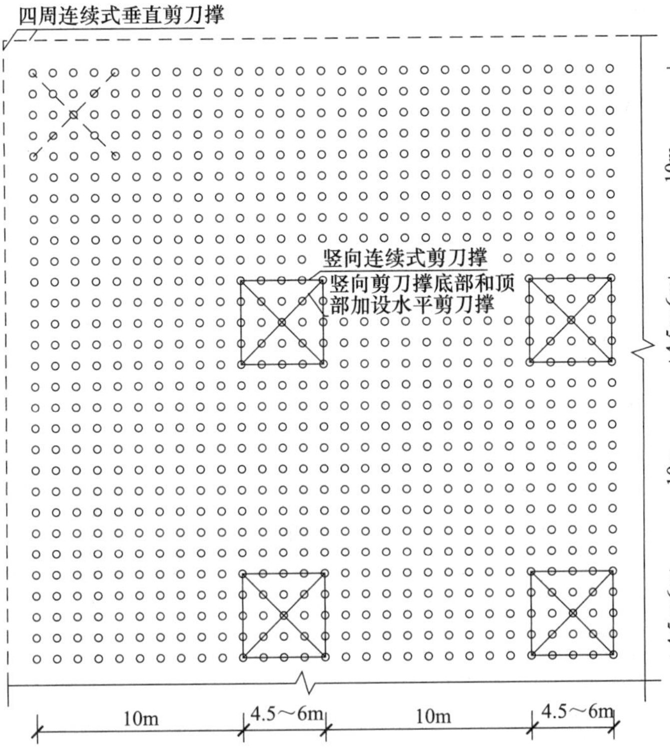

图 4-2-1　剪刀撑布置图（一）

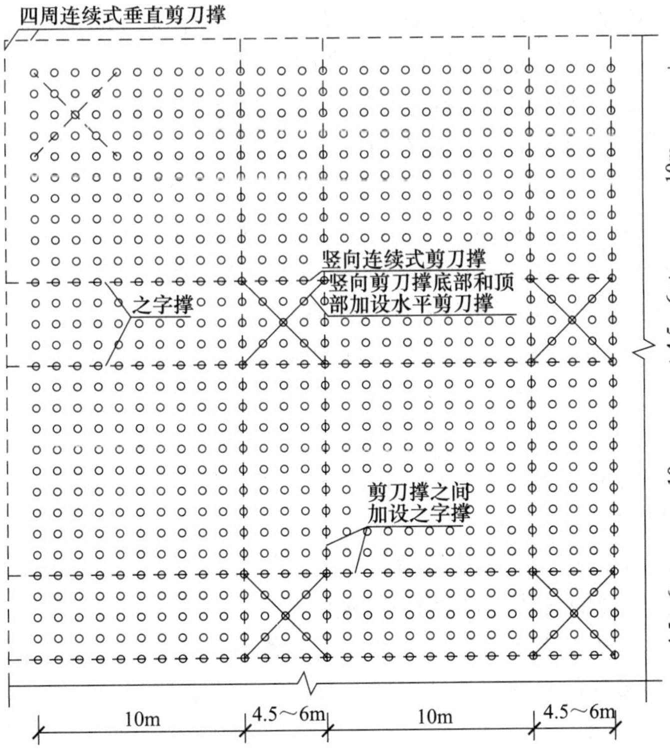

图 4-2-2　剪刀撑布置图（二）

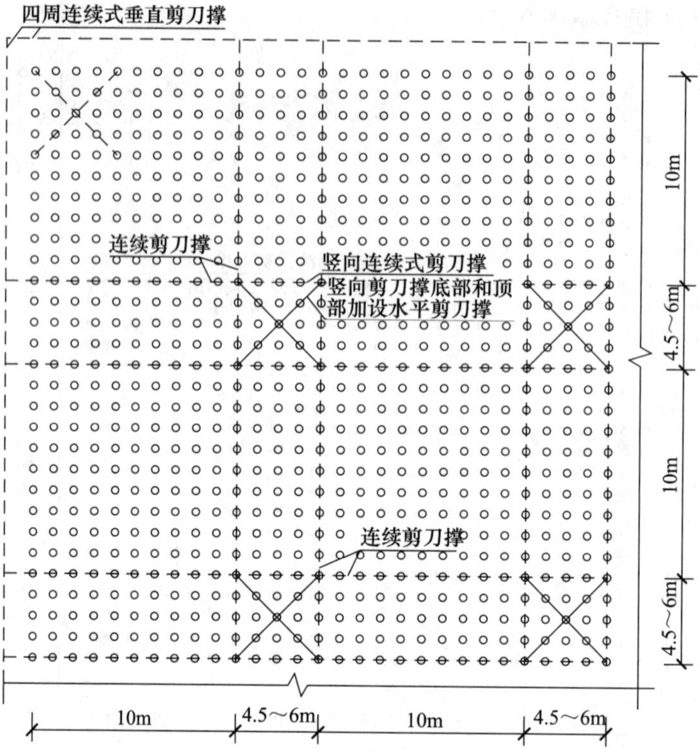

图 4-2-3　剪刀撑布置图（三）

6）当支架立柱高度超过 5m 时，应在立柱周圈外侧和中间有结构柱的部位，按水平间距 6～9m、竖向间距 2～3m 与建筑结构设置一个固结点。

5. 当采用标准门架作支撑时，其构造与安装应符合下列规定：

1）门架的跨距和间距应按设计规定布置，间距宜小于 1.2m；支撑架底部垫木上应设固定底座或可调底座。门架、调节架及可调底座，其高度应按其支撑的高度确定。

2）门架支撑可沿梁轴线垂直和平行布置。当垂直布置时，在两门架间的两侧应设置交叉支撑；当平行布置时，在两门架间的两侧亦应设置交叉支撑，交叉支撑应与立杆上的锁销锁牢，上下门架的组装连接必须设置连接棒及锁臂。

3）当门架支撑宽度为 4 跨及以上或 5 个间距及以上时，应在周边底层、顶层、中间每 5 列、5 排在每门架立杆跟部设 ϕ48mm × 3.5mm 通长水平加固杆，并应采用扣件与门架立杆扣牢。

4）当门架支撑高度超过 8m 时，应按 JGJ 162—2008 第 6.2.4 条的规定执行，剪刀撑不应大于 4 个间距，并应采用扣件与门架立杆扣牢。

5）顶部操作层应采用挂扣式脚手板满铺。

6. 悬挑结构立柱支撑的安装应符合下列要求：

1）多层悬挑结构模板的上下立柱应保持在同一条垂直线上。

2）多层悬挑结构模板的立柱应连续支撑，并不得少于 3 层。

（三）普通模板构造与安装

1. 基础及地下工程模板应符合下列规定：

1）地面以下支模应先检查土壁的稳定情况，当有裂纹及塌方危险迹象时，应采取安全防范措施后，方可下人作业。当深度超过2m时，操作人员应设梯上下。

2）距基槽（坑）上口边缘1m内不得堆放模板。向基槽（坑）内运料应使用起重机、溜槽或绳索；运下的模板严禁立放在基槽（坑）土壁上。

3）斜支撑与侧模的夹角不应小于45°，支在土壁的斜支撑应加设垫板，底部的对角楔木应与斜支撑连牢。高大长脖基础若采用分层支模时，其下层模板应经就位校正并支撑稳固后，方可进行上一层模板的安装。

4）在有斜支撑的位置，应在两侧模间采用水平撑连成整体。

2. 柱模板应符合下列规定：

1）现场拼装柱模时，应适时地安设临时支撑进行固定，斜撑与地面的倾角宜为60°，严禁将大片模板系在柱子钢筋上。

2）待四片柱模就位组拼经对角线校正无误后，应立即自下而上安装柱箍。

3）若为整体预组合柱模，吊装时应采用卡环和柱模连接，不得采用钢筋钩代替。

4）柱模校正（用四根斜支撑或用连接在柱模顶四角带花篮螺栓的缆风绳，底端与楼板钢筋拉环固定进行校正）后，应采用斜撑或水平撑进行四周支撑，以确保整体稳定。当高度超过4m时，应群体或成列同时支模，并应将支撑连成一体，形成整体框架体系。当需单根支模时，柱宽大于500mm应每边在同一标高上设置不得少于2根斜撑或水平撑。斜撑与地面的夹角宜为45°~60°，下端尚应有防滑移的措施。

5）角柱模板的支撑，除满足上款要求外，还应在里侧设置能承受拉力和压力的斜撑。

3. 墙模板应符合下列规定：

1）当采用散拼定型模板支模时，应自下而上进行，必须在下一层模板全部紧固后，方可进行上一层安装。当下层不能独立安设支撑件时，应采取临时固定措施。

2）当采用预拼装的大块墙模板进行支模安装时，严禁同时起吊2块模板，并应边就位、边校正、边连接，固定后方可摘钩。

3）安装电梯井内墙模前，必须在板底下200mm处牢固地满铺一层脚手板。

4）模板未安装对拉螺栓前，板面应向后倾一定角度。

5）当钢楞长度需接长时，接头处应增加相同数量和不小于原规格的钢楞，其搭接长度不得小于墙模板宽或高的15%~20%。

6）拼接时的U形卡应正反交替安装，间距不得大于300mm；2块模板对接接缝处的U形卡应满装。

7）对拉螺栓与墙模板应垂直，松紧应一致，墙厚尺寸应正确。

8）墙模板内外支撑必须坚固、可靠，应确保模板的整体稳定。当墙模板外面无法设置支撑时，应在里面设置能承受拉力和压力的支撑。多排并列且间距不大的墙模板，当其与支撑互成一体时，应采取措施，防止灌筑混凝土时引起临近模板变形。

4. 独立梁和整体楼盖梁结构模板应符合下列规定：

1）安装独立梁模板时应设安全操作平台，并严禁操作人员站在独立梁底模或柱模支架上操作及上下通行。

2）底模与横楞应拉结好，横楞与支架、立柱应连接牢固。

3）安装梁侧模时，应边安装边与底模连接，当侧模高度多于2块时，应采取临时固定措施。

4）起拱应在侧模内外楞连固前进行。

5）单片预组合梁模，钢楞与板面的拉结应按设计规定制作，并应按设计吊点试吊无误后，方可正式吊运安装，侧模与支架支撑稳定后方准摘钩。

5. 楼板或平台板模板应符合下列规定：

1）当预组合模板采用桁架支模时，桁架与支点的连接应固定牢靠，桁架支承应采用平直通长的型钢或木方。

2）当预组合模板块较大时，应加钢楞后方可吊运。当组合模板为错缝拼配时，板下横楞应均匀布置，并应在模板端穿插销。

3）单块模就位安装，必须待支架搭设稳固、板下横楞与支架连接牢固后进行。

4）U形卡应按设计规定安装。

6. 其他结构模板应符合下列规定：

1）安装圈梁、阳台、雨篷及挑檐等模板时，其支撑应独立设置，不得支搭在施工脚手架上。

2）安装悬挑结构模板时，应搭设脚手架或悬挑工作台，并应设置防护栏杆和安全网。作业处的下方不得有人通行或停留。

3）烟囱、水塔及其他高大构筑物的模板，应编制专项施工设计和安全技术措施，并应详细地向操作人员进行交底后方可安装。

4）在危险部位进行作业时，操作人员应系好安全带。

二、模板拆除

（一）模板拆除要求

1. 模板的拆除措施应经技术主管部门或负责人批准，拆除模板的时间可按现行国家标准《混凝土结构工程施工质量验收规范》（GB 50204）的有关规定执行。冬期施工的拆模，应符合专门规定。

2. 当混凝土未达到规定强度或已达到设计规定强度，需提前拆模或承受部分超设计荷载时，必须经过计算和技术主管确认其强度能足够承受此荷载后，方可拆除。

3. 在承重焊接钢筋骨架作配筋的结构中，承受混凝土重量的模板，应在混凝土达到设计强度的25%后方可拆除承重模板。当在已拆除模板的结构上加置荷载时，应另行核算。

4. 大体积混凝土的拆模时间除应满足混凝土强度要求外，还应使混凝土内外温差降低到25℃以下时方可拆模。否则应采取有效措施防止产生温度裂缝。

5. 后张预应力混凝土结构的侧模宜在施加预应力前拆除，底模应在施加预应力后拆除。当设计有规定时，应按规定执行。

6. 拆模前应检查所使用的工具有效和可靠，扳手等工具必须装入工具袋或系挂在身上，并应检查拆模场所范围内的安全措施。

7. 模板的拆除工作应设专人指挥。作业区应设围栏，其内不得有其他工种作业，并应设专人负责监护。拆下的模板、零配件严禁抛掷。

8. 拆模的顺序和方法应按模板的设计规定进行。当设计无规定时，可采取先支的后拆、后支的先拆、先拆非承重模板、后拆承重模板，并应从上而下进行拆除。拆下的模板不得抛扔，应按指定地点堆放。

9. 多人同时操作时，应明确分工、统一信号或行动，应具有足够的操作面，人员应站在安全处。

10. 高处拆除模板时，应符合有关高处作业的规定。严禁使用大锤和撬棍，操作层上临时拆下的模板堆放不能超过3层。

11. 在提前拆除互相搭连并涉及其他后拆模板的支撑时，应补设临时支撑。拆模时，应逐块拆卸，不得成片撬落或拉倒。

12. 拆模如遇中途停歇，应将已拆松动、悬空、浮吊的模板或支架进行临时支撑牢固或相互连接稳固。对活动部件必须一次拆除。

13. 已拆除了模板的结构，应在混凝土强度达到设计强度值后方可承受全部设计荷载。若在未达到设计强度以前，需在结构上加置施工荷载时，应另行核算，强度不足时，应加设临时支撑。

14. 遇六级或六级以上大风时，应暂停室外的高处作业。雨、雪、霜后应先清扫施工现场，方可进行工作。

15. 拆除有洞口模板时，应采取防止操作人员坠落的措施。洞口模板拆除后，应按国家现行标准《建筑施工高处作业安全技术规范》（JGJ 80）的有关规定及时进行防护。

（二）支架立柱拆除

1. 当拆除钢楞、木楞、钢桁架时，应在其下面临时搭设防护支架，使所拆楞梁及桁架先落在临时防护支架上。

2. 当立柱的水平拉杆超出2层时，应首先拆除2层以上的拉杆。当拆除最后一道水平拉杆时，应和拆除立柱同时进行。

3. 当拆除4～8m跨度的梁下立柱时，应先从跨中开始，对称地分别向两端拆除。拆除时，严禁采用连梁底板向旁侧一片拉倒的拆除方法。

4. 对于多层楼板模板的立柱，当上层及以上楼板正在浇筑混凝土时，下层楼板立柱的拆除，应根据下层楼板结构混凝土强度的实际情况，经过计算确定。

5. 拆除平台、楼板下的立柱时，作业人员应站在安全处。

6. 对已拆下的钢楞、木楞、桁架、立柱及其他零配件应及时运到指定地点。对有芯钢管立柱运出前应先将芯管抽出或用销卡固定。

（三）普通模板拆除

1. 拆除条形基础、杯形基础、独立基础或设备基础的模板时，应符合下列规定：

1）拆除前应先检查基槽（坑）土壁的安全状况，发现有松软、龟裂等不安全因素时，应在采取安全防范措施后，方可进行作业。

2）模板和支撑杆件等应随拆随运，不得在离槽（坑）上口边缘1m以内堆放。

3）拆除模板时，施工人员必须站在安全地方。应先拆内外木楞、再拆木面板；钢模板应先拆钩头螺栓和内外钢楞，后拆U形卡和L形插销，拆下的钢模板应妥善传递或用绳钩放置地面，不得抛掷。拆下的小型零配件应装入工具袋内或小型箱笼内，不得随处乱扔。

2. 拆除柱模应符合下列规定：

1）柱模拆除应分别采用分散拆和分片拆2种方法。分散拆除的顺序应为：

拆除拉杆或斜撑、自上而下拆除柱箍或横楞、拆除竖楞，自上而下拆除配件及模板、运走分类堆放、清理、拔钉、钢模维修、刷防锈油或脱模剂、入库备用。

分片拆除的顺序应为：

拆除全部支撑系统、自上而下拆除柱箍及横楞、拆掉柱角U形卡、分2片或4片拆除模板、原地清理、刷防锈油或脱模剂、分片运至新支模地点备用。

2）柱子拆下的模板及配件不得向地面抛掷。

3. 拆除墙模应符合下列规定：

1）墙模分散拆除顺序应为：

拆除斜撑或斜拉杆、自上而下拆除外楞及对拉螺栓，分层自上而下拆除木楞或钢楞及零配件和模板、运走分类堆放，拔钉清理或清理检修后刷防锈油或脱模剂、入库备用。

2）预组拼大块墙模拆除顺序应为：

拆除全部支撑系统、拆卸大块墙模接缝处的连接型钢及零配件、拧去固定埋设件的螺栓及大部分对拉螺栓、挂上吊装绳扣并略拉紧吊绳后，拧下剩余对拉螺栓，用方木均匀敲击大块墙模立楞及钢模板，使其脱离墙体，用撬棍轻轻外撬大块墙模板使全部脱离，指挥起吊、运走、清理、刷防锈油或脱模剂备用。

3）拆除每一大块墙模的最后2个对拉螺栓后，作业人员应撤离大模板下侧，以后的操作均应在上部进行。个别大块模板拆除后产生局部变形者应及时整修好。

4）大块模板起吊时，速度要慢，应保持垂直，严禁模板碰撞墙体。

4. 拆除梁、板模板应符合下列规定：

1）梁、板模板应先拆梁侧模，再拆板底模，最后拆除梁底模，并应分段分片进行，严禁成片撬落或成片拉拆。

2）拆除时，作业人员应站在安全的地方进行操作，严禁站在已拆或松动的模板上进行拆除作业。

3）拆除模板时，严禁用铁棍或铁锤乱砸，已拆下的模板应妥善传递或用绳钩放至地面。

4）严禁作业人员站在悬臂结构边缘敲拆下面的底模。

5）待分片、分段的模板全部拆除后，方允许将模板、支架、零配件等按指定地点运出堆放，并进行拔钉、清理、整修、刷防锈油或脱模剂，入库备用。

三、安全管理基本规定

1. 从事模板作业的人员，应经安全技术培训。从事高处作业人员，应定期体检，不符合要求的不得从事高处作业。

2. 安装和拆除模板时，操作人员应配戴安全帽、系安全带、穿防滑鞋。安全帽和安全带应定期检查，不合格者严禁使用。

3. 模板及配件进场应有出厂合格证或当年的检验报告，安装前应对所用部件（立柱、楞梁、吊环、扣件等）进行认真检查，不符合要求者不得使用。

4. 模板工程应编制施工设计和安全技术措施，并应严格按施工设计与安全技术措施的规定进行施工。满堂模板、建筑层高8m及以上和梁跨大于或等于15m的模板，在安装、拆除作业前，工程技术人员应以书面形式向作业班组进行施工操作的安全技术交底，作业班组应对照书面交底进行上、下班的自检和互检。

5. 施工过程中的检查项目应符合下列要求：

1）立柱底部基土应回填夯实。

2）垫木应满足设计要求。

3）底座位置应正确，顶托螺杆伸出长度应符合规定。

4）立杆的规格尺寸和垂直度应符合要求，不得出现偏心荷载。

5）扫地杆、水平拉杆、剪刀撑等的设置应符合规定，固定应可靠。

6）安全网和各种安全设施应符合要求。

6. 在高处安装和拆除模板时，周围应设安全网或搭脚手架，并应加设防护栏杆。在临街面及交通要道地区，尚应设警示牌，派专人看管。

7. 作业时，模板和配件不得随意堆放，模板应放平放稳，严防滑落。脚手架或操作平台上临时堆放的模板不宜超过3层，连接件应放在箱盒或工具袋中，不得散放在脚手板上。脚手架或操作平台上的施工总荷载不得超过其设计值。

8. 对负荷面积大和高4m以上的支架立柱采用扣件式钢管、门式钢管脚手架时，除应有合格证外，对所用扣件应采用扭矩扳手进行抽检，达到合格后方可承力使用。

9. 多人共同操作或扛抬组合钢模板时，必须密切配合、协调一致、互相呼应。

10. 施工用的临时照明和行灯的电压不得超过36V；当为满堂模板、钢支架及特别潮湿的环境时，不得超过12V。照明行灯及机电设备的移动线路应采用绝缘橡胶套电缆线。

11. 有关避雷、防触电和架空输电线路的安全距离应符合国家现行标准《施工现场临时用电安全技术规范》（JGJ 46）的有关规定。施工用的临时照明和动力线应采用绝缘线和绝缘电缆线，且不得直接固定在钢模板上。夜间施工时，应有足够的照明，并应制定夜间施工的安全措施。施工用临时照明和机电设备线严禁非电工乱拉乱接。同时还应经常检查线路的完好情况，严防绝缘破损漏电伤人。

12. 模板安装高度在2m及以上时，应符合国家现行标准《建筑施工高处作业安全技术规范》（JGJ 80）的有关规定。

13. 模板安装时，上下应有人接应，随装随运，严禁抛掷。且不得将模板支搭在门窗框上，也不得将脚手板支搭在模板上，并严禁将模板与上料井架及有车辆运行的脚手架或操作平台支成一体。

14. 支模过程中如遇中途停歇，应将已就位模板或支架连接稳固，不得浮搁或悬空。拆模中途停歇时，应将已松扣或已拆松的模板、支架等拆下运走，防止构件坠落或作业人虽扶空坠落伤人。

15. 作业人员严禁攀登模板、斜撑杆、拉条或绳索等，不得在高处的墙顶、独立梁或在其模板上行走。

16. 模板施工中应设专人负责安全检查，发现问题应报告有关人员处理。当遇险情时，应立即停工和采取应急措施；待修复或排除险情后，方可继续施工。

17. 寒冷地区冬期施工用钢模板时，不宜采用电热法加热混凝土，否则应采取防触电措施。

18. 在大风地区或大风季节施工时，模板应有抗风的临时加固措施。

19. 当钢模板高度超过15m时，应安设避雷设施，避雷设施的接地电阻不得大于4Ω。

20. 当遇大雨、大雾、沙尘、大雪或六级以上大风等恶劣天气时，应停止露天高处作业。五级及以上风力时，应停止高空吊运作业。雨、雪停止后，应及时清除模板和地面上的积水及冰雪。

21. 拆用后的木模板应拔除铁钉，分类进库，堆放整齐。若为露天堆放，顶面应遮防雨篷布。

22. 使用后的钢模、钢构件应符合下列规定：

1）使用后的钢模、桁架、钢楞和立柱应将黏结物清理洁净，清理时严禁采用铁锤敲击的方法。

2）清理后的钢模、桁架、钢楞、立柱，应逐块、逐榀、逐根进行检查，发现翘曲、变形、扭曲、开焊等必须修理完善。

3）清理整修好的钢模、桁架、钢楞、立柱应刷防锈漆。

4）钢模板及配件，使用后必须进行严格清理检查，已损坏断裂的应剔除，不能修复的应报废。螺栓的螺纹部分应整修上油，然后应分别按规格分类装在箱笼内备用。

5）钢模板及配件等修复后，应进行检查验收。凡检查不合格者应重新整修。待合格后方准应用，其修复后的质量标准应符合 JGJ 162—2008 的规定。

6）钢模板由拆模现场运至仓库或维修场地时，装车不宜超出车栏杆，少量高出部分必须拴牢，零配件应分类装箱，不得散装运输。

7）经过维修、刷油、整理合格的钢模板及配件，如需运往其他施工现场或入库，必须分类装入集装箱内，杆应成捆、配件应成箱，清点数量，入库或接收单位验收。

8）装车时，应轻搬轻放，不得相互碰撞。卸车时，严禁成捆从车上推下和拆散抛掷。

9）钢模板及配件应放入室内或敞棚内，当需露天堆放时，应装入集装箱内，底部垫高100mm，顶面应遮盖防水篷布或塑料布，集装箱堆放高度不宜超过 2 层。

四、《建设工程高大模板支撑系统施工安全监督管理导则》相关规定

（一）方案编制与审核

1. 施工单位应依据国家现行相关标准规范，由项目技术负责人组织相关专业技术人员，结合工程实际，编制高大模板支撑系统的专项施工方案。

2. 高大模板支撑系统专项施工方案，应先由施工单位技术部门组织本单位施工技术、安全、质量等部门的专业技术人员进行审核，经施工单位技术负责人签字后，再按照相关规定组织专家论证。

3. 参加专家论证会的人员有：

1）专家组成员。

2）建设单位项目负责人或技术负责人。

3）监理单位项目总监理工程师及相关人员。

4）施工单位分管安全的负责人、技术负责人、项目负责人、项目技术负责人、专项方案编制人员、项目专职安全管理人员。

5）勘察、设计单位项目技术负责人及相关人员。

4. 专家组成员应当由 5 名及以上符合相关专业要求的专家组成。本项目参建各方的人员不得以专家身份参加专家论证会。

5. 专家论证的主要内容包括：

1）方案是否依据施工现场的实际施工条件编制；方案、构造、计算是否完整、可行。

2）方案计算书、验算依据是否符合有关标准规范。

3）安全施工的基本条件是否符合现场实际情况。

6. 施工单位根据专家组的论证报告，对专项施工方案进行修改完善，并经施工单位技术负责人、项目总监理工程师、建设单位项目负责人批准签字后，方可组织实施。

7. 监理单位应编制安全监理实施细则，明确对高大模板支撑系统的重点审核内容、检查方法和频率要求。

（二）验收管理

1. 高大模板支撑系统搭设前，应由项目技术负责人组织对需要处理或加固的地基、基础进行验收，并留存记录。

2. 高大模板支撑系统的结构材料应按以下要求进行验收、抽检和检测，并留存记录、资料：

1）施工单位应对进场的承重杆件、连接件等材料的产品合格证、生产许可证、检测报告进行复核，并对其表面观感、重量等物理指标进行抽检。

2）对承重杆件的外观抽检数量不得低于搭设用量的30%，发现质量不符合标准、情况严重的，要进行100%的检验，并随机抽取外观检验不合格的材料（由监理见证取样）送法定专业检测机构进行检测。

3）采用钢管扣件搭设高大模板支撑系统时，还应对扣件螺栓的紧固力矩进行抽查，抽查数量应符合《建筑施工扣件式钢管脚手架安全技术规范》（JGJ 130）的规定，对梁底扣件应进行100%检查。

3. 高大模板支撑系统应在搭设完成后，由项目负责人组织验收，验收人员应包括施工单位和项目两级技术人员、项目安全、质量、施工人员，监理单位的总监和专业监理工程师。验收合格，经施工单位项目技术负责人及项目总监理工程师签字后，方可进入后续工序的施工。

（三）施工管理

1. 一般规定：

1）高大模板支撑系统应优先选用技术成熟的定型化、工具式支撑体系。

2）搭设高大模板支撑架体的作业人员必须经过培训，取得建筑施工脚手架特种作业操作资格证书后方可上岗。其他相关施工人员应掌握相应的专业知识和技能。

3）高大模板支撑系统搭设前，项目工程技术负责人或方案编制人员应当根据专项施工方案和有关规范、标准的要求，对现场管理人员、操作班组、作业人员进行安全技术交底，并履行签字手续。

安全技术交底的内容应包括模板支撑工程工艺、工序、作业要点和搭设安全技术要求等内容，并保留记录。

4）作业人员应严格按规范、专项施工方案和安全技术交底书的要求进行操作，并正确佩戴相应的劳动防护用品。

2. 搭设管理：

1）高大模板支撑系统的地基承载力、沉降等应能满足方案设计要求。如遇松软土、回填土，应根据设计要求进行平整、夯实，并采取防水、排水措施，按规定在模板支撑立柱底部采用具有足够强度和刚度的垫板。

2）对于高大模板支撑体系，其高度与宽度相比大于两倍的独立支撑系统，应加设保证整体稳定的构造措施。

3）高大模板工程搭设的构造要求应当符合相关技术规范要求，支撑系统立柱接长严禁搭接；应设置扫地杆、纵横向支撑及水平垂直剪刀撑，并与主体结构的墙、柱牢固拉接。

4）搭设高度2m以上的支撑架体应设置作业人员登高措施。作业面应按有关规定设置安全防护设施。

5）模板支撑系统应为独立的系统，禁止与物料提升机、施工升降机、塔吊等起重设备钢结构架体机身及其附着设施相连接；禁止与施工脚手架、物料周转料平台等架体相连接。

3. 使用与检查：

1）模板、钢筋及其他材料等施工荷载应均匀堆置，放平放稳。施工总荷载不得超过模板支撑系统设计荷载要求。

2）模板支撑系统在使用过程中，立柱底部不得松动悬空，不得任意拆除任何杆件，不得松动扣件，也不得用作缆风绳的拉结。

3）施工过程中检查项目应符合下列要求：

（1）立柱底部基础应回填夯实。

（2）垫木应满足设计要求。

（3）底座位置应正确，顶托螺杆伸出长度应符合规定。

（4）立柱的规格尺寸和垂直度应符合要求，不得出现偏心荷载。

（5）扫地杆、水平拉杆、剪刀撑等设置应符合规定，固定可靠。

（6）安全网和各种安全防护设施符合要求。

4. 混凝土浇筑：

1）混凝土浇筑前，施工单位项目技术负责人、项目总监确认具备混凝土浇筑的安全生产条件后，签署混凝土浇筑令，方可浇筑混凝土。

2）框架结构中，柱和梁板的混凝土浇筑顺序，应按先浇筑柱混凝土，后浇筑梁板混凝土的顺序进行。浇筑过程应符合专项施工方案要求，并确保支撑系统受力均匀，避免引起高大模板支撑系统的失稳倾斜。

3）浇筑过程应有专人对高大模板支撑系统进行观测，发现有松动、变形等情况，必须立即停止浇筑，撤离作业人员，并采取相应的加固措施。

5. 拆除管理：

1）高大模板支撑系统拆除前，项目技术负责人、项目总监应核查混凝土同条件试块强度报告，浇筑混凝土达到拆模强度后方可拆除，并履行拆模审批签字手续。

2）高大模板支撑系统的拆除作业必须自上而下逐层进行，严禁上下层同时拆除作业，分段拆除的高度不应大于两层。设有附墙连接的模板支撑系统，附墙连接必须随支撑架体逐层拆除，严禁先将附墙连接全部或数层拆除后再拆支撑架体。

3）高大模板支撑系统拆除时，严禁将拆卸的杆件向地面抛掷，应有专人传递至地面，并按规格分类均匀堆放。

4）高大模板支撑系统搭设和拆除过程中，地面应设置围栏和警戒标志，并派专人看守，严禁非操作人员进入作业范围。

（四）监督管理

（1）施工单位应严格按照专项施工方案组织施工。高大模板支撑系统搭设、拆除及混凝土浇筑过程中，应有专业技术人员进行现场指导，设专人负责安全检查，发现险情，立即停止施工并采取应急措施，排除险情后，方可继续施工。

（2）监理单位对高大模板支撑系统的搭设、拆除及混凝土浇筑实施巡视检查，发现安全隐患应责令整改，对施工单位拒不整改或拒不停止施工的，应当及时向建设单位报告。

（3）建设主管部门及监督机构应将高大模板支撑系统作为建设工程安全监督重点，加强对方案审核论证、验收、检查、监控程序的监督。

第三章 脚手架工程

一、门式脚手架安全管理

（一）搭设与拆除

1. 施工准备

1）门式脚手架与模板支架搭设与拆除前，应向搭拆和使用人员进行安全技术交底。

2）门式脚手架与模板支架搭拆施工的专项施工方案，应包括下列内容：

（1）工程概况、设计依据、搭设条件、搭设方案设计。

（2）搭设施工图：

①架体的平、立、剖面图。

②脚手架连墙件的布置及构造图。

③脚手架转角、通道口的构造图。

④脚手架斜梯布置及构造图。

⑤重要节点构造图。

（3）基础做法及要求。

（4）架体搭设及拆除的程序和方法。

（5）季节性施工措施。

（6）质量保证措施。

（7）架体搭设、使用、拆除的安全技术措施。

（8）设计计算书。

（9）悬挑脚手架搭设方案设计。

（10）应急预案。

3）门架与配件、加固杆等在使用前应进行检查和验收。

4）经检验合格的构配件及材料应按品种、规格分类堆放整齐、平稳。

5）对搭设场地应进行清理、平整，并应做好排水。

2. 地基与基础

1）门式脚手架与模板支架的地基与基础施工，应符合 JGJ 128—2010 第 6.8 节的规定和专项施工方案的要求。

2）在搭设前，应先在基础上弹出门架立杆位置线，垫板、底座安放位置应准确，标高应一致。

3. 搭设

1）门式脚手架与模板支架的搭设程序应符合下列规定：

（1）门式脚手架的搭设应与施工进度同步，一次搭设高度不宜超过最上层连墙件两步，且自由高度不应大于4m。

（2）满堂脚手架和模板支架应采用逐列、逐排和逐层的方法搭设。

（3）门架的组装应自一端向另一端延伸，应自下而上按步架设，并应逐层改变搭设方向；不应自两端相向搭设或自中间向两端搭设。

（4）每搭设完两步门架后，应校验门架的水平度及立杆的垂直度。

2）搭设门架及配件除应符合 JGJ 128—2010 第6章的规定外，尚应符合下列要求：

（1）交叉支撑、脚手板应与门架同时安装。

（2）连接门架的锁臂、挂钩必须处于锁住状态。

（3）钢梯的设置应符合专项施工方案组装布置图的要求，底层钢梯底部应加设钢管并应采用扣件扣紧在门架立杆上。

（4）在施工作业层外侧周边应设置180mm高的挡脚板和两道栏杆，上道栏杆高度应为1.2m，下道栏杆应居中设置。挡脚板和栏杆均应设置在门架立杆的内侧。

3）加固杆的搭设除应符合 JGJ 128—2010 第6.3节和第6.9节~6.11节的规定外，尚应符合下列要求：

（1）水平加固杆、剪刀撑等加固杆件必须与门架同步搭设。

（2）水平加固杆应设于门架立杆内侧，剪刀撑应设于门架立杆外侧。

4）门式脚手架连墙件的安装必须符合下列规定：

（1）连墙件的安装必须随脚手架搭设同步进行，严禁滞后安装。

（2）当脚手架操作层高出相邻连墙件以上两步时，在连墙件安装完毕前必须采用确保脚手架稳定的临时拉结措施。

5）加固杆、连墙件等杆件与门架采用扣件连接时，应符合下列规定：

（1）扣件规格应与所连接钢管的外径相匹配。

（2）扣件螺栓拧紧扭力矩值应为40~65N·m。

（3）杆件端头伸出扣件盖板边缘长度不应小于100mm。

6）悬挑脚手架的搭设应符合 JGJ 128—2010 第6.1节~6.5节和第6.9节的要求，搭设前应检查预埋件和支承型钢悬挑梁的混凝土强度。

7）门式脚手架通道口的搭设应符合 JGJ 128—2010 第6.6节的要求，斜撑杆、托架梁及通道口两侧的门架立杆加强杆件应与门架同步搭设，严禁滞后安装。

8）满堂脚手架与模板支架的可调底座、可调托座宜采取防止砂浆、水泥浆等污物填塞螺纹的措施。

4. 拆除

1）架体的拆除应按拆除方案施工，并应在拆除前做好下列准备工作：

（1）应对将拆除的架体进行拆除前的检查。

（2）根据拆除前的检查结果补充完善拆除方案。

（3）清除架体上的材料，杂物及作业面的障碍物。

2）拆除作业必须符合下列规定：

（1）架体的拆除应从上而下逐层进行，严禁上下同时作业。

（2）同一层的构配件和加固杆件必须按先上后下、先外后内的顺序进行拆除。

（3）连墙件必须随脚手架逐层拆除，严禁先将连墙件整层或数层拆除后再拆架体。拆除作业过程中，当架体的自由高度大于两步时，必须加设临时拉结。

（4）连接门架的剪刀撑等加固杆件必须在拆卸该门架时拆除。

3）拆卸连接部件时，应先将止退装置旋转至开启位置，然后拆除，不得硬拉，严禁敲击。拆除作业中，严禁使用手锤等硬物击打、撬别。

4）当门式脚手架需分段拆除时，架体不拆除部分的两端应按 JGJ 128—2010 第 6. 5. 3 条的规定采取加固措施后再拆除。

5）门架与配件应采用机械或人工运至地面，严禁抛投。

6）拆卸的门架与配件、加固杆等不得集中堆放在未拆架体上，并应及时检查、整修与保养，并宜按品种、规格分别存放。

（二）检查与验收

1. 搭设检查与验收

1）搭设前，对门式脚手架或模板支架的地基与基础应进行检查，经验收合格后方可搭设。

2）门式脚手架搭设完毕或每搭设 2 个楼层高度，满堂脚手架、模板支架搭设完毕或每搭设 4 步高度，应对搭设质量及安全进行一次检查，经检验合格后方可交付使用或继续搭设。

3）在门式脚手架或模板支架搭设质量验收时，应具备下列文件：

（1）按 JGJ 128—2010 第 7. 1. 2 条要求编制的专项施工方案。

（2）构配件与材料质量的检验记录。

（3）安全技术交底及搭设质量检验记录。

（4）门式脚手架或模板支架分项工程的施工验收报告。

4）门式脚手架或模板支架分项工程的验收，除应检查验收文件外，还应对搭设质量进行现场核验，在对搭设质量进行全数检查的基础上，对下列项目应进行重点检验，并应记入施工验收报告：

（1）构配件和加固杆规格、品种应符合设计要求，应质量合格、设置齐全、连接和挂扣紧固可靠。

（2）基础应符合设计要求，应平整坚实，底座、支垫应符合规定。

（3）门架跨距、间距应符合设计要求，搭设方法应符合 JGJ 128—2010 规范的规定。

（4）连墙件设置应符合设计要求，与建筑结构、架体应连接可靠。

（5）加固杆的设置应符合设计和 JGJ 128—2010 规范的要求。

（6）门式脚手架的通道口、转角等部位搭设应符合构造要求。

（7）架体垂直度及水平度应合格。

（8）悬挑脚手架的悬挑支承结构及与建筑结构的连接固定应符合设计和 JGJ 128—2010 的规定。

（9）安全网的张挂及防护栏杆的设置应齐全、牢固。

5）门式脚手架与模板支架搭设的技术要求、允许偏差及检验方法，应符合 JGJ 128—2010 的规定。

6）门式脚手架与模板支架扣件拧紧力矩的检查与验收，应符合现行行业标准《建筑施工扣件式钢管脚手架安全技术规范》（JGJ 130）的规定。

2. 使用过程中检查

1）门式脚手架与模板支架在使用过程中应进行日常检查，发现问题应及时处理。检查时，下列项目应进行检查：

（1）加固杆、连墙件应无松动，架体应无明显变形。

（2）地基应无积水，垫板及底座应无松动，门架立杆应无悬空。

（3）锁臂，挂扣件、扣件螺栓应无松动。

（4）安全防护设施应符合 JGJ 130—2011 要求。

（5）应无超载使用。

2）门式脚手架与模板支架在使用过程中遇有下列情况时，应进行检查，确认安全后方可继续使用：

（1）遇有八级以上大风或大雨过后。

（2）冻结的地基土解冻后。

（3）停用超过 1 个月。

（4）架体遭受外力撞击等作用。

（5）架体部分拆除。

（6）其他特殊情况。

3）满堂脚手架与模板支架在施加荷载或浇筑混凝土时，应设专人看护检查，发现异常情况应及时处理。

3. 拆除前检查

1）门式脚手架在拆除前，应检查架体构造、连墙件设置、节点连接，当发现有连墙件、剪刀撑等加固杆件缺少、架体倾斜失稳或门架立杆悬空情况时，对架体应先行加固后再拆除。

2）模板支架在拆除前，应检查架体各部位的连接构造、加固件的设置，应明确拆除顺序和拆除方法。

3）在拆除作业前，对拆除作业场地及周围环境应进行检查，拆除作业区内应无障碍物，作业场地临近的输电线路等设施应采取防护措施。

（三）安全管理

1. 搭拆门式脚手架或模板支架应由专业架子工担任，并应按住房和城乡建设部特种作业人员考核管理规定考核合格，持证上岗。上岗人员应定期进行体检，凡不适合登高作业者，不得上架操作。

2. 搭拆架体时，施工作业层应铺设脚手板，操作人员应站在临时设置的脚手板上进行作业，并应按规定使用安全防护用品，穿防滑鞋。

3. 门式脚手架与模板支架作业层上严禁超载。

4. 严禁将模板支架、缆风绳、混凝土泵管、卸料平台等固定在门式脚手架上。

5. 六级及以上大风天气应停止架上作业；雨、雪、雾天应停止脚手架的搭拆作业；雨、雪、霜后上架作业应采取有效的防滑措施，并应扫除积雪。

6. 门式脚手架与模板支架在使用期间，当预见可能有强风天气所产生的风压值超出设计的基本风压值时，对架体应采取临时加固措施。

7. 在门式脚手架使用期间，脚手架基础附近严禁进行挖掘作业。

8. 满堂脚手架与模板支架的交叉支撑和加固杆，在施工期间禁止拆除。

9. 门式脚手架在使用期间，不应拆除加固杆、连墙件、转角处连接杆、通道口斜撑杆等加固杆件。

10. 当施工需要，脚手架的交叉支撑可在门架一侧局部临时拆除，但在该门架单元上下应设置水平加固杆或挂扣式脚手板，在施工完成后应立即恢复安装交叉支撑。

11. 应避免装卸物料对门式脚手架或模板支架产生偏心、振动和冲击荷载。

12. 门式脚手架外侧应设置密目式安全网，网间应严密，防止坠物伤人。

13. 门式脚手架与架空输电线路的安全距离、工地临时用电线路架设及脚手架接地、防雷措施，应按现行行业标准《施工现场临时用电安全技术规范》（JGJ 46）的有关规定执行。

14. 在门式脚手架或模板支架上进行电、气焊作业时，必须有防火措施和专人看护。

15. 不得攀爬门式脚手架。

16. 搭拆门式脚手架或模板支架作业时，必须设置警戒线、警戒标志，并应派专人看守，严禁非作业人员入内。

17. 对门式脚手架与模板支架应进行日常性的检查和维护，架体上的建筑垃圾或杂物应及时清理。

二、扣件式钢管脚手架安全管理

（一）搭设与拆除

1. 施工准备

1）脚手架搭设前，应按专项施工方案向施工人员进行交底。

2）应按 JGJ 130—2011 的规定和脚手架专项施工方案要求对钢管、扣件、脚手板、可调托撑等进行检查验收，不合格产品不得使用。

3）经检验合格的构配件应按品种、规格分类，堆放整齐、平稳，堆放场地不得有积水。

4）应清除搭设场地杂物，平整搭设场地，并应使排水畅通。

2. 地基与基础

1）脚手架地基与基础的施工，应根据脚手架所受荷载、搭设高度、搭设场地土质情况与现行国家标准《建筑地基基础工程施工质量验收规范》（GB 50202）的有关规定进行。

2）压实填土地基应符合现行国家标准《建筑地基基础设计规范》（GB 50007）的相关规定；灰土地基应符合现行国家标准《建筑地基基础工程施工质量验收规范》（GB 50202）的相关规定。

3）立杆垫板或底座底面标高宜高于自然地坪 50 ~ 100mm。

4）脚手架基础经验收合格后，应按施工组织设计或专项方案的要求放线定位。

3. 搭设

1）单、双排脚手架必须配合施工进度搭设，一次搭设高度不应超过相邻连墙件以上两步；如果超过相邻连墙件以上两步，无法设置连墙件时，应采取撑拉固定等措施与建筑结构拉结。

2）每搭完一步脚手架后，应按 JGJ 130—2011 表4-3-3 的规定校正步距、纵距、横距及立杆的垂直度。

3）底座安放应符合下列规定：

（1）底座、垫板均应准确地放在定位线上。

（2）垫板应采用长度不少于2 跨、厚度不小于 50mm、宽度不小 200mm 的木垫板。

4）立杆搭设应符合下列规定：

（1）相邻立杆的对接连接应符合 JGJ 130—2011 第 6. 3. 6 条的规定。

（2）脚手架开始搭设立杆时，应每隔 6 跨设置一根抛撑，直至连墙件安装稳定后，方可根据情况拆除。

（3）当架体搭设至有连墙件的主节点时，在搭设完该处的立杆、纵向水平杆、横向水平杆后，应立即设置连墙件。

5）脚手架纵向水平杆的搭设应符合下列规定：

（1）脚手架纵向水平杆应随立杆按步搭设，并应采用直角扣件与立杆固定。

（2）纵向水平杆的搭设应符合 JGJ 130—2011 第 6. 2. 1 条的规定。

（3）在封闭型脚手架的同一步中，纵向水平杆应四周交圈设置，并应用直角扣件与内外角部立杆固定。

6）脚手架横向水平杆搭设应符合下列规定：

（1）搭设横向水平杆应符合 JGJ 130—2011 第 6. 2. 2 条的规定。

（2）双排脚手架横向水平杆的靠墙一端至墙装饰面的距离不应大于 100mm。

（3）单排脚手架的横向水平杆不应设置在下列部位：

①设计上不允许留脚手眼的部位。

②过梁上与过梁两端成 60°角的三角形范围内及过梁净跨度 1/2 的高度范围内。

③宽度小于 1m 的窗间墙。

④梁或梁垫下及其两侧各 500mm 的范围内。

⑤砖砌体的门窗洞口两侧 200mm 和转角处 450mm 的范围内，其他砌体的门窗洞口两侧 300mm 和转角处 600mm 的范围内。

⑥墙体厚度小于或等于 180mm。

⑦独立或附墙砖柱，空斗砖墙、加气块墙等轻质墙体。

⑧砌筑砂浆强度等级小于或等于 M2. 5 的砖墙。

7）脚手架纵向、横向扫地杆搭设应符合 JGJ 130—2011 第 6. 3. 2 条、第 6. 3. 3 条的规定。

8）脚手架连墙件安装应符合下列规定：

（1）连墙件的安装应随脚手架搭设同步进行，不得滞后安装。

（2）当单、双排脚手架施工操作层高出相邻连墙件以上两步时，应采取确保脚手架稳定的临时拉结措施，直到上一层连墙件安装完毕后再根据情况拆除。

9）脚手架剪刀撑与双排脚手架横向斜撑应随立杆、纵向和横向水平杆等同步搭设，不得滞后安装。

10）脚手架门洞搭设应符合 JGJ 130—2011 第6.5节的规定。

11）扣件安装应符合下列规定：

（1）扣件规格应与钢管外径相同。

（2）螺栓拧紧扭力矩不应小于40N·m，且不应大于65N·m。

（3）在主节点处固定横向水平杆、纵向水平杆、剪刀撑、横向斜撑等用的直角扣件、旋转扣件的中心点的相互距离不应大于150mm。

（4）对接扣件开口应朝上或朝内。

（5）各杆件端头伸出扣件盖板边缘的长度不应小于100mm。

12）作业层、斜道的栏杆和挡脚板的搭设应符合下列规定（图4-3-1）：

（1）栏杆和挡脚板均应搭设在外立杆的内侧。

（2）上栏杆上皮高度应为1.2m。

（3）挡脚板高度不应小于180mm。

（4）中栏杆应居中设置。

13）脚手板的铺设应符合下列规定：

（1）脚手板应铺满、铺稳，离墙面的距离不应大于150mm。

（2）采用对接或搭接时均应符合 JGJ 130—2011 第6.2.4条的规定；脚手板探头应用直径3.2mm的镀锌钢丝固定在支承杆件上。

（3）在拐角、斜道平台口处的脚手板，应用镀锌钢丝固定在横向水平杆上，防止滑动。

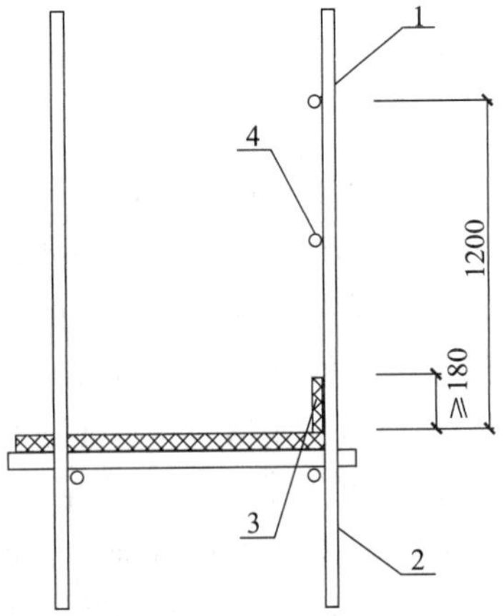

图4-3-1　栏杆与挡脚板构造

1—上栏杆；2—外立杆；3—挡脚板；4—中栏杆

4. 拆除

1）脚手架拆除应按专项方案施工，拆除前应做好下列准备工作：

（1）应全面检查脚手架的扣件连接、连墙件、支撑体系等是否符合构造要求。

（2）应根据检查结果补充完善脚手架专项方案中的拆除顺序和措施，经审批后方可实施。

（3）拆除前应对施工人员进行交底。

（4）应清除脚手架上杂物及地面障碍物。

2）单、双排脚手架拆除作业必须由上而下逐层进行，严禁上下同时作业；连墙件必须随脚手架逐层拆除，严禁先将连墙件整层或数层拆除后再拆脚手架；分段拆除高差大于两步时，应增设连墙件加固。

3）当脚手架拆至下部最后一根长立杆的高度（约6.5m）时，应先在适当位置搭设临时抛撑加固后，再拆除连墙件。当单、双排脚手架采取分段、分立面拆除时，对不拆除的脚手架两端，应先按 JGJ 130—2011 第6.4.4条、第6.6.4条、第6.6.5条的有关规定设置连墙件和横向斜撑加固。

4）架体拆除作业应设专人指挥，当有多人同时操作时，应明确分工、统一行动，且应具有足够的操作面。

5）卸料时各构配件严禁抛掷至地面。

6）运至地面的构配件应按本规范的规定及时检查，整修与保养，并应按品种、规格分别存放。

（二）检查与验收

1. 构配件检查与验收

1）新钢管的检查应符合下列规定：

（1）应有产品质量合格证。

（2）应有质量检验报告，钢管材质检验方法应符合现行国家标准《金属材料　室温拉伸试验方法》（GB/T 228）的有关规定，其质量应符合本规范第3.1.1条的规定。

（3）钢管表面应平直光滑，不应有裂缝、结疤、分层、错位、硬弯、毛刺、压痕和深的划道。

（4）钢管外径、壁厚、端面等的偏差，应分别符合GB/T 228表4-3-2的规定。

（5）钢管应涂有防锈漆。

2）旧钢管的检查应符合下列规定：

（1）表面锈蚀深度应符合JGJ 130—2011表4-3-2序号3的规定。锈蚀检查应每年一次。检查时，应在锈蚀严重的钢管中抽取三根，在每根锈蚀严重的部位横向截断取样检查，当锈蚀深度超过规定值时不得使用。

（2）钢管弯曲变形应符合JGJ 120—2011表4-3-2序号4的规定。

3）扣件验收应符合下列规定：

（1）扣件应有生产许可证、法定检测单位的测试报告和产品质量合格证。当对扣件质量有怀疑时，应按现行国家标准《钢管脚手架扣件》（GB 15831）的规定抽样检测。

（2）新、旧扣件均应进行防锈处理。

（3）扣件的技术要求应符合现行国家标准《钢管脚手架扣件》（GB 15831）的相关规定。

4）扣件进入施工现场应检查产品合格证，并应进行抽样复试，技术性能应符合现行国家标准《钢管脚手架扣件》（GB 15831）的规定。扣件在使用前应逐个挑选，有裂缝、变形、螺栓出现滑丝的严禁使用。

5）脚手板的检查应符合下列规定：

（1）冲压钢脚手板的检查应符合下列规定。

①新脚手板应有产品质量合格证。

②尺寸偏差应符合JGJ 130—2011表4-3-2序号5的规定，且不得有裂纹、开焊与硬弯。

③新、旧脚手板均应涂防锈漆。

④应有防滑措施。

（2）木脚手板、竹脚手板的检查应符合下列规定。

①木脚手板质量应符合JGJ 130—2011第3.3.3条的规定，宽度、厚度允许偏差应符合现行国家标准《木结构工程施工质量验收规范》（GB 50206）的规定，不得使用扭曲变形、劈裂、腐朽的脚手板。

②竹笆脚手板、竹串片脚手板的材料应符合GB 50206第3.3.4条的规定。

6）悬挑脚手架用型钢的质量应符合JGJ 130—2011第3.5.1条的规定，并应符合现行国家标准《钢结构工程施工质量验收规范》（GB 50205）的有关规定。

7）可调托撑的检查应符合下列规定：

（1）应有产品质量合格证，其质量应符合 JGJ 130—2011 第 3.4 节的规定。

（2）应有质量检验报告，可调托撑抗压承载力应符合 JGJ 130—2011 第 5.1.7 条的规定。

（3）可调托撑支托板厚不应小于 5mm，变形不应大于 1mm。

（4）严禁使用有裂缝的支托板、螺母。

8）构配件允许偏差应符合 JGJ 130—2011 中表 4-3-2 的规定。

2. 脚手架检查与验收

1）脚手架及其地基基础应在下列阶段进行检查与验收：

（1）基础完工后及脚手架搭设前。

（2）作业层上施加荷载前。

（3）每搭设完 6 ~ 8m 高度后。

（4）达到设计高度后。

（5）遇有六级强风及以上风或大雨后，冻结地区解冻后。

（6）停用超过一个月。

2）应根据下列技术文件进行脚手架检查、验收：

（1）JGJ 130—2011 第 8.2.3 条 ~ 第 8.2.5 条的规定。

（2）专项施工方案及变更文件。

（3）技术交底文件。

（4）构配件质量检查表（JGJ 130—2011 附录 D 表 D）。

3）脚手架使用中，应定期检查下列要求内容：

（1）杆件的设置和连接，连墙件、支撑、门洞桁架等的构造应符合 JGJ 130—2011 和专项施工方案的要求。

（2）地基应无积水，底座应无松动，立杆应无悬空。

（3）扣件螺栓应无松动。

（4）高度在 24m 以上的双排、满堂脚手架，其立杆的沉降与垂直度的偏差应符合 JGJ 130—2011表 4-3-3 项次 1、2 的规定；高度在 20m 以上的满堂支撑架，其立杆的沉降与垂直度的偏差应符合 JGJ 130—2011 表 4-3-3 项次 1、3 的规定。

（5）安全防护措施应符合 JGJ 130—2011 要求。

（6）应无超载使用。

4）脚手架搭设的技术要求、允许偏差与检验方法，应符合 JGJ 130—2011 中表 4-3-3 的规定。

5）安装后的扣件螺栓拧紧扭力矩应采用扭力扳手检查，抽样方法应按随机分布原则进行。抽样检查数目与质量判定标准，应按 JGJ 130—2011 中表 4-3-4 的规定确定。不合格的应重新拧紧至合格。

（三）安全管理

1. 扣件式钢管脚手架安装与拆除人员必须是经考核合格的专业架子工。架子工应持证上岗。

2. 搭拆脚手架人员必须戴安全帽、系安全带、穿防滑鞋。

3. 脚手架的构配件质量与搭设质量，应按 JGJ 130—2011 第 8 章的规定进行检查验收，并应确认合格后使用。

4. 钢管上严禁打孔。

5. 作业层上的施工荷载应符合设计要求，不得超载。不得将模板支架、缆风绳、泵送混凝土和砂浆的输送管等固定在架体上；严禁悬挂起重设备，严禁拆除或移动架体上安全防护设施。

6. 满堂支撑架在使用过程中，应设有专人监护施工，当出现异常情况时，应立即停止施工，并应迅速撤离作业面上人员。应在采取确保安全的措施后，查明原因、做出判断和处理。

7. 满堂支撑架顶部的实际荷载不得超过设计规定。

8. 当有六级强风及以上风、浓雾、雨或雪天气时应停止脚手架搭设与拆除作业。雨、雪后上架作业应有防滑措施，并应扫除积雪。

9. 夜间不宜进行脚手架搭设与拆除作业。

10. 脚手架的安全检查与维护，应按 JGJ 130—2011 第 8. 2 节的规定进行。

11. 脚手板应铺设牢靠、严实，并应用安全网双层兜底。施工层以下每隔 10m 应用安全网封闭。

12. 单、双排脚手架、悬挑式脚手架沿架体外围应用密目式安全网全封闭，密目式安全网宜设置在脚手架外立杆的内侧，并应与架体绑扎牢固。

13. 在脚手架使用期间，严禁拆除下列杆件：

1）主节点处的纵、横向水平杆，纵、横向扫地杆。

2）连墙件。

14. 当在脚手架使用过程中开挖脚手架基础下的设备基础或管沟时，必须对脚手架采取加固措施。

15. 满堂脚手架与满堂支撑架在安装过程中，应采取防倾覆的临时固定措施。

16. 临街搭设脚手架时，外侧应有防止坠物伤人的防护措施。

17. 在脚手架上进行电、气焊作业时，应有防火措施和专人看守。

18. 工地临时用电线路的架设及脚手架接地、避雷措施等，应按现行行业标准《施工现场临时用电安全技术规范》（JGJ 46）的有关规定执行。

19. 搭拆脚手架时，地面应设围栏和警戒标志，并应派专人看守，严禁非操作人员入内。

三、碗扣式钢管脚手架安全管理

（一）搭设与拆除

1. 施工组织

1）双排脚手架及模板支撑架施工前必须编制专项施工方案，并经批准后，方可实施。

2）双排脚手架搭设前，施工管理人员应按双排脚手架专项施工方案的要求对操作人员进行技术交底。

3）对进入现场的脚手架构配件，使用前应对其质量进行复检。

4）对经检验合格的构配件应按品种、规格分类放置在堆料区内或码放在专用架上，清点好数量备用；堆放场地排水应畅通，不得有积水。

5）当连墙件采用预埋方式时，应提前与相关部门协商，按设计要求预埋。

6）脚手架搭设场地必须平整、坚实、有排水措施。

2. 地基与基础处理

1）脚手架基础必须按专项施工方案进行施工，按基础承载力要求进行验收。

2）当地基高低差较大时，可利用立杆 0.6m 节点位差进行调整。

3）土层地基上的立杆应采用可调底座和垫板。

4）双排脚手架立杆基础验收合格后，应按专项施工方案的设计进行放线定位。

3. 双排脚手架搭设

1）底座和垫板应准确地放置在定位线上；垫板宜采用长度不少于立杆二跨、厚度不小于 50mm 的木板；底座的轴心线应与地面垂直。

2）双排脚手架搭设应按立杆、横杆、斜杆、连墙件的顺序逐层搭设，底层水平框架的纵向直线度偏差应小于 1/200 架体长度；横杆间水平度偏差应小于 1/400 架体长度。

3）双排脚手架的搭设应分阶段进行，每段搭设后必须经检查验收合格后，方可投入使用。

4）双排脚手架的搭设应与建筑物的施工同步上升，并应高于作业面 1.5m。

5）当双排脚手架高度 H 小于或等于 30m 时，垂直度偏差应小于或等于 $H/500$；当高度 H 大于 30m 时，垂直度偏差应小于或等于 $H/1000$。

6）当双排脚手架内外侧加挑梁时，在一跨挑梁范围内不得超过一名施工人员操作，严禁堆放物料。

7）连墙件必须随双排脚手架升高及时在规定的位置处设置，严禁任意拆除。

8）作业层设置应符合下列规定：

（1）脚手板必须铺满、铺实，外侧应设 180mm 挡脚板及 1200mm 高两道防护栏杆。

（2）防护栏杆应在立杆 0.6m 和 1.2m 的碗扣接头处搭设两道。

（3）作业层下部的水平安全网设置应符合国家现行标准《建筑施工安全检查标准》（JGJ 59）的规定。

9）当采用钢管扣件作加固件、连墙件、斜撑时，应符合国家现行标准《建筑施工扣件式钢管脚手架安全技术规范》（JGJ 130）的有关规定。

4. 双排脚手架拆除

1）双排脚手架拆除时，必须按专项施工方案，在专人统一指挥下进行。

2）拆除作业前，施工管理人员应对操作人员进行安全技术交底。

3）双排脚手架拆除时必须划出安全区，并设置警戒标志，派专人看守。

4）拆除前应清理脚手架上的器具及多余的材料和杂物。

5）拆除作业应从顶层开始，逐层向下进行，严禁上下层同时拆除。

6）连墙件必须在双排脚手架拆到该层时方可拆除，严禁提前拆除。

7）拆除的构配件应采用起重设备吊运或人工传递到地面，严禁抛掷。

8）当双排脚手架采取分段、分立面拆除时，必须事先确定分界处的技术处理方案。

9）拆除的构配件应分类堆放，以便于运输、维护和保管。

5. 模板支撑架的搭设与拆除

1）模板支撑架的搭设应按专项施工方案，在专人指挥下，统一进行。

2）应按施工方案弹线定位，放置底座后应分别按先立杆后横杆再斜杆的顺序搭设。

3）在多层楼板上连续设置模板支撑架时，应保证上下层支撑立杆在同一轴线上。

4）模板支撑架拆除应符合现行国家标准《混凝土结构工程施工质量验收规范》（GB 50204）中混凝土强度的有关规定。

5）架体拆除应按施工方案设计的顺序进行。

（二）检查与验收

1. 进入现场的构配件应具备以下证明资料：

1）主要构配件应有产品标识及产品质量合格证。

2）供应商应配套提供钢管、零件、铸件、冲压件等材质、产品性能检验报告。

2. 构配件进场应重点检查以下部位质量：

1）钢管壁厚、焊接质量、外观质量。

2）可调底座和可调托撑材质及丝杆直径、与螺母配合间隙等。

3. 双排脚手架搭设应重点检查下列内容：

1）保证架体几何不变性的斜杆、连墙件等设置情况。

2）基础的沉降，立杆底座与基础面的接触情况。

3）上碗扣锁紧情况。

4）立杆连接销的安装、斜杆扣接点、扣件拧紧程度。

4. 双排脚手架搭设质量应按下列情况进行检验：

1）首段高度达到6m时，应进行检查与验收。

2）架体随施工进度升高应按结构层进行检查。

3）架体高度大于24m时，在24m处或在设计高度$H/2$处及达到设计高度后，进行全面检查与验收。

4）遇六级及以上大风、大雨、大雪后施工前检查。

5）停工超过一个月恢复使用前。

5. 双排脚手架搭设过程中，应随时进行检查，及时解决存在的结构缺陷。

6. 双排脚手架验收时，应具备下列技术文件：

1）专项施工方案及变更文件。

2）安全技术交底文件。

3）周转使用的脚手架构配件使用前的复验合格记录。

4）搭设的施工记录和质量安全检查记录。

7. 模板支撑架浇筑混凝土时，应由专人全过程监督。

（三）安全使用与管理

1. 作业层上的施工荷载应符合设计要求，不得超载，不得在脚手架上集中堆放模板、钢筋等物料。

2. 混凝土输送管、布料杆、缆风绳等不得固定在脚手架上。

3. 遇六级及以上大风、雨雪、大雾天气时，应停止脚手架的搭设与拆除作业。

4. 脚手架使用期间，严禁擅自拆除架体结构杆件；如需拆除必须经修改施工方案并报请原方案审批人批准，确定补救措施后方可实施。

5. 严禁在脚手架基础及邻近处进行挖掘作业。

6. 脚手架应与输电线路保持安全距离，施工现场临时用电线路架设及脚手架接地防雷措施等应按国家现行标准《施工现场临时用电安全技术规范》（JGJ 46）的有关规定执行。

7. 搭设脚手架人员必须持证上岗。上岗人员应定期体检，合格者方可持证上岗。

8. 搭设脚手架人员必须戴安全帽、系安全带、穿防滑鞋。

四、附着式脚手架安全管理

（一）安装与拆除

1. 安装

1）附着式升降脚手架应按专项施工方案进行安装，可采用单片式主框架的架体详见JGJ 202—2010，也可采用空间桁架式主框架的架体详见JGJ 202—2010。

2）附着式升降脚手架在首层安装前应设置安装平台，安装平台应有保障施工人员安全的防护设施，安装平台的水平精度和承载能力应满足架体安装的要求。

3）安装时应符合下列规定：

（1）相邻竖向主框架的高差不应大于20mm。

（2）竖向主框架和防倾导向装置的垂直偏差不应大于5‰，且不得大于60mm。

（3）预留穿墙螺栓孔和预埋件应垂直于建筑结构外表面，其中心误差应小于15mm。

（4）连接处所需要的建筑结构混凝土强度应由计算确定，但不应小于C10。

（5）升降机构连接应正确且牢固可靠。

（6）安全控制系统的设置和试运行效果应符合设计要求。

（7）升降动力设备工作正常。

4）附着支承结构的安装应符合设计规定，不得少装和使用不合格螺栓及连接件。

5）安全保险装置应全部合格，安全防护设施应齐备，且应符合设计要求，并应设置必要的消防设施。

6）电源、电缆及控制柜等的设置应符合现行行业标准《施工现场临时用电安全技术规范》（JGJ 46）的有关规定。

7）采用扣件式脚手架搭设的架体构架，其构造应符合现行行业标准《建筑施工扣件式钢管脚手架安全技术规范》（JGJ 130）的要求。

8）升降设备、同步控制系统及防坠落装置等专项设备，均应采用同一厂家的产品。

9）升降设备、控制系统、防坠落装置等应采取防雨、防砸、防尘等措施。

2. 升降

1）附着式升降脚手架可采用手动、电动和液压三种升降形式，并应符合下列规定：

（1）单跨架体升降时，可采用手动、电动和液压三种升降形式。

（2）当两跨以上的架体同时整体升降时，应采用电动或液压设备。

2）附着式升降脚手架每次升降前，应按JGJ 202—2010表8.1.4的规定进行检查，经检查合格后，方可进行升降。

3）附着式升降脚手架的升降操作应符合下列规定：

（1）应按升降作业程序和操作规程进行作业。

（2）操作人员不得停留在架体上。

（3）升降过程中不得有施工荷载。

（4）所有妨碍升降的障碍物应已拆除。

（5）所有影响升降作业的约束应已解除。

（6）各相邻提升点间的高差不得大于30mm，整体架最大升降差不得大于80mm。

4）升降过程中应实行统一指挥、统一指令。升降指令应由总指挥一人下达；当有异常情况出现时，任何人均可立即发出停止指令。

5）当采用环链葫芦作升降动力时，应严密监视其运行情况，及时排除翻链、绞链和其他影响正常运行的故障。

6）当采用液压设备作升降动力时，应排除液压系统的泄漏、失压、颤动、油缸爬行和不同步等问题和故障，确保正常工作。

7）架体升降到位后，应及时按使用状况要求进行附着固定；在没有完成架体固定工作前，施工人员不得擅自离岗或下班。

8）附着式升降脚手架架体升降到位固定后，应按JGJ 202—2010表8.1.3进行检查，合格后方可使用；遇5级及以上大风和大雨、大雪、浓雾和雷雨等恶劣天气时，不得进行升降作业。

3. 使用

1）附着式升降脚手架应按设计性能指标进行使用，不得随意扩大使用范围；架体上的施工荷载应符合设计规定，不得超载，不得放置影响局部杆件安全的集中荷载。

2）架体内的建筑垃圾和杂物应及时清理干净。

3）附着式升降脚手架在使用过程中不得进行下列作业：

（1）利用架体吊运物料。

（2）在架体上拉结吊装缆绳（或缆索）。

（3）在架体上推车。

（4）任意拆除结构件或松动连接件。

（5）拆除或移动架体上的安全防护设施。

（6）利用架体支撑模板或卸料平台。

（7）其他影响架体安全的作业。

4）当附着式升降脚手架停用超过3个月时，应提前采取加固措施。

5）当附着式升降脚手架停用超过1个月或遇六级及以上大风后复工时，应进行检查，确认合格后方可使用。

6）螺栓连接件、升降设备、防倾装置、防坠落装置、电控设备、同步控制装置等应每月进行维护保养。

4. 拆除

1）附着式升降脚手架的拆除工作应按专项施工方案及安全操作规程的有关要求进行。

2）应对拆除作业人员进行安全技术交底。

3）拆除时应有可靠的防止人员或物料坠落的措施，拆除的材料及设备不得抛扔。

4）拆除作业应在白天进行。遇五级及以上大风和大雨、大雪、浓雾和雷雨等恶劣天气时，不得进行拆除作业。

（二）安全管理

1. 附着式脚手架安装前，应根据工程结构、施工环境等特点编制专项施工方案，并应经总承包单位技术负责人审批、项目总监理工程师审核后实施。

2. 专项施工方案应包括下列内容：

1）工程特点。

2）平面布置情况。

3）安全措施。

4）特殊部位的加固措施。

5）工程结构受力核算。

6）安装、升降、拆除程序及措施。

7）使用规定。

3. 总承包单位必须将附着式脚手架专业工程发包给具有相应资质等级的专业队伍，并应签订专业承包合同，明确总包、分包或租赁等各方的安全生产责任。

4. 附着式脚手架专业施工单位应当建立健全安全生产管理制度，制定相应的安全操作规程和检验规程，应制定设计、制作、安装、升降、使用、拆除和日常维护保养等的管理规定。

5. 附着式脚手架专业施工单位应设置专业技术人员、安全管理人员及相应的特种作业人员。特种作业人员应经专门培训，并应经建设行政主管部门考核合格，取得特种作业操作资格证书后，方可上岗作业。

6. 施工现场使用工具式脚手架应由总承包单位统一监督，并应符合下列规定：

1）安装、升降、使用、拆除等作业前，应向有关作业人员进行安全教育；并应监督对作业人员的安全技术交底。

2）应对专业承包人员的配备和特种作业人员的资格进行审查。

3）安装、升降、拆卸等作业时，应派专人进行监督。

4）应组织附着式脚手架的检查验收。

5）应定期对附着式脚手架使用情况进行安全巡检。

7. 监理单位应对施工现场的工具式脚手架使用状况进行安全监理并应记录，出现隐患应要求及时整改，并应符合下列规定：

1）应对专业承包单位的资质及有关人员的资格进行审查。

2）在附着式脚手架的安装、升降、拆除等作业时应进行监理。

3）应参加工具式脚手架的检查验收。

4）应定期对工具式脚手架使用情况进行安全巡检。

5）发现存在隐患时，应要求限期整改，对拒不整改的，应及时向建设单位和建设行政主管部门报告。

8. 附着式脚手架所使用的电气设施、线路及接地、避雷措施等应符合现行行业标准《施工现场临时用电安全技术规范》（JGJ 46）的规定。

9. 进入施工现场的附着式脚手架产品应具有国务院建设行政主管部门组织鉴定或验收的合格证书，并应符合 JGJ 202—2010 的有关规定。

10. 附着式脚手架的防坠落装置应经法定检测机构标定后方可使用；使用过程中，使用单位应定期对其有效性和可靠性进行检测。安全装置受冲击载荷后应进行解体检验。

11. 临街搭设时，外侧应有防止坠物伤人的防护措施。

12. 安装、拆除时，在地面应设围栏和警戒标志，并应派专人看守，非操作人员不得入内。

13. 在附着式脚手架使用期间，不得拆除下列杆件：

1）架体上的杆件。

2）与建筑物连接的各类杆件（如连墙件、附墙支座）等。

14. 作业层上的施工荷载应符合设计要求，不得超载。不得将模板支架、缆风绳、泵送混凝土和砂浆的输送管等固定在架体上；不得用其悬挂起重设备。

15. 遇五级以上大风和雨天，不得提升或下降附着式脚手架。

16. 当施工中发现附着式脚手架故障和存在安全隐患时，应及时排除，对可能危及人身安全时，应停止作业。应由专业人员进行整改。整改后的工具式脚手架应重新进行验收检查，合格后方可使用。

17. 剪刀撑应随立杆同步搭设。

18. 扣件的螺栓拧紧力矩不应小于40N · m，且不应大于65N · m。

19. 产权单位和使用单位应对附着式脚手架建立设备技术档案，其主要内容应包含：机型、编号、出厂日期、验收、检修、试验、检修记录及故障事故情况。

20. 附着式脚手架在施工现场安装完成后应进行整机检测。

21. 附着式脚手架作业人员在施工过程中应戴安全帽、系安全带、穿防滑鞋，酒后不得上岗作业。

（三）验收

1. 附着式升降脚手架

1）附着式升降脚手架安装前应具有下列文件：

（1）相应资质证书及安全生产许可证。

（2）附着式升降脚手架的鉴定或验收证书。

（3）产品进场前的自检记录。

（4）特种作业人员和管理人员岗位证书。

（5）各种材料、工具的质量合格证、材质单、测试报告。

（6）主要部件及提升机构的合格证。

2）附着式升降脚手架应在下列阶段进行检查与验收：

（1）首次安装完毕。

（2）提升或下降前。

（3）提升、下降到位，投入使用前。

3）附着式升降脚手架首次安装完毕及使用前，应按 JGJ 202—2010 表 8. 1. 3 的规定进行检验，合格后方可使用。

4）附着式升降脚手架提升、下降作业前应按 JGJ 202—2010 表 8. 1. 4 的规定进行检验，合格后方可实施提升或下降作业。

5）在附着式升降脚手架使用、提升和下降阶段均应对防坠、防倾装置进行检查，合格后方可作业。

6）附着式升降脚手架所使用的电气设施和线路应符合现行行业标准《施工现场临时用电安全技术规范》（JGJ 46）的要求。

附　　录

附录一　专职安全员安全生产考核复习题

一、单选题

1.《中华人民共和国刑法》第一百三十四条规定：在生产作业中违反有关安全管理的规定，因而发生重大伤亡事故或者造成其他严重后果的，处（C）以下的有期徒刑或者拘役。

A. 1 年　　B. 2 年　　C. 3 年　　D. 5 年

2.《中华人民共和国刑法》第一百三十四条规定：强令他认违章冒险作业，因而发生重大伤亡事故，或者造成其他严重后果的，处（D）以下的有期徒刑或者拘役。

A. 1 年　　B. 2 年　　C. 3 年　　D. 5 年

3.《中华人民共和国刑法》第一百三十五条规定：安全生产设施或者安全生产条件不符合国家规定，因而发生重大伤亡事故或者造成其他严重后果的，对直接负责的主管人员和其他直接责任人员，处（C）以下有期徒刑或者拘役。

A. 1 年　　B. 2 年　　C. 3 年　　D. 5 年

4.《中华人民共和国刑法》第一百三十六条规定：违反爆炸性、易燃性、放射性、毒害性、腐蚀性物品的管理规定，在生产、储存、运输、使用中发生重大事故，造成严重后果的，处（C）以下有期徒刑或者拘役。

A. 1 年　　B. 2 年　　C. 3 年　　D. 5 年

5.《中华人民共和国刑法》第一百三十九条规定：违反消防管理法规，经消防监督机构通知采取改正措施而拒绝执行，造成严重后果的，对直接责任人员，处（C）以下有期徒刑或者拘役。

A. 1 年　　B. 2 年　　C. 3 年　　D. 5 年

6.《中华人民共和国刑法》第一百三十九条规定：在安全事故发生后，负有报告职责的人员不报或者谎报事故情况，贻误事故抢救，情节严重的，处（C）以下有期徒刑或者拘役。

A. 1 年　　B. 2 年　　C. 3 年　　D. 5 年

7. 国家实行生产安全事故责任追究制度，依照《中华人民共和国安全生产法》和有关法律、法规的规定，追究生产安全事故（B）的法律责任。

A. 相关人员　　B. 责任人员　　C. 主要负责人　　D. 技术管理人员

8.《中华人民共和国安全生产法》规定：生产经营单位的特种作业人员必须按照国家有关规定经专门的安全作业培训，取得（D），方可上岗作业。

A. 岗位证书　　B. 操作资格证书

C. 安全生产考核证书　　D. 相应资格

9. 《中华人民共和国安全生产法》规定：生产经营单位应当在有较大危险因素的生产经营场所和有关设施、设备上，设置明显的（C）。

A. 安全宣传标语　　B. 安全宣教挂图

C. 安全警示标志　　D. 安全防护设施

10. 《中华人民共和国安全生产法》规定生产经营单位应当建立健全生产安全事故隐患（A）制度，采取技术、管理措施，及时发现并消除事故隐患。事故隐患排查治理情况应当如实记录，并向从业人员通报。

A. 排查治理　　B. 责任追究　　C. 检测评估　　D. 安全管理

11. 《中华人民共和国安全生产法》规定：生产经营单位进行爆破、吊装以及国务院安全生产监督管理部门会同国务院有关部门规定的其他危险作业，应当安排（B）进行现场安全管理，确保操作规程的遵守和安全措施的落实。

A. 专业施工员　　B. 专门人员　　C. 技术负责人　　D. 监理人员

12. 《中华人民共和国安全生产法》规定：从业人员发现事故隐患或者其他不安全因素，应当立即向现场安全生产管理人员或者本单位负责人报告；接到报告的人员应当及时予以（C）。

A. 备案　　B. 上报　　C. 处理　　D. 答复

13. 《中华人民共和国建筑法》规定：建筑施工企业在编制施工组织设计时，应当根据建筑工程的特点制定相应的安全技术措施；对专业性较强的工程项目，应当编制（A），并采取安全技术措施。

A. 专项安全施工组织设计　　B. 消防安全制度

C. 有限空间操作规程　　D. 应急救援预案

14. 《中华人民共和国建筑法》规定：施工现场对毗邻的建筑物、构筑物和特殊作业环境可能造成损害的，建筑施工企业应当采取（B）措施。

A. 安全保卫　　B. 安全防护　　C. 安全提示　　D. 安全警示

15. 《中华人民共和国建筑法》规定：建筑施工企业的管理人员违章指挥、强令职工冒险作业，因而发生重大伤亡事故或者造成其他严重后果的，依法追究（D）。

A. 吊销资质证书　　B. 民事责任　　C. 行政责任　　D. 刑事责任

16. 《中华人民共和国消防法》规定：禁止在具有（A）的场所吸烟、使用明火。

A. 火灾、爆炸危险　　B. 液体、爆炸危险

C. 火灾、易燃危险　　D. 固体、爆炸危险

17. 《中华人民共和国消防法》规定：进行电焊、气焊等具有火灾危险作业的人员和自动消防系统的操作人员，必须（C），并遵守消防安全操作规程。

A. 经过培训　　B. 经安全考核　　C. 持证上岗　　D. 身体健康

18. 《中华人民共和国消防法》规定：消防产品必须符合国家标准；没有国家标准的，必须符合（B）。

A. 地方标准　　B. 行业标准　　C. 企业标准　　D. 安全标准

19. 《中华人民共和国消防法》规定：禁止生产、销售或者使用不合格的消防产品以及

国家明令（B）的消防产品。

A. 限制　　B. 淘汰　　C. 推广　　D. 禁止

20. 单位违反《中华人民共和国消防法》规定，占用、堵塞、封闭消防车通道，妨碍消防车通行的，责令改正，处（A）罚款。

A. 0. 5 万元以上 5 万元以下　　B. 1 万元以上 10 万元以下

C. 2 万元以上 10 万元以下　　D. 5 万元以上 10 万元以下

21. 单位违反《中华人民共和国消防法》规定，消防设施、器材或者消防安全标志的配置、设置不符合国家标准、行业标准，或者未保持完好有效的，责令改正，处（A）罚款。

A. 0. 5 万元以上 5 万元以下　　B. 1 万元以上 10 万元以下

C. 2 万元以上 10 万元以下　　D. 5 万元以上 10 万元以下

22. 单位违反《中华人民共和国消防法》规定，埋压、圈占、遮挡消火栓或者占用防火间距的，责令改正，处（A）罚款。

A. 0. 5 万元以上 5 万元以下　　B. 1 万元以上 10 万元以下

C. 2 万元以上 10 万元以下　　D. 5 万元以上 10 万元以下

23. 单位违反《中华人民共和国消防法》规定，对火灾隐患经公安机关消防机构通知后不及时采取措施消除的，责令改正，处（A）罚款。

A. 0. 5 万元以上 5 万元以下　　B. 1 万元以上 10 万元以下

C. 2 万元以上 10 万元以下　　D. 5 万元以上 10 万元以下

24. 单位违反《中华人民共和国消防法》规定，损坏、挪用或者擅自拆除、停用消防设施、器材的，责令改正，处（A）罚款。

A. 0. 5 万元以上 5 万元以下　　B. 1 万元以上 10 万元以下

C. 2 万元以上 10 万元以下　　D. 5 万元以上 10 万元以下

25. 单位违反《中华人民共和国消防法》规定，占用、堵塞、封闭疏散通道、安全出口或者有其他妨碍安全疏散行为的，责令改正，处（A）罚款。

A. 0. 5 万元以上 5 万元以下　　B. 1 万元以上 10 万元以下

C. 2 万元以上 10 万元以下　　D. 5 万元以上 10 万元以下

26.《中华人民共和国消防法》规定：生产、储存、经营易燃易爆危险品的场所与居住场所设置在同一建筑物内，或者未与居住场所保持安全距离的，责令停产停业，（A）罚款。

A. 0. 5 万元以上 5 万元以下　　B. 1 万元以上 10 万元以下

C. 2 万元以上 10 万元以下　　D. 5 万元以上 10 万元以下

27. 违反《中华人民共和国消防法》规定，使用明火作业或者在具有火灾、爆炸危险的场所吸烟、使用明火的，处警告或者 500 元以下罚款；情节严重的，处（A）以下拘留。

A. 5 日　　B. 7 日　　C. 10 日　　D. 15 日

28. 违反《中华人民共和国消防法》规定，指使或者强令他人违反消防安全规定，冒险作业的，尚不构成犯罪的，处（D）拘留，可以并处 500 元以下罚款。

A. 7 日以下　　B. 10 日以下

C. 15 日以下　　D. 10 日以上 15 日以下

29. 违反《中华人民共和国消防法》规定，过失引起火灾的，尚不构成犯罪的，处（D）拘留，可以并处 500 元以下罚款。

A. 7 日以下　　B. 10 日以下

C. 15 日以下　　D. 10 日以上 15 日以下

30. 违反《中华人民共和国消防法》规定，在火灾发生后阻拦报警，或者负有报告职责的人员不及时报警的，尚不构成犯罪的，处（D）拘留，可以并处 500 元以下罚款。

A. 7 日以下　　B. 10 日以下

C. 15 日以下　　D. 10 日以上 15 日以下

31. 违反《中华人民共和国消防法》规定，扰乱火灾现场秩序，或者拒不执行火灾现场指挥员指挥，影响灭火救援的或故意破坏或者伪造火灾现场的，尚不构成犯罪的，处（D）拘留，可以并处 500 元以下罚款。

A. 7 日以下　　B. 10 日以下

C. 15 日以下　　D. 10 日以上 15 日以下

32. 违反《中华人民共和国消防法》规定，擅自拆封或者使用被公安机关消防机构查封的场所、部位的，尚不构成犯罪的，处（D）拘留，可以并处 500 元以下罚款。

A. 7 日以下　　B. 10 日以下

C. 15 日以下　　D. 10 日以上 15 日以下

33. 《建设工程安全生产管理条例》规定：垂直运输机械作业人员、安装拆卸工、爆破作业人员、起重信号工、登高架设作业人员等特种作业人员，必须按照国家有关规定经过专门的安全作业培训，并取得（B）后，方可上岗作业。

A. 岗位证书　　B. 特种作业操作资格证书

C. 安全生产考核证书　　D. 执业资格证书

34. 《建设工程安全生产管理条例》规定：建设工程施工之前，施工单位负责项目管理的（D）应当对有关安全施工的技术要求向施工作业班组、作业人员作出详细说明，并由双方签字确认。

A、项目负责人　　B. 监理人员

C. 专职安全生产管理人员　　D. 技术人员

35. 《建设工程安全生产管理条例》规定：施工单位应向作业人员书面告知危险岗位的（C）的危害。

A. 操作工艺和违章操作　　B. 操作规程和违章指挥

C. 操作规程和违章操作　　D. 操作规程和违反劳动纪律

36. 《建设工程安全生产管理条例》规定：施工现场的安全防护用具、机械设备、施工机具及配件必须（A）管理，定期进行检查、维修和保养，建立相应的资料档案，并按照国家有关规定及时报废。

A. 专人　　B. 专项　　C. 专门　　D. 专业

37. 施工单位违反《建设工程安全生产管理条例》的规定，未根据不同施工阶段和周围环境及季节、气候的变化，在施工现场采取相应的安全施工措施，或者在城市市区内的建设工程的施工现场未实行封闭围挡的，责令限期改正；逾期未改正的，责令停业整顿，并处（C）的罚款；造成重大安全事故，构成犯罪的，对直接责任人员，依照刑法有关规定追究刑事责任

A. 1 万元以上 5 万元以下　　B. 2 万元以上 10 万元以下

C. 5 万元以上 10 万元以下　　D. 5 万元以上 20 万元以下

38. 施工单位违反《建设工程安全生产管理条例》的规定，在施工现场临时搭建的建筑物不符合安全使用要求的，责令限期改正；逾期未改正的，责令停业整顿，并处（C）的罚款；造成重大安全事故，构成犯罪的，对直接责任人员，依照刑法有关规定追究刑事责任

A. 1 万元以上 5 万元以下　　B. 2 万元以上 10 万元以下

C. 5 万元以上 10 万元以下　　D. 5 万元以上 20 万元以下

39. 施工单位违反《建设工程安全生产管理条例》的规定，未对因建设工程施工可能造成损害的毗邻建筑物、构筑物和地下管线等采取专项防护措施的，责令限期改正；逾期未改正的，责令停业整顿，并处（C）的罚款；造成重大安全事故，构成犯罪的，对直接责任人员，依照刑法有关规定追究刑事责任

A. 1 万元以上 5 万元以下　　B. 2 万元以上 10 万元以下

C. 5 万元以上 10 万元以下　　D. 5 万元以上 20 万元以下

40. 施工单位违反《建设工程安全生产管理条例》的规定，在施工组织设计中未编制安全技术措施、施工现场临时用电方案或者专项施工方案的，责令限期改正；逾期未改正的，责令停业整顿，并处以（A）的罚款。

A. 10 万元以上 30 万元以下　　B. 5 万元以上 10 万元以下

C. 10 万元以上 20 万元以下　　D. 15 万元以上 30 万元以下

41.《建设工程安全生产管理条例》规定：作业人员不服管理、违反规章制度和操作规程冒险作业造成重大伤亡事故或者其他严重后果，构成犯罪的，依照刑法有关规定追究（B）。

A. 相关责任　　B. 刑事责任　　C. 民事责任　　D. 行政责任

42. 主要负责人、项目经理、安全生产管理人员和从业人员每年至少一次安全生产的教育培训在岗安全生产教育和培训时间不得少于（A）学时。其教育培训情况记入个人工作档案。安全生产教育培训考核不合格人员，不得上岗。

A. 8　　B. 16　　C. 24　　D. 36

43. 特种作业操作资格证的有效期为（B）年。

A. 1　　B. 2　　C. 3　　D. 5

44. 企业应当（D）开展劳动保护职业病防治知识的宣传教育工作，提高作业人员的自我保护意识。

A. 每年　　B. 每季度　　C. 每月　　D. 定期

45. 施工现场应实行封闭式管理，根据《建设工程施工现场安全防护、场容卫生及消防保卫标准》的规定，围墙（围挡）高度（D）。

A. 不得低于 1.5m　　B. 不得低于 1.8m　　C. 不得低于 2m　　D. 不得低于 2.5m

46. 安全帽在佩戴时，头顶最高点与帽壳内侧最高点之间的轴向距离（垂直间距）(C)。

A. 不大于 20mm　　B. 不大于 40mm　　C. 不大于 50mm　　D. 不大于 60mm

47. 安全帽的报废判别条件和保质期限按制造商产品说明执行，保质期限按（A）计算。

A. 出厂日期　　B. 购买日期

C. 检查、验收合格之日　　D. 使用日期

48. 安全带使用（D）后，应按批量购入情况抽检一次。若合格，该批安全带可继续使用，对抽试过的样带，必须更换安全绳后才能继续使用。

A. 半年　　B. 一年　　C. 一年半　　D. 两年

49. 施工现场从事机械作业的女士及长发者应配备（C）等个人防护用品。

A. 遮光面罩　　B. 绝缘鞋　　C. 工作帽　　D. 绝缘手套

50. 信号指挥工应配备装用标志服装。在自然强光环境条件作业时，应配备（B）。

A. 遮光面罩　　B. 有色防护眼镜　　C. 口罩　　D. 耳栓

51. 人工挖（扩）大孔径桩作业中，每隔（B）应进行一次强制通风。

A. 1h　　B. 2h　　C. 3h　　D. 4h

52. 从事有限空间作业的特种作业人员应持有（B）方可上岗作业。

A. 操作资格证书　　B. 相应资格证书

C. 岗位证书　　D. 安全生产考核证书

53. 危险处和通道处及行人过路处开挖的槽、坑、沟，必须采取有效的防护措施，防止人员坠落，夜间应设（C）。

A. 禁止标志　　B. 警示标志　　C. 红色标志灯　　D. 黄色标志灯

54. 火灾危险性较大的施工项目，义务消防队（组）的人员数按不少于职工总数的（D）比例标准建队。

A. 10%　　B. 15%　　C. 20%　　D. 30%

55. 施工现场内灭火器的配备数量应符合现行国家标准的规定，每个场所的灭火器数量（B）。

A. 不应少于 1 具　　B. 不应少于 2 具　　C. 不应少于 3 具　　D. 不应少于 4 具

56. 施工现场内易燃易爆物品的库房及料场、木工操作间、厨房、配电室、泵房等重要场所的灭火器数量（　C）。

A. 不应少于 2 具　　B. 不应少于 3 具　　C. 不应少于 4 具　　D. 不应少于 5 具

57. 灭火器的使用单位应定期对灭火器进行维护保养和维修检查，每（D）组织或委托维修单位对现场所有灭火器进行一次功能性检查。

A. 3 个月　　B. 6 个月　　C. 9 个月　　D. 12 个月

58. 施工现场配置的灭火器不论已经使用还是未使用，距出厂日期满（B），以后每隔 2 年，必须进行水压试验等检查

A. 3 年　　B. 5 年　　C. 7 年　　D. 10 年

59. 手提贮压式干粉灭火器距出厂日期满（D）应报废。

A. 3 年　　B. 5 年　　C. 7 年　　D. 10 年

60. 手提式二氧化碳灭火器距出厂日期满（C）应报废。

A. 6 年　　B. 10 年　　C. 12 年　　D. 15 年

61. 施工现场内的消防干管直径应不小于 100mm，消火栓处必须设置明显的昼夜标志，配备足够的水龙带，周围（A）内不得存放物品。

A. 3m　　B. 5m　　C. 6m　　D. 10m

62. 施工现场室外消火栓应布局合理，室外消火栓应沿在建工程、临时用房及可燃材料堆场及其加工场均匀布置，室外消火栓的间距（B）。

A. 不得超过 100m　　B. 不得超过 120m　　C. 不得超过 150m　　D. 不得超过 180m

63. 施工现场室外消火栓距在建工程、临时用房及可燃材料堆场及其加工场的外边线（C）。

A. 不应小于2m　　B. 不应小于3m　　C. 不应小于5m　　D. 不应小于10m

64. 施工现场内的库房应采用非燃材料支搭，易燃易爆物品应专库储存，保持通风，用电符合防火规定。易燃易爆物品库房与在建工程的防火间距不应小于（D）。

A. 不应小于5m　　B. 不应小于6m　　C. 不应小于10m　　D. 不应小于15m

65. 施工现场内可燃材料堆场及其加工场、固定动火作业场与在建工程的防火间距不应小于（D）。

A. 不应小于3m　　B. 不应小于5m　　C. 不应小于6m　　D. 不应小于10m

66. 施工现场内其他临时用房、临时设施与在建工程的防火间距不应小于（B）。

A. 不应小于5m　　B. 不应小于6m　　C. 不应小于10m　　D. 不应小于15m

67. 施工现场的宿舍应使用（C）的安全电压照明。

A. 12V 以下　　B. 24V 以下　　C. 36V 以下　　D. 110V 以下

68. 施工单位应落实电焊、气焊、电工等特殊工种作业人员持证上岗制度，电焊、气焊等危险作业前，应对作业人员进行（C），强化消防安全意识，落实危险作业施工的安全措施。

A. 三级教育　　B. 技能培训　　C. 消防安全教育　　D. 技能考核

69. 悬挑式钢平台三面临边应以硬质材料作围挡，高度（C），且严禁开孔。

A. 不低于0.8m　　B. 不低于1.2m　　C. 不小于1.5m　　D. 不低于1.8m

70. 悬挑式钢平台内侧必须设置（D），且应注明各种物料放置数量和码放要求。

A. 消防保卫牌　　B. 监督电话牌

C. 文明施工牌　　D. 荷载（吨位）标示牌

71. 物料平台承载面积不宜大于（B）；长宽比不应大于1.5∶1。

A. $15m^2$　　B. $20m^2$　　C. $25m^2$　　D. $30m^2$

72. 搭设高度（D）以上的支撑架体应设置作业人员登高措施。作业面应按有关规定设置安全防护设施。

A. 1.2m　　B. 1.5m　　C. 1.8m　　D. 2.0m

73. 大模板存放区应设置高度（B）的围栏并封闭管理。

A. 不低于0.8m　　B. 不低于1.2m　　C. 不低于1.5m　　D. 不低于1.8m

74. 模板存放场地必须平整夯实。有支腿大模板必须对面码放整齐，两模板间距（D）。

A. 不小于300mm　　B. 不小于400mm　　C. 不小于500mm　　D. 不小于600mm

75. 大模板存放场地必须平整夯实。有支腿大模板必须对面码放整齐，并保证（C）的自稳角。

A. 50°～60°　　B. 60°～70°　　C. 70°～80°　　D. 80°～90°

76. 施工现场的总配电箱应设在靠近电源的区域，分配电箱应设在用电设备或负荷相对集中的区域，分配电箱与开关箱的距离不得超过（A）。

A. 30m　　B. 35m　　C. 40m　　D. 50m

77. 施工现场的开关箱与其控制的固定式用电设备的水平距离不宜超过（B）。

A. 2m　　B. 3m　　C. 4m　　D. 5m

78. 采用TN－S接地保护形式系统中，PE保护线应单独敷设。重复接地线（A）与PE保护线相连接，严禁与N线相连接。

A. 必须　　B. 宜　　C. 严禁　　D. 不宜

79. 配电室内的配电柜当双列面对面布置时操作通道宽度不应小于（D）。

A. 0.8m　　B. 1.2m　　C. 1.5m　　D. 2.0m

80. 施工现场内使用的配电箱、开关箱应装设端正、牢固。固定式配电箱、开关箱的中心点与地面的垂直距离应为（C）。

A. 0.8～1.0m　　B. 1.2～1.4m　　C. 1.4～1.6m　　D. 1.6～1.8m

81. 施工现场内使用的移动式配电箱、开关箱应装没在坚固、稳定的支架上。其中心点与地面的垂直距离宜为（C）。

A、0.3～0.5m　　B. 0.6～0.8m　　C. 0.8～1.6m　　D. 1.6～1.8m

82. 配电箱、开关箱内的连接线必须采用铜芯绝缘导线。导线外绝缘的颜色标志必须按规定配置；PE线的颜色为（D）。

A. 黄色　　B. 淡蓝色　　C. 红色　　D. 绿/黄双色

83. 总配电箱、分配电箱和开关箱中的漏电保护器应按产品说明书安装、使用；对搁置已久重新使用或连续使用的漏电保护器应（A）检测其特性，发现问题应及时更换。

A. 每月　　B. 每季　　C. 每半年　　D. 每年

84. 中性线N的外绝缘颜色为（C）。

A. 红色　　B. 黄色　　C. 淡蓝色　　D. 绿色

85. 三相四线制架空线路的N线和PE保护线截面不小于相线截面的（D）。

A. 20%　　B. 30%　　C. 40%　　D. 50%

86. 手持式电动工具的负荷线应采用耐气候型的橡皮护套铜芯软电缆，并不得有接头。PE保护接地线采用截面（A）的绝缘多股铜线。

A. 不小于1.5mm^2　　B. 不小于2.5mm^2

C. 4mm^2　　D. 6mm^2

87. 施工现场室外220V灯具距地面的距离不得小于（C）。

A. 不得小于2.0m　　B. 不得小于2.5m

C. 不得小于3.0m　　D. 不得小于3.5m

88. 施工现场室内220V灯具距地面的距离不得小于（B）。

A. 不得小于2.0m　　B. 不得小于2.5m

C. 不得小于3.0m　　D. 不得小于3.5m

89. 施工现场内使用的普通灯具与易燃物距离（D）。

A. 不宜小于150mm　　B. 不宜小于200mm

C. 不宜小于250mm　　D. 不宜小于300mm

90. 施工现场内使用的聚光灯、碘钨灯等高热灯具与易燃物距离（C），且不得直接照射易燃物。

A. 不宜小于300mm　　B. 不宜小于400mm

C. 不宜小于500mm　　D. 不宜小于600mm

91. 施工现场内使用的携带式变压器的一次侧电源线应采用橡皮护套或塑料护套铜芯软

电缆，中间不得有接头，长度（B），电源插销应有保护触头。

A. 不宜超过 2m　　B. 不宜超过 3m

C. 不宜超过 4m　　D. 不宜超过 5m

92. 按照《施工现场临时用电安全技术规范》的规定，在建工程（含脚手架）与 35 ~ 110kV 的外电架空线路边线之间的最小安全操作距离为（C）。

A. 5. 0m　　B. 6. 0m　　C. 8. 0m　　D. 10m

93. 按照《施工现场临时用电安全技术规范》的规定，在建工程（含脚手架）与 220kV 的外电架空线路边线之间的最小安全操作距离为（C）。

A. 6. 0m　　B. 8. 0m　　C. 10m　　D. 15m

94. 按照《施工现场临时用电安全技术规范》的规定，施工现场内起重机的任何部位或被吊物边缘在最大偏斜时与小于 1kV 的架空线路边线垂直方向的最小安全操作距离为（D）。

A. 0. 8m　　B. 1. 0m　　C. 1. 2m　　D. 1. 5m

95. 按照《施工现场临时用电安全技术规范》的规定，施工现场内起重机的任何部位或被吊物边缘在最大偏斜时与小于 1kV 的架空线路边线水平方向的最小安全操作距离为（D）。

A. 0. 8m　　B. 1. 0m　　C. 1. 2m　　D. 1. 5m

96. 按照《施工现场临时用电安全技术规范》的规定，施工现场开挖沟槽边缘与外电埋地电缆沟槽边缘之间的距离（B）。

A. 不得小于 0. 3m　B. 不得小于 0. 5m　C. 不得小于 1. 0m　D. 不得小于 1. 2m

97. 按照《施工现场临时用电安全技术规范》的规定，施工现场的外电防护设施与小于 10kV 的外电线路之间的最小安全距离（C）。

A. 不得小于 1. 2m　B. 不得小于 1. 5m　C. 不得小于 1. 7m　D. 不得小于 2. 0m

98. 按照《施工现场临时用电安全技术规范》的规定，施工现场的外电防护设施与 110kV 的外电线路之间的最小安全距离（B）。

A. 不得小于 2. 0m　B. 不得小于 2. 5m　C. 不得小于 4. 0m　D. 不得小于 5. 0m

99. 施工现场机械设备上的避雷针（接闪器）长度应为（A）。

A. 1 ~ 2m　　B. 2 ~ 2. 5m　　C. 2. 5 ~ 3m　　D. 3 ~ 3. 5m

100. 施工现场内所有防雷装置的冲击接地电阻值（C）。

A. 不得大于 4Ω　B. 不得大于 10Ω　C. 不得大于 30Ω　D. 不得大于 50Ω

101. 《中华人民共和国安全生产法》规定：生产经营单位在生产、经营、储存、使用危险物品的车间、商店、仓库与员工宿舍在同一座建筑内，或者与员工宿舍的距离不符合安全要求的，责令限期改正，可以处（B）以下的罚款，对其直接负责的主管人员和其他直接责任人员可以处 1 万元以下的罚款；逾期未改正的，责令停产停业整顿；构成犯罪的，依照刑法有关规定追究刑事责任。

A. 2 万元　　B. 5 万元　　C. 10 万元　　D. 20 万元

102. 《中华人民共和国安全生产法》规定：生产经营单位在生产经营场所和员工宿舍未设有符合紧急疏散需要、标志明显、保持畅通的出口，或者锁闭、封堵生产经营场所或者员工宿舍出口的，责令限期改正，可以处（B）以下的罚款，对其直接负责的主管人员和其他直接责任人员可以处 1 万元以下的罚款；逾期未改正的，责令停产停业整顿；构成犯罪的，依照刑法有关规定追究刑事责任。

A. 2 万元　　B. 5 万元　　C. 10 万元　　D. 20 万元

103. 扣件式钢管脚手架搭设过程中，当立杆基础不在同一高度上时，靠边坡上方的立杆轴线到边坡的距离不应小于（D）。

A. 350mm　　B. 400mm　　C. 450mm　　D. 500mm

104. 扣件式钢管脚手架搭设时，脚手架立杆顶端外排立杆宜高出女儿墙上端（D）。

A. 0.3m　　B. 0.5m　　C. 0.8m　　D. 1.0m

105. 坡屋面结构脚手架立杆顶端外排立杆宜高出檐口上端（D）。

A. 0.5m　　B. 0.8m　　C. 1.2m　　D. 1.5m

106. 扣件式钢管脚手架搭设时，横向水平杆应放置在纵向水平杆上部，靠墙一端至墙装饰面距离不宜大于（A）。

A. 100mm　　B. 150mm　　C. 200mm　　D. 250mm

107. 扣件式钢管脚手架搭设时，纵向扫地杆必须连续设置，钢管中心距地面或垫板不得大于（A）。

A. 200mm　　B. 250mm　　C. 300mm　　D. 500mm

108. 扣件式钢管脚手架搭设时，剪刀撑杆件接长可采用搭接或对接，剪刀撑斜杆应用旋转扣件固定在与之相交的横向水平杆的伸出端或立杆上，旋转扣件中心线至主节点的距离不大于（A）。

A. 150mm　　B. 200mm　　C. 250mm　　D. 300mm

109. 当搭设 24m 以上的扣件式双排脚手架，除拐角应设置横向斜撑外，中间每隔（B）设置一道。

A. 4m　　B. 6m　　C. 8m　　D. 12m

110. 当扣件式脚手架架体搭设高度在（A）以下时，可采用加抛撑的方法保持架体稳定。

A. 6m　　B. 8m　　C. 12m　　D. 24m

111. 当扣件式脚手架架体搭设高度在（D）以上时必须设置连墙件。

A. 3m　　B. 4m　　C. 5m　　D. 6m

112. 扣件式钢管脚手架连墙件的竖向间距不宜大于层高，且小于（A）。

A. 4m　　B. 5m　　C. 6m　　D. 12m

113. 扣件式钢管脚手架连墙件的横向间距不宜超过开间尺寸，且小于（A）。

A. 6m　　B. 8m　　C. 12m　　D. 24m

114. 扣件式钢管脚手架的连墙件应靠近主节点设置，距离主节点不得大于（A）。

A. 300mm　　B. 400mm　　C. 500mm　　D. 600mm

115. 扣件式钢管脚手架各杆件端头伸出扣件盖板边缘的长度不应小于（D）。

A. 50mm　　B. 60mm　　C. 80mm　　D. 100mm

116.《建设工程施工现场安全防护、场容卫生及消防保卫标准》规定，铺设在扣件式钢管脚手架作业层的脚手板应铺满、铺稳、铺实，离开施工墙面不宜大于（A）。

A. 200mm　　B. 220mm　　C. 250mm　　D. 300mm

117. 当扣件式钢管脚手架上脚手板对接平铺时，接头处必须设两根横向水平杆，脚手板外伸长度应取 130～150mm；两块脚手板外伸长度的和不应大于（B）。

A. 200mm　　B. 300mm　　C. 350mm　　D. 400mm

118. 碗扣式双排脚手架应根据使用条件及荷载要求选择结构设计尺寸，横杆步距宜选用（C）。

A. 1. 2m　　B. 1. 5m　　C. 1. 8m　　D. 2. 0m

119. 碗扣式双排脚手架首层立杆应采用不同的长度交错布置，底层纵、横向横杆作为扫地杆距地面高度应小于或等于（A），严禁施工中拆除扫地杆，立杆应配置可调底座或固定底座。

A. 350mm　　B. 400mm　　C. 450mm　　D. 500mm

120. 门式脚手架作业层应连续满铺与门架配套的挂扣式脚手板，并应有防止脚手板松动或脱落的措施。当脚手板上有孔洞时，孔洞的内切圆直径不应大于（A）。

A. 25mm　　B. 30mm　　C. 35mm　　D. 40mm

121. 门式脚手架的底层门架下端应设置纵、横向通长的扫地杆。纵向扫地杆应固定在距门架立杆底端不大于（A）处的门架立杆上，横向扫地杆宜固定在紧靠纵向扫地杆下方的门架立杆上。

A. 200mm　　B. 250mm　　C. 300mm　　D. 350mm

122. 搭设门式脚手架，在转角处门架连接时，不正确的说法是：（C）

A. 在建筑物的转角处，门式脚手架内、外两侧立杆上应按步设置水平连接杆、斜撑杆，将转角处的两榀门架连成一体

B. 连接杆、斜撑杆应采用钢管，其规格应与水平加固杆相同

C. 连接杆、斜撑杆应采用钢管，其规格应与水平加固杆不同

D. 连接杆、斜撑杆应采用扣件与门架立杆及水平加固杆扣紧

123. 门式脚手架的搭设应与施工进度同步，一次搭设高度不宜超过最上层连墙件两步，且自由高度不应大于（A）。

A. 4. 0m　　B. 5. 0m　　C. 6. 0m　　D. 8. 0m

124. 附着升降脚手架的架宽 0. 9 ~ 1. 1m，架高不大于（A）层高，直线支承跨度不大于 8m，折线或曲线跨度不大于 5. 4m，悬挑出长度不大于 3m，面积不大于 $110m^2$。

A. 5 倍　　B. 6 倍　　C. 7 倍　　D. 8 倍

125. 安全网绳不得损坏和腐朽，搭设好的水平安全网在承受 100kg 重的砂袋假人，从（B）高处的冲击后，网绳、系绳、边绳不断。

A. 5. 0m　　B. 10m　　C. 15m　　D. 20m

126. 多层建筑首层四周必须搭设（B）宽的水平安全网，网底距接触面不得小于 3m。

A. 2. 0m　　B. 3. 0m　　C. 4. 0m　　D. 6. 0m

127. 高层建筑首层四周应搭设（D）宽的双层水平安全网，网底距接触面不得小于 5m。

A. 2. 0m　　B. 3. 0m　　C. 4. 0m　　D. 6. 0m

128. 多层和高层建筑应每隔四层且不大于（A），应设一道 3m 宽的水平安全网。

A. 10m　　B. 12m　　C. 15m　　D. 18m

129. 短边（A）以下的孔洞，用坚实盖板盖住，有防止挪动、位移的措施。

A. 1. 5m　　B. 1. 8m　　C. 2. 0m　　D. 2. 5m

130. 各种垂直运输卸料平台临边防护必须到位，侧边设（C）高两道防护栏杆和安全网

全封闭。

A. 0. 8m　　B. 1. 2m　　C. 1. 5m　　D. 1. 8m

131. 电动葫芦在使用悬挂电缆电气控制开关时，绝缘应良好，滑动应自如，人站立位置的后方应有（D）的空地，并应能正确操作电钮。

A. 0. 5m　　B. 1m　　C. 1. 5m　　D. 2m

132. 施工升降机基础应符合使用说明书要求，当使用说明书无要求时，应经专项设计计算。地基上表面平整度允许偏差为（B），场地应排水通畅。

A. 5mm　　B. 10mm　　C. 15mm　　D. 20mm

133. 施工升降机周围应设置稳固的防护围栏。楼层平台通道应平整牢固，出入口应设防护门。防护门不得向吊笼通道开启，高度不应低于（C）。

A. 1m　　B. 1. 2m　　C. 1. 5m　　D. 1. 8m

134. 施工升降机地面通道上方应搭设防护棚。当建筑物高度超过（D）时，应设置双层防护棚。

A. 15m　　B. 18m　　C. 20m　　D. 24m

135. 施工升降机的防坠安全器必须在标定期限内使用，标定期限不得超过（B）。

A. 半年　　B. 一年　　C. 三年　　D. 五年

136. 施工升降机使用前，应进行坠落试验。施工升降机在使用中每隔（C）个月，应进行不少于一次的额定载重量的坠落试验。

A. 1 个月　　B. 2 个月　　C. 3 个月　　D. 5 个月

137. 施工升降机每天使用前，司机应将吊笼升离地面（C），停车试验制动器的可靠性。

A. 0. 5 ~ 1m　　B. 1 ~ 1. 5m　　C. 1 ~ 2m　　D. 2 ~ 3m

138. 物料提升机在大雨、大雪、大雾、风速（D）及以上等恶劣天气时，必须停止运行。

A. 9m/s　　B. 11m/s　　C. 12m/s　　D. 13m/s

139. 物料提升机附墙架设置要符合设计要求，但间隔不大于（C）。

A. 3m　　B. 6m　　C. 9m　　D. 12m

140. 物料提升机附墙架设置要符合设计要求，当在建筑物顶层要设置附墙架，架体顶部自由高度不得大于（D）。

A. 2m　　B. 3m　　C. 5m　　D. 6m

141. 物料提升机吊笼必须使用定型的停靠、断绳保护装置，设置超高限位装置，使吊笼动滑轮上升最高位置与天梁最低处的距离不小于（D）。

A. 1m　　B. 2m　　C. 2. 5m　　D. 3m

142. 当物料提升机安装条件受到限制不能使用附墙架时，可采用缆风绳，缆风绳的设置应符合说明书的要求。缆风绳用钢丝绳直径不应小于（D），不得使用钢筋等材料。

A. 3mm　　B. 5mm　　C. 6mm　　D. 8mm

143. 钢筋切断机切断短料时，手和切刀之间的距离应大于（D），并应采用套管或夹具将切断的短料压住或夹牢。

A. 80mm　　B. 100mm　　C. 120mm　　D. 150mm

144. 钢筋冷拉作业时，操作人员与受拉钢筋的距离应大于（D）。

A. 0. 5m　　B. 1m　　C. 1. 5m　　D. 2m

145. 吊篮悬吊平台四周有应装有安全护栏，工作面护栏高度不低于（D）。

A. 0. 4m　　B. 0. 5m　　C. 0. 6m　　D. 0. 8m

146. 吊篮悬吊平台四周有应装有安全护栏，除工作面护栏外其余部位不低于（D）。

A. 0. 6m　　B. 0. 8m　　C. 1. 0m　　D. 1. 1m

147. 吊篮悬吊平台四周有应装有安全护栏，护栏底部应设置高度不小于（D）挡板，底板有防滑措施。

A. 80mm　　B. 100mm　　C. 120mm　　D. 150mm

148. 吊篮必须装有动作灵敏、可靠的安全锁，安全锁必须在有效期内使用，校验的有效期为（B），超期必须送具有相应资质的检测机构或生产厂家校验，合格后方可使用。

A. 6 个月　　B. 1 年　　C. 2 年　　D. 3 年

149. 木工圆锯机上的旋转锯片必须设置防护罩。被锯木料的长度不应小于（D）。

A. 200mm　　B. 300mm　　C. 400mm　　D. 500mm

150. 砂轮机应使用单向开关。砂轮必须装设不小于（D）度的防护罩和牢固可调整的工作托架。

A. 90　　B. 120　　C. 150　　D. 180

151. 5 万平方米及以上的建筑工程或装修工程专职安全人员不少于（B）人，且按专业配备专职安全生产管理人员。

A. 2　　B. 3　　C. 4　　D. 5

152. 劳务分包单位施工人员 200 人及以上的，应当配备 3 名及以上专职安全生产管理人员，并根据所承担的分部分项工程施工危险实际情况增加，不得少于工程施工人员总人数的（C）。

A. 3‰　　B. 4‰　　C. 5‰　　D. 6‰

153. 施工作业班组可以设置（B），对本班组的作业场所进行安全监督检查。

A. 专职安全巡查员　　B. 兼职安全巡查员

C. 专职安全检查员　　D. 兼职安全检查员

154. 劳务分包单位施工人员在 50 人以下的，（A）安全生产管理人员。

A. 应当配备 1 名专职　　B. 应当配备 1 名兼职

C. 可以不配备　　D. 应当配备 2 名专职

155. 某装修工程装修建筑面积 $9000m^2$，按照建设部关于专职安全生产管理人员配备的规定，该装修工程项目应当至少配备（A）名专职安全生产管理人员。

A. 1　　B. 2　　C. 3　　D. 4

156. 某建筑工程建筑面积 3 万平方米，按照建设部关于专职安全生产管理人员配备的规定，该建筑工程项目应当至少配备（B）名专职安全生产管理人员。

A. 1　　B. 2　　C. 3　　D. 4

157. 开挖深度（B）基坑（槽）支护、降水工程属于危险性较大的分项工程。

A. 超过 2m（含 2m）　　B. 超过 3m（含 3m）

C. 超过 3. 5m（含 3. 5m）　　D. 超过 2. 5m（含 2. 5m）

158. 混凝土模板支撑工程，搭设高度（A）及以上的属于危险性较大的分部分项工程。

A. 5m　　B. 6m　　C. 4m　　D. 4. 5m

159. 混凝土模板支撑工程，搭设跨度（C）及以上的属于危险性较大的分部分项工程。

A. 8　　B. 9　　C. 10　　D. 12

160. 混凝土模板支撑工程，施工总荷载（D）及以上的属于超过一定规模的危险性较大的分部分项工程。

A. $8kN/m^2$　　B. $10kN/m^2$　　C. $12kN/m^2$　　D. $15kN/m^2$

161. 集中线荷载（C）及以上的混凝土模板支撑工程属于危险性较大的分部分项工程。

A. 8kN/m　　B. 10kN/m　　C. 15kN/m　　D. 12kN/m

162. 采用非常规起重设备、方法，且单件起吊重量在（C）及以上的起重吊装工程属于危险性较大的分部分项工程。

A. 6kN　　B. 8kN　　C. 10kN　　D. 12kN

163. 搭设高度（C）及以上的落地式钢管脚手架工程属于危险性较大的分部分项工程。

A. 16m　　B. 20m　　C. 24m　　D. 30m

164. 开挖深度超过（C）的基坑（槽）的土方开挖、支护、降水工程属于超过一定规模的危险性较大的分部分项工程。

A. 3m（含3m）　　B. 4m（含4m）　　C. 5m（含5m）　　D. 6m（含6m）

165. 搭设高度（C）及以上的混凝土模板支撑工程属于超过一定规模的危险性较大的分部分项工程。

A. 5m　　B. 6m　　C. 8m　　D. 10m

166. 搭设跨度（C）及以上的混凝土模板支撑工程属于超过一定规模的危险性较大的分部分项工程。

A. 10m　　B. 15m　　C. 18m　　D. 20m

167. 施工总荷载（C）及以上混凝土模板支撑工程属于超过一定规模的危险性较大的分部分项工程。

A. $10kN/m^2$　　B. $12kN/m^2$　　C. $15kN/m^2$　　D. $20kN/m^2$

168. 用于钢结构安装等满堂支撑体系，承受单点集中荷载（C）以上的属于超过一定规模的危险性较大的分部分项工程。

A. 500kg　　B. 600kg　　C. 700kg　　D. 800kg

169. 集中线荷载（D）及以上的混凝土模板支撑工程属于超过一定规模的危险性较大的分部分项工程。

A. 10kN/m　　B. 12kN/m　　C. 15kN/m　　D. 20kN/m

170. 采用非常规起重设备、方法，且单件起吊重量在（B）及以上的起重吊装工程属于超过一定规模的危险性较大的分部分项工程。

A. 80kN　　B. 100kN　　C. 120kN　　D. 150kN

171. 起重量（B）及以上的起重设备安装工程属于超过一定规模的危险性较大的分部分项工程。

A. 250kN　　B. 300kN　　C. 350kN　　D. 500kN

172. 不属于超过一定规模的危险性较大的分部分项工程的有（A）

A. 起重量350kN的起重设备安装工程

B. 搭设高度 60m 落地式钢管脚手架工程

C. 采用爆破拆除的工程

D. 跨度为 30m 的钢结构安装工程

173. 以下项目属于危险性较大的分部分项工程是（A）。

A. 开挖深度 4m 的基坑工程

B. 开挖深度 2m 土方开挖工程

C. 搭设高度 4m 混凝土模板支撑工程

D. 搭设跨度 6m 的混凝土模板支撑工程

174. 不属于超过一定规模的危险性较大的分部分项工程是（A）。

A. 开挖深度 4m 的基坑（槽）的土方开挖

B. 工具式模板工程

C. 搭设高度 9m 混凝土模板支撑工程

D. 搭设高度 60m 的落地式钢管脚手架工程。

175. 外省进皖施工企业暂停备案 6 ~ 9 个月的违规是（A）。

A. 12 个月内发生 1 起较大生产安全事故或 2 起及以上一般生产安全事故的

B. 承建的项目发生一般生产安全事故的

C. 承建的项目降低安全生产条件情节严重的

D. 承建的项目发生生产安全事故，情节严重的

176. 企业综合信用评分以发生安全违规违法行为（A）评分结果为准。

A. 前一个月底　　B. 上一季度　　C. 上一周　　D. 前两个月

177. 本省企业降低安全生产条件，初次违法，危害后果轻微，主动消除或减轻违法行为危害后果的。应当（A）。

A. 责令改正　　B. 责令停工

C. 暂扣安全生产许可证　　D. 扣除企业信用分

178. 本省建筑企业降低安全生产条件，责令停工整改，拒不改正的。暂扣安全生产许可证 30 天。扣除企业信用分（A）。

A. 0 分　　B. 1 分　　C. 2 分　　D. 3 分

179. 本省建筑施工企业严重降低安全生产条件的，暂扣安全生产许可证 60 天，扣除企业信用分（A）。

A. 0 分　　B. 1 分　　C. 2 分　　D. 3 分

180. 发生一般生产安全事故。企业百亿元产值死亡率高于全省平均值，在建项目未开展信用评价，企业综合信用评分在后 10% 范围内的企业。扣除企业信用分（D）。

A. 2 分　　B. 3 分　　C. 4 分　　D. 5 分

181. 采用钢管扣件搭设高大模板支撑系统时，对梁底扣件应进行（D）检查。

A. 30%　　B. 50%　　C. 80%　　D. 100%

182. 对于高大模板支撑体系，其高度与宽度相比大于（B）的独立支撑系统，应加设保证整体稳定的构造措施。

A. 1.5 倍　　B. 2 倍　　C. 2.5 倍　　D. 3 倍

183. 搭设高度（B）以上的支撑架体应设置作业人员登高措施。作业面应按有关规定设

置安全防护设施。

A. 1.8m　　B. 2m　　C. 1.5m　　D. 2.2m

184. 搭设高大模板支撑架体的作业人员必须经过培训，取得建筑施工脚手架（A）后方可上岗。

A. 特种作业操作资格证书　　B. 架子工职业资格

C. 架子工操作许可证　　D. 架子工技术等级证书

185. 参加专家论证会的施工单位人员不包括（A）。

A. 质量检查员　　B. 技术负责人

C. 专职安全员　　D. 项目负责人

186. 编制高大模板支撑系统的专项施工方案由（C）负责组织有关人员进行。

A. 建设单位项目负责人　　B. 施工单位项目负责人

C. 施工单位技术负责人　　D. 监理单位总监理工程师

187. 高大模板支撑系统搭设前，应由（A）组织对需要处理或加固的地基、基础进行验收，并留存记录。

A. 项目技术负责人　　B. 建设单位负责人

C. 监理单位总监理工程师　　D. 施工单位专职安全人员

188. 《安徽省建筑施工特种作业人员管理规定实施细则》施行时间是（B）。

A. 2008 年 3 月 1 日　B. 2009 年 6 月 1 日　C. 2009 年 9 月 30 日 D. 2009 年 10 月 1 日

189. 依据《安徽省建筑施工特种作业人员管理规定实施细则》，申请从事建筑施工特种作业的人员，具备的基本条件不包括（C）。

A. 初中及以上学历

B. 年满 18 周岁且符合相关工种规定的年龄要求

C. 吃苦耐劳且沟通能力强

D. 近三个月内经县级以上医院体检合格且无妨碍从事相应特种作业的疾病和生理缺陷

190. 依据《安徽省建筑施工特种作业人员管理规定实施细则》，安徽省建筑施工特种作业人员操作范围包括（D）个工种。

A. 4　　B. 8　　C. 10　　D. 12

191. 依据《安徽省建筑施工特种作业人员管理规定实施细则》，考核工作机构应在收到特种作业操作资格申请材料之日起（B）内，依照条件答复受理或者不受理。

A. 5 天　　B. 5 个工作日　　C. 10 天　　D. 10 个工作日

192. 依据《安徽省建筑施工特种作业人员管理规定实施细则》，建筑施工特种作业人员考核结果公布后（D）内，省住建厅向考核合格人员颁发《建筑施工特种作业人员操作资格证书》。

A. 5 天　　B. 5 个工作日　　C. 10 天　　D. 10 个工作日

193. 建筑施工特种作业人员应当于有效期满前（C）个月，向就业所在地考核工作机构申请办理延期手续，考核工作机构初审合格后报发证机关复核。

A. 1　　B. 2　　C. 3　　D. 6

194. 根据《安徽省建筑施工特种作业人员管理规定实施细则》，申请《建筑施工特种作业人员操作资格证书》延期，应当提交的材料不包括（A）。

A. 获奖证书　　B. 身份证（复印件）

C. 继续教育证明　　D. 体检合格证明

195. 根据住建部《建筑施工企业主要负责人、项目负责人和专职安全生产管理人员安全生产管理规定实施意见》，“安管人员”未按规定履行安全生产管理职责，导致发生（B）及以上生产安全事故的，考核机关应当撤销其安全生产考核合格证书。

A. 一般　　B. 较大　　C. 重大　　D. 特别重大

196. 根据安徽省住建厅《安徽省建筑工程施工扬尘污染防治规定》，（A）是建筑工程施工扬尘污染防治的责任人，明确扬尘污染防治责任并监督落实。

A. 建设单位　　B. 施工单位　　C. 监理单位　　D. 建设主管部门

197. 根据安徽省住建厅《安徽省建筑工程施工扬尘污染防治规定》，气象预报风速达到（B）以上时，不得进行土方挖填和转运、拆除、道路路面鼓风机吹灰等易产生扬尘的作业。

A. 四级　　B. 五级　　C. 六级　　D. 八级

198. 根据安徽省住建厅《安徽省建筑工程施工扬尘污染防治规定》，拆除作业后，场地闲置（D）个月以上的，用地单位对拆除后的裸露地面采取绿化等防尘措施。

A. 6　　B. 3　　C. 2　　D. 1

199. 根据《安徽省住房城乡建设厅关于建筑施工企业“安管人员”和特种作业人员证书延续有关问题的通知》，本省建筑施工企业发生一般及以上生产安全责任事故或受到暂扣安全生产许可证等行政处罚的，该企业负责人和企业安全监督机构专职安全管理人员、发生事故的项目专职安全生产管理人员，当年度要接受省级建设主管部门不少于（B）学时的集中教育培训，并重新考核。

A. 8　　B. 16　　C. 24　　D. 48

200. 根据《安徽省住房城乡建设厅关于建筑施工企业“安管人员”和特种作业人员证书延续有关问题的通知》，本省建筑施工企业发生一般及以上生产安全责任事故或受到暂扣安全生产许可证等行政处罚的，该企业负责人和企业安全监督机构专职安全管理人员、发生事故的项目专职安全生产管理人员，当年度要接受（C）建设主管部门不少于16学时的集中教育培训，并重新考核。

A. 县级　　B. 市级　　C. 省级　　D. 国务院

201. 根据《安徽省住房城乡建设厅关于建筑施工企业“安管人员”和特种作业人员证书延续有关问题的通知》，上年度综合信用评分排名在后（B）范围内的本省建筑施工企业，其“安管人员”安全生产考核合格证书在有效期满前要重新考核。

A. 5%　　B. 10%　　C. 15%　　D. 20%

202. 根据《建筑施工安全检查标准》（JGJ 59—2011）的规定，宿舍内住宿人员人均面积不应小于2.5m^2，且不得超过（C）人。

A. 12　　B. 14　　C. 16　　D. 18

203. 《建筑施工安全检查标准》（JGJ 59—2011）对建筑施工安全检查评定分为（B）等级。

A. 合格、基本合格、不合格　　B. 优良、合格、不合格

C. 优良、合格、基本合格　　E. 良好、合格、不合格

204. 某项目按照《建筑施工安全检查标准》（JGJ 59—2011）进行了安全检查，汇总表

得分 68 分。本次检查应评定为（C）等级。

A. 良好　B. 合格　C. 不合格　D. 优良

205. 某项目按照《建筑施工安全检查标准》（JGJ 59—2011）进行了安全检查，汇总表得分 86 分。施工机具检查评分表为 0 分，本次检查应评定为（C）等级。

A. 基本合格　B. 合格　C. 不合格　D. 良好

206. 某项目按照《建筑施工安全检查标准》（JGJ 59—2011）进行了安全检查，汇总表得分 80 分。分项检查评分表无零分，本次检查应评定为（B）等级。

A. 良好　B. 优良　C. 合格　D. 基本合格

207. 某项目按照《建筑施工安全检查标准》（JGJ 59—2011）进行了安全检查，汇总表得分 70 分。分项检查评分表无零分，本次检查应评定为（C）等级。

A. 优良　B. 良好　C. 合格　D. 不合格

208. 依据《建筑施工安全检查标准》（JGJ 59—2011），临边是指施工现场无维护设施或维护设施高度低于（B）m 的楼层周边、楼梯侧边、平台或阳台边、屋面周边和沟、坑、槽、深基础周边等危及人身安全的边沿的简称。

A. 0. 6　B. 0. 8　C. 1. 0　D. 1. 2

209. 《建筑施工安全检查标准》（JGJ 59—2011）中设定的保证项目是指对施工人员生命、设备设施及环境安全起（C）作用的项目。

A. 重要性　B. 决定性　C. 关键性　D. 安全性

210. 《建筑施工安全检查标准》（JGJ 59—2011）是（B）。

A. 推荐性行业标准　B. 强制性行业标准

C. 推荐性国家标准　D. 强制性国家标准

211. 根据《建筑施工安全检查标准》（JGJ 59—2011）的规定，当建筑施工安全检查评定的等级为不合格时，必须（D）达到合格。

A. 立即整改　B. 安排整改　C. 合理整改　D. 限期整改

212. 依据《建筑施工模板安全技术规范》（JGJ 162）规定，在立柱底距地面（C）mm 高处，沿纵横水平方向应按纵下横上的程序设扫地杆。

A. 120　B. 150　C. 200　D. 300

213. 依据《建筑施工模板安全技术规范》（JGJ 162）规定，可调支托底部的立柱顶端应沿纵横向设置（A）道水平拉杆。

A. 一　B. 二　C. 三　D. 四

214. 依据《建筑施工模板安全技术规范》（JGJ 162）规定，立柱安装时当层高大于 20m，在最顶（B）步距水平拉杆中间应分别增加一道水平拉杆。

A. 一　B. 两　C. 三　D. 四

215. 依据《建筑施工模板安全技术规范》（JGJ 162）规定，用扣件式钢管脚手架作支架立柱，当露天支架立柱为群柱架时，高宽比不应大于（B）。

A. 3　B. 5　C. 6. 5　D. 8

216. 依据《建筑施工模板安全技术规范》（JGJ 162）规定，用扣件式钢管脚手架作支架立柱，当露天支架立柱为群柱架时，高宽比大于 5 时应设置（C）和缆风绳，保证宽度方向的稳定。

A. 连墙件　　B. 剪刀撑　　C. 抛撑　　D. 横向水平杆

217. 依据《建筑施工模板安全技术规范》（JGJ 162）规定，用门式钢管脚手架作支架立柱，当门架使用可调支座时，调节螺杆伸出长度不得大于（C）mm。

A. 100　　B. 120　　C. 150　　D. 180

218. 依据《建筑施工模板安全技术规范》（JGJ 162）规定，门式钢管脚手架的水平支承梁的高宽比大于 2. 5 时，应避免承受（B）荷载。水平支承梁的设计应采取防倾倒措施，不得取消或改动销紧装置的作用。

A. 均布　　B. 集中　　C. 弯矩　　D. 剪力

219. 依据《建筑施工模板安全技术规范》（JGJ 162）规定，爬模模板应分别按混凝土（B）阶段和爬升阶段验算。

A. 搅拌　　B. 浇筑　　C. 振捣　　D. 养护

220. 依据《建筑施工模板安全技术规范》（JGJ 162）规定，爬模的附墙架与钢筋混凝土外墙的穿墙螺栓连接验算应遵守（D）个及以上穿墙螺栓应预先采用钢套管准确留出孔洞。

A. 1　　B. 2　　C. 3　　D. 4

221. 依据《建筑施工模板安全技术规范》（JGJ 162）规定，模板安装前应进行全面的（A）技术交底，操作班组应熟悉设计与施工说明书，并应做好模板安装作业的分工准备。

A. 安全　　B. 操作　　C. 理论　　D. 文化

222. 依据《建筑施工模板安全技术规范》（JGJ 162）规定，竖向模板和支架立柱支承部分安装在基土上时，应加设垫板，垫板应有足够强度和支承面积，且应（B）承载。

A. 竖向　　B. 中心　　C. 支撑　　D. 支架

223. 依据《建筑施工模板安全技术规范》（JGJ 162）规定，当满堂或共享空间模板支架立柱高度超过（D）m 时，若地基土达不到承载要求，无法防止立柱下沉，则应先施工地面下的工程，再分层回填夯实基土，浇筑地面混凝土垫层，达到强度后方可支模。

A. 4. 5　　B. 6　　C. 6. 5　　D. 8

224. 依据《建筑施工模板安全技术规范》（JGJ 162）规定，模板及其支架在安装过程中，必须设置有效的（C）临时固定设施。

A. 防滑　　B. 防坠落　　C. 防倾覆　　D. 防下沉

225. 依据《建筑施工模板安全技术规范》（JGJ 162）规定，现浇钢筋混凝土梁、板，当跨度大于（D）m 时，模板应起拱。

A. 1　　B. 2　　C. 3　　D. 4

226. 依据《建筑施工模板安全技术规范》（JGJ 162）规定，当设计上对模板起拱无具体要求时，起拱高度宜为全跨长度的（B）。

A. $\frac{1}{1500}\sim\frac{3}{1500}$　　B. $\frac{1}{1000}\sim\frac{3}{1000}$　　C. $\frac{1}{3000}\sim\frac{3}{3000}$　　D. $\frac{2}{1000}\sim\frac{3}{1000}$

227. 依据《建筑施工模板安全技术规范》（JGJ 162）规定，模板安装时当层间高度大于（B）m 时，应选用桁架支模或钢管立柱支模。

A. 4. 5　　B. 5　　C. 8　　D. 9

228. 依据《建筑施工模板安全技术规范》（JGJ 162）规定，模板应具有足够的承载能力、刚度和稳定性，应能可靠承受新浇混凝土自重和（D）以及施工过程中所产生的荷载。

A. 冲击力　　B. 振捣力　　C. 底面压力　　D. 侧压力

229. 依据《建筑施工模板安全技术规范》（JGJ 162）规定，当采用标准门架作支撑时，门架的跨距和间距应按设计规定布置，间距宜小于（B）m；支撑架底部垫木上应设固定底座或可调底座。

A. 1. 0　　B. 1. 2　　C. 1. 5　　D. 1. 8

230. 依据《建筑施工模板安全技术规范》（JGJ 162）规定，距基槽（坑）上口边缘（A）m 内不得堆放模板。

A. 1　　B. 2　　C. 3　　D. 4

231. 依据《建筑施工模板安全技术规范》（JGJ 162）规定，基础及地下工程模板安装时，若深度超过（B）m，操作人员应设梯上下。

A. 1. 5　　B. 2　　C. 2. 1　　D. 2. 4

232. 依据《建筑施工模板安全技术规范》（JGJ 162）规定，现场拼装柱模时，应适时地按设临时支撑进行固定，斜撑与地面的倾角宜为（C）。

A. 45°　　B. 50°　　C. 60°　　D. 65°

233. 依据《建筑施工模板安全技术规范》（JGJ 162）规定，柱模板时，待（C）片柱模就位组拼经对角线校正无误后，应立即自下而上安装柱箍。

A. 2　　B. 3　　C. 4　　D. 5

234. 依据《建筑施工模板安全技术规范》（JGJ 162）规定，柱模板时，当高度超过（B）m 时，应群体或成列同时支模，并应将支撑连成一体，形成整体框架体系。

A. 3　　B. 4　　C. 5　　D. 6

235. 依据《建筑施工模板安全技术规范》（JGJ 162）规定，当采用预拼装的大块墙模板进行支模安装时，严禁同时起吊（A）块模板，并应边就位、边校正、边连接，固定后方可摘钩。

A. 2　　B. 3　　C. 4　　D. 5

236. 依据《建筑施工模板安全技术规范》（JGJ 162）规定，安装电梯井内墙模前，必须于板底下（B）mm 处牢固地满铺一层脚手板。

A. 150　　B. 200　　C. 300　　D. 500

237. 依据《建筑施工模板安全技术规范》（JGJ 162）规定，墙模板拼接时的 U 型卡应正反交替安装，间距不得大于（C）mm；两块模板对接接缝处的 U 型卡应满装。

A. 150　　B. 200　　C. 300　　D. 500

238. 依据《建筑施工模板安全技术规范》（JGJ 162）规定，当墙模板（A）面无法设置支撑时，应于（A）面设置能承受拉和压的支撑。

A. 外；里　　B. 里；外　　C. 上；下　　D. 下；上

239. 依据《建筑施工模板安全技术规范》（JGJ 162）规定，独立梁和整体楼盖梁结构在安装梁侧模时，应边安装边与底模连接，当侧模高度多于（A）块时，应采取临时固定措施。

A. 2　　B. 3　　C. 4　　D. 5

240. 依据《建筑施工模板安全技术规范》（JGJ 162）规定，在危险部位进行模板安装作业时，操作人员应系好（C）。

A. 衣扣　　B. 鞋带　　C. 安全带　　D. 操作工具

241. 依据《建筑施工模板安全技术规范》（JGJ 162）规定，支撑梁、板的支架立柱安装时，钢管扫地杆、水平拉杆应采用对接，剪刀撑应采用搭接，搭接长度不得小于（C）mm。

A. 100　　B. 350　　C. 500　　D. 1000

242. 依据《建筑施工模板安全技术规范》（JGJ 162）规定，当模板安装高度超过（C）m时，必须搭设脚手架，除操作人员外，脚手架下不得站其他人。

A. 1　　B. 2　　C. 3　　D. 4

243. 依据《建筑施工模板安全技术规范》（JGJ 162）规定，吊运大块或整体模板时，竖向吊运不应少于（B）个吊点，水平吊运不应少于（B）个吊点。

A. 1；3　　B. 2；4　　C. 2；2　　D. 3；4

244. 依据《建筑施工模板安全技术规范》（JGJ 162）规定，吊运大块或整体模板时，（C）级风及其以上应停止一切吊运作业。

A. 3　　B. 4　　C. 5　　D. 6

245. 依据《建筑施工模板安全技术规范》（JGJ 162）规定，木料应堆放于下风向，离火源不得小于（D）m，且料场四周应设置灭火器材。

A. 3　　B. 10　　C. 15　　D. 30

246. 依据《建筑施工模板安全技术规范》（JGJ 162）规定，木立柱宜选用整料，当不能满足要求时，立柱的接头不宜超过（A）个。

A. 1　　B. 2　　C. 3　　D. 4

247. 依据《建筑施工模板安全技术规范》（JGJ 162）规定，木立柱底部可采用垫块垫高，垫高高度不得超过（D）mm。

A. 100　　B. 120　　C. 200　　D. 300

248. 依据《建筑施工模板安全技术规范》（JGJ 162）规定，当仅为单排木立柱时，应于单排立柱的两边每隔3m加设斜支撑，且每边不得少于（A）根。

A. 2　　B. 3　　C. 4　　D. 5

249. 依据《建筑施工模板安全技术规范》（JGJ 162）规定，当采用扣件式钢管作立柱支撑时，每根立柱底部应设置底座及垫板，垫板厚度不得小于（B）mm。

A. 30　　B. 50　　C. 100　　D. 300

250. 依据《建筑施工模板安全技术规范》（JGJ 162）规定，当采用扣件式钢管作立柱支撑时，若立柱底部不在同一高度，则高处的纵向扫地杆应向低处延长不少于（B）跨。

A. 1　　B. 2　　C. 3　　D. 4

251. 依据《建筑施工模板安全技术规范》（JGJ 162）规定，当采用扣件式钢管作立柱支撑时，满堂模板和共享空间模板支架立柱，在外侧周圈应设（D）的竖向连续式剪刀撑。

A. 由里到外　　B. 由外到里　　C. 由上至下　　D. 由下至上

252. 依据《建筑施工模板安全技术规范》（JGJ 162）规定，当采用扣件式钢管作立柱支撑时，若支架立柱高度超过（C）m，应在立柱周圈外侧和中间有结构柱的部位，按水平间距6～9m，竖向间距2～3m与建筑结构设置一个固结点。

A. 3　　B. 4　　C. 5　　D. 8

253. 依据《建筑施工模板安全技术规范》（JGJ 162）规定，爬升模板安装时，（C）单元的爬升不宜中途交接班，不得隔夜再继续爬升。

A. 全部　　B. 部分　　C. 每个　　D. 依次

254. 依据《建筑施工模板安全技术规范》（JGJ 162）规定，施工过程中爬升大模板及支架时，爬升设备每次使用（A）均应检查，液压设备应由专人操作。

A. 前　　B. 中　　C. 时　　D. 后

255. 依据《建筑施工模板安全技术规范》（JGJ 162）规定，飞模起吊时，应在吊离地面（B）m 后停下，待飞模完全平衡后再起吊。

A. 0. 2　　B. 0. 5　　C. 0. 65　　D. 1. 0

256. 依据《建筑施工模板安全技术规范》（JGJ 162）规定，飞模就位后，应立即在外侧设置防护栏，其高度不得小于（B）m，外侧应另加设安全网，同时应设置楼层护栏。

A. 1. 0　　B. 1. 2　　C. 1. 5　　D. 1. 8

257. 依据《建筑施工模板安全技术规范》（JGJ 162）规定，在承重焊接钢筋骨架作配筋的结构中，承受混凝土重量的模板，应在混凝土达到设计强度的（B）后方可拆除承重模板。

A. 15%　　B. 25%　　C. 50%　　D. 75%

258. 依据《建筑施工扣件式钢管脚手架安全技术规范》（JGJ 130—2011），双排脚手架横向斜撑应在同一（C），由底至顶层呈之字型连续布置，斜撑的固定应符合本规范第 6. 5. 2 条第 2 款的规定。

A. 跨间　　B. 步间　　C. 节间　　D. 层间

259. 依据《建筑施工扣件式钢管脚手架安全技术规范》（JGJ 130—2011），用于脚手架侧面支撑，与脚手架外侧面斜交的杆件叫（B）。

A. 横向斜撑　　B. 抛撑　　C. 斜撑　　D. 竖向斜撑

260. 依据《建筑施工扣件式钢管脚手架安全技术规范》（JGJ 130—2011），脚手架高度是指自立杆底座（A）至架顶栏杆上皮之间的垂直距离。

A. 下皮　　B. 上皮　　C. 中间　　D. 上 200mm

261. 依据《建筑施工扣件式钢管脚手架安全技术规范》（JGJ 130—2011），脚手架长度是指脚手架纵向两端立杆（B）间的水平距离。

A. 轴线　　B. 外皮　　C. 垂直轴线　　D. 内皮

262. 依据《建筑施工扣件式钢管脚手架安全技术规范》（JGJ 130—2011），脚手架的宽度是指脚手架横向两端立杆（B）之间的水平距离，单排脚手架为外立杆外皮至墙面的距离。

A. 轴线　　B. 外皮　　C. 垂直轴线　　D. 内皮

263. 依据《建筑施工扣件式钢管脚手架安全技术规范》（JGJ 130—2011），步矩是上下水平杆（A）间的距离。

A. 轴线　　B. 外皮　　C. 垂直轴线　　D. 内皮

264. 依据《建筑施工扣件式钢管脚手架安全技术规范》（JGJ 130—2011），立杆纵（跨）距是脚手架纵向相邻立杆之间的（D）距离。

A. 内皮　　B. 外皮　　C. 垂直轴线　　D. 轴线

264. 依据《建筑施工扣件式钢管脚手架安全技术规范》（JGJ 130—2011），脚手架横向相邻立杆之间的轴线距离，单排脚手架为外立杆轴线至墙面的距离叫（B）。

A. 立杆纵距　　B. 立杆横距　　C. 立杆间距　　D. 立杆距离

265. 依据《建筑施工扣件式钢管脚手架安全技术规范》（JGJ 130—2011），立杆、纵向水平杆、横向水平杆三杆紧靠的扣接点叫（C）。

A. 重点节点　　B. 搭接点　　C. 主节点　　D. 中心点

266. 依据《建筑施工扣件式钢管脚手架安全技术规范》（JGJ 130—2011），下列表示立杆承受的每米结构自重标准值的符号是（B）。

A. P_k　　B. g_k　　C. Mg_k　　D. MQ_k

267. 依据《建筑施工扣件式钢管脚手架安全技术规范》（JGJ 130—2011），荷载和荷载效应表示基本风压值的符号是（D）。

A. NW　　B. MW　　C. M　　D. W_o

268. 依据《建筑施工扣件式钢管脚手架安全技术规范》（JGJ 130—2011），材料性能和抗力表示钢材的弹性模量的符号是（C）。

A. R_c　　B. f_g　　C. E　　D. f

269. 依据《建筑施工扣件式钢管脚手架安全技术规范》（JGJ 130—2011），几何参数表示钢管或构件的截面面积，基础底面面积的符号是（A）。

A. A　　B. A_n　　C. A_w　　D. A_A

270. 依据《建筑施工扣件式钢管脚手架安全技术规范》（JGJ 130—2011）计算系数表示立杆计算长度附加系数的符号是（B）。

A. μ　　B. k　　C. μ_s　　D. μ_z

271. 依据《建筑施工扣件式钢管脚手架安全技术规范》（JGJ 130—2011），脚手架钢管的钢材质量应符合现行国家标准《碳素结构钢》GB/T 700 中（B）级钢的规定。

A. Q225　　B. Q235　　C. Q335　　D. Q295

272. 依据《建筑施工扣件式钢管脚手架安全技术规范》（JGJ 130—2011），脚手架钢管宜采用（B）钢管。

A. $\phi 45.3\times3.6$　　B. $\phi 48.3\times3.6$

C. $\phi 48.3\times3.4$　　D. $\phi 48\times3$

273. 依据《建筑施工扣件式钢管脚手架安全技术规范》（JGJ 130—2011），一次悬挑脚手架高度不宜超过（B）m。

A. 18　　B. 20　　C. 22　　D. 24

274. 依据《建筑施工扣件式钢管脚手架安全技术规范》（JGJ 130—2011），型钢悬挑梁悬挑端应设置能使脚手架立杆与钢梁可靠固定的定位点，定位点离悬挑梁端部不应小于（B）mm。

A. 80　　B. 100　　C. 150　　D. 200

275. 依据《建筑施工扣件式钢管脚手架安全技术规范》（JGJ 130—2011），锚固型钢的主体结构混凝土强度等级不得低于（C）。

A. C30　　B. C25　　C. C20　　D. C15

276. 依据《建筑施工扣件式钢管脚手架安全技术规范》（JGJ 130—2011），脚手架搭设前，应按（D）向施工人员进行交底。

A. 施工组织设计

B. 安全施工组织设计

C.《建筑施工扣件式钢管脚手架安全技术规范》（JGJ 130—2011）规范

D. 专项施工方案

277. 依据《建筑施工扣件式钢管脚手架安全技术规范》（JGJ 130—2011），双排脚手架横向水平杆的靠墙一端至墙装饰面的距离不应大于（A）mm。

A. 100　　B. 150　　C. 180　　D. 200

278.《建筑施工扣件式钢管脚手架安全技术规范》（JGJ 130—2011）为（C）。

A. 企业标准　　B. 地方标准　　C. 行业标准　　D. 国家标准

279.《建筑施工扣件式钢管脚手架安全技术规范》（JGJ 130—2011）标准，自（B）起实施。

A. 2011 年 11 月 1 日　　B. 2011 年 12 月 1 日

C. 2012 年 1 月 1 日　　D. 2012 年 2 月 1 日

280.《建筑施工扣件式钢管脚手架安全技术规范》（JGJ 130—2011），其中有（C）条强制性条文。

A. 14　　B. 26　　C. 16　　D. 31

281. 依据《建筑施工扣件式钢管脚手架安全技术规范》（JGJ 130—2011），扣件式钢管脚手架施工前，应按本规范的规定对其结构构件与立杆地基承载力进行（A），并应编制专项施工方案。

A. 设计计算　　B. 检验测定　　C. 现场核查　　D. 施工计算

282. 依据《建筑施工扣件式钢管脚手架安全技术规范》（JGJ 130—2011），扣件式钢管脚手架的设计、施工与验收，除应符合本规范的规定外，尚应符合国家现行有关（D）的规定。

A. 强制性标准　　B. 推荐性标准　　C. 行业性标准　　D. 标准

283. 依据《建筑施工扣件式钢管脚手架安全技术规范》（JGJ 130—2011），扣件式脚手架是指为建筑施工而搭设的、承受（B）的由扣件和钢管等构成的脚手架与支撑架，包含本规范各类脚手架与支撑架，统称脚手架。

A. 重力　　B. 荷载　　C. 重力及水平冲击力　　D. 施工荷载

284. 依据《建筑施工扣件式钢管脚手架安全技术规范》（JGJ 130—2011），支撑架是指为钢结构安装或浇筑混凝土构件等搭设的（A）。

A. 承力支架　　B. 支承架体　　C. 防护设施　　D. 重力架体

285. 依据《建筑施工扣件式钢管脚手架安全技术规范》（JGJ 130—2011），单排扣件式钢管脚手架是指只有一排立杆，横向水平杆的一端（B）在墙体上的脚手架，简称单排架。

A. 搁置　　B. 搁置固定　　C. 顶紧连接　　D. 穿插连接

286. 依据《建筑施工扣件式钢管脚手架安全技术规范》（JGJ 130—2011），满堂扣件式钢管脚手架是指在纵、横方向，由不少于（B）立杆并与水平杆、水平剪刀撑、竖向剪刀撑、扣件等构成的脚手架。该架体顶部施工荷载通过水平杆传递给立杆，立杆呈偏心受压状态，简称满堂脚手架。

A. 两排　　B. 三排　　C. 四排　　D. 五排

287. 依据《建筑施工扣件式钢管脚手架安全技术规范》（JGJ 130—2011），满堂扣件式钢管支撑架是指在纵、横方向，由不少于三排立杆并与水平杆、水平剪刀撑、竖向剪刀撑、扣件等构成的脚手架。该架体顶部钢结构安装等（同类工程）施工荷载通过（C）传力给立杆，顶部立杆呈轴心受压状态，简称满堂支撑架。

A. 扣件偏心　　B. 扣件　　C. 可调托撑轴心　　D. 主梁

288. 依据《建筑施工扣件式钢管脚手架安全技术规范》（JGJ 130—2011），开口型脚手架是指沿建筑周边（B）设置的脚手架为开口型脚手架；其中直线型的脚手架为一字形脚手架。

A. 交圈　　B. 非交圈　　C. 环形　　D. 断开

289. 依据《建筑施工扣件式钢管脚手架安全技术规范》（JGJ 130—2011），在拐角、斜道平台口处的脚手板，应用（C）固定在横向水平杆上，防止滑动。

A. 铁丝　　B. 尼龙绳　　C. 镀锌钢丝　　D. 钢丝

290. 依据《建筑施工扣件式钢管脚手架安全技术规范》（JGJ 130—2011），扣件在使用前应（C），有裂缝、变形、螺栓出现滑丝的严禁使用。

A. 随机挑选　　B. 分组检验　　C. 逐个挑选　　D. 逐个检验

291. 依据《建筑施工扣件式钢管脚手架安全技术规范》（JGJ 130—2011），可调托撑支托板厚不应小于（B）mm。

A. 4　　B. 5　　C. 3. 5　　D. 6

292. 依据《建筑施工扣件式钢管脚手架安全技术规范》（JGJ 130—2011），脚手架及其地基基础应在下列阶段进行检查与验收：每搭设完（D）高度后。

A. 10 ~ 15m　　B. 10 ~ 12m　　C. 8 ~ 10m　　D. 6 ~ 8m

293. 依据《建筑施工扣件式钢管脚手架安全技术规范》（JGJ 130—2011），扣件钢管脚手架安装与拆除人员必须是经考核合格的专业架子工。架子工应（B）。

A. 身体健康　　B. 持证上岗　　C. 经验丰富　　D. 灵活性强

294. 依据《建筑施工扣件式钢管脚手架安全技术规范》（JGJ 130—2011），钢管上（B）打孔。

A. 经批准可以　　B. 严禁　　C. 必要时可以　　D. 不宜

295. 依据《建筑施工扣件式钢管脚手架安全技术规范》（JGJ 130—2011），沿建筑周边交圈设置的脚手架叫做（B）脚手架。

A. 环形　　B. 封圈型　　C. 交圈型　　D. 非开口型

296. 依据《建筑施工扣件式钢管脚手架安全技术规范》（JGJ 130—2011），扣件是指采用（A）的扣接连接件。

A. 螺栓紧固　　B. 螺纹紧固　　C. 防滑紧固　　D. 铁件紧固

297. 依据《建筑施工扣件式钢管脚手架安全技术规范》（JGJ 130—2011），扣件式钢管脚手架施工前，应按本规范的规定对其结构构件与立杆地基承载力进行设计计算，并应编制（C）。

A. 安全技术交底　　B. 操作规程　　C. 专项施工方案　　D. 施工组织设计

298. 依据《建筑施工扣件式钢管脚手架安全技术规范》（JGJ 130—2011），满堂扣件式钢管脚手架是指在纵、横方向，由不少于三排立杆并与水平杆、水平剪刀撑、竖向剪刀撑、扣件等构成的脚手架。该架体顶部施工荷载通过水平杆传递给立杆，立杆呈（D）状态，简称满堂脚手架。

A. 轴心受力　　B. 轴心受压　　C. 偏心受力　　D. 偏心受压

299. 依据《建筑施工扣件式钢管脚手架安全技术规范》（JGJ 130—2011），防滑扣件是指根据抗滑要求增设的（B）用途扣件。

A. 连接　　B. 非连接　　C. 连接并防滑　　D. 抗滑移

300. 依据《建筑施工扣件式钢管脚手架安全技术规范》（JGJ 130—2011），（B）是指设于立杆底部的垫座。

A. 垫座　　B. 底座　　C. 管托　　D. 垫板

301. 依据《建筑施工扣件式钢管脚手架安全技术规范》（JGJ 130—2011），插入立杆钢管顶部，可调节高度的顶撑叫做（A）。

A. 可调托撑　　B. 调节托撑　　C. 垂直托撑　　D. 伸缩托撑

302. 依据《建筑施工扣件式钢管脚手架安全技术规范》（JGJ 130—2011），水平杆是脚手架中的（C）。

A. 综合连接杆件　　B. 纵向连接杆件

C. 水平杆件　　D. 横向连接杆件

303. 依据《建筑施工扣件式钢管脚手架安全技术规范》（JGJ 130—2011），贴近楼（地）面，连接立杆根部的纵、横向水平杆件叫做（D）。

A. 水平杆　　B. 底部水平杆　　C. 水平连接杆　　D. 扫地杆

304. 依据《建筑施工扣件式钢管脚手架安全技术规范》（JGJ 130—2011），（JGJ 130—2011）的效力（B）（JGJ 130—2001）的效力。

A. 等同于　　B. 代替　　C. 不能代替　　D. 宜代替

305. 依据《建筑施工扣件式钢管脚手架安全技术规范》（JGJ 130—2011），将脚手架架体与建筑物主体构件连接，能够传递拉力和压力的构件叫做（B）。

A. 纵向水平杆　　B. 连墙件　　C. 横向水平杆　　D. 拉杆

306. 依据《建筑施工扣件式钢管脚手架安全技术规范》（JGJ 130—2011），脚手架相邻连墙件之间的距离叫做（A）。

A. 连墙件间距　　B. 脚手架墙间距

C. 脚手架步距　　D. 脚手架跨距

307. 依据《建筑施工扣件式钢管脚手架安全技术规范》（JGJ 130—2011），脚手架每根钢管的最大质量（B）。

A. 不应小于25kg　　B. 不应大于25kg

C. 不应小于或等于25kg　　D. 不应大于或等于25kg

308. 依据《建筑施工扣件式钢管脚手架安全技术规范》（JGJ 130—2011），扣件在螺栓拧紧扭力矩达到（C）N·m时，不得发生破坏。

A. 85　　B. 45　　C. 65　　D. 55

309. 依据《建筑施工扣件式钢管脚手架安全技术规范》（JGJ 130—2011），采用其他材料制作的扣件，应经（D）其质量符合该标准的规定后方可使用。

A. 监理批准　　B. 业主批准　　C. 出厂证明　　D. 试验证明

310. 依据《建筑施工扣件式钢管脚手架安全技术规范》（JGJ 130—2011），用于固定型钢悬挑梁的U形钢筋拉环或锚固螺栓材质应符合现行国家标准《钢筋混凝土用钢　第1部分：（B）》GB 1491.1 中 HPB235 级钢筋的规定。

A. 冷拉钢筋　　B. 热轧光圆钢筋

C. 螺纹钢　　D. HRB400 钢筋

311. 依据《建筑施工扣件式钢管脚手架安全技术规范》（JGJ 130—2011），脚手架上吊挂的安全设施（安全网）的自重标准值应按实际情况采用。密目式安全立网自重的标准值不应低于（B）kN/m^2。

A. 0.1　　B. 0.01　　C. 0.001　　D. 0.11

312. 依据《建筑施工扣件式钢管脚手架安全技术规范》（JGJ 130—2011），混凝土、砌筑结构脚手架施工均布荷载标准值为（B）。

A. 5.0kN/m^2　　B. 3.0kN/m^2　　C. 2.0kN/m^2　　D. 4.0kN/m^2

313. 依据《建筑施工扣件式钢管脚手架安全技术规范》（JGJ 130—2011），斜道上的施工均布荷载标准值不应低于（B）kN/m^2。

A. 3.0　　B. 2.0　　C. 5.0　　D. 4.0

314. 依据《建筑施工扣件式钢管脚手架安全技术规范》（JGJ 130—2011），当在双排脚手架上同时有2个及以上操作层作业时，在同一个跨距内各操作层的施工均布荷载标准值总和不得大于（B）kN/m^2。

A. 3.0　　B. 5.0　　C. 7.0　　D. 4.0

315. 依据建筑深基坑工程施工安全技术规范（JGJ 311—2013），基坑支护的设计使用期限不应小于（A）年。

A. 1　　B. 2　　C. 3　　D. 4

316. 依据《建筑施工高处作业安全技术规范》（JGJ 80—91），结构施工自二层起，凡人员进出的通道口（包括井架、施工用电梯的进出通道口），均应搭设安全防护棚。高度超过（B）m 的层次上的交叉作业，应设双层防护。

A. 20　　B. 24　　C. 27　　D. 36

317. 依据《建筑施工高处作业安全技术规范》（JGJ 80—91），安全防护设施的验收，凡不符合规定者，必须修整合格后再行查验。施工工期内还应（D）进行抽查。

A. 不定期　　B. 随时　　C. 每月　　D. 定期

318. 《建筑施工高处作业安全技术规范》（JGJ 80—91），为（B）标准。

A. 国家　　B. 行业　　C. 地方　　D. 企业

319. 《建筑施工高处作业安全技术规范》（JGJ 80—91），自（C）起实施。

A. 1991 年 8 月 1 日　　B. 1991 年 9 月 1 日

C. 1992 年 8 月 1 日　　D. 1992 年 9 月 1 日

320. 依据《建筑施工高处作业安全技术规范》（JGJ 80—91），本规范所称的高处作业，应符合国家标准《高处作业分级》GB 3608—83 规定的“凡在坠落高度基准面（D）有可能坠落的高处进行的作业”。

A. 8m 以上（含 8m）　　　　　　B. 5m 以上（含 5m）

C. 2.5m 以上（含 2.5m）　　　　D. 2m 以上（含 2m）

321. 依据《建筑施工高处作业安全技术规范》（JGJ 80—91），国家标准《高处作业分级》（GB 3608—83）规定高处作业分为（C）区段。

A. 六　　B. 五　　C. 四　　D. 三

322. 依据《建筑施工高处作业安全技术规范》（JGJ 80—91），高处作业的安全技术措施及其所需料具，必须列入工程的（B）。

A. 专项方案　　B. 施工组织设计　　C. 安全经费预算　　D. 安全组织设计

323. 依据《建筑施工高处作业安全技术规范》（JGJ 80—91），头层墙高度超过（A）m 的二层楼面周边，以及无外脚手的高度超过（A）m 的楼层周边，必须在外围架设安全平网一道。

A. 3.2；3.2　　B. 3.2；1.5　　C. 1.2；1.2　　D. 1.2；0.9

324. 依据《建筑施工高处作业安全技术规范》（JGJ 80—91），坡度大于 1∶2.2 的层面，防护栏杆应高（D）m，并加挂安全立网。

A. 0.9　　B. 1.0　　C. 1.2　　D. 1.5

325. 依据《建筑施工高处作业安全技术规范》（JGJ 80—91），挡脚板与挡脚笆上如有孔眼，不应大于（C）mm。板与笆下边距离底面的空隙不应大于（C）mm。

A. 50；18　　B. 25；18　　C. 25；10　　D. 50；10

326. 依据《建筑施工高处作业安全技术规范》（JGJ 80—91），当临边的外侧面临街道时，除防护栏杆外，敞口立面必须采取（D）安全网或其他可靠措施作全封闭处理。

A. 双层　　B. 密目　　C. 抗拉　　D. 满挂

327. 依据《施工现场临时用电安全技术规范》（JGJ 46），在建工程（含脚手架）的周边与 1～10kV 外电架空线路的边线之间的最小安全操作距离（C）m。

A. 4　　B. 5　　C. 6　　D. 8

328. 依据《施工现场临时用电安全技术规范》（JGJ 46），施工现场的机动车道与外电架空线路交叉时，1～10kV 架空线路的最低点与路面的最小垂直距离（C）m。

A. 5　　B. 6　　C. 7　　D. 8

329. 依据《施工现场临时用电安全技术规范》（JGJ 46），起重机与 10kV 架空线路边线的最小安全距离（D）m。

A. 沿垂直方向 2.0 沿水平方向 3.0　　B. 沿垂直方向 3.0 沿水平方向 3.0

C. 沿垂直方向 2.0 沿水平方向 2.0　　D. 沿垂直方向 3.0 沿水平方向 2.0

330. 依据《施工现场临时用电安全技术规范》（JGJ 46），施工现场开挖沟槽边缘与外电埋地电缆沟槽边缘之间的距离不得小于（A）m。

A. 0.5　　B. 0.6　　C. 0.7　　D. 0.8

331. 依据《施工现场临时用电安全技术规范》（JGJ 46），防护设施与不大于 10kV 外电线路之间的安全距离不应小于（C）m。

A. 1.5　　B. 1.6　　C. 1.7　　D. 1.8

332. 依据《施工现场临时用电安全技术规范》（JGJ 46），在施工现场专用变压器的供电的 TN－S 接零保护系统中，电气设备的金属外壳必须与专用（B）连接。

A. 接线端子　　B. 保护零线　　C. 工作零线　　D. 电线接头

333. 依据《施工现场临时用电安全技术规范》（JGJ 46），在施工现场专用变压器的供电的 TN—S 接零保护系统中，保护零线应由工作接地线、配电室（总配电箱）电源侧（A）引出。

A. 零线或总漏电保护器电源侧零线处

B. 保护零线或总漏电保护器电源侧零线处

C. 零线或总断路器电源侧零线处

D. 重复接地线或总漏电保护器电源侧零线处

334. 依据《施工现场临时用电安全技术规范》（JGJ 46），当施工现场与外电线路共用同一供电系统时，电气设备的（C）保护一致。不得一部分设备做保护接零，另一部分设备做保护接地。

A. 接地、接零保护应与现有系统

B. 重复接地和工作接地应与原系统

C. 接地、接零保护应与原系统

D. 中性点接地应与原系统

335. 依据《施工现场临时用电安全技术规范》（JGJ 46），在 TN 接零保护系统中，通过总漏电保护器的工作零线与保护零线之间（B）。

A. 必须再做电气连接　　B. 不得再做电气连接

C. 必须再做设备连接　　D. 不得再做线路连接

336. 依据《施工现场临时用电安全技术规范》（JGJ 46），在 TN 接零保护系统中，（C）零线应单独敷设。

A. N – PE　　B. N　　C. PE　　D. N – L

337. 依据《施工现场临时用电安全技术规范》（JGJ 46），重复接地线必须与 PE 线相连接，严禁与（D）线相连接。

A. PE – N　　B. N – L　　C. PE　　D. N

338. 依据《施工现场临时用电安全技术规范》（JGJ 46），埋深 2.5 ~ 3.0m 的垂直接地体的季节系数值（A）。

A. 1.0 ~ 1.1　　B. 1.0 ~ 1.2　　C. 1.1 ~ 1.2　　D. 1.0 ~ 1.5

339. 依据《施工现场临时用电安全技术规范》（JGJ 46），PE 线上严禁装设开关或熔断器，严禁通过（C），且严禁断线。

A. 保护零线　　B. 工作零线　　C. 工作电流　　D. 照明线路

340. 依据《施工现场临时用电安全技术规范》（JGJ 46），配电系统应设置配电柜或（D）。

A. 总配电箱、分配电箱、用电设备，实行三级配电

B. 分配电箱、开关箱、用电设备，实行三级配电

C. 总配电箱、分配电箱、开关箱，实行三级保护

D. 总配电箱、分配电箱、开关箱，实行三级配电

341. 依据《施工现场临时用电安全技术规范》（JGJ 46），埋地电缆与其附近外电电缆和管沟的平行间距不得小于（C）m。

A. 1　　B. 1.5　　C. 2　　D. 2.5

342. 依据《施工现场临时用电安全技术规范》（JGJ 46），电缆水平敷设宜沿墙或门口刚性固定，最大弧垂距地不得小于（B）m。

A. 1. 5　　B. 2. 0　　C. 2. 5　　D. 3. 0

343. 依据《施工现场临时用电安全技术规范》（JGJ 46），架空进户线的室外端应采用绝缘子固定，过墙处应穿管保护，距地面高度不得小于（D）m。

A. 1. 5　　B. 1. 8　　C. 2. 0　　D. 2. 5

344. 依据《施工现场临时用电安全技术规范》（JGJ 46），钢索配线的吊架间距不宜大于（A）m。

A. 12　　B. 15　　C. 20　　D. 25

345. 依据《施工现场临时用电安全技术规范》（JGJ 46），手持式电动工具中的塑料外壳Ⅱ类工具和一般场所手持式电动工具中的Ⅲ类工具（D）。

A. 可不连接 L 线　　B. 可不连接 N 线

C. 可不连接 PE－N 线　　D. 可不连接 PE 线

346. 依据《施工现场临时用电安全技术规范》（JGJ 46），选购的电动建筑机械、手持式电动工具及其用电安全装置符合相应的国家现行有关强制性标准的规定，且具有(C)。

A. 产品合格证和制造许可证

B. 产品质量认证和安全生产许可

C. 产品合格证和使用说明书

D. 生产许可证和使用说明书

347. 依据《施工现场临时用电安全技术规范》（JGJ 46），施工现场中电动建筑机械和手持式电动工具的选购、使用、检查和维修应遵守（B）规定。

A. 建立健全岗位责任制，并定期检查和维修保养

B. 建立和执行专人专机负责制，并定期检查和维修保养

C. 建立健全各项规章制度，并定期检查和维修保养

D. 建立和执行专人专机负责制，并定期监督检查

348. 依据《施工现场临时用电安全技术规范》（JGJ 46），手持式电动工具其负荷线插头应具备专用的保护触头。所用插座和插头在结构上应保持一致，避免（C）混用。

A. 导电接头和保护触头　　B. 导电触头和保护接头

C. 导电触头和保护触头　　D. 开关触头和保护触头

349. 依据《施工现场临时用电安全技术规范》（JGJ 46），金属外壳Ⅱ类手持式电动工具使用时，其开关箱和控制箱应设置在作业场所（D）。

A. 旁边　　B. 附近　　C. 里面　　D. 外面

350. 依据《施工现场临时用电安全技术规范》（JGJ 46），潮湿或特别潮湿场所，选用密闭型防水照明器或配有防水灯头的（C）照明器。

A. 固定式　　B. 移动式　　C. 开启式　　D. 封闭式

351. 依据《施工现场临时用电安全技术规范》（JGJ 46），无自采光的地下大空间施工场所，应编制（B）方案。

A. 专项施工组织设计　　B. 单项照明用电

C. 专项用电方案　　D. 用电工程设计

352. 依据《施工现场临时用电安全技术规范》（JGJ 46），一般场所宜适用额定电压为（C）V 的照明器。

A. 24　　B. 36　　C. 220　　D. 380

353. 依据《施工现场临时用电安全技术规范》（JGJ 46），使用行灯的电源电压不大于（C）V。

A. 12　　B. 24　　C. 36　　D. 220

354. 依据《施工现场临时用电安全技术规范》（JGJ 46），在坑、洞、井内作业、夜间施工或厂房、道路、仓库、办公室、食堂、宿舍、料具堆放场及自然采光差等场所，应设（B）。

A. 局部照明或混合照明　　B. 一般照明、局部照明或混合照明

C. 一般照明、混合照明　　D. 一般照明、局部照明

355. 依据《施工现场临时用电安全技术规范》（JGJ 46），照明系统宜使三相负荷平衡，其中每一单相回路上，灯具和插座数量不宜超过（C）个，负荷电流不宜超过 15A。

A. 15　　B. 20　　C. 25　　D. 30

356. 依据《施工现场临时用电安全技术规范》（JGJ 46），照明变压器必须使用双绕组型（A）变压器。

A. 安全隔离　　B. 自耦　　C. 逆变电　　D. 直流

357. 依据《施工现场临时用电安全技术规范》（JGJ 46），照明工作零线截面（D）线路中，零线截面与相线截面相同。

A. 单相二线及二相三线　　B. 单相二线及三相四线

C. 单相二线及三相三线　　D. 单相二线及二相二线

358. 依据《施工现场临时用电安全技术规范》（JGJ 46），普通灯具与易燃物距离不宜小于（C）mm。

A. 200　　B. 250　　C. 300　　D. 350

359. 依据《施工现场临时用电安全技术规范》（JGJ 46），聚光灯、碘钨灯等高热灯具与易燃物距离不宜小于（C）mm。

A. 350　　B. 400　　C. 500　　D. 600

360. 依据《施工现场临时用电安全技术规范》（JGJ 46），室外 220V 灯具距地面不得低于（D）m。

A. 1.5　　B. 2　　C. 2.5　　D. 3

361. 依据《施工现场临时用电安全技术规范》（JGJ 46），设备的一部分为形成导电通路与大地的连接称为（A）。

A. 接地　　B. 接零　　C. 对地接零　　D. 接零保护

362. 施工人员进场时，施工现场的（B）管理人员应向施工人员进行消防安全教育和培训。

A. 设备安全　　B. 消防安全　　C. 分包安全　　D. 工程监理

363. 气瓶应远离火源，与火源的距离不应小于（D），并应采取避免高温和防止曝晒的措施。

A. 3m　　B. 4.5m　　C. 6m　　D. 10m

364. 依据《建筑施工土石方工程安全技术规范》(JGJ/T 180—2009)，压路机碾压的工作面，应经过适当平整。压路机工作地段的纵坡坡度不应超过其最大爬坡能力，横坡坡度不应大于（B）。

A. 10° B. 20° C. 25° D. 30°

365. 依据《建筑施工土石方工程安全技术规范》(JGJ/T 180—2009)，挖掘机拉铲或反铲作业时，挖掘机履带到工作面边缘的安全距离不应小于（B）。

A. 0.5m B. 1.0m C. 1.5m D. 2.0m

366. 依据《建筑施工土石方工程安全技术规范》(JGJ/T 180—2009)，两台以上推土机在同一区域作业时，两机前后距离不得小于（B），平行时左右距离不得小于（B）。

A. 7m；1.0m B. 8m；1.5m C. 9m；2.0m D. 10m；2.5m

367. 依据《建筑施工土石方工程安全技术规范》(JGJ/T 180—2009)，以下支护结构中，既有挡土又有止水作用的支护结构是（B）。

A. 混凝土灌注桩加挂网抹面护壁 B. 钢板桩

C. 土钉墙 D. 密排式混凝土灌注桩

368. 依据《建筑施工土石方工程安全技术规范》(JGJ/T 180—2009)，以下支护结构中，无止水作用的支护结构是（C）。

A. 地下连续墙 B. 深层搅拌水泥土墙

C. H 型钢桩加横插板 D. 密排桩间加注浆桩

369. 依据《建筑施工门式钢管脚手架安全技术规范》(JGJ 128—2010)，门式脚手架在拆除前，应检查架体构造、连墙件设置、节点连接，当发现有连墙件、剪刀撑等加固杆件缺少、架体倾斜失稳或门架立杆悬空情况时，对架体应（B）再拆除。

A. 先设监测点后 B. 先行加固后 C. 先稳定后 D. 先警戒后

370. 依据《建筑施工门式钢管脚手架安全技术规范》(JGJ 128—2010)，搭拆门式脚手架或模板支架应由（A）担任，并应按住房和城乡建设部特种作业人员考核管理规定考核合格，持证上岗。

A. 专业架子工 B. 专业木工 C. 专职架子工 D. 专职木工

371. 依据《建筑施工门式钢管脚手架安全技术规范》(JGJ 128—2010)，应避免装卸物料对门式脚手架或范本支架产生偏心、振动和（D）荷载。

A. 集中 B. 线性 C. 偶然 D. 冲击

372. 依据《建筑施工门式钢管脚手架安全技术规范》(JGJ 128—2010)，对门式脚手架与模板支架应进行日常性的检查和维护，架体上的建筑垃圾或杂物应（B）。

A. 集中清理 B. 及时清理 C. 每日清理 D. 每周清理

373. 依据《建筑施工门式钢管脚手架安全技术规范》(JGJ 128—2010)，悬挑脚手架在底层应满铺脚手板，并应将脚手板与（A）连接牢固。

A. 型钢梁 B. 纵向水平杆 C. 横向水平杆 D. 填芯杆

374. 依据《建筑施工门式钢管脚手架安全技术规范》(JGJ 128—2010)，每搭设完(D)门架后，应校验门架的水平度及立杆的垂直度。

A. 一步 B. 一层 C. 二层 D. 两步

375. 依据《建筑施工门式钢管脚手架安全技术规范》(JGJ 128—2010)，当脚手架操作层高出相邻连墙件以上（A）时，在连墙件安装完毕前必须采用确保脚手架稳定的临时拉结措施。

A. 两步　　B. 二层　　C. 一步　　D. 一层

376.《建筑施工承插型盘扣式钢管支架安全技术规程》（JGJ 231—2010），其中有(B)条强制性条文。

A. 3　　B. 4　　C. 5　　D. 10

377. 依据《建筑施工承插型盘扣式钢管支架安全技术规程》（JGJ 231—2010），承插型盘扣式钢管双排脚手架高度在（C）m 以下时，可按本规程的构造要求搭设。

A. 18　　B. 20　　C. 24　　D. 27

378. 依据《建筑施工承插型盘扣式钢管支架安全技术规程》（JGJ 231—2010），承插型盘扣式钢管支架是指立杆采用套管承插连接，水平杆和斜杆采用杆端扣接头卡入（A），用楔形插销连接，形成结构几何不变体系的钢管支架。

A. 连接盘　　B. 旋转口件　　C. 直角扣件　　D. 主节点

379. 依据《建筑施工承插型盘扣式钢管支架安全技术规程》（JGJ 231—2010），插销外表面应与水平杆和斜杆杆端扣接头内表面吻合，插销连接应保证锤击自锁后不拔脱，抗拔力不得小于（D）kN。

A. 2　　B. 5　　C. 4　　D. 3

380. 依据《建筑施工承插型盘扣式钢管支架安全技术规程》（JGJ 231—2010），铸钢或钢板热锻制作的连接盘的厚度不应小于 8mm，允许尺寸偏差应为（C）mm。

A. ±0.3　　B. ±0.4　　C. ±0.5　　D. ±0.8

381. 依据《建筑施工承插型盘扣式钢管支架安全技术规程》（JGJ 231—2010），铸钢制作的杆端扣接头应与立杆钢管外表面形成良好的弧面接触，并应有不小于（C）平方毫米的接触面积。

A. 300　　B. 400　　C. 500　　D. 600

382. 依据《建筑施工承插型盘扣式钢管支架安全技术规程》（JGJ 231—2010），构配件外观质量应符合要求：钢管应无裂纹、凹陷、锈蚀，不得采用（D）焊接钢管。

A. 错接　　B. 搭接　　C. 扣接　　D. 对接

383. 依据《建筑施工承插型盘扣式钢管支架安全技术规程》（JGJ 231—2010），当满堂模板支架的架体高度不超过个（B）步距时，可不设置顶层水平斜杆。

A. 3　　B. 4　　C. 5　　D. 6

384. 依据《建筑施工承插型盘扣式钢管支架安全技术规程》（JGJ 231—2010），模板支架可调托座伸出顶层水平杆或双槽钢托梁的悬臂长度严禁超过（C）mm，且丝杆外露长度严禁超过（C）mm，可调托座插入立杆或双槽钢托梁长度不得小于（C）mm。

A. 650；500；150　　B. 650；400；200

C. 650；400；150　　D. 550；400；150

385. 依据《建筑施工碗扣式钢管脚手架安全技术规范》（JGJ 166—2008），脚手架基础必须按专项方案施工，按基础承载力要求进行（B）。

A. 计算　　B. 验收　　C. 试验　　D. 搭设

386. 依据《建筑施工碗扣式钢管脚手架安全技术规范》（JGJ 166—2008），双排脚手架立杆基础（D），应按专项施工方案的设计进行放线定位。

A. 批准通过后　B. 协商统一后　C. 设计审查后　D. 验收合格后

387. 依据《建筑施工碗扣式钢管脚手架安全技术规范》（JGJ 166—2008），脚手架必须铺满、铺实。外侧应设 180mm 挡脚板及（B）mm 高两道防护栏杆。

A. 1000　B. 1200　C. 1500　D. 1600

388. 依据《建筑施工碗扣式钢管脚手架安全技术规范》（JGJ 166—2008），双排脚手架拆除时必须划出安全区，并设置（A），派专人看守。

A. 警戒标志　B. 安全距离　C. 安全区域　D. 安全限位装置

389. 依据《建筑施工碗扣式钢管脚手架安全技术规范》（JGJ 166—2008），模板支撑架的搭设，应按施工方案弹线定位，放置底座后应分别按先（D）后横杆再斜杆的顺序搭设。

A. 剪刀撑　B. 扫地杆　C. 连墙件　D. 立杆

390. 依据《建筑施工碗扣式钢管脚手架安全技术规范》（JGJ 166—2008），双排脚手架搭设，保证架体几何不变性的斜杆、（B）等设置情况重点检查。

A. 脚手板　B. 连墙件　C. 钢管外观　D. 安全网绑扎

391. 《建筑施工碗扣式钢管脚手架安全技术规范》（JGJ 166—2008），为（C）。

A. 企业标准　B. 地方标准　C. 行业标准　D. 国家标准

392. 《建筑施工碗扣式钢管脚手架安全技术规范》（JGJ 166—2008），自（C）起实施。

A. 2008 年 7 月 1 日　B. 2008 年 12 月 1 日　C. 2009 年 7 月 1 日　D. 2009 年 12 月 1 日

393. 《建筑施工碗扣式钢管脚手架安全技术规范》（JGJ 166—2008），其中有（A）条强制性条文。

A. 2　B. 3　C. 5　D. 8

394. 依据《建筑施工碗扣式钢管脚手架安全技术规范》（JGJ 166—2008），立杆碗扣接点间距应按（C）m 模数设置。

A. 0. 2　B. 0. 3　C. 0. 6　D. 0. 8

395. 依据《建筑施工工具式脚手架安全技术规范》（JGJ 202—2010），吊篮内作业人员不应超过（A）个。

A. 2　B. 3　C. 4　D. 5

396. 依据《建筑施工工具式脚手架安全技术规范》（JGJ 202—2010），吊篮做升降运行时，工作平台两端高差不得超过（C）mm。

A. 100　B. 120　C. 150　D. 180

397. 依据《建筑施工工具式脚手架安全技术规范》（JGJ 202—2010），吊篮悬挂高度在 60m 及其以下的，宜选用长边不大于（A）m 的吊篮平台；悬挂高度在 100m 及其以下的，宜选用长边不大于（A）m 的吊篮平台；悬挂高度 100m 以上的，宜选用不大于 2. 5m 的吊篮平台。

A. 7. 5；5. 5　B. 7. 0；5. 5

C. 7. 5；5. 0　D. 7. 0；5. 0

398. 依据《建筑施工工具式脚手架安全技术规范》（JGJ 202—2010），外挂防护架每一处连墙件应至少有（B）套杆件，每一套杆件应能够独立承受架体上的全部荷载。

A. 1　B. 2　C. 3　D. 4

399. 依据《建筑施工工具式脚手架安全技术规范》（JGJ 202—2010），每榀竖向桁架的外节点处应设置纵向水平杆，与节点距离不应大于（C）mm。

A. 100　　B. 120　　C. 150　　D. 180

400. 依据《建筑施工工具式脚手架安全技术规范》（JGJ 202—2010），防护架的提升索具应使用现行国家标准《重要用途钢丝绳》（GB 8918）规定的钢丝绳。钢丝绳直径不应小于（C）mm。

A. 10　　B. 12　　C. 12.5　　D. 15

401. 依据《建筑施工工具式脚手架安全技术规范》（JGJ 202—2010），在每次防护架提升后，必须逐一检查扣件紧固程度；所有连接件拧紧力矩必须达到（A）N·m。

A. 40 ~ 65　　B. 45 ~ 65　　C. 40 ~ 60　　D. 45 ~ 60

402. 《建筑施工工具式脚手架安全技术规范》（JGJ 202—2010）为（C）。

A. 企业标准　　B. 地方标准　　C. 行业标准　　D. 国家标准

403. 《建筑施工工具式脚手架安全技术规范》（JGJ 202—2010），自（A）起实施。

A. 2010 年 9 月 1 日　B. 2010 年 10 月 1 日　C. 2010 年 11 月 1 日　D. 2010 年 12 月 1 日

404. 《建筑施工工具式脚手架安全技术规范》（JGJ 202—2010），其中有（D）条强制性条文。

A. 14　　B. 26　　C. 16　　D. 19

405. 依据《建筑施工工具式脚手架安全技术规范》（JGJ 202—2010），为操作人搭设或设立的作业场所或平台，其主要架体构件为工厂制作的专用的钢结构产品，在现场按特定的程序组装后，附着在建筑物上自行或利用机械设备，沿建筑物可整体或部分升降的脚手架是指（A）。

A. 工具式脚手架　　B. 附着式升降脚手架

C. 整体式附着升降脚手架　　D. 单跨式附着升降脚手架

406. 依据《液压升降整体脚手架安全技术规程》（JGJ 183—2009），在使用工况下，竖向主框架位置的最上附着支承和最下附着支承之间的最小间距不得小于（B）架体高度。

A. 5.6m 或$\frac{1}{3}$　　B. 5.6m 或$\frac{1}{2}$

C. 5.6m 或$\frac{1}{4}$　　D. 2.8m 或$\frac{1}{2}$

407. 依据《液压升降整体脚手架安全技术规程》（JGJ 183—2009），在液压升降整体脚手架升降过程中，应设立统一指挥，统一信号，参与的作业人员必须（A），确保安全。

A. 服从指挥　　B. 持证上岗　　C. 经过培训　　D. 经过交底

408. 依据《液压升降整体脚手架安全技术规程》（JGJ 183—2009），液升降整体脚手架使用过程中，应（C）进行一次检查，并应符合本规程附录 D 的要求，检查合格后方可继续使用。

A. 每天　　B. 每周　　C. 每个月　　D. 每季度

409. 依据《液压升降整体脚手架安全技术规程》（JGJ 183—2009），作业期间，应(A)清理架体、设备、构配件上的混凝土、尘土和建筑垃圾。

A. 每天　　B. 每周　　C. 每个月　　D. 每季度

410. 《液压升降整体脚手架安全技术规程》（JGJ 183—2009），为（C）。

A. 企业标准　　B. 地方标准　　C. 行业标准　　D. 国家标准

411. 《液压升降整体脚手架安全技术规程》（JGJ 183—2009），自（D）起实施。

A. 2009 年 2 月 1 日　B. 2009 年 3 月 1 日　C. 2010 年 2 月 1 日　D. 2010 年 3 月 1 日

412. 依据《液压升降整体脚手架安全技术规程》（JGJ 183—2009），其中有（B）条强制性条文。

A. 2　　B. 3　　C. 5　　D. 7

413. 依据《液压升降整体脚手架安全技术规程》（JGJ 183—2009），依靠液压升降装置，附着在建（构）筑物上，实现整体升降的脚手架是（A）。

A. 液压升降整体脚手架　　B. 工作脚手架

C. 附着式升降脚手架　　D. 整体附着式升降脚手架

414. 依据《液压升降整体脚手架安全技术规程》（JGJ 183—2009），液压升降整体脚手架防坠落装置必须（C）、制动可靠。

A. 安全　　B. 方便　　C. 灵敏　　D. 自动

415. 依据《液压升降整体脚手架安全技术规程》（JGJ 183—2009），液压升降整体脚手架的焊接结构件严重变形或严重锈蚀时应予以（C）。

A. 维修　　B. 大修　　C. 报废　　D. 更换

416. 依据《液压升降整体脚手架安全技术规程》（JGJ 183—2009），液压升降整体脚手架的液压升降装置主要部件损坏时应予以（C）。

A. 维修　　B. 大修　　C. 报废　　D. 更换

二、多选题

1. 下列哪些是生产经营单位的安全生产管理机构以及安全生产管理人员应履行的职责：（ABCD）

A. 组织或者参与拟订本单位安全生产规章制度、操作规程和生产安全事故应急救援预案

B. 组织或者参与本单位安全生产教育和培训，如实记录安全生产教育和培训情况

C. 检查本单位的安全生产状况，及时排查生产安全事故隐患，提出改进安全生产管理的建议

D. 制止和纠正违章指挥、强令冒险作业、违反操作规程的行为

2. 《中华人民共和国安全生产法》规定：生产经营单位的主要负责人和安全生产管理人员必须具备与本单位所从事的生产经营活动相应的（AD）。

A. 安全生产知识　　B. 技术能力　　C. 救援能力　　D. 管理能力

3. 《中华人民共和国安全生产法》规定：生产经营单位应当对从业人员（ABCD），了解事故应急处理措施，知悉自身在安全生产方面的权利和义务。未经安全生产教育和培训合格的从业人员，不得上岗作业。

A. 进行安全生产教育和培训

B. 保证从业人员具备必要的安全生产知识

C. 熟悉有关的安全生产规章制度和安全操作规程

D. 掌握本岗位的安全操作技能

4.《中华人民共和国安全生产法》规定：生产经营单位必须对安全设备进行（ABC），保证正常运转。维护、保养、检测应当作好记录，并由有关人员签字。

A. 经常性维护　B. 保养　C. 并定期检测　D. 定期演练

5.《中华人民共和国安全生产法》规定：生产经营单位对重大危险源应当登记建档，进行定期（ACD），并制订应急预案，告知从业人员和相关人员在紧急情况下应当采取的应急措施。

A. 检测　B. 论证　C. 评估　D. 监控

6.《中华人民共和国安全生产法》规定：生产经营场所和员工宿舍应当设有（ABC）的出口。禁止锁闭、封堵生产经营场所或者员工宿舍的出口。

A. 符合紧急疏散要求　B. 标志明显

C. 保持畅通　D. 宽度合理

7.《中华人民共和国安全生产法》规定：生产经营单位应当教育和督促从业人员严格执行本单位的安全生产规章制度和安全操作规程；并向从业人员如实告知作业场所和工作岗位存在的（ACD）。

A. 危险因素　B. 安全措施　C. 防范措施　D. 事故应急措施

8.《中华人民共和国安全生产法》规定：生产经营单位的从业人员有权了解其作业场所和工作岗位存在的（ABD），有权对本单位的安全生产工作提出建议。

A. 危险因素　B. 防范措施　C. 福利待遇　D. 事故应急措施

9.《中华人民共和国安全生产法》规定：从业人员有权对本单位安全生产工作中存在的问题提出（ABC）；有权拒绝违章指挥和强令冒险作业。

A. 批评　B. 检举　C. 控告　D. 上报

10.《中华人民共和国建筑法》规定：建筑施工企业应当在施工现场采取（BCD）等措施；有条件的，应当对施工现场实行封闭管理。

A. 应急救援　B. 维护安全　C. 防范危险　D. 预防火灾

11.《中华人民共和国建筑法》规定：建筑施工企业应当遵守有关环境保护和安全生产的法律、法规的规定，采取控制和处理施工现场的各种（ABCD）以及噪声、振动对环境的污染和危害的措施。

A. 粉尘　B. 废气　C. 废水　D. 固体废物

12.《中华人民共和国建筑法》规定：建筑施工企业必须（ABD）。

A. 依法加强对建筑安全生产的管理

B. 执行安全生产责任制度

C. 民主管理、民主监督

D. 采取有效措施，防止伤亡和其他安全生产事故的发生

13.《中华人民共和国建筑法》规定：建筑施工企业和作业人员在施工过程中，应当遵守有关安全生产的法律、法规和建筑行业安全规章、规程，不得（BC）。

A. 违反劳动纪律　B. 违章指挥　C. 违章作业　D. 违反安全技术规程

14.《中华人民共和国建筑法》规定：作业人员对危及生命安全和人身健康的行为有权提出（ABD）。

A. 批评　　B. 检举　　C. 上报　　D. 控告

15. 建筑施工企业违反《中华人民共和国建筑法》规定，对建筑安全事故隐患不采取措施予以消除的，（ABC）；构成犯罪的，依法追究刑事责任。

A. 责令改正，可以处以罚款

B. 情节严重的，责令停业整顿

C. 降低资质等级或者吊销资质证书

D. 造成损失的，承担连带赔偿责任

16.《中华人民共和国消防法》规定：消防工作贯彻（BC）的方针。

A. 安全第一　　B. 预防为主　　C. 防消结合　　D. 综合治理

17.《中华人民共和国消防法》规定：任何单位和个人都有（ABCD）的义务。任何单位和成年人都有参加有组织的灭火工作的义务。

A. 维护消防安全　　B. 保护消防设施、　C. 预防火灾　　D. 报告火警

18. 根据《中华人民共和国消防法》规定：下列哪些属于企业、事业等单位应当履行的消防安全职责：（ABCD）。

A. 落实消防安全责任制，制定本单位的消防安全制度、消防安全操作规程，制定灭火和应急疏散预案

B. 按照国家标准、行业标准配置消防设施、器材，设置消防安全标志，并定期组织检验、维修，确保完好有效

C. 保障疏散通道、安全出口、消防车通道畅通，保证防火防烟分区、防火间距符合消防技术标准

D. 组织防火检查，及时消除火灾隐患

19.《中华人民共和国消防法》规定：储存可燃物资仓库的管理，必须执行（BC）。

A. 安全标准　　B. 消防技术标准　　C. 管理规定　　D. 操作规程

20.《中华人民共和国消防法》规定：（ACD）的防火性能必须符合国家标准；没有国家标准的，必须符合行业标准。

A. 建筑构件　　B. 机械设备　　C. 建筑材料　　D. 室内装修、装饰材料

21.《中华人民共和国消防法》规定：任何单位、个人不得（ABCD）消防设施、器材，不得埋压、圈占、遮挡消火栓或者占用防火间距，不得占用、堵塞、封闭疏散通道、安全出口、消防车通道。

A. 损坏　　B. 挪用　　C. 擅自拆除　　D. 停用

22.《中华人民共和国消防法》规定：火灾扑灭后，发生火灾的单位和相关人员应当按照公安机关消防机构的要求（ABD）。

A. 保护现场　　B. 接受事故调查

C 清理火灾现场除　　D. 如实提供与火灾有关的情况

23. 下列哪些行为应依照《中华人民共和国治安管理处罚法》的规定处罚：（ABC）

A. 谎报火警的

B. 阻碍消防车执行任务的

C. 阻碍公安机关消防机构的工作人员依法执行职务的

D. 封闭疏散通道

24.《建设工程安全生产管理条例》规定：专职安全生产管理人员负责对安全生产进行现场监督检查。发现安全事故隐患，（ABD）。

A. 应当及时向项目负责人报告

B. 应当及时向安全生产管理机构报告

C. 落实安全生产责任制度

D. 对违章指挥、违章操作的，应当立即制止

25. 以下项目中，哪些属于危险性较大的工程项目？（ABC）

A. 基坑支护与降水工程　　B. 土方开挖工程

C. 起重吊装工程　　D. 门窗安装工程

26. 根据《建设工程安全生产管理条例》规定：施工单位应在以下哪些位置设置明显的安全警示标志？（ABD）

A. 施工现场入口处　　B. 脚手架

C. 职工宿舍　　D. 有害或危险物存放处

27.《建设工程安全生产管理条例》规定：施工单位对因建设工程施工可能造成损害的（ABD）等，应当采取专项防护措施。

A. 毗邻建筑物　　B. 构筑物　　C. 架空线路　　D. 地下管线

28.《建设工程安全生产管理条例》规定：施工单位应当在施工现场建立（ABCD），配备消防设施和灭火器材，并在施工现场入口处设置明显标志。

A. 建立消防安全责任制度

B. 确定消防安全责任人

C. 制定用火、用电、使用易燃易爆材料等各项消防安全管理制度和操作规程

D. 设置消防通道、消防水源

29.《建设工程安全生产管理条例》规定：作业人员有权对施工现场的作业条件、作业程序和作业方式中存在的安全问题提出（ABC），有权拒绝违章指挥和强令冒险作业。

A. 批评　　B. 检举　　C. 控告　　D. 上诉

30.《建设工程安全生产管理条例》规定：作业人员应当（ABCD）等。

A. 遵守安全施工的强制性标准

B. 遵守安全施工的规章制度和操作规程

C. 正确使用安全防护用具

D. 正确使用安机械设备

31.《建设工程安全生产管理条例》规定：施工单位的（ABC）应当经建设行政主管部门或者其他有关部门考核合格后方可任职。

A. 主要负责人　　B. 项目负责人

C. 专职安全生产管理人员　　D. 技术负责人

32. 违反《建设工程安全生产管理条例》的规定，施工单位的主要负责人、项目负责人、专职安全生产管理人员、作业人员或者特种作业人员，未经安全教育培训或者经考核不合格即从事相关工作的，（ABCD）。

A. 责令限期改正

B. 逾期未改正的，责令停业整顿

C. 依照《中华人民共和国安全生产法》的有关规定处以罚款

D. 造成重大安全事故，构成犯罪的，对直接责任人员，依照刑法有关规定追究刑事责任

33. 施工单位违反《建设工程安全生产管理条例》的规定，未在施工现场的危险部位设置明显的安全警示标志，或者未按照国家有关规定在施工现场设置消防通道、消防水源、配备消防设施和灭火器材的，(ABCD)。

A. 责令限期改正

B. 逾期未改正的，责令停业整顿

C. 依照《中华人民共和国安全生产法》的有关规定处以罚款

D. 造成重大安全事故，构成犯罪的，对直接责任人员，依照刑法有关规定追究刑事责任

34. 施工单位违反《建设工程安全生产管理条例》的规定，未向作业人员提供安全防护用具和安全防护服装的，(ABCD)。

A. 责令限期改正

B. 逾期未改正的，责令停业整顿

C. 依照《中华人民共和国安全生产法》的有关规定处以罚款

D. 造成重大安全事故，构成犯罪的，对直接责任人员，依照刑法有关规定追究刑事责任

35.《生产安全事故报告和调查处理条例》第十六条规定：事故发生后，(ABC)。

A. 立即上报

B. 有关单位和人员应当妥善保护事故现场以及相关证据

C. 任何单位和个人不得破坏事故现场

D. 毁灭相关证据

36.《生产安全事故报告和调查处理条例》规定：事故报告应当（ACD），任何单位和个人对事故不得迟报、漏报、谎报或者瞒报。

A. 及时　　B. 细致　　C. 准确　　D. 完整

37.《生产安全事故报告和调查处理条例》规定：事故调查处理应当坚持（CD）、尊重科学的原则。

A. 调查研究　　B. 数据说话　　C. 尊重科学　　D. 实事求是

38.《中华人民共和国安全生产法》规定：从业人员在作业过程中，应当（ACD）。

A. 严格遵守本单位的安全生产规章制度和操作规程

B. 遵守劳动作息时间

C. 正确佩戴和使用劳动防护用品服从管理

D. 服从管理

39.《中华人民共和国安全生产法》规定：从业人员应当（ABCD）。

A. 接受安全生产教育和培训　　B. 掌握本职工作所需的安全生产知识

C. 提高安全生产技能　　D. 增强事故预防和应急处理能力

40. 搭设扣件式钢管脚手架的主节点处固定（ABD）等用的直角扣件、旋转扣件的中心点的相互距离不应大于150mm。

A. 横向水平杆　　B. 纵向水平杆　　C. 抛撑　　D. 横向斜撑

41. 扣件式钢管脚手架的（ACD）应随立杆、纵横向水平杆同步搭设。

A. 连墙件　　B. 脚手板　　C. 剪刀撑　　D. 横向斜撑

42. 碗扣式钢管脚手架专用斜杆设置应符合的规定有（ABC）。

A. 斜杆应设置在有纵、横杆的碗扣节点上

B. 在封圈的脚手架拐角处及一字型脚手架端部应设置竖向通高斜杆；斜杆临时拆除时，拆除前应在相邻立杆间设置相同数量的斜杆

C. 当脚手架高度≤24m 时，每隔 5 跨应设置一组竖向通高斜杆；当脚手架高度大于 24m 时，每隔 3 跨应设置一组竖向通高斜杆；斜杆应对称设置

D. 当脚手架高度≤24m 时，每隔 7 跨应设置一组竖向通高斜杆；当脚手架高度大于 24m 时，每隔 5 跨应设置一组竖向通高斜杆；斜杆应对称设置

43. 碗扣式脚手架连墙杆的设置应符合的规定有（ACD）。

A. 连墙杆应呈水平设置，当不能呈水平设置时，与脚手架连接的一端应下斜连接；连墙杆应采用可承受拉、压荷载的刚性结构，连接应牢固可靠

B. 每层连墙件应在同一平面，其位置应由建筑结构和风荷载计算确定，且水平间距不应大于 6. 0m

C. 每层连墙件应在同一平面，其位置应由建筑结构和风荷载计算确定，且水平间距不应大于 4. 5m

D. 连墙件应设置在有横向横杆的碗口节点处，当采用钢管扣件做连墙件时，连墙件应与立杆连接，连接点距碗口节点距离不应大于 150mm

44. 模板支撑架斜杆设置应符合的要求有（ACD）。

A. 当立杆间距大于 1. 5m 时，应在拐角处设置通高专用斜杆，中间每排每列应设置通高八字形斜杆或剪刀撑

B. 当立杆间距小于或等于 1. 5m 时，模板支撑架四周从底到顶连续设置竖向剪刀撑；中间纵横向由底至顶连续设置竖向剪刀撑，其间距小于或等丁 6. 0m

C. 当立杆间距小于或等于 1. 5m 时，模板支撑架四周从底到顶连续设置竖向剪刀撑；中间纵横向由底至顶连续设置竖向剪刀撑，其间距小于或等于 4. 5m

D. 剪刀撑的斜杆与地面夹角应在 45° ~60°之间，斜杆应每步与立杆扣接

45. 碗扣式脚手架拆除时必须（BCD）。

A. 搭设不低于 1. 8m 的围挡　　B. 划出安全区

C. 设置警戒标志　　D. 派专人看守

46. 搭设门式脚手架，当（ACD）等配件与门架相连时，应有防止退出的止退机构。

A. 交叉支撑　　B. 立杆加强杆　　C. 锁臂志　　D. 连接棒

47. 门式脚手架的搭设场地必须平整坚实，并应符合的规定有（BD）。

A. 回填土应整体回填并夯实　　B. 回填土应分层回填，逐层夯实

C. 架体外侧应设置积水坑　　D. 场地排水应顺畅。不应有积水

48. “四口”是指（ACD）及通道口。

A. 楼梯口　　B. 窗口　　C. 电梯井口　　D. 预留洞口

49. “五临边”包括（ABC）。

A. 深度超过2m的槽、坑、沟的周边

B. 屋面（作业面）和框架结构楼层的周边

C. 尚未安装栏板、栏杆的阳台、料台、挑平台的周边及在施工程的楼梯口的梯段边

D. 洞口周边

50. 现场机械设备的明显部位或机棚内要悬挂（BC）。

A. 安装（拆卸）告知书　　B. 安全操作规程

C. 岗位责任标牌　　D. 建筑起重机械备案证明

51. 施工升降机（ABD）应齐全有效。

A. 上下行程限位开关　　B. 上下极限开关

C. 避雷针　　D. 防松绳开关

52. 施工升降机的传动齿轮、齿条固定牢固，接触表面（BC），齿轮齿条啮合符合规定。

A. 无掉漆　　B. 无点蚀　　C. 无剥落　　D. 无磨痕

53. 物料提升机所使用的卷扬机应安装在平整坚实位置上，并应设置（AD）操作棚。

A. 防雨　　B. 防污染　　C. 防雷　　D. 防砸

54. 在电杆附近取土时，对不能取消的拉线、地垄和杆身，应留出土台，土台大小应由技术人员根据（ABC）确定。

A. 电杆结构　　B. 掩埋深度　　C. 土质情况　　D. 支撑结构

55. 混凝土输送管道在敷设前应检查并确认管壁的磨损量应符合使用说明书的要求，管道不得有（BC）等缺陷。

A. 积尘　　B. 裂纹　　C. 砂眼　　D. 积水

56. 插入式振捣器的操作人员在作业时，应穿戴符合要求的（AD）。

A. 绝缘鞋　　B. 防护服　　C. 护目镜　　D. 绝缘手套

57. 钢筋冷拉场地应设置警戒区，并应安装（AC），非操作人员不得进入警戒区。

A. 防护栏　　B. 防护网　　C. 警告标志　　D. 指示标志

58. 操作人员使用手持电动工具时，应穿戴符合规定的劳动防护用品。作业前操作人员应重点检查的内容有（BCD）。

A. 开关箱内漏电保护器的动作电流是否符合规定

B. 外壳、手柄不得裂缝、破损

C. 电缆软线及插头等应完好无损，金属外壳与PE保护线连接牢固、可靠，开关动作应正常

D. 各部分防护罩装置应齐全牢固

59. 以下哪些是钢丝绳报废条件（ABC）。

A. 绳股断裂　　B. 断丝速率增大

C. 断丝不超标但断丝部位集中　　D. 绳径减少5%

60. 当起重机吊钩出现下列哪些情况时应报废更换（ABC）。

A. 表面有裂纹，破口及危险断面及钩筋永久变形

B. 挂绳处断面磨损超过高度10%

C. 心轴磨损量超过其直径的5%

D. 开口度比原尺寸增加5%

61. 滑轮有下列哪些情况时应予以报废（ACD）。

A. 裂纹或轮缘破损及轮槽不均匀磨损达3mm

B. 焊接滑轮槽底磨损达钢丝绳原直径的5%

C. 铸造滑轮槽底磨损达钢丝绳原直径的30%

D. 滑轮绳槽壁厚磨损量达原壁厚的20%

62. 按照《施工现场临时用电安全技术规范》的规定，施工现场用电工程采用三级配电系统，即（ABC）。

A. 总配电箱　　B. 分配电箱　　C. 开关箱　　D. 用电设备

63. 配电室应靠近电源，并应设在（ABD）、无腐蚀介质、无易燃易爆物及道路畅通的地方。

A. 灰尘少　　B. 潮气少　　C. 噪声小　　D. 振动小

64. 配电室的照明应分别设置（AD）。

A. 正常照明　　B. 道路照明　　C. 夜景照明　　D. 事故照明

65. 配电箱、开关箱应有（BCD），门内张贴系统接线图；箱门应配锁，并应由专人负责。

A. 编号　　B. 名称　　C. 用途　　D. 分路标记

66. 施工现场的配电柜应设（CD）。

A. 变压器　　B. 照明器具

C. 电源隔离　　D. 短路、过载、漏电保护电器

67. 施工现场所使用的电缆线路应采用（AC）。

A. 埋地敷设　　B. 管沟敷设　　C. 架空敷设　　D. 沿地面明设

68. 施工现场所使用的电缆类型应根据敷设方式、环境条件选择。埋地敷设宜选用铠装电缆；当选用无铠装电缆时，应能（BC）。

A. 防尘　　B. 防水　　C. 防腐　　D. 防火

69. 电缆架空敷设应沿（ACD）敷设，并采用绝缘子固定，绑扎线必须采用绝缘线，固定点间距应保证电缆能承受自重所带来的荷载。

A. 电杆　　B. 脚手架　　C. 支架　　D. 墙壁

70. 施工现场所使用的塔式起重机应做（BD）。

A. 直流工作接地　　B. 重复接地　　C. 信号接地　　D. 防雷接地

71. 施工现场使用的电焊机械应放置在（ABD）的地方。焊接现场不得有易燃、易爆物品。

A. 防雨　　B. 干燥　　C. 绝缘　　D. 通风良好

72. 施工现场内使用的行灯的（ABD）应固定在灯具的绝缘部位上。

A. 金属网　　B. 反光罩　　C. 防尘罩　　D. 悬吊挂钩

73. 项目部生活区内使用的空调、电暖器、电风扇等电器设备应设专用配电线路，并配备合格的（AC）等电器保护装置。

A. 断路开关　　B. 行程开关　　C. 漏电开关　　D. 限位开关

74. 在建工程在架设外电防护设施时，必须经有关部门批准，采用线路暂时停电的安全

技术措施，并应有（BC）监护。

A. 专职电工　B. 电气工程技术人员　C. 专职安全人员　D. 监理工程师

75. 施工现场内机械电气设备的垂直接地体宜采用（BC）。

A. 角钢　B. 螺纹钢　C. 钢管　D. 光面圆钢

76. 下列哪些施工项目属于危险性较大的分部分项工程（ABD）。

A. 采用非常规起重设备、方法，且单件起吊重量在10kN及以上的起重吊装工程

B. 采用起重机械进行安装的工程

C. 采用人工进行安装的工程

D. 起重机械设备自身的安装、拆卸

77. 下列哪些施工项目属于危险性较大的分部分项工程（ABC）。

A. 建筑幕墙安装工程

B. 钢结构、网架和索膜结构安装工程

C. 人工挖扩孔桩工程

D. 雨、污水井施工工程

78. 在模板工程及支撑体系施工项目中，哪些属于超过一定规模危险性较大的分部分项工程（BCD）。

A. 大模板　B. 滑模　C. 爬模　D. 飞模

79. 安全技术交底的内容应包括模板支撑工程（BCD）和搭设安全技术要求等内容，并保留记录。

A. 计算要点　B. 工艺要点　C. 工序要点　D. 作业要点

80. 高大模板支撑系统施工中，作业人员应严格按（BCD）的要求进行操作，并正确佩戴相应的劳动防护用品。

A. 规范　B. 设计交底

C. 专项施工方案　D. 安全技术交底

81. 作业人员必须（ACD），应按作业要求正确使用劳动防护用品。

A. 戴安全帽　B. 戴安全带　C. 穿工作鞋　D. 穿工作服

82. 施工现场从事防水，防腐和油漆作业的施工人员应配备防止（ABD）的劳动防护用品。

A. 触电　B. 中毒　C. 强光伤害　D. 灼伤

83. 架子工，塔式起重机操作人员，起重吊装工应（ABC）。

A. 配备灵便紧口的工作服　B. 穿防滑鞋

C. 戴工作手套　D. 戴防护眼镜

84. 电工在从事高压电气作业时，应配备（BCD）。

A. 遮光面罩　B. 有色防护眼镜　C. 相应等级的绝缘鞋　D. 绝缘手套

85. 作业人员在从事酸碱等腐蚀性作业时，应配备（ACD），耐酸碱胶鞋，戴耐酸碱手套。

A. 防护眼镜　B. 遮光面罩　C. 防腐蚀性工作服　D. 防护口罩

86. 油漆工在从事涂刷，喷漆作业时，应配备防静电工作服，防静电鞋，（ABC）；从事砂纸打磨作业时，应配备防尘口罩和密闭式防护眼镜。

A. 防护眼镜　　　B. 防毒口罩　　　C. 防静电手套　　　D. 遮光面罩

87. 施工现场所使用的安全带按作业类别分为（ABC）。

A. 围杆作业安全带　B. 区域限制安全带　C. 坠落悬挂安全带　D. 坐式安全带

88. 扑救煤油、柴油、甲醇、乙醚、丙酮等燃烧的火灾应选用（ABC）型灭火器。

A. 干粉　　　B. 卤代烷　　　C. 二氧化碳　　　D. 化学泡沫

89. 扑救带电物体燃烧的火灾应选用（BCD）型灭火器。

A. 泡沫　　　B. 卤代烷　　　C. 二氧化碳　　　D. 干粉

90. 施工现场内设置的手提式灭火器宜放置在（ABD）。

A. 挂钩上　　　B. 托架上　　　C. 工具箱上　　　D. 灭火器箱内

91. 施工单位应建立灭火器维护管理档案和灭火器的（BCD）情况记录。

A. 使用　　　B. 维修　　　C. 检查　　　D. 保养

92. 施工暂设和施工现场使用的（ABC）应当符合消防安全规范、不得使用易燃或者可燃材料。

A. 安全网　　　B. 围网　　　C. 保温材料　　　D. 门窗材料

93. 施工现场的办公室、宿舍等临时用房与（ABC）等具有潜在危险因素的区域和功能建筑必须分别设置并保持安全距离。

A. 作业区　　　B. 仓库　　　C. 配电室　　　D. 食堂操作间

94. 施工现场内使用的电气线路应具有相应的（BC）。

A. 抗高温性　　　B. 绝缘强度　　　C. 机械强度　　　D. 抗低温性

95. 当施工现场采用安全特低电压供电时，（ABD）设置应规范。

A. 导线连接　　　B. 导线截面选择　　　C. 线路长度　　　D. 短路保护装置

96. 违反《中华人民共和国消防法》规定，有（ABCD）行为之一的，责令改正或者停止施工，并处一万元以上十万元以下罚款。

A. 建筑设计单位不按照消防技术标准强制性要求进行消防设计的；

B. 建筑施工企业不按照消防设计文件和消防技术标准施工，降低消防施工质量的；

C. 建设单位要求建筑设计单位或者建筑施工企业降低消防技术标准设计、施工的；

D. 工程监理单位与建设单位或者建筑施工企业串通，弄虚作假，降低消防施工质量的。

97. 根据住房城乡建设部《建筑施工企业主要负责人、项目负责人和专职安全生产管理人员安全生产管理规定实施意见》（建质［2015］206号）的规定：专职安全生产管理人员分为（ABD）。

A. 机械　　　B. 土建　　　C. 机电　　　D. 综合

98. 住建部《建筑起重机械备案登记办法》（建质［2008］76号）规定：建筑起重机械备案登记包括建筑起重机械（ABD）。

A. 备案　　　B. 安装（拆卸）告知

C. 维护保养　　　D. 使用登记

99. 以下（ABDE）条款属于建筑施工企业安全生产管理机构专职安全生产管理人员在施工现场检查过程中具有的职责。

A. 查阅在建项目安全生产有关资料、核实有关情况

B. 监督作业人员安全防护用品的配备及使用情况

C. 贯彻落实国家有关安全生产法律法规和标准

D. 对不符合安全生产条件的设施、设备、器材，有权当场作出查封的处理决定

E. 对施工现场存在的重大安全隐患有权越级报告或直接向建设主管部门报告

100. 从事土木工程、建筑工程、线路管道和设备安装工程及装修工程的（ABCD）等活动的建筑施工企业安全生产管理机构的设置及其专职安全生产管理人员的配备，适用《建筑施工企业安全生产管理机构设置及专职安全生产管理人员配备办法》。

A. 新建　　B. 改建　　C. 扩建　　D. 拆除

E. 设计

101. 属于超过一定规模的危险性较大的分部分项工程的有（BDE）。

A. 起重量 350kN 的起重设备安装工程

B. 搭设高度 60m 落地式钢管脚手架工程

C. 跨度为 30m 的钢结构安装工程

D. 采用爆破拆除的工程

E. 架体高度 24m 的悬挑式脚手架工程

102. 专项方案应当由施工单位技术部门组织本单位（ABC）等部门的专业技术人员进行审核。

A. 技术　　B. 安全　　C. 质量　　D. 造价

E. 审计

103. 监理单位应当将危险性较大的分部分项工程列入监理规划和监理实施细则，应当针对（ADE）等，制定安全监理工作流程、方法和措施。

A. 工程特点　　B. 工程进度　　C. 工程造价

D. 施工工艺　　E. 周边环境

104. 专家论证的主要内容包括（ABD）。

A. 专项方案内容是否完整、可行

B. 专项方案计算书和验算依据是否符合有关标准规范

C. 方案实施的经济性是否满足要求

D. 安全施工的基本条件是否满足现场实际情况

E. 专项方案是否符合绿色施工

105. 对于按规定需要验收的危险性较大的分部分项工程，施工单位、监理单位应当组织有关人员进行验收。验收合格的，经（AB）签字后，方可进入下一道工序。

A. 施工单位项目技术负责人

B. 项目总监理工程师

C. 专业监理工程师

D. 专职安全人员

E. 建设单位项目负责人

106. 监理单位应当将危险性较大的分部分项工程列入监理规划和监理实施细则，应当针对（ACE）等，制定安全监理工作流程、方法和措施。

A. 工程特点　　B. 施工成本　　C. 周边环境

D. 安全技术　　E. 施工工艺

107. 根据《安徽省建筑施工特种作业人员管理规定实施细则》，持有建筑施工特种作业《资格证书》的人员，可受聘于（DE），从事相应的特种作业。

A. 造船厂　　B. 工厂　　C. 监理企业

D. 建筑起重机械出租单位　　E. 建筑施工企业

108. 根据《安徽省住房城乡建设厅关于进一步明确建设工程施工现场关键岗位人员配备标准和岗位职责的通知》，监管部门对施工项目部的关键岗位人员（ABCE），应责令其改正，并按规定在“安徽省工程建设监管和信用管理平台”中记企业和个人不良行为记录。

A. 配备不达标　　B. 不按规定履行职责　　C. 不到岗

D. 请假　　E. 擅自更换

109. 按照《中华人民共和国安全生产法》的规定，发生生产安全事故，对负有责任的生产经营单位除要求其依法承担相应的赔偿等责任外，由安全生产监督管理部门依照下列规定处以罚款。（BDE）

A. 发生一般事故的，处10万元以上20万元以下的罚款；发生较大事故的，处20万元以上50万元以下的罚款。

B. 发生一般事故的，处20万元以上50万元以下的罚款；发生较大事故的，处50万元以上100万元以下的罚款。

C. 发生重大事故的，处50万元以上200万元以下的罚款。

D. 发生重大事故的，处100万元以上500万元以下的罚款。

E. 发生特别重大事故的，处500万元以上1000万元以下的罚款；情节特别严重的，处1000万元以上2000万元以下的罚款。

110. 按照《中华人民共和国安全生产法》的规定，安全生产工作应当以人为本，坚持安全发展，坚持安全第一、预防为主、综合治理的方针，强化和落实生产经营单位的主体责任，建立（ABCDE）的机制。

A. 生产经营单位负责　　B. 职工参与

C. 政府监管　　D. 行业自律

E. 社会监督

111. 根据《建筑施工安全检查标准》（JGJ 59—2011）的规定，（CDE）应设置相应的安全警示标志牌。

A. 办公室　　B. 食堂　　C. 施工现场入口处

D. 主要施工区域　　E. 危险部位

112. 根据《建筑施工安全检查标准》（JGJ 59—2011）的规定，施工用电检查评定的保证项目应包括：（ABDE）。

A. 外电防护　　B. 接地与接零保护系统

C. 配电室与配电装置　　D. 配电箱与开关箱

E. 配电线路

113. 根据《建筑施工安全检查标准》（JGJ 59—2011）的规定，当按分项检查评分表评分时，保证项目中有（A）或（B），此分项检查评分表不应得分。

A. 一项未得分　　B. 保证项目小计得分不足40分

C. 一般项目小计得分不足40分　　D. 保证项目小计得分不足60分

E. 两项未得分

114. 根据《建筑施工安全检查标准》（JGJ 59—2011）的规定，按汇总表的总得分和分项检查评分表的得分，对建筑施工安全检查评定划分为（CDE）三个等级。

A. 良好　　B. 基本合格　　C. 优良

D. 合格　　E. 不合格

115. 根据《建筑施工安全检查标准》（JGJ 59—2011）的规定，安全管理检查评定保证项目应包括：（ACE）、安全检查、安全教育、应急救援。

A. 安全生产责任制　　B. 生产安全事故处理

C. 施工组织设计及专项施工方案　　D. 安全标志

E. 安全技术交底

116. 根据《建筑施工安全检查标准》（JGJ 59—2011）的规定，文明施工检查评定保证项目应包括：（BCD）。

A. 公示标牌、生活设施　　B. 现场围挡、封闭管理

C. 施工场地、材料管理　　D. 现场办公与住宿、现场防火

E. 社区服务

117. 根据《建筑施工安全检查标准》（JGJ 59—2011）的规定，临边是指施工现场内无围护设施或围护设施高度低于0.8m的（ABDE）等危及人身安全的边沿的简称。

A. 楼层周边　　B. 楼梯侧边　　C. 塔吊周边

D. 平台或阳台边、屋面周边　　E. 沟、坑、槽、深基础周边

118. 《建筑施工模板安全技术规范》（JGJ 162）适用于建筑施工中现浇混凝土工程模板体系的（ABCE）。

A. 设计　　B. 制作　　C. 安装

D. 检查　　E. 拆除

119. 依据《建筑施工模板安全技术规范》（JGJ 162）规定，模板体系（简称模板）包括（ABD）。

A. 面板　　B. 支架　　C. 带板

D. 连接件　　E. 卡销

120. 依据《建筑施工模板安全技术规范》（JGJ 162）规定，下列关于爬模说法正确的是（ADE）。

A. 爬模应由模板、支承架、附墙架和爬升动力设备等组成

B. 爬模模板应分别按混凝土浇筑阶段和吊装阶段验算

C. 爬模的支承架应按轴心受压格构式构件计算

D. 爬模应进行整体强度验算

E. 爬模应进行整体稳定性验算

121. 依据《建筑施工模板安全技术规范》（JGJ 162）规定，模板安装前必须做好（AB-CD）安全技术准备工作。

A. 应审查模板结构设计与施工说明书中的荷载、计算方法、节点构造和安全措施

B. 设计审批手续应齐全

C. 备齐操作所需的一切安全防护设施和器具

D. 应进行全面的安全技术交底

E. 应对模板和配件进行挑选、检测，不合格者视情况选用

122. 依据《建筑施工模板安全技术规范》（JGJ 162）规定，安装模板应保证工程结构和构件各部分（ABC）的正确，构造应符合模板设计要求。

A. 形状　　B. 尺寸　　C. 相互位置

D. 型号　　E. 规格

123. 依据《建筑施工模板安全技术规范》（JGJ 162）规定，可用于层间高度小于或等于5m 时的立柱支模有（ABD）。

A. 钢管立柱支模　　B. 桁架支模

C. 塑钢立柱支模　　D. 木立柱支模

E. PVC 柱支模

124. 依据《建筑施工模板安全技术规范》（JGJ 162）规定，以下关于模板安装时配件或工具说法正确的是（ABD）。

A. 安装所需各种配件应置于工具箱内

B. 安装所需各种配件应置于工具袋内

C. 安装所用工具不应系挂在作业人员身上

D. 安装所用工具应置于所佩戴的工具袋中

E. 安装配件或工具可散放在模板或脚手板上

125. 依据《建筑施工模板安全技术规范》（JGJ 162）规定，吊运模板时必须符合（ABCE）。

A. 作业前应检查绳索、卡具、模板上的吊环

B. 升降过程中应设专人指挥，统一信号

C. 吊运必须使用卡环连接，并应稳起稳落

D. 起重机可在架空输电线路下面工作，但必须有安全措施

E. 吊运散装模板时，必须码放整齐

126. 依据《建筑施工模板安全技术规范》（JGJ 162）规定，梁式或桁架式支架的安装构造应符合（ABC）。

A. 间距设置应与模板设计图一致

B. 支承的建筑结构应具有足够强度

C. 支承的建筑结构强度不够时可另设立柱支撑

D. 若桁架采用多榀成组排放，在上弦折角处必须加设水平撑

E. 间距设置应与模板安装方案一致

127. 依据《建筑施工模板安全技术规范》（JGJ 162）规定，木立柱支撑的安装构造应符合（ACD）。

A. 木立柱宜选用整料

B. 木立柱底部与垫木之间应设置柔性木块对角楔调整标高

C. 严禁使用板皮替代规定的拉杆

D. 所有单立柱支撑应位于底垫木和梁底模板的中心

E. 所有单立柱支撑可承受一定的偏心荷载

128. 依据《建筑施工模板安全技术规范》（JGJ 162）规定，采用扣件式钢管作立柱支撑时，其安装构造应符合（AD）。

A. 钢管规格、间距、扣件应符合设计要求

B. 当立柱底部不在同一高度时，高低差不得大于 2m

C. 立柱接长可用搭接

D. 立柱接长必须采用对接扣件连接

E. 相邻两立柱的对接接头不得在同跨内

129. 依据《建筑施工模板安全技术规范》（JGJ 162）规定，下列关于支架立柱拆除说法正确的是（ACDE）。

A. 当拆除钢楞、木楞、钢桁架时，应在其下面临时搭设防护支架

B. 当拆除第一道水平拉杆时，应和拆除立柱同时进行

C. 拆除时，严禁采用连梁底板向旁侧一片拉倒的拆除方法

D. 拆除平台、楼板下的立柱时，作业人员应站在安全处拉拆

E. 对有芯钢管立柱运出前应先将芯管抽出或用销卡固定

130. 依据《建筑施工模板安全技术规范》（JGJ 162）规定，拆除柱模应遵守（ABDE）。

A. 柱模拆除应分别采用分散拆和分片拆两种方法

B. 拆除的配件及模板、运走分类堆放、清理

C. 拆除拉杆或斜撑、自下而上拆除柱箍或横楞、拆除竖楞

D. 柱子拆下的模板及配件不得向地面抛掷

E. 钢模应维修、刷防锈油或脱模剂

131. 依据《建筑施工模板安全技术规范》（JGJ 162）规定，拆除墙模应遵守（BCDE）。

A. 拆除每一大块墙模的最后 2 个对拉螺栓后，作业人员应撤离到大模板上侧，以后的操作均应在上部进行

B. 个别大块模板拆除后产生局部变形者应及时整修好

C. 大块模板起吊时，速度要慢

D. 大块模板起吊时，应保持垂直

E. 大块模板起吊时，严禁模板碰撞墙体

132. 依据《建筑施工模板安全技术规范》（JGJ 162）规定，拆除梁、板模板应遵守（BDE）。

A. 应先拆板底模，再拆梁侧模，最后拆除梁底模

B. 应先拆梁侧模，再拆板底模，最后拆除梁底模

C. 应先拆梁侧模，再拆除梁底模，最后拆板底模

D. 严禁成片撬落或成片拉拆

E. 拆除模板时，严禁用铁棍或铁锤乱砸

133. 依据《建筑施工模板安全技术规范》（JGJ 162）规定，下列关于爬升模板拆除说法正确的是（BCE）。

A. 拆除前应向安全员进行安全技术交底后，方可实施

B. 拆除爬模应有拆除方案

C. 应设专人指挥，严禁交叉作业

D. 遇 6 级以上大风应停止拆除作业

E. 已拆除的物件应及时清理、整修和保养

134. 依据《建筑施工模板安全技术规范》（JGJ 162）规定，下列关于飞模拆除说法正确的是（ACE）。

A. 飞模拆除必须有专人统一指挥

B. 飞模顶部应绑安全绳

C. 安全绳的另一端应套在坚固的建筑结构上

D. 安全绳在推运时应拽紧不松放

E. 飞模推出后，楼层外边缘应立即绑好护身栏

135. 依据《建筑施工模板安全技术规范》（JGJ 162）规定，安装和拆除模板时，操作人员应（ABCD）。

A. 配戴安全帽　　B. 系安全带　　C. 穿防滑鞋

D. 高处作业人员应定期体检　　E. 持有特种作业操作资格证

136. 依据《建筑施工模板安全技术规范》（JGJ 162）规定，下列关于模板安全管理说法正确的是（ABCD）。

A. 模板工程应编制施工设计和安全技术措施

B. 应严格按施工设计与安全技术措施规定施工

C. 在安装、拆除作业前，工程技术人员应以书面形式向作业班组进行施工操作的安全技术交底

D. 作业班组应对照书面交底进行上、下班的自检和互检

E. 专职安全员应对照书面交底进行上、下班的自检和互检

137. 依据《建筑施工模板安全技术规范》（JGJ 162）规定，施工过程中应经常对下列（ABCE）项目进行检查。

A. 立柱底部基土回填夯实的状况

B. 底座位置应正确，顶托螺杆伸出长度应符合规定

C. 扫地杆、水平拉杆、剪刀撑等的设置应符合规定，固定应可靠

D. 立杆的规格尺寸和垂直度应符合要求，适当承担偏心荷载

E. 垫木应满足设计要求

138. 依据《建筑施工模板安全技术规范》（JGJ 162）规定，下列关于模板拆除后堆放说法正确的是（ABCD）。

A. 模板和配件不得随意堆放

B. 模板应放平放稳，严防滑落

C. 不得散放在脚手板上

D. 临时堆放的模板不宜超过 3 层

E. 临时堆放的模板不宜超过 4 层

139. 依据《建筑施工模板安全技术规范》（JGJ 162）规定，以下关于模板安装时安全管理说法正确的是（ABC）。

A. 上下应有人接应

B. 随装随运

C. 严禁抛掷

D. 不得将脚手板支搭在模板上

E. 可将模板支搭在门窗框上

140. 依据《建筑施工模板安全技术规范》（JGJ 162）规定，使用后的钢模、钢构件应遵守（ACDE）。

A. 应将粘结物清理洁净

B. 清理时可采用铁锤敲击

C. 应逐块、逐榀、逐根进行检查

D. 发现翘曲、变形、扭曲、开焊等必须修理完善

E. 暂不用的钢模表面可涂防锈油一度

141. 依据《建筑施工模板安全技术规范》（JGJ 162）规定，在高处安装和拆除模板时应遵守（ABDE）。

A. 周围应设安全网或搭脚手架

B. 应加设防护栏杆

C. 在临街面及交通要道地区，尚应设告之牌

D. 应派专人看管

E. 应向作业班组进行施工操作的安全技术交底

142. 依据《建筑施工扣件式钢管脚手架安全技术规范》（JGJ 130—2011），横向水平杆的构造应符合下列规定（BC）。

A. 作业层上非主节点处的横向水平杆，宜根据支承脚手板的需要等间距设置，最大间距不应大于纵距的$\frac{1}{3}$

B. 作业层上非主节点处的横向水平杆，宜根据支承脚手板的需要等间距设置，最大间距不应大于纵距的$\frac{1}{2}$

C. 当使用冲压钢脚手板、木脚手板、竹串片脚手板时，双排脚手架的横向水平杆两端均应采用直角扣件固定在纵向水平杆上

D. 当使用冲压钢脚手板、木脚手板、竹串片脚手板时，双排脚手架的横向水平杆两端均应采用旋转扣件固定在纵向水平杆上

E. 当使用竹笆脚手板时，双排脚手架的横向水平杆的两端，应用旋转扣件固定在立杆上

143. 依据《建筑施工扣件式钢管脚手架安全技术规范》（JGJ 130—2011），作业层脚手板应（ABC）。

A. 铺满　　B. 铺实　　C. 铺稳

D. 铺单层　　E. 铺双层

144. 依据《建筑施工扣件式钢管脚手架安全技术规范》（JGJ 130—2011），脚手板的设置应符合下列规定（AD）。

A. 冲压钢脚手板、木脚手板、竹串片脚手板等，应设置在三根横向水平杆上

B. 冲压钢脚手板、木脚手板、竹串片脚手板等，应设置在四根横向水平杆上

C. 当脚手板长度小于1.5m时，可采用两根横向水平杆支承，但应将脚手板两端与横向水平杆可靠固定，严防倾翻

D. 当脚手板长度小于2m时，可采用两根横向水平杆支承，但应将脚手板两端横向水平杆可靠固定，严防倾翻

E. 竹笆脚手板应按其主竹筋垂直于纵向水平杆方向铺设，且应对接平铺，四个角应用直径不小于1.4mm的镀锌钢丝固定在纵向水平杆上

145. 依据《建筑施工扣件式钢管脚手架安全技术规范》（JGJ 130—2011），脚手架立杆的对接、搭接应符合下列规定（AE）。

A. 当立杆采用对接接长时，立杆的对接扣件应交错布置

B. 当立杆采用对接接长时，立杆的旋转扣件应交错布置

C. 两根相邻立杆的接头不应设置在同步内，同步内隔一根立杆的两个相隔接头在高度方向错开的距离不宜小于1000mm

D. 各接头中心至主节点的距离不宜大于步距的$\frac{1}{4}$

E. 当立杆采用搭接接长时，搭接长度不应小于1m，并应采用不少于2个旋转扣件固定

146. 依据《建筑施工扣件式钢管脚手架安全技术规范》（JGJ 130—2011），连墙件的布置应符合下列规定（AD）。

A. 应靠近主节点设置，偏离主节点的距离不应大于300mm

B. 应靠近主节点设置，偏离主节点的距离不应大于150mm

C. 应从底层第一步纵向水平杆处开始设置，当该处设置有困难时，可不设置

D. 应优先采用菱形布置，或采用方形、矩形布置

E. 应优先采用方形布置，或采用菱形、矩形布置

147. 依据《建筑施工扣件式钢管脚手架安全技术规范》（JGJ 130—2011），为在扣件式钢管脚手架设计与施工中贯彻执行国家安全生产的方针政策，确保施工人员安全，做到（ACD），并制定本规范。

A. 技术先进　　B. 文明施工　　C. 经济合理

D. 安全适用　　E. 降低成本

148. 依据《建筑施工扣件式钢管脚手架安全技术规范》（JGJ 130—2011），本规范适用于房屋建筑工程和市政工程等施工用落地式单、双排扣件式钢管脚手架、（AB）、满堂扣件式钢管支撑架的设计、施工及验收。

A. 满堂扣件式钢管脚手架

B. 型钢悬挑扣件式钢管脚手架

C. 门式钢管脚手架

D. 工具式钢管脚手架

E. 碗扣式钢管脚手架

149. 依据《建筑施工扣件式钢管脚手架安全技术规范》（JGJ 130—2011），底座包括（DE）。

A. 垫板底座　　B. 通长底座　　C. 衬垫底座

D. 可调底座　　E. 固定底座

150. 依据《建筑施工扣件式钢管脚手架安全技术规范》（JGJ 130—2011），扫地杆包括（AC）。

A. 纵向扫地杆　　B. 水平扫地杆

C. 横向扫地杆　　D. 竖向扫地杆

E. 斜向扫地杆

151. 依据《建筑施工扣件式钢管脚手架安全技术规范》（JGJ 130—2011），连墙件是指将脚手架架体与建筑物主体构件连接，能够传递（BC）的构件。

A. 重力　　B. 拉力　　C. 压力

D. 水平力　　E. 竖向力

152. 依据《建筑施工扣件式钢管脚手架安全技术规范》（JGJ 130—2011），连墙件间距包括（AB）。

A. 连墙件竖距　　B. 连墙件横距　　C. 连墙件水平距

D. 连墙件斜距　　E. 连墙件中心距

153. 依据《建筑施工扣件式钢管脚手架安全技术规范》（JGJ 130—2011），扣件式钢管脚手架的（ABD），除应符合本规范的规定外，尚应符合国家现行有关标准的规定。

A. 设计　　B. 施工　　C. 搭设

D. 验收　　E. 检查

154. 依据《建筑施工扣件式钢管脚手架安全技术规范》（JGJ 130—2011），双排脚手架是指由（BD）等构成的脚手架，简称双排架。

A. 剪刀撑　　B. 内外两排立杆　　C. 大横杆

D. 水平杆　　E. 小横杆

155. 依据《建筑施工扣件式钢管脚手架安全技术规范》（JGJ 130—2011），满堂扣件式钢管脚手架是指在纵、横方向，由不少于三排立杆并与水平杆、（ABC）等构成的脚手架。该架体顶部施工荷载通过水平杆传递给立杆，立杆呈偏心受压状态，简称满堂脚手架。

A. 水平剪刀撑　　B. 扣件　　C. 竖向剪刀撑

D. 斜撑　　E. 抛撑

156. 依据《建筑施工扣件式钢管脚手架安全技术规范》（JGJ 130—2011），采用螺栓紧固的扣接连接件为扣件；扣件包括（ACE）。

A. 直角扣件　　B. 拉接扣件　　C. 旋转扣件

D. 连接扣件　　E. 对接扣件

157. 依据《建筑施工扣件式钢管脚手架安全技术规范》（JGJ 130—2011），脚手架立杆横距是指（BC）。

A. 脚手架横向相邻立杆之间的距离

B. 脚手架横向相邻立杆之间的轴线距离

C. 单排脚手架为外立杆轴线至墙面的距离

D. 脚手架横向相邻立杆之间的外皮距离

E. 单排脚手架为外立杆内皮至墙面的距离

158. 依据《建筑施工扣件式钢管脚手架安全技术规范》（JGJ 130—2011），主节点是指（ABE）三杆紧靠的扣接点。

A. 立杆　　B. 纵向水平杆　　C. 小横杆

D. 大横杆　　E. 横向水平杆

159. 依据《建筑施工扣件式钢管脚手架安全技术规范》（JGJ 130—2011），脚手板可采用（ACD）材料制作，单块脚手板的质量不宜大于30kg。

A. 钢　　B. 多层胶合板　　C. 竹

D. 木　　E. 复合

160. 依据《建筑施工扣件式钢管脚手架安全技术规范》（JGJ 130—2011），下列木脚手板厚度不合格的有（BCE）。

A. 53mm　　B. 48mm　　C. 45mm

D. 60mm　　E. 40mm

161. 依据《建筑施工扣件式钢管脚手架安全技术规范》（JGJ 130—2011），下列可调托撑螺杆外径合格的有（BCD）。

A. 31mm　　B. 37mm　　C. 41mm

D. 36mm　　E. 35mm

162. 依据《建筑施工扣件式钢管脚手架安全技术规范》（JGJ 130—2011），满堂支撑架应根据架体的类型设置剪刀撑，普通型应符合下列规定（ADE）。

A. 在竖向剪刀撑顶部交点平面应设置连续水平剪刀撑

B. 在竖向剪刀撑底部和顶部交点平面应设置连续水平剪刀撑

C. 当支撑高度超过8m，或施工总荷载大于20kN/㎡，或集中线荷载大于15kN/m的支撑架，扫地杆的设置层应设置水平剪刀撑

D. 当支撑高度超过8m，或施工总荷载大于15kN/㎡，或集中线荷载大于20kN/m的支撑架，扫地杆的设置层应设置水平剪刀撑

E. 水平剪刀撑至架体底平面距离与水平剪刀撑间距不宜超过8m

163. 依据《建筑施工扣件式钢管脚手架安全技术规范》（JGJ 130—2011），脚手架纵向相邻立杆之间的轴线距离叫（BE）。

A. 立杆步距　　B. 立杆跨距　　C. 立杆间距

D. 立杆中心距　　E. 立杆纵距

164. 依据《建筑施工扣件式钢管脚手架安全技术规范》（JGJ 130—2011），可调托撑的螺杆与支架托板焊接应牢固，（ACD）。

A. 螺母厚度不得小于30mm

B. 焊缝高度不得小于10mm

C. 可调托撑螺杆与螺母旋合长度不得少于5扣

D. 焊缝高度不得小于6mm

E. 支托板厚度不得小于10mm

165. 依据《建筑施工扣件式钢管脚手架安全技术规范》（JGJ 130—2011）第4.1.4条规定：用于混凝土结构施工的支撑架上的（BD），应符合现行行业标准《建筑施工模板安全技术规范》（JGJ 162）的规定。

A. 一次荷载　　B. 可变荷载　　C. 二次荷载

D. 永久荷载　　E. 次生荷载

166. 依据《建筑施工扣件式钢管脚手架安全技术规范》（JGJ 130—2011），单排架、双排架与满堂脚手架永久荷载包含（AE）。

A. 构、配件自重　B. 建筑材料自重　C. 施工人员自重

D. 施工工具自重　E. 架体结构自重

167. 依据《建筑施工扣件式钢管脚手架安全技术规范》（JGJ 130—2011），单排架、双排架与满堂脚手架可变荷载应包含（AB）。

A. 施工荷载　B. 风荷载　C. 脚手架自重

D. 构、配件自重　E. 安全网自重

168. 依据《建筑施工高处作业安全技术规范》（JGJ 80—91），钢屋架的安装，应遵守下列哪些规定：（ACD）。

A. 在屋架上下弦登高操作时，对于三角形屋架应在屋脊处，梯形屋架应在两端，设置攀登时上下的梯架。材料可选用毛竹或原木，踏步间距不应大于 40cm，毛竹梢径不应小于 70mm

B. 梁面上需行走时，其一侧的临时护栏横杆可采用钢索，当改用扶手绳时，绳的自然下垂度不应大于$\frac{1}{20}$，并应控制在 10cm 以内

C. 屋架吊装以前，应在上弦设置防护栏杆

D. 屋架吊装以前，应预先在下弦挂设安全网

E. 屋架吊装完毕后，即可将安全网拆除

169. 依据《建筑施工高处作业安全技术规范》（JGJ 80—91），（ABD）等处，严禁堆放任何拆下物件。

A. 楼层边口　B. 通道口　C. 独立柱边

D. 脚手架边缘　E. 厨房楼面上

170. 依据《建筑施工高处作业安全技术规范》（JGJ 80—91），安全防护设施的验收，主要包括以下哪些内容（BCD）。

A. 施工组织设计及有关验算数据

B. 技术措施所用的配件、材料和工具的规格和材质

C. 扣件和连接件的紧固程度

D. 技术措施的节点构造及其与建筑物的固定情况

E. 安全防护设施变更记录及签证

171. 施工单位应根据（AB）在施工现场建立消防安全管理组织机构及义务消防组织。

A. 建设项目规模　B. 消防安全管理重点

C. 投标文件要求　D. 以往消防总结

E. 基坑开挖的深度

172. 施工现场用火应符合下列（ACD）规定。

A. 办理动火许可证　B. 采用明火取暖

C. 可燃物进行清理　D. 动火监护人进行现场监护

E. 厨房操作间炉灶使用不作要求

173. 依据《建筑施工门式钢管脚手架安全技术规范》（JGJ 128—2010），门式脚手架应

在门架两侧的立杆上设置纵向水平加固杆，并应采用扣件与门架立杆扣紧。水平加固杆设置应符合下列要求：（ADE）。

A. 在顶层、连墙件设置层必须设置

B. 当脚手架每步铺设挂扣式脚手板时，至少每5步应设置一道，并宜在有连墙件的水平层设置

C. 当脚手架搭设高度小于或等于24m时，至少每两步门架应设置一道

D. 在脚手架的转角处、开口型脚手架端部的两个跨距内，每步门架应设置一道

E. 悬挑脚手架每步门架应设置一道

174. 依据《建筑施工门式钢管脚手架安全技术规范》（JGJ 128—2010），对高宽比大于2的满堂脚手架，宜设置缆风绳或连墙件等有效措施防止架体倾覆，缆风绳或连墙件设置宜符合下列规定（AD）。

A. 在架体端部及外侧周边水平间距不宜超过10m设置

B. 在架体端部及外侧周边水平间距不宜超过15m设置

C. 宜与水平向剪刀撑位置对应设置

D. 宜与竖向剪刀撑位置对应设置

E. 竖向间距不宜超过4m设置

175. 依据《建筑施工门式钢管脚手架安全技术规范》（JGJ 128—2010），门式脚手架与模板支架搭拆施工的专项施工方案，应包括下列内容（ABDE）。

A. 工程概况　　B. 设计依据　　C. 人员安排

D. 搭设条件　　E. 搭设方案设计

176. 依据《建筑施工门式钢管脚手架安全技术规范》（JGJ 128—2010），在门式脚手架或模板支架搭设质量验收时，应具备下列文件：（ABCD）。

A. 按本规范第7.1.2条要求编制的专项施工方案

B. 构配件与材料质量的检验记录

C. 安全技术交底及搭设质量检验记录

D. 门式脚手架或模板支架分项工程的施工验收报告

E. 搭拆人员名单

177. 依据《建筑施工承插型盘扣式钢管支架安全技术规程》（JGJ 231—2010），作业层设置应符合下列规定（ABDE）。

A. 钢脚手板的挂钩必须完全扣在水平杆上，挂钩必须处于锁住状态，作业层脚手板应满铺

B. 作业层的脚手板架体外侧应设挡脚板、防护栏杆

C. 防护上栏杆宜设置在离作业层高度为1200mm处，防护中栏杆宜设置在离作业层高度为600mm处

D. 当脚手架作业层与主体结构外侧面间间隙较大时，应设置挂扣在连接盘上的悬挑三角架，并应铺放能形成脚手架内侧封闭的脚手板

E. 应在脚手架外侧立面满挂密目安全网

178. 依据《建筑施工承插型盘扣式钢管支架安全技术规程》（JGJ 231—2010），模板支架及脚手架施工前应根据（ACE），按本规程的基本要求编制专项施工方案，并应经审核批

准后实施。

A. 施工对象情况　B. 搭设宽度　C. 地基承载力

D. 监理要求　E. 搭设高度

179. 依据《建筑施工承插型盘扣式钢管支架安全技术规程》（JGJ 231—2010），模板支架及脚手架搭设场地必须（BCD）。

A. 硬化　B. 平整　C. 坚实

D. 有排水措施　E. 封闭

180. 依据《建筑施工碗扣式钢管脚手架安全技术规范》（JGJ 166—2008），脚手架搭设场地必须（CDE）。

A. 垫土　B. 开挖　C. 平整

D. 坚实　E. 有排水措施

181. 依据《建筑施工碗扣式钢管脚手架安全技术规范》（JGJ 166—2008），当采用钢管扣件作（ADE）时，应符合现行国家标准《建筑施工扣件式钢管脚手架安全技术规范》（JGJ 130）的关规定。

A. 加固件　B. 设备　C. 设施

D. 连墙件　E. 斜撑

182. 依据《建筑施工碗扣式钢管脚手架安全技术规范》（JGJ 166—2008），（BCD）等不得固定在脚手架上。

A. 安全带　B. 混凝土输送管　C. 缆风绳

D. 混凝土布料杆　E. 安全网

183. 依据《建筑施工工具式脚手架安全技术规范》（JGJ 202—2010），附着式升降脚手架架体结构应在以下哪些部位采取可靠的加强措施（ABE）。

A. 与附墙支座的连接处　B. 架体上防坠、防倾装置处

C. 架体底部　D. 架体顶部

E. 架体平面的转角处

184. 依据《建筑施工工具式脚手架安全技术规范》（JGJ 202—2010），工具式脚手架的构配件出现下列哪种情况时必须更换或报废（AE）。

A. 构配件出现塑性变形的

B. 构配件表面有锈蚀，但不影响使用功能和承载能力

C. 电动葫芦链条出现深度 0.4mm 咬伤

D. 防坠落装置的组成部件任何一个发生明显变形的

E. 弹簧件使用一个单体工程后

185. 依据《建筑施工工具式脚手架安全技术规范》（JGJ 202—2010），附着式升降脚手架提升、下降作业前检查的内容，下列属于保证项目的是（ABD）。

A. 防坠落装置设置情况

B. 架体构架上的连墙杆

C. 运行指挥人员、通讯设备

D. 升降装置设置情况

E. 电缆线路、开关箱

186. 依据《液压升降整体脚手架安全技术规程》（JGJ 183—2009），液压控制系统的性能检验应符合下列哪些要求：（BDE）。

A. 在负载工况运转时，噪声不应大于75dB

B. 各回路通断及各元件工作应正常

C. 在额定荷载作用下，当液压控制系统出现失压状态时，液压升降装置不得有滑移现象

D. 泵的噪声、压力脉动、系统振动应在允许范围内

E. 压力表、信号灯、报警器等各种装置的测量和信号应准确无误

187. 依据《液压升降整体脚手架安全技术规程》（JGJ 183—2009），液压油维护应符合下列哪些要求：（BC）。

A. 在正常工作状态时，液压控制系统应有防止误操作的功能

B. 不同牌号液压油不得混用

C. 液历升降装置应每月进行一次维护，各液压元件的功能应保持正常

D. 液压管路应固定在架体上

E. 液压油应每周进行一次检查化验，清洁度应达到那氏 9 级

188. 依据《液压升降整体脚手架安全技术规程》（JGJ 183—2009），应查验竖向主框架、水平支承、附着支承、液压升降装置、液压控制台、防坠落装置、（ABCE）的数量和质量。

A. 油管　　B. 防倾覆　　C. 各液压元件

D. 限位装置　　E. 导向部件

三、判断题

1. 建筑活动应当确保建筑工程质量和安全，符合国家的建筑工程安全标准。（√）

2. 建筑施工企业从业人员应履行的安全生产义务主要有：服从管理，遵守纪律；正确佩戴和使用劳动防护用品；接受安全培训教育，掌握安全生产技能，发现事故隐患及时报告。（√）

3. 从事建筑活动当遵守法律、法规，不得损害社会公共利益和他人的合法权益。（√）

4. 生产经营单位为从业人员提供劳动防护用品时，可根据情况采用货币或其他物品代替。（×）

5. 生产经营单位必须执行依法制定的保障安全生产的行业标准或者地方标准。（×）

6. 生产经营单位应当具备本法和有关法律、行政法规和国家标准或者行业标准规定的安全生产条件；不具备安全生产条件的，不得从事生产经营活动。（√）

7. 建筑施工单位应当设置安全生产管理机构或者配备专职安全生产管理人员。（√）

8. 生产经营单位采用新工艺、新技术、新材料或者使用新设备，必须了解、掌握其安全技术特性，采取有效的安全防护措施，并对从业人员进行专门的技术培训。（×）

9. 生产、经营、储存、使用危险物品的车间、商店、仓库不得与员工宿舍在同一座建筑物内，并应当与员工宿舍保持安全距离。（√）

10. 生产经营单位必须为从业人员提供符合行业标准或者地方标准的劳动防护用品，并监督、教育从业人员按照使用规则佩戴、使用。（×）

11. 生产经营单位的安全生产管理人员应当根据本单位的生产经营特点，对安全生产状况进行经常性检查；对检查中发现的安全问题，应当立即处理；不能处理的，应当记录在案。（×）

12. 生产经营单位应当安排用于配备劳动防护用品、进行安全生产培训的经费。（√）

13. 从业人员发现事故隐患或者其他不安全因素，应当立即向现场安全生产管理人员或者本单位负责人报告；接到报告的人员应当及时予以处理。（√）

14. 工会有权依法参加事故调查，向有关部门提出处理意见，并要求追究有关人员的责任。（√）

15. 任何单位或者个人对事故隐患或者安全生产违法行为，均有权向负有安全生产监督管理职责的部门报告或者举报。（√）

16. 任何单位和个人不得阻挠和干涉对事故的依法调查处理。（√）

17. 施工中发生事故时，建筑施工企业应当采取紧急措施减少人员伤亡和事故损失，并按照国家有关规定及时向有关部门报告。（√）

18. 企业、事业等单位单位的主要负责人是本单位的消防安全责任人。（√）

19. 生产、储存、经营易燃易爆危险品的场所与居住场所设置在同一建筑物内的，应当符合国家工程建设消防技术标准。（×）

20. 专职安全生产管理人员负责对安全生产进行现场监督检查。（√）

21. 施工现场安全由建筑施工企业负责。实行施工总承包的，由总承包单位和分包单位共同负责。（×）

22. 分包单位应当服从总承包单位的安全生产管理，分包单位不服从管理导致生产安全事故的，由总承包单位承担主要责任。（×）

23. 施工单位应当将施工现场的办公区与生活区、作业区分开设置，并保持安全距离。（√）

24. 施工单位可以在尚未竣工的建筑物内设置员工集体宿舍。（×）

25. 施工单位应当为施工现场从事危险作业的人员办理意外伤害保险并支付保险费。（√）

26. 为建设工程提供机械设备和配件的单位，应当按照安全施工的要求配备齐全有效的保险、限位等安全设施和装置。（√）

27. 用人单位应当将直接涉及劳动者切身利益的规章制度和重大事项决定公示，或者告知劳动者。（√）

28. 用人单位应当严格执行劳动定额标准，不得强迫或者变相强迫劳动者加班。（√）

29. 劳动者拒绝用人单位管理人员违章指挥、强令冒险作业的，视为违反劳动合同。（×）

30. 一般事故，是指造成10人以下死亡，或者10人以下重伤，或者1000万元以下直接经济损失的事故。（×）

31. 事故发生后，事故发生单位应当立即启动事故应急预案，采取有效措施组织抢救，防止事故扩大或者引发次生事故，减少人员伤亡和财产损失；及时将受伤人员送往医疗机构救治，支付医疗费用。（×）

32. 较大事故由北京市安全生产监督管理部门负责组织调查。（√）

33. 施工单位应当建立施工现场安全生产、环境保护等管理制度，在施工现场公示，并

应当制订应急预案，定期组织应急演练。 (√)

34. 在噪声敏感建筑物集中区域内，夜间不得进行产生环境噪声污染的施工作业。因重点工程或者生产工艺要求连续作业，确需在20时至次日6时期间进行施工的，建设单位应当在施工前到建设工程所在地的区县建设行政主管部门提出申请，经批准后方可进行夜间施工，并公告施工期限。 (×)

35. 遇有四级（含四级）以上大风天气，不得进行土方回填、转运以及其他可能产生扬尘污染的施工。 (√)

36. 施工现场的噪声排放必须符合国家规定的施工场界噪声排放标准。 (√)

37. 结构施工时，使用振捣棒、切割锯等机械，施工噪声白天不大于80dB，夜间22：00～6：00噪声不大于55dB。 (×)

38. 安全帽在经受严重冲击后，没有明显损坏的，可不必更换。 (×)

39. 安全带的使用期为3～5年，发现异常应提前报废。 (√)

40. 施工现场内进行电焊作业时必须使用防护眼镜。 (×)

41. 施工现场内进行电切割作业时必须使用劳保手套，以免发生机械伤害。 (×)

42. 普通安全帽的质量不应超过600g。 (×)

43. 安全带主带应是整根，不能有接头。主带宽度不应小于20mm。 (×)

44. 禁止将安全绳用作悬吊绳，悬吊绳与安全绳禁止共用连接器。 (√)

45. 人工挖（扩）大孔径桩作业时，每班连续作业不得超过3h。 (×)

46. 开挖槽、坑、沟深度超过1.2m，应根据土质和深度情况按规定放坡或加可靠支撑，并设置人员上下坡道或爬梯，爬梯两侧应用密目网封闭。 (×)

47. 开挖深度超过1.5m的基坑，必须在边沿处设立两道防护栏杆，用密目网或金属网封闭。 (×)

48. 当基坑深度超过2m时，应分别在基坑两端设置人员上下爬梯或坡道。 (×)

49. 开挖槽、坑、沟深度超过3m时，必须设置马道，坡度不小于1：3。 (×)

50. 基坑边缘1m内禁止堆物堆料，1m以外堆物堆料必须满足设计要求或专项方案规定。 (√)

51. 靠近电力电缆等周边2m内的土方工程可以机械开挖。 (×)

52. 施工现场动火，须办理动火证手续。当日未完成作业需次日继续作业的，所办理的动火证仍然有效。 (×)

53. 盛过可燃气体、易燃液体、有毒物质的各种容器，未经彻底清洗前，大型油罐、气桶清洗后，未经气体测爆或测爆后间隔1h以上时，不能焊割。 (×)

54. 可以在建设工程内和生产区域使用液化石油气。 (×)

55. 施工单位生活区食堂燃气用火必须符合燃气规定，用火点和燃气罐必须放置在同一房间内。 (×)

56. 地下建筑内允许储存和使用液化石油气。 (×)

57. 冬季施工时严禁工程内采取明火保温施工，但职工宿舍内可以使用明火取暖。(×)

58. 当施工现场内进行防水施工与电气焊交叉作业时，必须做好安全防护措施。 (×)

59. 建设工程内不准存放易燃易爆化学危险物品和易燃可燃材料。对易燃易爆化学危险物品和可燃压缩气体容器等，应当统一存放在专用库房内。 (×)

60. 施工中使用易燃易爆化学危险物品时，做好防火安全措施后，可以在作业场所分装、调料。（×）

61. 施工现场内氧气瓶或乙炔瓶与明火作业点距离不得小于5m。（×）

62. 施工现场内氧气瓶与乙炔瓶的安全工作间距不得小于5m。（√）

63. 发电机房、变配电房、厨房操作间、锅炉房、可燃材料库房及易燃易爆危险品库房等用房不得大于2层，其建筑构件的燃烧性能应为A级。（×）

64. 施工现场内临建房屋周边应设置临时消防车道，合理配置消火栓和必要的灭火器材。（√）

65. 施工现场临建房屋内的临时用电应由具备电工资格的人员统一按规定敷设安装电气线路，电气线路应采用金属管或经阻燃处理的难燃型硬质塑料管保护，且不应敷设在易燃、可燃材料结构内。（√）

66. 禁止动火、动焊作业与铺设防水、保温材料交叉作业，防止引发火灾事故。（√）

67. 高大模板支撑系统搭设和拆除过程中，地面应设置围栏和警戒标志，并派专人看守，严禁非操作人员进入作业范围。（√）

68. 当大模板必须存放在施工楼层上，必须有可靠的防倾倒措施，不得沿外墙周边放置，应垂直于外墙存放。（√）

69. 吊运大模板必须采用卡环，大模板在每次吊运前必须逐一检查吊索具及每块模板上的吊环是否完整有效。（√）

70. 吊运木质大模板时，吊环应采用可重复周转使用的配件，连接应牢固可靠，可以使用铁丝或钢筋焊接制作吊环。（×）

71. 禁止同时吊运两块及以上大模板。（√）

72. 四级（含四级）以上大风停止大模板起重吊装作业。（×）

73. 施工现场用电工程专用的电源中性点直接接地的220/380V三相四线制低压电力系统，必须采用TN－C接地保护形式。（×）

74. 根据《建设工程施工现场安全防护、场容卫生及消防保卫标准》（DB 11/945）规定，施工用电工程电源中性点直接接地的220/380V三相四线制低压电力系统，必须采用二级漏电保护系统。（×）

75. 施工现场专用变压器供电的TN－S接零保护系统中，电气设备的金属外壳不得与PE保护线连接。（×）

76. TN接零保护系统中，通过总漏电保护器的中性线必须再与PE保护线做电气连接。（×）

77. TN系统中的PE保护线除必须在配电室或总配电箱处做重复接地外，还必须在树状或链状配电系统的中间处和末端处做重复接地。（√）

78. 在TN系统中，PE保护线干线每一处重复接地装置的接地电阻值不大于4Ω。（×）

79. 在TN系统中，严禁将单独敷设的中性线做重复接地。（√）

80. 配电室和控制室应能自然通风，并应采取防止雨雪侵入和动物侵入的措施。（√）

81. 配电室内单列布置或双列背对背布置的配电柜正面的操作通道宽不小于1.5m。（√）

82. 配电室内配电装置的上端距顶棚应不小于0.3m。（×）

83. 作为配电室使用的建筑物和构筑物的耐火等级不低于 3 级。配电室内须配备 2 具干粉灭火器，用于扑灭电气火灾。（×）

84. 配电柜或配电线路停电维修时，应挂接地线，应悬挂“禁止合闸、有人工作”停电标志牌。停送电必须由专人负责。（√）

85. 施工现场自备发电机组时，发电机组应采用电源中性点直接接地的三相四线制供电系统和独立设置 TN－S 接地保护形式系统，其工作接地电阻值不大于 10Ω。（×）

86. 施工现场使用的配电箱周围应有足够 2 人同时工作的空间和通道，不得堆放任何妨碍操作、维修的物料、灌木等杂物。（√）

87. 施工现场使用的配电箱、开关箱可采用木质材料制作。（×）

88. 配电箱、开关箱内的金属电器安装板与金属箱体应做电气连接。（√）

89. 施工现场的配电箱、开关箱必须遵守的送电操作顺序是：开关箱—分配电箱—总配电箱。（×）

90. 施工现场的配电箱、开关箱必须遵守的停电操作顺序是：总配电箱—分配电箱—开关箱。（×）

91. 漏电保护器每天使用前，应启动漏电试验按钮试跳一次。漏电保护器试跳不动作、不正常，严禁继续使用。（√）

92. 现场施工作业停止 1h 以上时，应将动力开关箱断电上锁。（√）

93. 搭设扣件式钢管脚手架所使用的钢管规格应为 ϕ48. 3 ×3. 6mm。（√）

94. 搭设扣件式钢管脚手架所使用钢管的壁厚最小值不得小于 3mm。（×）

95. 木脚手板材质应符合现行国家标准的规定，脚手板两端宜各设置直径不小于 2mm 的镀锌钢丝箍两道。（×）

96. 扣件式钢管脚手架搭设过程中，当立杆基础不在同一高度上时，必须将高处的纵向扫地杆向低处延长一跨与立杆固定，高低差不应大于 1m。（×）

97. 扣件式钢管脚手架搭设时，立杆接长除顶层顶步外，其余各层各步接头必须采用直角扣件连接。（×）

98. 碗扣式钢管脚手架搭设前，项目专职安全生产管理人员须向作业人员进行书面安全技术交底，交底记录应签字后存档。（×）

99. 碗扣式钢管脚手架上铺设的工具式钢脚手板必须有挂钩，并带有自锁装置与横杆锁紧，严禁浮放。（√）

100. 碗扣式钢管脚手架上铺设的冲压钢脚手板、木脚手板、竹串片脚手板，两端应与横杆绑牢，作业层相邻两根廊道横杆间应加设横杆，脚手板探头长度应小于或等于 200mm。（×）

101. 碗扣式钢管脚手架上搭设的人行通道坡道宜小于或等于 1：5，并应在通道脚手板下增设横杆，坡道可折线上升。（×）

102. 碗扣式钢管双排脚手架的搭设应分阶段进行，每段搭设后必须经检查验收后，方可投入使用。（√）

103. 碗扣式钢管脚手架的连墙件必须随双排脚手架的升高及时在规定位置处设置，严禁任意拆除。（√）

104. 碗扣式钢管脚手架拆除作业应从顶层开始，逐层向下进行，严禁上下层同时拆除。（√）

105. 碗扣式钢管脚手架拆除作业时，连墙件必须在脚手架拆到该层时方可拆除，严禁提前拆除。（√）

106. 门式脚手架上设置连续剪刀撑的斜杆水平间距宜为6～8m。（√）

107. 门式脚手架应在门架两侧的立杆上设置纵向水平加固杆。（√）

108. 在门式脚手架的转角处或开口型脚手架端部，必须增设连墙件，连墙件的垂直间距不应大于建筑物的层高。且不应大于5.0m。（×）

109. 门式脚手架的连墙件应靠近门架的横杆设置，距门架横杆不宜大于200mm。连墙件应固定在门架的横杆上。（×）

110. 门式脚手架的连墙件宜水平设置，当不能水平设置时，与脚手架连接的一端，应高于与建筑结构连接的一端，连墙杆的坡度宜小于1∶3。（×）

111. 门式脚手架的水平加固杆、剪刀撑等加固杆件必须与门架同步搭设。（√）

112. 门式脚手架的水平加固杆应设于门架立杆外侧，剪刀撑应设于门架立杆内侧。（×）

113. 门式脚手架的连墙件的安装必须随脚手架搭设同步进行，严禁滞后安装。（√）

114. 附着升降脚手架的水平梁与主框架应是定型产品，节点必须采用钢管扣件连接。（×）

115. 附着升降脚手架的主框架沿竖向侧在每层楼应有固定拉接，在任何情况下不少于一处，所有拉接牢固可靠。（×）

116. 附着升降脚手架在升降时架体上严禁站人。（√）

117. 安全带在使用三年后应抽验一次。（×）

118. 安全网搭设时，安全网的外边沿应高于内边沿50～60cm。（√）

119. 扣件式钢管脚手架必须立挂密目安全网，沿外架子外侧进行封闭，安全网之间必须连接牢固，并与架体固定。（×）

120. 电梯井和管道竖井严禁作为垃圾通道。电梯井不得作为垂直运输通道，如遇特殊情况必须编制专项施工方案，并经专家进行论证。（√）

121. 架空线路必须有过载保护。（√）

122. 在建工程内的电缆线路必须采用电缆钢管保护埋地引入，严禁穿越脚手架引入。（√）

123. 电缆垂直敷设应充分利用在建工程的竖井、垂直孔洞等，并宜靠近用电负荷中心，固定点每二层不得少于一处。（×）

124. 项目部生活区工人宿舍内可以使用电加热器具，但必须是合格产品。（×）

125. 施工现场搭设脚手架时，上、下脚手架的斜道必须搭设在外电线路的一侧。（×）

126. 起重机严禁越过无防护设施的外电架空线路作业。（√）

127. 塔式起重机、外用电梯、滑升模板的金属操作平台及需要设置避雷装置的物料提升机，除应连接PE线外，还应做重复接地。设备的金属结构构件之间应保证电气连接。（√）

128. 当施工现场内最高机械设备上避雷针（接闪器）的保护范围能覆盖其他设备，且

又最后退出现场，则其他设备可不设防雷装置。（√）

129. 施工现场内安装避雷针（接闪器）的机械设备，所有固定的动力、控制、照明、信号及通信线路，宜采用 PVC 线管敷设。（×）

130. 施工现场内同一台机械电气设备的重复接地和机械的防雷接地可共用同一接地体，但接地电阻应符合防雷接地电阻值的要求。（×）

131. 施工现场内的机械电气设备可以采用铝导体做接地体或地下接地线。（×）

132. 施工现场应建立机械安全生产责任制，配备专职安全员负责施工现场机械设备安全管理工作。（×）

133. 现场机械设备严禁带病运行，运行中禁止维护保养；操作人员离机或作业中停电时，必须派专人看护。（×）

134. 起重机械安装和拆卸作业时，拆装单位应当设置警戒区，指派专人负责统一指挥和监护，禁止无关人员进入施工现场。劳务分包单位应派专人旁站监督。（×）

135. 操纵室远离地面的起重机，在正常指挥发生困难时，地面及作业层（高空）的指挥人员均应采用旗语进行指挥。（×）

136. 在风速达到 9.0m/s 及以上或大雨、大雪、大雾等恶劣天气时，严禁进行建筑起重机械的安装拆卸作业。（√）

137. 在大雨、大雪或大雾等恶劣天气时，应停止露天的起重吊装作业。重新作业前，应先试吊，并应确认各种安全装置灵敏可靠后进行作业。（√）

138. 建筑起重机械作业时，可根据实际情况利用限制器和限位装置代替操纵机构。（×）

139. 起吊作业中，在信号工的指挥下吊物可以超出施工现场的范围。（×）

140. 起吊作业中，重物起升和下降速度应平稳、均匀，不得突然制动。左右回转应平稳，当回转未停稳前不得作反向动作。（√）

141. 严禁起吊重物长时间悬挂在空中，作业中遇突发故障。应采取措施将重物降落到安全地方，关闭发动机或切断电源后进行检修。（√）

142. 在起吊作业中突然停电时，应立即把所有控制器拨到零位，断开电源总开关，并采取措施使重物降到地面。（√）

143. 建筑起重机械使用的钢丝绳，应有建筑起重机械使用单位提供的质量合格证明文件。（×）

144. 起重机使用的钢丝绳与卷筒应连接牢固，放出钢丝绳时，卷筒上应至少保留二圈。（×）

145. 履带起重机行走时，转弯不应过急；当转弯半径过小时，应分次转弯；当路面凹凸不平时，不得转弯。（√）

146. 履带起重机上下坡道时可以带载行走，上坡时应将起重臂仰角适当放小，下坡时应将起重臂仰角适当放大。严禁下坡空挡滑行。（×）

147. 汽车、轮胎式起重机工作的场地应保持平坦坚实，符合起重时的受力要求；起重机应与沟渠、基坑保持安全距离。（√）

148. 汽车、轮胎式起重机作业时，起重臂和重物下方严禁有人停留、工作或通过。重物吊运时，严禁从人上方通过。（√）

149. 汽车、轮胎式起重机在调整支腿时，应先将起重臂转至正前或正后方且必须在无载荷情况下进行调整。（√）

150. 汽车式起重机起吊作业时，汽车驾驶员不得离开汽车驾驶室，重物不得超越驾驶室上方，且不得在车的前方起吊。（×）

151. 汽车、轮胎式起重机在起重作业中发现起重机倾斜、支腿不稳等异常现象时，应在保证被吊重物安全的情况下，将重物降至安全的位置。（×）

152. 汽车、轮胎式起重机在起重作业中，被吊重物需在空中较长时间停留时，应将起升卷筒制动锁住，操作人员应离开操纵室。（×）

153. 起重机附着的建筑物，其锚固点的受力强度应满足起重机的设计要求。附着杆系的布置方式、相互间距和附着距离等，应按出厂使用说明书规定执行。有变动时，应随时调整。（×）

154. 使用电缆的门式起重机，应设有电缆卷筒，配电箱应设置在轨道的起始位置。（×）

155. 门式起重机行走时，两侧驱动轮应保持同步，发现偏移应及时停止作业，在调整修理后方可继续使用。（√）

156. 露天作业的电动葫芦，应设防雨棚。（√）

157. 电动葫芦在作业完毕后，应停放在指定位置，吊钩放下，并切断电源，锁好开关箱。（×）

158. 施工现场如应用自行设计电动葫芦架时，在安装电动葫芦前，对自制的电动葫芦架应按照钢结构验收有关规范进行验收，验收合格后方可使用。（√）

159. 施工升降机的安装等应按说明书要求执行；当遇大雨、大雪、大雾等恶劣天气时，应停止安装作业。（√）

160. 施工升降机安装完毕且经调试后，安装单位应按有关要求对安装质量进行自检，并应向使用单位进行安全使用说明。（√）

161. 施工升降机安装单位自检合格后，应经由总承包单位监督检验。（×）

162. 施工升降机的使用等应按说明书要求执行。当遇大雨、大雪、大雾或导轨架、电缆表面结有冰层时，不得使用施工升降机。暴风雨等恶劣天气，重新启动后，方可运行。（×）

163. 施工升降机严禁用行程限位开关作为停止运行的控制开关。（√）

164. 施工升降机在作业后，应将吊笼降到离地面0.5～1m，各控制开关拨到零位，切断电源，锁好开关箱，闭锁吊笼门和围护门。（×）

165. 物料提升机在首层进料口一侧应搭设防护棚，防护棚两侧必须用密目安全网进行封闭。（√）

166. 物料提升机应设置附墙架，当附墙架材质与架体材质不同时，应对附墙架材质的强度进行检测。（×）

167. 物料提升机架体内侧用立网防护严密。（×）

168. 卷扬机操作人员要有良好的操作视线和联系方法，因条件限制影响视线，必须设置专职安全员进行监督检查。（×）

169. 卷扬机操作人员离开卷扬机或作业中停电时，应切断电源，将吊笼降至离地面1～

2m 处。（×）

170. 土方机械运行中，不得接触转动部位。在修理工作装置时，应将工作装置升到最高位置，并应将悬空工作装置垫上垫木。（×）

171. 机械回转作业时，配合人员必须在机械回转半径以外工作。当需在回转半径以内工作时，必须注意安全。（×）

172. 蛙式夯实机必须使用双向开关，操作扶手要采取绝缘措施。（×）

173. 夯实机在多机作业时，其平行间距不得小于 3m，前后间距不得小于 5m。（×）

174. 打桩作业后，应将打桩机停放在坚实平整的地面上，将桩锤落下垫实，并切断动力电源。桩孔成型后，孔口必须及时围挡。（×）

175. 敷设垂直向上的混凝土输送管道时，垂直管不得直接与泵的输出口连接，应在泵与垂直管之间敷设长度不小于 5m 的水平管，并加装逆止阀。（×）

176. 混凝土机械作业后，应及时将机内、水箱内、管道内的存料、积水放尽，并应清洁保养机械，清理工作场地，切断电源，锁好开关箱。混凝土泵清洗作业应按说明书要求进行，且必须采用压缩空气进行清洗。（×）

177. 钢筋切断机运转过程中，不得用手直接清除切刀附近的断头和杂物。在钢筋摆动范围和机械周围，非操作人员不得停留。（√）

178. 吊篮的安装和拆卸（包括二次移位）工作由使用单位负责。（×）

179. 一台吊篮应承载二人及以下人员同时进行作业，作业时吊篮下方严禁站人、严禁交叉作业。（×）

180. 严禁将吊篮用作垂直运输设备，作业人员可以从各层的窗口上、下吊篮。（×）

181. 五级及以上大风或大雨、大雪、大雾等恶劣天气时，应停止吊篮作业。（√）

182. 木工机械操作人员应穿紧口衣裤，并束紧长发，不得系领带，但必须佩戴手套。（×）

183. 在安全事故发生后，负有报告职责的人员不报或者谎报事故情况，贻误事故抢救，情节严重的，处三年以下有期徒刑或者拘役；情节特别严重的，处三年以上七年以下有期徒刑。其中负有报告职责的人员是指对安全生产设施或者安全生产条件不符合国家规定负有直接责任的生产经营单位负责人、管理人员、实际控制人、投资人，以及其他负有报告职责的人员。（×）

184. 《建筑施工企业安全生产许可证管理规定》（建设部令第 128 号）规定：省级建设主管部门负责中央管理的建筑施工企业安全生产许可证的颁发和管理。（×）

185. 安全生产管理机构是指建筑施工企业及其在建设工程项目中设置的负责安全生产管理工作的独立职能部门。（√）

186. 建设工程项目应当成立由项目经理负责的安全生产管理小组，小组成员应不包括企业派驻到项目的专职安全生产管理人员。（×）

187. 施工作业班组应设置专职安全巡查员，对本班组的作业场所进行安全监督检查。（×）

188. 危险性较大的分部分项工程是指建筑工程在施工过程中存在的、可能导致作业人员群死群伤或造成重大不良社会影响的分部分项工程。（×）

189. 施工组织设计以及达到一定规模的危险性较大的分部分项工程的专项施工方案由

施工单位技术负责人组织有关人员进行编制，施工单位的施工技术、安全、设备等部门进行会审。（√）

190. 深基坑是指开挖深度超过 3m 的基坑（槽），或深度不超过 3m 但地质条件和周围环境较复杂的基坑（槽）。（×）

191. 施工现场监理单位的监理员属于建筑工程施工现场关键岗位。（√）

192. 施工现场施工单位的质量检查员属于建筑工程施工现场关键岗位。（√）

193. 建筑工程施工现场关键岗位打卡形式，必须应用现代科技手段和设备。（×）

194. 外省进皖建筑施工企业承建的项目降低安全生产条件，主管部门责令整改仍不到位的，记安全生产不良行为记录一次。（√）

195. 依据《安徽省建筑施工特种作业人员管理规定实施细则》，安徽省住建厅负责全省建筑施工特种作业人员的考核、发证和监督管理工作。（√）

196. 依据《安徽省建筑施工特种作业人员管理规定实施细则》，我省建筑工程施工现场从事建筑施工特种作业工种操作范围包括混凝土搅拌工。（×）

197. 依据《安徽省住房城乡建设厅关于进一步明确建设工程施工现场关键岗位人员配备标准和岗位职责的通知》，关键岗位人员应实行实名制信息采集和管理，实名制审核未通过的可以先认可，然后逐步完善。（√）

198. 依据《安徽省住房城乡建设厅关于进一步明确建设工程施工现场关键岗位人员配备标准和岗位职责的通知》，对在同一城市同时担任多个项目总监理工程师的，监理单位应在其监理的各个工程项目现场配备总监理工程师代表。（√）

199. 依据《安徽省住房城乡建设厅关于进一步明确建设工程施工现场关键岗位人员配备标准和岗位职责的通知》，施工项目部关键岗位更换人员的资格等级可以高于被更换人员。（√）

200. 根据住建部《建筑施工企业主要负责人、项目负责人和专职安全生产管理人员安全生产管理规定实施意见》，新申请专职安全生产管理人员安全生产考核只可以在机械、土建、综合三类中选择一类。（√）

201. 建施工企业主要负责人、项目负责人和专职安全生产管理人员安全生产考核可以适当收取费用，但不得以盈利为目的。（×）

202. 根据《建筑施工安全检查标准》（JGJ 59—2011）的规定，安全检查应由专职安全员组织，相关专业人员参加，定期进行并填写检查记录。（×）

203. 根据《建筑施工安全检查标准》（JGJ 59—2011）的规定，分包单位应按规定建立安全机构，配备兼职安全员。（×）

204. 根据《建筑施工安全检查标准》（JGJ 59—2011）的规定，施工现场出入口应标有企业名称或标识，并应设置车辆冲洗设施。（√）

205. 根据《建筑施工安全检查标准》（JGJ 59—2011）的规定，施工现场应设置专门的吸烟处，严禁随意吸烟。（√）

206. 根据《建筑施工安全检查标准》（JGJ 59—2011）的规定，食堂可以没有卫生许可证，但炊事人员必须持身体健康证上岗；（×）

207. 根据《建筑施工安全检查标准》（JGJ 59—2011）的规定，分项检查评分表和检查评分汇总表的满分分值均应为 100 分，评分表的实得分值应为各检查项目所得分值之和。（√）

208. 劳动防护用品的配备，应按照“谁监管，谁负责”的原则，由用人单位为作业人员按作业工种配备。 （×）

209. 建设单位应按国家有关法律和行政法规的规定，支付建筑工程的施工安全措施费用，但一次性包死的工程除外。 （×）

210. 依据《建筑施工模板安全技术规范》（JGJ 162）规定，梁和板的立柱，纵横向间距应相等或成倍数。 （√）

211. 依据《建筑施工模板安全技术规范》（JGJ 162）规定，钢管立柱底部应设垫木，顶部应设支撑头。 （×）

212. 依据《建筑施工模板安全技术规范》（JGJ 162）规定，木立柱底部应设垫木和底座，顶部应设可调支托。 （×）

213. 依据《建筑施工模板安全技术规范》（JGJ 162）规定，可调支托底部的立柱顶端应沿纵横向设置一道水平拉杆。 （√）

214. 依据《建筑施工模板安全技术规范》（JGJ 162）规定，施工时，已承受荷载的支架和附件，不得随意拆除或移动。 （√）

215. 依据《建筑施工模板安全技术规范》（JGJ 162）规定，当模板安装高度超过3.0m时，必须搭设脚手架，包括操作人员均不得站在脚手架下。 （×）

216. 依据《建筑施工模板安全技术规范》（JGJ 162）规定，单排并列且间距不大的墙模板，当其支撑互成一体时，应有防止灌筑混凝土时引起临近模板变形的措施。 （×）

217. 依据《建筑施工模板安全技术规范》（JGJ 162）规定，独立梁和整体楼盖梁结构模板安装时，底模与横楞应拉结好，横楞与支架、立柱应连接牢固。 （√）

218. 依据《建筑施工模板安全技术规范》（JGJ 162）规定，拉条、缀条、斜撑等联系构件的受压构件长细比不应大于150。 （×）

219. 依据《建筑施工模板安全技术规范》（JGJ 162）规定，用扣件式钢管脚手架做承重的支架柱时，严禁承受偏心荷载。 （√）

220. 依据《建筑施工模板安全技术规范》（JGJ 162）规定，用扣件式钢管脚手架做承重的支架柱时，钢管的初始弯曲率不得大于$\frac{1}{1500}$。 （×）

221. 依据《建筑施工模板安全技术规范》（JGJ 162）规定，用门式钢管脚手架作支架立柱，几种门架混合使用时，必须取支承力最大的门架作为设计依据。 （×）

222. 依据《建筑施工模板安全技术规范》（JGJ 162）规定，用门式钢管脚手架作支架立柱时，荷载宜直接作用在门架两边立杆的轴线上。 （√）

223. 依据《建筑施工模板安全技术规范》（JGJ 162）规定，用门式钢管脚手架作支架立柱时，应按单榀门架进行承力计算。 （√）

224. 依据《建筑施工模板安全技术规范》（JGJ 162）规定，当露天门架支架立柱为群柱架时，高宽比不应大于9。 （×）

225. 依据《建筑施工模板安全技术规范》（JGJ 162）规定，梁由多杆件组成时，水平支承梁的设计应采取防倾倒措施，不得取消或改动销紧装置的作用。 （√）

226. 依据《建筑施工模板安全技术规范》（JGJ 162）规定，水平支承梁的设计应采取防倾倒措施，不得取消或改动销紧装置的作用，且水平支承梁的高宽比大于2.5时，应避免

承受集中荷载。（√）

227. 依据《建筑施工模板安全技术规范》（JGJ 162）规定，烟囱、水塔和其他高大构筑物的模板工程，应根据其特点进行专项设计，制定专项施工安全措施。（√）

228. 依据《建筑施工模板安全技术规范》（JGJ 162）规定，吊运模板时，严禁起重机在架空输电线路下面工作。（√）

229. 依据《建筑施工模板安全技术规范》（JGJ 162）规定，安装的梁式或桁架式支架的间距设置应与模板设计图一致。（√）

230. 依据《建筑施工模板安全技术规范》（JGJ 162）规定，工具式立柱若需接长使用时，接头不得超过 2 个。（×）

231. 依据《建筑施工模板安全技术规范》（JGJ 162）规定，木立柱支撑时严禁使用板皮替代规定的拉杆。（√）

232. 依据《建筑施工模板安全技术规范》（JGJ 162）规定，木立柱所有单立柱支撑应位于底垫木和梁底模板的中心，且不得承受偏心荷载。（√）

233. 依据《建筑施工模板安全技术规范》（JGJ 162）规定，当采用扣件式钢管作立柱支撑时，钢管规格、间距、扣件应符合设计要求。（√）

234. 依据《建筑施工模板安全技术规范》（JGJ 162）规定，当采用扣件式钢管作立柱支撑时，立柱接长各接头中心距主节点不宜大于步距的$\frac{1}{2}$。（×）

235. 依据《建筑施工模板安全技术规范》（JGJ 162）规定，当采用扣件式钢管作立柱支撑时，可将上段的钢管立柱与下段钢管立柱错开固定于水平拉杆上。（×）

236. 依据《建筑施工模板安全技术规范》（JGJ 162）规定，满堂模板和共享空间模板支架立柱，在外侧周圈应设由上至下的竖向连续式剪刀撑。（×）

237. 依据《建筑施工模板安全技术规范》（JGJ 162）规定，门架作支撑时，门架、调节架及可调底座，其高度应按其门架的高度确定。（×）

238. 依据《建筑施工模板安全技术规范》（JGJ 162）规定，门架作支撑时，顶部操作层应采用挂扣式脚手板满铺。（√）

239. 依据《建筑施工模板安全技术规范》（JGJ 162）规定，多层悬挑结构模板的上下立柱应保持在同一条垂直线上。（√）

240. 依据《建筑施工模板安全技术规范》（JGJ 162）规定，基础及地下工程模板施工时，在有斜支撑的位置，应于四周模板间采用水平撑连成整体。（×）

241. 依据《建筑施工模板安全技术规范》（JGJ 162）规定，柱模校正后，应采用斜撑或水平撑进行模板两侧支撑，以确保整体稳定。（×）

242. 依据《建筑施工模板安全技术规范》（JGJ 162）规定，柱模斜撑与地面的夹角宜为 45°～60°，下端尚应有防滑移的措施。（√）

243. 依据《建筑施工模板安全技术规范》（JGJ 162）规定，墙模板安装，当钢楞长度需接长时，接头处应增加相同数量和不小于原规格的钢楞，其搭接长度不得小于墙模板宽或高的 15%～20%。（√）

244. 依据《建筑施工模板安全技术规范》（JGJ 162）规定，墙模板内外支撑必须坚固、可靠，应确保模板的整体稳定。（√）

245. 依据《建筑施工扣件式钢管脚手架安全技术规范》（JGJ 130—2011），满堂脚手架当架体搭设高度在 8m 及以上时，应在架体底部、顶部及竖向间隔不超过 8m 分别设置连续水平剪刀撑。（√）

246. 依据《建筑施工扣件式钢管脚手架安全技术规范》（JGJ 130—2011），满堂脚手架水平剪刀撑宜在竖向剪刀撑斜杆相交平面设置。（√）

247. 依据《建筑施工扣件式钢管脚手架安全技术规范》（JGJ 130—2011），满堂脚手架剪刀撑宽度应为 8 ~ 10m。（×）

248. 依据《建筑施工扣件式钢管脚手架安全技术规范》（JGJ 130—2011），满堂脚手架剪刀撑应用旋转扣件固定在与之相交的水平杆或斜杆上。（×）

249. 依据《建筑施工扣件式钢管脚手架安全技术规范》（JGJ 130—2011），满堂脚手架剪刀撑固定旋转扣件中心线至主节点的距离不宜大于 180mm。（×）

250. 依据《建筑施工扣件式钢管脚手架安全技术规范》（JGJ 130—2011），满堂脚手架的高宽比不宜大于 2。（×）

251. 依据《建筑施工扣件式钢管脚手架安全技术规范》（JGJ 130—2011），满堂脚手架当高宽比大于 2 时，应在架体的外侧四周和内部水平间隔 6 ~ 9m，竖向间隔 4 ~ 6m 设置连墙件与建筑结构拉结，当无法设置连墙件时，可不设置。（×）

252. 依据《建筑施工扣件式钢管脚手架安全技术规范》（JGJ 130—2011），当满堂脚手架局部承受集中荷载时，应按理论荷载计算并应局部加固。（×）

253. 依据《建筑施工扣件式钢管脚手架安全技术规范》（JGJ 130—2011），连墙件的布置应从底层楼面纵向水平杆处开始设置。（×）

254. 依据《建筑施工扣件式钢管脚手架安全技术规范》（JGJ 130—2011），连墙件的布置应从底层第一步纵向水平杆处开始设置，当该处设置有困难时，可以不布置。（×）

255. 依据《建筑施工扣件式钢管脚手架安全技术规范》（JGJ 130—2011），连墙件的布置应优先采用方形布置。（×）

256. 依据《建筑施工扣件式钢管脚手架安全技术规范》（JGJ 130—2011），抛撑应在连墙件搭设后再拆除。（√）

257. 依据《建筑施工扣件式钢管脚手架安全技术规范》（JGJ 130—2011），门洞桁架的型式宜按下列要求确定：（1）当步距（h）大于纵距（l_a）时，应采用 A 型，并应符合相关规定；（2）当步距（h）小于纵距（l_a）时，应采用 B 型。（×）

258. 依据《建筑施工扣件式钢管脚手架安全技术规范》（JGJ 130—2011），单排脚手架过窗洞时应增设立杆或增设一根过渡斜杆。（×）

259. 依据《建筑施工扣件式钢管脚手架安全技术规范》（JGJ 130—2011），门洞桁架下的两侧立杆应为双管立杆，副立杆高度应高于门洞口 2 步。（×）

260. 依据《建筑施工扣件式钢管脚手架安全技术规范》（JGJ 130—2011），门洞桁架中伸出上下弦杆的杆件端头，均应增设一个防滑扣件，该扣件宜紧靠主节点处的扣件。（√）

261. 依据《建筑施工扣件式钢管脚手架安全技术规范》（JGJ 130—2011），单排脚手架不应设置剪刀撑。（×）

262. 依据《建筑施工扣件式钢管脚手架安全技术规范》（JGJ 130—2011），剪刀撑斜杆与地面的倾角 α 为 60°时，剪刀撑跨越立杆的最多根数是 6 根。（×）

263. 依据《建筑施工扣件式钢管脚手架安全技术规范》（JGJ 130—2011），满堂脚手架应设爬梯，爬梯踏步间距不得大于300mm。（√）

264. 依据《建筑施工扣件式钢管脚手架安全技术规范》（JGJ 130—2011），满堂脚手架操作层支撑脚手板的水平杆间距不应大于$\frac{1}{3}$跨距。（×）

265. 依据《建筑施工扣件式钢管脚手架安全技术规范》（JGJ 130—2011），满堂支撑架立杆伸出顶层水平杆中心线至支撑点的长度 α 不应超过0.5m。（√）

266. 依据《建筑施工扣件式钢管脚手架安全技术规范》（JGJ 130—2011），满堂支撑架搭设高度不宜超过36m。（×）

267. 依据《建筑施工扣件式钢管脚手架安全技术规范》（JGJ 130—2011），斜道两侧及平台外围均应设置栏杆及挡脚板。挡脚板高度不应小于150mm。（×）

268. 依据《建筑施工扣件式钢管脚手架安全技术规范》（JGJ 130—2011），运料斜道两端、平台外围和端部均应按本规范第6.4.1条~6.4.6条的规定设置抛撑。（×）

269. 依据《建筑施工扣件式钢管脚手架安全技术规范》（JGJ 130—2011），运料斜道每三步应加设水平斜杆。（×）

270. 依据《建筑施工扣件式钢管脚手架安全技术规范》（JGJ 130—2011），运料斜道应按本规范第6.6.2条~6.6.5条的规定设置剪刀撑和横向斜撑。（√）

271. 依据《建筑施工扣件式钢管脚手架安全技术规范》（JGJ 130—2011），斜道脚手板横铺时，应在横向水平杆下增设纵向支托杆，纵向支托杆间距不应大于400mm。（×）

272. 依据《建筑施工扣件式钢管脚手架安全技术规范》（JGJ 130—2011），脚手板顺铺时，接头应采用对接。（×）

273. 依据《建筑施工扣件式钢管脚手架安全技术规范》（JGJ 130—2011），人行斜道和运料斜道的脚手板上应每隔25~30mm设置一根防滑木条。（×）

274. 依据《建筑施工扣件式钢管脚手架安全技术规范》（JGJ 130—2011），人行斜道和运料斜道的脚手板上防滑木条厚度应为20~30mm。（√）

275. 依据《建筑施工扣件式钢管脚手架安全技术规范》（JGJ 130—2011），表6.8.1

常用敞开式满堂脚手架结构的设计尺寸注释：地面粗糙度为B类，基本风压 W_o = 0.4kN/m^2。（×）

276. 依据《建筑施工扣件式钢管脚手架安全技术规范》（JGJ 130—2011），满堂脚手架搭设高度不宜超过36m。（√）

277. 依据《建筑施工扣件式钢管脚手架安全技术规范》（JGJ 130—2011），满堂脚手架施工层不得超过1层。（√）

278. 依据《建筑施工扣件式钢管脚手架安全技术规范》（JGJ 130—2011），满堂脚手架立杆接长接头必须采用对接扣件连接。（√）

279. 依据《建筑施工扣件式钢管脚手架安全技术规范》（JGJ 130—2011），满堂脚手架水平杆的连接应符合本规范第6.2.1条第二款的有关规定，水平杆长度不宜小于2跨。

（×）

280. 依据《建筑施工扣件式钢管脚手架安全技术规范》（JGJ 130—2011），钢丝绳与建筑结构拉结的吊环应使用HPB235级钢筋，其直径不宜小于18㎜，吊环预埋锚固长度应符

合现行国家标准《混凝土结构设计规范》GB 50010 中钢筋锚固的规定。（×）

281. 依据《建筑施工扣件式钢管脚手架安全技术规范》（JGJ 130—2011），锚固位置设置在楼板上时，楼板的厚度不宜小于 100mm。（×）

282. 依据《建筑施工扣件式钢管脚手架安全技术规范》（JGJ 130—2011），悬挑梁间距应按悬挑架架体立杆纵距设置，每一纵距设置一根。（√）

283. 依据《建筑施工扣件式钢管脚手架安全技术规范》（JGJ 130—2011），脚手架立杆顶端栏杆宜高出女儿墙上端 1.5m。（×）

284. 依据《建筑施工扣件式钢管脚手架安全技术规范》（JGJ 130—2011），满堂脚手架应在架体外侧四周及内部纵、横向每 8～10m 由底至顶设置连续竖向剪刀撑。（×）

285. 依据《建筑施工扣件式钢管脚手架安全技术规范》（JGJ 130—2011），竹笆脚手板应按其主竹筋垂直于纵向水平杆方向铺设，且采用搭接铺设。（×）

286. 依据《建筑施工扣件式钢管脚手架安全技术规范》（JGJ 130—2011），作业层端部脚手板探头长度应取 180mm，其板的两端均应固定于支承杆件上。（×）

287. 依据《建筑施工扣件式钢管脚手架安全技术规范》（JGJ 130—2011），每根立杆底部必须设置底座或垫板。（×）

288. 依据《建筑施工扣件式钢管脚手架安全技术规范》（JGJ 130—2011），横向扫地杆应采用旋转扣件固定在紧靠纵向扫地杆下方的立杆上。（×）

289. 依据《建筑施工扣件式钢管脚手架安全技术规范》（JGJ 130—2011），当立杆基础不在同一高度上时，高低差不应大于 1m。（√）

290. 依据《建筑施工扣件式钢管脚手架安全技术规范》（JGJ 130—2011），当立杆基础不在同一高度上时，靠边坡上方的立杆轴线到边坡的距离不应小于 100mm。（×）

291. 依据《建筑施工扣件式钢管脚手架安全技术规范》（JGJ 130—2011），单、双排脚手架底层步距均不应大于 1.8m。（×）

292. 依据《建筑施工扣件式钢管脚手架安全技术规范》（JGJ 130—2011），当立杆采用对接接长时，立杆的对接扣件应交错布置。（√）

293. 依据《建筑施工扣件式钢管脚手架安全技术规范》（JGJ 130—2011），当立杆采用搭接接长时，搭接长度不应小于 1m。（√）

294. 依据《建筑施工扣件式钢管脚手架安全技术规范》（JGJ 130—2011），当立杆采用搭接接长时，应采用不少于 3 个对接扣件固定。（×）

295. 依据《建筑施工扣件式钢管脚手架安全技术规范》（JGJ 130—2011），当立杆采用搭接接长时，端部扣件盖板的边缘至杆端距离不应小于 100mm。（√）

296. 依据《建筑施工扣件式钢管脚手架安全技术规范》（JGJ 130—2011），脚手架立杆顶端栏杆宜高出檐口上端 1.0m。（×）

297. 依据《建筑施工扣件式钢管脚手架安全技术规范》（JGJ 130—2011），脚手架连墙件设置的位置、数量应按现场实际情况确定。（×）

298. 依据《建筑施工扣件式钢管脚手架安全技术规范》（JGJ 130—2011），脚手架连墙件数量的设置除应满足本规范的计算要求外，连墙件布置最大间距还应符合：双排落地高度不大于 50m、竖向间距为 $3h$、水平间距为 $3l_a$ 时，每根连墙件覆盖面积不大于 40 ㎡。（√）

299. 依据建筑深基坑工程施工安全技术规范（JGJ 311—2013），基坑内地下水为采用深

井降水时，水位监测点宜布置在基坑中央和两相邻降水井的中间部位。（√）

300. 依据建筑深基坑工程施工安全技术规范（JGJ 311—2013），在《建筑施工安全检查标准》检查评分中，当保证项目中有一项不得分或保证项目小计得分不足 40 分时，此检查评分表不应得分。（√）

301. 依据建筑深基坑工程施工安全技术规范（JGJ 311—2013），监理单位对高大模板支撑系统的搭设、拆除及混凝土浇筑实施巡视检查，发现安全隐患应当责令整改，对施工单位拒不整改或者拒不停止施工的，应当及时向建设行政主管部门及监督机构报告。（×）

302. 依据《建筑施工高处作业安全技术规范》（JGJ 80—91），施工前，应逐级进行安全技术教育及交底，落实所有安全技术措施和人身防护用品，未经落实时不得进行施工。（√）

303. 依据《建筑施工高处作业安全技术规范》（JGJ 80—91），攀登和悬空高处作业人员及搭设高处作业安全设施的人员，必须经过专业技术培训及专业考试合格，持证上岗，并必须定期进行安全教育。（×）

304. 依据《建筑施工高处作业安全技术规范》（JGJ 80—91），施工中对高处作业的安全技术设施，发现有缺陷和隐患时，必须及时停止作业；危及人身安全时，必须向上级报告。（×）

305. 依据《建筑施工高处作业安全技术规范》（JGJ 80—91），施工作业场所有坠落可能的物件，应一律先行撤除或加以观察。（×）

306. 依据《建筑施工高处作业安全技术规范》（JGJ 80—91），边长为 50～150cm 的洞口，必须设置以扣件扣接钢管而成的网格，并在其上满铺竹笆或脚手板。也可采用贯穿于混凝土板内的钢筋构成防护网，钢筋网格间距不得大于 20cm。（√）

307. 依据《建筑施工高处作业安全技术规范》（JGJ 80—91），对进行高处作业的高耸建筑物，应事先设置避雷设施。（√）

308. 依据《建筑施工高处作业安全技术规范》（JGJ 80—91），因作业必需，临时拆除或变动安全防护设施时，必须经总监理工程师同意，并采取相应的可靠措施，作业后应立即恢复。（×）

309. 依据《建筑施工高处作业安全技术规范》（JGJ 80—91），顶层楼梯口应随工程结构进度安装临时防护栏杆。（×）

310. 依据《建筑施工高处作业安全技术规范》（JGJ 80—91），井架与施工用电梯和脚手架等与建筑物通道的两侧边，必须设防护栏杆。（√）

311. 依据《建筑施工高处作业安全技术规范》（JGJ 80—91），防护栏杆应由上、下两道横杆及栏杆柱组成，上杆离地高度为 1.0～1.2m，下杆离地高度为 0.5～0.6m。（√）

312. 依据《建筑施工高处作业安全技术规范》（JGJ 80—91），栏杆柱的固定应符合：当在基坑四周固定时，可采用钢管并打入地面 50～70cm 深。钢管离边口的距离，不应小于 30cm。（×）

313. 依据《建筑施工高处作业安全技术规范》（JGJ 80—91），搭设临边防护栏杆时，栏杆柱的固定及其与横相干的连接，其整体构造应使防护栏杆在上杆任何处，能经受任何方向的不超过 100N 外力，就符合要求了。（×）

314. 依据《建筑施工高处作业安全技术规范》（JGJ 80—91），防护栏杆必须自上而下

用安全立网封闭，或在栏杆下边设置严密固定的高度不低于 18cm 的挡脚板或 40cm 的挡脚笆。 （√）

315. 依据《建筑施工高处作业安全技术规范》（JGJ 80—91），电梯井口必须设防护栏杆或固定栅门；电梯井内应每隔两层并最多隔 8m 设一道安全网。 （×）

316. 依据《建筑施工高处作业安全技术规范》（JGJ 80—91），施工现场通道附近的各类洞口与坑槽等处，除设置防护设施与安全标志外，夜间还应设黄灯示警。 （×）

317. 依据《建筑施工高处作业安全技术规范》（JGJ 80—91），楼板、屋面和平台等面上短边尺寸小于 25cm 但大于 2.5cm 的孔口，必须用坚实的盖板盖没。盖板应能防止挪动移位。 （√）

318. 依据《施工现场临时用电安全技术规范》（JGJ 46），夯土机械的操作扶手必须设一组接地装置。 （×）

319. 依据《施工现场临时用电安全技术规范》（JGJ 46），电焊机械开关箱中的漏电保护器必须符合本规范第 8.2.10 条的要求。交流电焊机械应配装防一次侧触电保护器。（×）

320. 依据《施工现场临时用电安全技术规范》（JGJ 46），盾构机械的负荷线必须固定牢固，距地高度不得小于 2.2m。 （×）

321. 依据《施工现场临时用电安全技术规范》（JGJ 46），在逐相切断的三相照明电路中，零线截面不小于相线截面的 50%。 （×）

322. 依据《施工现场临时用电安全技术规范》（JGJ 46），开关箱中漏电保护器的额定漏电动作电流不应大于 30mA，额定漏电动作时间不宜大于 0.1s。 （×）

323. 依据《施工现场临时用电安全技术规范》（JGJ 46），施工现场用电工程的二级漏电保护系统中，漏电保护器应分设于分配电箱和开关箱中。 （×）

324. 依据《施工现场临时用电安全技术规范》（JGJ 46），需要三相五线制配电的电缆线路必须采用五芯电缆。 （√）

325. 依据《施工现场临时用电安全技术规范》（JGJ 46），塔式起重机的机体已经接地，其电气设备的外露可导电部分可不再与 PE 线连接。 （×）

326. 依据《施工现场临时用电安全技术规范》（JGJ 46），配电箱和开关箱中的 N、PE 接线端子板必须分别设置。其中 N 端子板与金属箱体绝缘；PE 端子板与金属箱体电气连接。 （√）

327. 依据《施工现场临时用电安全技术规范》（JGJ 46），配电箱和开关箱中的隔离开关可采用普通断路器。 （×）

328. 依据《施工现场临时用电安全技术规范》（JGJ 46），总配电箱总路设置的漏电保护器必须是三相四极型产品。 （√）

329. 依据《施工现场临时用电安全技术规范》（JGJ 46），需要三相五线制配电的电缆线路可以采用四芯电缆外加一根绝缘导线替代。 （×）

330. 依据《施工现场临时用电安全技术规范》（JGJ 46），施工现场停、送电的操作顺序是：送电时，总配电箱→分配电箱→开关箱；停电时，开关箱→分配电箱→总配电箱。 （√）

331. 依据《施工现场临时用电安全技术规范》（JGJ 46），用电设备的开关箱中设置了漏电保护器以后，其外露可导电部分可不需连接 PE 线。 （×）

332. 依据《施工现场临时用电安全技术规范》（JGJ 46），发电机组必须与外电线路并列运行。 （×）

333. 依据《施工现场临时用电安全技术规范》（JGJ 46），电杆埋深长度宜为杆长的$\frac{1}{10}$加0.6m。 （√）

334. 依据《施工现场临时用电安全技术规范》（JGJ 46），照明变压器严禁使用自耦变压器。 （√）

335、根据《施工现场临时用电安全技术规范》（JGJ 46），照明灯具的金属外壳可不接保护零线。 （×）

336. 依据《施工现场临时用电安全技术规范》（JGJ 46），灯具内的接线必须牢固，灯具外的接线必须做可靠的防水绝缘包扎。 （√）

337. 依据《施工现场临时用电安全技术规范》（JGJ 46），灯具的相线宜经开关控制，也可以将相线直接引入灯具。 （×）

338. 依据《施工现场临时用电安全技术规范》（JGJ 46），在TN系统中，安装在电力线路杆（塔）上的开关、电容器等电气装置的金属外壳及支架不带电的外露可导电部分应做保护接零。 （√）

339. 依据《施工现场临时用电安全技术规范》（JGJ 46），单台容量超过50kVA或使用同一接地装置并联运行且总容量超过100kVA的电力变压器或发电机的工作接地电阻值不得大于1Ω。 （×）

340. 依据《施工现场临时用电安全技术规范》（JGJ 46），单台容量不超过100kVA或使用同一接地装置并联运行且总容是不超过100kVA的电力变压器或发电机的工作接地电阻值不得大于10Ω。 （√）

341. 依据《施工现场临时用电安全技术规范》（JGJ 46），在TN系统中，保护零线每一处重复接地装置的接地电阻值不应大于30Ω。 （×）

342. 依据《建筑施工门式钢管脚手架安全技术规范》（JGJ 128—2010），当在门式脚手架上同时有2个及以上操作层作业时，在同一个门架跨距内各操作层的施工均布荷载标准值总和不得超过8.0kN/m^2。 （×）

343. 依据《建筑施工门式钢管脚手架安全技术规范》（JGJ 128—2010），上下榀门架立杆应在同一轴线位置上，门架立杆轴线的对接偏差不应大于5mm。 （×）

344. 依据《建筑施工门式钢管脚手架安全技术规范》（JGJ 128—2010），门式脚手架的内侧立杆离墙面净距不宜大于150mm。 （√）

345. 依据《建筑施工门式钢管脚手架安全技术规范》（JGJ 128—2010），门式脚手架顶端栏杆宜高出女儿墙上端1m或檐口上端1.5m。 （×）

346. 依据《建筑施工门式钢管脚手架安全技术规范》（JGJ 128—2010），可调底座和可调托座的调节螺杆直径不应小于36mm。 （×）

347. 依据《建筑施工门式钢管脚手架安全技术规范》（JGJ 128—2010），当脚手架搭设高度超过24m时，在脚手架全外侧立面上必须设置连续剪刀撑。 （√）

348. 依据《建筑施工门式钢管脚手架安全技术规范》（JGJ 128—2010），连墙件应靠近门架的横杆设置，距门架横杆不宜大于200mm。连墙件应固定在门架的横杆上。 （×）

349. 依据《建筑施工门式钢管脚手架安全技术规范》（JGJ 128—2010），作业人员上下脚手架的斜梯应采用挂扣式钢梯，并宜采用“之”字形设置，一个梯段宜跨越两步或三步门架再行转折。（√）

350. 依据《建筑施工承插型盘扣式钢管支架安全技术规程》（JGJ 231—2010），沿架体外侧纵向每 6 跨每层应设置一根竖向斜杆或每 6 跨间应设置扣件钢管剪刀撑，端跨的横向每层应设置竖向斜杆。（×）

351. 依据《建筑施工承插型盘扣式钢管支架安全技术规程》（JGJ 231—2010），搭设操作人员必须经过专业技术培训和专业考试合格后，持证上岗。（√）

352. 依据《建筑施工承插型盘扣式钢管支架安全技术规程》（JGJ 231—2010），进入施工现场的钢管支架及构配件质量应在使用前进行挑选。（×）

353. 依据《建筑施工承插型盘扣式钢管支架安全技术规程》（JGJ 231—2010），经验收合格的构配件应按品种、规格分类码放，并应标挂厂家铭牌备用。（×）

354. 依据《建筑施工承插型盘扣式钢管支架安全技术规程》（JGJ 231—2010），构配件堆放场地应硬化、排水畅通、无积水。（×）

355. 依据《建筑施工承插型盘扣式钢管支架安全技术规程》（JGJ 231—2010），模板支架与脚手架基础应按专项施工方案进行施工，并应按基础承载力要求进行验收。（√）

356. 依据《建筑施工承插型盘扣式钢管支架安全技术规程》（JGJ 231—2010），土层地基上的立杆应采用可调底座和垫板，垫板的长度不宜少于 2 跨。（√）

357. 依据《建筑施工承插型盘扣式钢管支架安全技术规程》（JGJ 231—2010），每搭完二步支模架后，应及时校正水平杆步距，立杆的纵、横距，立杆的垂直偏差和水平杆的水平偏差。（×）

358. 依据《建筑施工承插型盘扣式钢管支架安全技术规程》（JGJ 231—2010），在多层楼板上连续设置模板支架时，应保证上下层支撑立杆在同一轴线上。（√）

359. 依据《建筑施工承插型盘扣式钢管支架安全技术规程》（JGJ 231—2010），脚手架立杆应定位准确，并应配合施工进度搭设，一次搭设高度不应超过相邻连墙件以上两步。（√）

360. 依据《建筑施工承插型盘扣式钢管支架安全技术规程》（JGJ 231—2010），脚手架可分段搭设、分段使用，应由监理人员组织验收，并应确认符合方案要求后使用。（×）

361. 依据《建筑施工承插型盘扣式钢管支架安全技术规程》（JGJ 231—2010），脚手架应经公司技术负责人确认并签署拆除许可令后拆除。（×）

362. 依据《建筑施工承插型盘扣式钢管支架安全技术规程》（JGJ 231—2010），模板支架和双排外脚手架验收后应形成记录。（√）

363. 依据《建筑施工承插型盘扣式钢管支架安全技术规程》（JGJ 231—2010），不宜在模板支架及脚手架基础开挖深度影响范围内进行挖掘作业。（×）

364. 依据《建筑施工承插型盘扣式钢管支架安全技术规程》（JGJ 231—2010），拆除的支架构件应安全地传递至地面，不宜抛掷。（×）

365. 依据《建筑施工承插型盘扣式钢管支架安全技术规程》（JGJ 231—2010），铸钢、钢板热锻或钢板冲压制作的插销厚度不应小于 8mm，允许尺寸偏差应为 ±0. lmm。（√）

366. 依据《建筑施工碗扣式钢管脚手架安全技术规范》（JGJ 166—2008），主要构配件

应有产品标识及产品质量检验报告。 （×）

367. 依据《建筑施工碗扣式钢管脚手架安全技术规范》（JGJ 166—2008），构配件供应商应配套提供钢管、零件、铸件、冲压件等材质，产品性能检验报告。 （√）

368. 依据《建筑施工碗扣式钢管脚手架安全技术规范》（JGJ 166—2008），双排脚手架搭设重点检查立杆接头的安装、斜杆扣接点、扣件拧紧程度。 （×）

369. 依据《建筑施工碗扣式钢管脚手架安全技术规范》（JGJ 166—2008），双排脚手架搭设，首段高度达到 6 ~ 8 时，应进行检查与验收。 （×）

370. 依据《建筑施工碗扣式钢管脚手架安全技术规范》（JGJ 166—2008），双排脚手架搭设，架体高度大于 24m 时，在 24m 处或在设计高度 $H/3$ 处及达到设计高度后，进行全面检查与验收。 （×）

371. 依据《建筑施工碗扣式钢管脚手架安全技术规范》（JGJ 166—2008），搭设脚手架人员必须持身份证上岗，上岗人员应定期体检，合格者方可持证上岗。 （×）

372. 依据《建筑施工碗扣式钢管脚手架安全技术规范》（JGJ 166—2008），构配件产品的检验，出厂文件应有使用材料质量说明、证明书及产品质量体系认证证书。 （×）

373. 依据《建筑施工碗扣式钢管脚手架安全技术规范》（JGJ 166—2008），经检验发现的不合格品剔出或修理后，可按规定方式处理不得再提交检查。 （×）

374. 依据《建筑施工碗扣式钢管脚手架安全技术规范》（JGJ 166—2008），组成双排脚手架结构的杆系自重，包括：立杆、扫地杆、斜杆、水平斜杆等。 （×）

375. 依据《建筑施工碗扣式钢管脚手架安全技术规范》（JGJ 166—2008），当脚手板搭设在结构的楼板、阳台上时，立杆底座应铺设垫板，并应对楼板或阳台等的承载力进行验算。 （√）

376. 依据《建筑施工碗扣式钢管脚手架安全技术规范》（JGJ 166—2008），纵向斜杆应在全高方向宜设置成八字形且内外对称，斜杆斜杆间距可间隔 4 跨。 （×）

377. 依据《建筑施工碗扣式钢管脚手架安全技术规范》（JGJ 166—2008），脚手架内立杆与建筑物距离应小于或等于 200mm。 （×）

378. 依据《建筑施工碗扣式钢管脚手架安全技术规范》（JGJ 166—2008），当模板与支撑高度大于 8m 时，顶端和底部必须设置水平剪刀撑。 （×）

379. 依据《建筑施工碗扣式钢管脚手架安全技术规范》（JGJ 166—2008），双排脚手架及模板支撑架施工前必须编制专项施工方案，并经交底后，方可实施。 （×）

380. 依据《建筑施工碗扣式钢管脚手架安全技术规范》（JGJ 166—2008），双排脚手架搭设前，施工管理人员应按双排脚手架专项施工方案的要求对操作人员进行安全教育。 （×）

381. 对进入现场的脚手架构配件，使用前应对其质量进行复检。 （√）

382. 依据《建筑施工工具式脚手架安全技术规范》（JGJ 202—2010），当附着式升降脚手架停用超过三个月或遇六级及以上大风后复工时，应进行检查，确认合格后方可使用。 （×）

383. 依据《建筑施工工具式脚手架安全技术规范》（JGJ 202—2010），附着式升降脚手架螺栓连接件、升降设备、防倾装置、防坠落装置、电控设备同步控制装置等应每月进行维护保养。 （√）

384. 依据《建筑施工工具式脚手架安全技术规范》（JGJ 202—2010），附着式升降脚手架拆除作业应在白天进行。遇六级及以上大风和大雨、大雪、浓雾和雷雨等恶劣天气时，不得进行拆卸作业。（×）

385. 依据《建筑施工工具式脚手架安全技术规范》（JGJ 202—2010），高处作业吊篮的荷载可分为永久荷载（即恒载）和可变荷载（即活载）两类。永久荷载包括：悬挂机构、吊篮（含提升机和电缆）、钢丝绳、配重块；可变荷载包括：操作人员、施工工具、施工材料；风荷载。（√）

386. 依据《建筑施工工具式脚手架安全技术规范》（JGJ 202—2010），悬挂吊篮的支架支撑点处结构的承载能力，应大于所选择吊篮工况的荷载最大值 2 倍及以上。（×）

387. 依据《建筑施工工具式脚手架安全技术规范》（JGJ 202—2010），高处作业吊篮安装时应按专项施工方案，在监理人员的指导下实施。（×）

388. 依据《建筑施工工具式脚手架安全技术规范》（JGJ 202—2010），高处作业吊篮悬挂机构宜采用柔性联结方式进行拉结固定。（×）

389. 依据《建筑施工工具式脚手架安全技术规范》（JGJ 202—2010），高处作业吊篮悬挂机构前支架严禁支撑在女儿墙上、女儿墙外或建筑物挑檐边缘。（√）

390. 依据《建筑施工工具式脚手架安全技术规范》（JGJ 202—2010），配重件应稳定可靠地安放在配重架上，并应有防止随意移动的措施。严禁使用破损的配重件或其他替代物。配重件的重量应符合行业规定。（×）

391. 依据《建筑施工工具式脚手架安全技术规范》（JGJ 202—2010），高处作业吊篮悬挂机构前支架应与支撑面保持垂直，脚轮应分担受力。（×）

392. 依据《建筑施工工具式脚手架安全技术规范》（JGJ 202—2010），当吊篮施工遇有雨雪、大雾、风沙及 6 级以上大风等恶劣天气时，应停止作业，并应将吊篮平台停放至地面，应对钢丝绳、电缆进行绑扎固定。（×）

393. 依据《建筑施工工具式脚手架安全技术规范》（JGJ 202—2010），外挂防护架在提升状况下，三角臂应能绕竖向桁架自由转动；在工作状况下，三角臂与竖向桁架之间应采用定位装置防止三角臂转动。（√）

394. 依据《建筑施工工具式脚手架安全技术规范》（JGJ 202—2010），工具式脚手架安装前，应根据工程结构、施工环境等特点编制专项施工方案，并应经总承包单位技术负责人审批、项目总监理工程师审核后实施。（√）

395. 依据《建筑施工工具式脚手架安全技术规范》（JGJ 202—2010），总承包单位必须将工具式脚手架专业工程发包给具有相应资质等级的专业队伍，并应签订专业承包合同，明确总包、分包或租赁等各方的安全生产责任。（√）

396. 依据《建筑施工工具式脚手架安全技术规范》（JGJ 202—2010），进入施工现场的附着式升降脚手架产品应具有国家质量技术监督部门组织鉴定或验收的合格证书，并应符合本规范的有关规定。（×）

397. 依据《建筑施工工具式脚手架安全技术规范》（JGJ 202—2010），高处作业吊篮应按表 8. 2. 2 的规定分组按比例抽检验收，并应经空载运行试验合格后，方可使用。（×）

398. 依据《液压升降整体脚手架安全技术规程》（JGJ 183—2009），防倾覆导轨应与建筑结构有可靠连接。（×）

399. 依据《液压升降整体脚手架安全技术规程》(JGJ 183—2009)，架体的垂直度偏差不应大于架体全高的0.5%，防倾覆装置通过调节应满足架体垂直度的要求。(√)

400. 依据《液压升降整体脚手架安全技术规程》(JGJ 183—2009)，防倾覆装置与导轨的摩擦宜采用滑动摩擦。(×)

401. 依据《液压升降整体脚手架安全技术规程》(JGJ 183—2009)，升降过程中作业人员不得擅自撤离工作脚手架。(×)

402. 依据《液压升降整体脚手架安全技术规程》(JGJ 183—2009)，在竖向主框架的底部应设置水平支承，其宽度与竖向主框架相同，平行于墙面，其高度不宜小于1.2mm，用于支撑工作脚手架。(×)

403. 依据《液压升降整体脚手架安全技术规程》(JGJ 183—2009)，水平支承上、下弦应采用整根通长杆件，或于跨中设一拼接的刚性接头。(√)

404. 依据《液压升降整体脚手架安全技术规程》(JGJ 183—2009)，水平支承斜腹杆宜设计成压杆。(×)

405. 依据《液压升降整体脚手架安全技术规程》(JGJ 183—2009)，在使用工况时，附着支承结构上应设有防倾覆、导向的结构装置。(×)

406. 依据《液压升降整体脚手架安全技术规程》(JGJ 183—2009)，附着支承应采用锚固螺栓与建筑物连接，受拉端的螺栓露出螺母不应少于3个螺距或10mm，为防止螺母松动宜采用弹簧垫片，垫片尺寸不得小于100mm×100mm×10mm。(√)

407. 依据《液压升降整体脚手架安全技术规程》(JGJ 183—2009)，附着支承与建筑物连接处混凝土的强度不得小于15MPa。(×)

408. 依据《液压升降整体脚手架安全技术规程》(JGJ 183—2009)，竖向主框架悬臂高度不得大于6m或架体高度的$\frac{2}{3}$。(×)

附录二　相关法规

一、《中华人民共和国消防法》安全生产相关规定

1. 总则

（1）第二条　消防工作贯彻预防为主、防消结合的方针，按照政府统一领导、部门依法监管、单位全面负责、公民积极参与的原则，实行消防安全责任制，建立健全社会化的消防工作网络。

（2）第五条　任何单位和个人都有维护消防安全、保护消防设施、预防火灾、报告火警的义务。任何单位和成年人都有参加有组织的灭火工作的义务。

2. 火灾预防

（1）第十六条　机关、团体、企业、事业等单位应当履行下列消防安全职责：

① 落实消防安全责任制，制定本单位的消防安全制度、消防安全操作规程，制定灭火和应急疏散预案；

② 按照国家标准、行业标准配置消防设施、器材，设置消防安全标志，并定期组织检验、维修，确保完好有效；

③ 保障疏散通道、安全出口、消防车通道畅通，保证防火防烟分区、防火间距符合消防技术标准；

④ 组织防火检查，及时消除火灾隐患；

⑤ 组织进行有针对性的消防演练；

⑥ 法律、法规规定的其他消防安全职责。

单位的主要负责人是本单位的消防安全责任人。

（2）第十九条　生产、储存、经营易燃易爆危险品的场所不得与居住场所设置在同一建筑物内，并应当与居住场所保持安全距离。

生产、储存、经营其他物品的场所与居住场所设置在同一建筑物内的，应当符合国家工程建设消防技术标准。

（3）第二十一条　禁止在具有火灾、爆炸危险的场所吸烟、使用明火。因施工等特殊情况需要使用明火作业的，应当按照规定事先办理审批手续，采取相应的消防安全措施；作业人员应当遵守消防安全规定。

进行电焊、气焊等具有火灾危险作业的人员和自动消防系统的操作人员，必须持证上岗，并遵守消防安全操作规程。

（4）第二十三条　储存可燃物资仓库的管理，必须执行消防技术标准和管理规定。

（5）第二十四条　消防产品必须符合国家标准；没有国家标准的，必须符合行业标准。禁止生产、销售或者使用不合格的消防产品以及国家明令淘汰的消防产品。

（6）第二十六条　建筑构件、建筑材料和室内装修、装饰材料的防火性能必须符合国家标准；没有国家标准的，必须符合行业标准。

人员密集场所室内装修、装饰，应当按照消防技术标准的要求，使用不燃、难燃材料。

（7）第二十八条　任何单位、个人不得损坏、挪用或者擅自拆除、停用消防设施、器材，不得埋压、圈占、遮挡消火栓或者占用防火间距，不得占用、堵塞、封闭疏散通道、安全出口、消防车通道。人员密集场所的门窗不得设置影响逃生和灭火救援的障碍物。

3. 灭火救援

（1）第四十四条　任何人发现火灾都应当立即报警。任何单位、个人都应当无偿为报警提供便利，不得阻拦报警。严禁谎报火警。

任何单位发生火灾，必须立即组织力量扑救。邻近单位应当给予支援。

（2）第五十一条　公安机关消防机构有权根据需要封闭火灾现场，负责调查火灾原因，统计火灾损失。

火灾扑灭后，发生火灾的单位和相关人员应当按照公安机关消防机构的要求保护现场，接受事故调查，如实提供与火灾有关的情况。

公安机关消防机构根据火灾现场勘验、调查情况和有关的检验、鉴定意见，及时制作火灾事故认定书，作为处理火灾事故的证据。

4. 法律责任

（1）第六十条　单位违反本法规定，有下列行为之一的，责令改正，处五千元以上五万元以下罚款：

① 消防设施、器材或者消防安全标志的配置、设置不符合国家标准、行业标准，或者未保持完好有效的；

② 损坏、挪用或者擅自拆除、停用消防设施、器材的；

③ 占用、堵塞、封闭疏散通道、安全出口或者有其他妨碍安全疏散行为的；

④ 埋压、圈占、遮挡消火栓或者占用防火间距的；

⑤ 占用、堵塞、封闭消防车通道，妨碍消防车通行的；

⑥ 对火灾隐患经公安机关消防机构通知后不及时采取措施消除的。

（2）第六十一条　生产、储存、经营易燃易爆危险品的场所与居住场所设置在同一建筑物内，或者未与居住场所保持安全距离的，责令停产停业，并处五千元以上五万元以下罚款。

生产、储存、经营其他物品的场所与居住场所设置在同一建筑物内，不符合消防技术标准的，依照前款规定处罚。

（3）第六十二条　有下列行为之一的，依照《中华人民共和国治安管理处罚法》的规定处罚：

① 谎报火警的；

② 阻碍消防车执行任务的；

③ 阻碍公安机关消防机构的工作人员依法执行职务的。

（4）第六十三条　违反规定使用明火作业或者在具有火灾、爆炸危险的场所吸烟、使用明火的。处警告或者五百元以下罚款；情节严重的，处五日以下拘留。

（5）违反本法规定，有下列行为之一，尚不构成犯罪的，处十日以上十五日以下拘留，可以并处五百元以下罚款；情节较轻的，处警告或者五百元以下罚款：

① 指使或者强令他人违反消防安全规定，冒险作业的；

② 过失引起火灾的；

③ 在火灾发生后阻拦报警，或者负有报告职责的人员不及时报警的；

④ 扰乱火灾现场秩序，或者拒不执行火灾现场指挥员指挥，影响灭火救援的；

⑤ 故意破坏或者伪造火灾现场的；

⑥ 擅自拆封或者使用被公安机关消防机构查封的场所、部位的。

二、《环境保护法》安全生产相关规定

（1）制定环保法的目的：

为保护和改善生活环境与生态环境，防治污染和其他公害，保障人体健康，促进社会主义现代化建设的发展。

（2）一切单位和个人都有保护环境的义务，并有权对污染和破坏环境的单位和个人进行检举和控告。

（3）国务院环境保护行政主管部门根据国家环境质量标准和国家经济、技术条件。制定国家污染物排放标准。

凡是向已有地方污染物排放标准的区域排放污染物的，应当执行地方污染物排放标准。

（4）第二十四条 产生环境污染和其他公害的单位，必须把环境保护工作纳入计划，建立环境保护责任

制度；采取有效措施，防治在生产建设或者其他活动中产生的废气、废水、废渣、粉尘、恶臭气体、放射性物质以及噪声、振动、电磁波辐射等对环境的污染和危害。

（5）建设项目中防治污染的设施，必须与主体工程同时设计、同时施工、同时投产使用。防治污染的设施必须经原审批环境影响报告书的环境保护行政主管部门验收合格后，该建设项目方可投入生产或者使用。

三、《中华人民共和国大气污染防治法》安全生产相关规定

第一条 为保护和改善环境，防治大气污染，保障公众健康，推进生态文明建设，促进经济社会可持续发展，制定本法。

第七条 企业事业单位和其他生产经营者应当采取有效措施，防止、减少大气污染，对所造成的损害依法承担责任。

第六十九条 建设单位应当将防治扬尘污染的费用列入工程造价，并在施工承包合同中明确施工单位扬尘污染防治责任。施工单位应当制定具体的施工扬尘污染防治实施方案。

从事房屋建筑、市政基础设施建设、河道整治以及建筑物拆除等施工单位，应当向负责监督管理扬尘污染防治的主管部门备案。

施工单位应当在施工工地设置硬质围挡，并采取覆盖、分段作业、择时施工、洒水抑尘、冲洗地面和车辆等有效防尘降尘措施。建筑土方、工程渣土、建筑垃圾应当及时清运；在场地内堆存的，应当采用密闭式防尘网遮盖。工程渣土、建筑垃圾应当进行资源化处理。

施工单位应当在施工工地公示扬尘污染防治措施、负责人、扬尘监督管理主管部门等信息。

暂时不能开工的建设用地，建设单位应当对裸露地面进行覆盖；超过三个月的，应当进行绿化、铺装或者遮盖。

第七十条 运输煤炭、垃圾、渣土、砂石、土方、灰浆等散装、流体物料的车辆应当采取密闭或者其他措施防止物料遗撒造成扬尘污染，并按照规定路线行驶。

装卸物料应当采取密闭或者喷淋等方式防治扬尘污染。

城市人民政府应当加强道路、广场、停车场和其他公共场所的清扫保洁管理，推行清洁动力机械化清扫等低尘作业方式，防治扬尘污染。

第七十一条 市政河道以及河道沿线、公共用地的裸露地面以及其他城镇裸露地面，有关部门应当按照规划组织实施绿化或者透水铺装。

第七十二条 贮存煤炭、煤矸石、煤渣、煤灰、水泥、石灰、石膏、砂土等易产生扬尘的物料应当密闭；不能密闭的，应当设置不低于堆放物高度的严密围挡，并采取有效覆盖措施防治扬尘污染。

第九十八条 违反本法规定，以拒绝进入现场等方式拒不接受环境保护主管部门及其委托的环境监察机构或者其他负有大气环境保护监督管理职责的部门的监督检查，或者在接受监督检查时弄虚作假的，由县级以上人民政府环境保护主管部门或者其他负有大气环境保护监督管理职责的部门责令改正，处二万元以上二十万元以下的罚款；构成违反治安管理行为的，由公安机关依法予以处罚。

第九十九条 违反本法规定，有下列行为之一的，由县级以上人民政府环境保护主管部门责令改正或者限制生产、停产整治，并处十万元以上一百万元以下的罚款；情节严重的，报经有批准权的人民政府批准，责令停业、关闭：

（一）未依法取得排污许可证排放大气污染物的；

（二）超过大气污染物排放标准或者超过重点大气污染物排放总量控制指标排放大气污染物的；

（三）通过逃避监管的方式排放大气污染物的。

第一百一十五条 违反本法规定，施工单位有下列行为之一的，由县级以上人民政府住房城乡建设等主管部门按照职责责令改正，处一万元以上十万元以下的罚款；拒不改正的，责令停工整治：

（一）施工工地未设置硬质密闭围挡，或者未采取覆盖、分段作业、择时施工、洒水抑尘、冲洗地面

和车辆等有效防尘降尘措施的；

（二）建筑土方、工程渣土、建筑垃圾未及时清运，或者未采用密闭式防尘网遮盖的。

违反本法规定，建设单位未对暂时不能开工的建设用地的裸露地面进行覆盖，或者未对超过三个月不能开工的建设用地的裸露地面进行绿化、铺装或者遮盖的，由县级以上人民政府住房城乡建设等主管部门依照前款规定予以处罚。

第一百一十六条 违反本法规定，运输煤炭、垃圾、渣土、砂石、土方、灰浆等散装、流体物料的车辆，未采取密闭或者其他措施防止物料遗撒的，由县级以上地方人民政府确定的监督管理部门责令改正，处二千元以上二万元以下的罚款；拒不改正的，车辆不得上道路行驶。

第一百一十七条 违反本法规定，有下列行为之一的，由县级以上人民政府环境保护等主管部门按照职责责令改正，处一万元以上十万元以下的罚款；拒不改正的，责令停工整治或者停业整治：

（一）未密闭煤炭、煤矸石、煤渣、煤灰、水泥、石灰、石膏、砂土等易产生扬尘的物料的；

（二）对不能密闭的易产生扬尘的物料，未设置不低于堆放物高度的严密围挡，或者未采取有效覆盖措施防治扬尘污染的；

（三）装卸物料未采取密闭或者喷淋等方式控制扬尘排放的；

第一百二十三条 违反本法规定，企业事业单位和其他生产经营者有下列行为之一，受到罚款处罚，被责令改正，拒不改正的，依法作出处罚决定的行政机关可以自责令改正之日的次日起，按照原处罚数额按日连续处罚：

（一）未依法取得排污许可证排放大气污染物的；

（二）超过大气污染物排放标准或者超过重点大气污染物排放总量控制指标排放大气污染物的；

（三）通过逃避监管的方式排放大气污染物的；

（四）建筑施工或者贮存易产生扬尘的物料未采取有效措施防治扬尘污染的。

四、安徽省大气污染防治条例

安徽省人大

安徽省大气污染防治条例

安徽省人民代表大会公告

（第二号）

《安徽省大气污染防治条例》已经2015年1月31日安徽省第十二届人民代表大会第四次会议通过，现予公布，自2015年3月1日起施行。

安徽省第十二届人民代表大会第四次会议主席团

2015年1月31日

安徽省大气污染防治条例

（2015年1月31日安徽省第十二届人民代表大会第四次会议通过）

目　录

第一章　总　　则

第一条　为防治大气污染，保护和改善大气环境和生活环境，推进生态文明建设，促进经济社会发展与环境保护相协调，根据《中华人民共和国环境保护法》《中华人民共和国大气污染防治法》和有关法律、行政法规，结合本省实际，制定本条例。

第二条　本条例适用于本省行政区域内大气污染防治活动；有关法律、行政法规另有规定的，适用其规定。

第三条　大气污染防治，应当建立政府负责、单位施治、公众参与、区域联动、社会监督的工作机制。

第四条　大气污染防治应当坚持规划先行，运用法律、经济、科技、行政等措施，发挥市场机制作用，转变经济发展方式，优化产业结构和布局，调整能源结构，改善空气质量。

大气污染防治，应当以降低大气中的颗粒物、二氧化硫、氮氧化物、挥发性有机物等重点大气污染物浓度为重点，从源头到末端全过程控制和减少污染物排放。

第五条　县级以上人民政府应当对本行政区域内的大气环境质量负责，制定大气污染防治规划，将大气污染防治纳入国民经济和社会发展规划，加强环境执法队伍建设，提高环境监督管理能力，保障大气污染防治工作的财政投入。

乡镇人民政府、街道办事处应当做好本辖区内的大气污染防治相关工作。

第六条　县级以上人民政府环境保护行政主管部门对大气污染防治实施统一监督管理。

县级以上人民政府其他有关部门在各自职责范围内对大气污染防治实施监督管理。

第七条　企业事业单位和其他生产经营者应当采取措施，防治生产、建设或者其他活动对大气环境造成的污染，并对造成的损害依法承担责任。

向大气排放污染物的企业事业单位和其他生产经营者，应当建立大气环境保护责任制度，明确单位负责人和相关人员的责任。

第八条　各级人民政府及其部门和社会团体、学校、新闻媒体、基层群众性自治组织、企业，应当开展大气污染防治法律法规宣传教育，普及大气污染防治科学知识，倡导文明、节约、低碳、绿色消费方式和生活习惯。

第九条　任何单位和个人都有保护大气环境的义务，有权对污染大气环境的行为和不依法履行环境监管职责的行为进行举报。

县级以上人民政府环境保护行政主管部门和其他有关部门应当建立举报、奖励制度，并向社会公布；接到举报后，应当及时处理，将处理结果向举报人反馈；对举报人的相关信息予以保密，保护其合法权益；举报内容经查证属实的，给予举报人奖励。

县级以上人民政府环境保护行政主管部门和其他有关部门应当鼓励和支持社会团体和公众参与、监督大气污染防治工作。

第二章　监督管理的一般规定

第十条　省人民政府根据本省大气环境质量状况和经济技术条件，可以制定严于国家标准的本省大气环境质量标准、大气污染物排放标准、燃煤燃油有害物质控制标准。

根据环境质量改善的需要，可以执行大气污染物特别排放限值。

向大气排放污染物的单位，其污染物排放浓度不得超出国家和本省规定的排放标准。

第十一条　省人民政府发展和改革部门应当会同经济和信息化、环境保护等部门及时修订高耗能、高污染和资源性行业准入目录，报省人民政府批准后，向社会公布。

实行大气污染物排放量等量削减替代制度。通过减量置换获得大气污染物排放总量指标的建设项目，在置换的排放量未削减完成前，不得投入试生产。

第十二条　省人民政府发展和改革部门应当会同经济和信息化、环境保护等部门，依据主体功能区规划，合理确定本省重点产业发展布局、结构和规模，经省人民政府批准后实施。

第十三条 省人民政府应当按照国家确定的重点大气污染物排放总量控制指标，结合经济社会发展水平、环境质量状况、产业结构，将重点大气污染物排放总量控制指标分解到设区的市、县级人民政府。设区的市、县级人民政府按照公开、公平、公正的原则，将重点大气污染物排放总量控制指标分解落实到企业事业单位。企业事业单位不得超过总量控制指标排放。

新建、改建、扩建排放重点大气污染物的项目不符合总量控制要求的，不得通过环境影响评价。

第十四条 在严格控制重点大气污染物排放总量、实行排放总量削减计划的前提下，按照有利于总量减少的原则，可以进行重点大气污染物排污权的有偿使用和交易。

第十五条 配套建设的大气污染防治设施，应当与主体工程同时设计、同时施工、同时投产使用，不得擅自拆除或者闲置。

大气污染防治设施应当经审批该建设项目环境影响评价文件的环境保护行政主管部门验收合格后，主体工程方可投入生产或者使用。

第十六条 向大气排放污染物的企业事业单位和其他生产经营者，应当按照国家规定，取得排污许可证。禁止无排污许可证或者违反排污许可证的规定排放大气污染物。

第十七条 向大气排放污染物的企业事业单位和其他生产经营者，应当按照国家和本省规定，设置大气污染物排放口及标志。未按照规定设置大气污染物排放口的，不得发放排污许可证。

除因发生或者可能发生安全生产事故或突发环境事件需要通过应急排放通道排放大气污染物外，禁止通过前款规定以外的其他排放通道排放大气污染物。

第十八条 有大气污染物排放总量控制任务的企业事业单位，应当监测大气污染物排放情况，记录监测数据，并向社会公开。监测数据的保存时间不少于五年。

向大气排放污染物的企业事业单位，应当按照规定设置固定的监测点位或者采样平台并保持正常使用，接受环境保护行政主管部门或者其他监督管理部门的监督性监测。

第十九条 使用每小时20蒸吨以上燃煤锅炉或者大气污染物排放量与其相当的窑炉的单位，以及县级以上人民政府环境保护行政主管部门确定的排放大气污染物重点监管的单位，应当配备经计量检定合格的自动监控设备，保持稳定运行，保证监测数据准确。自动监控设备应当在线联网，纳入环境保护行政主管部门的统一监控系统。

第二十条 省人民政府环境保护行政主管部门和市、县人民政府应当按照国家和省规定，建立自动监测网络，组织开展大气环境质量监测，按日公开可吸入颗粒物、细颗粒物等大气环境质量信息。

省人民政府环境保护行政主管部门应当每月公布设区的市大气环境质量。

省、设区的市人民政府环境保护行政主管部门应当会同气象部门建立会商机制，开展大气环境质量预报。气象部门应当配合做好大气环境质量预报工作。

第二十一条 省、市、县人民政府应当制定重污染天气应急预案并向社会公布。

省、设区的市人民政府依据重污染天气预报信息，确定重污染天气预警等级并适时发出预警。任何单位和个人不得擅自发布重污染天气预报预警信息。

可能发生重污染天气时，县级以上人民政府应当及时启动应急方案，向社会发布重污染天气的预警信息，并按照预警级别采取责令有关企业停产或者限产、限制部分机动车行驶、停止工地土石方作业和建筑拆除施工、暂停幼儿园和中小学校上课等应对措施。

第二十二条 可能发生大气污染事故的企业事业单位应当按照国家和省规定制定大气污染突发事件应急预案，报环境保护行政主管部门和有关部门备案。

在发生或者可能发生突发大气污染事件时，企业事业单位应当立即采取应对措施，及时通报可能受到大气污染危害的单位和居民，并报告当地环境保护行政主管部门，接受调查处理。

第二十三条 省人民政府应当统筹整合重点大气污染物减排等有关资金，设立大气污染防治专项资金。

县级以上人民政府应当加大对大气污染防治重点项目的政策支持力度，对重点行业清洁生产示范工程给予引导性资金支持，将大气环境质量监测站点建设及其运行和监管经费纳入财政预算。

第二十四条 县级以上人民政府应当鼓励大气污染防治科学技术研究，推广应用大气污染治理先进技术，支持开发利用清洁能源，开展大气污染治理的国际交流与合作。

第二十五条 县级以上人民政府应当建立生态修复制度，采取植树种草、退耕还湖、退耕还林、建设和保护湿地等措施推进生态治理，改善大气环境质量。

第二十六条 县级以上人民政府及其环境保护等有关行政主管部门应当向社会公开大气环境质量、突发大气环境事件、环境影响评价报告、排污许可、排污口管理、排污费征收和使用、污染物排放总量控制、限期治理、环境违法案件及查处、区域限批、大气污染防治专项检查等情况。

第二十七条 企业事业单位有下列情形之一的，应当如实向社会公开其重点大气污染物的名称、排放方式、排放浓度和总量、超标排放情况，以及防治污染设施的建设和运行情况，接受社会监督：

（一）列入大气污染物排放重点监管单位名单的；

（二）重点大气污染物排放量超过总量控制指标的；

（三）大气污染物超标排放的；

（四）国家和省规定的其他情形。

环境保护行政主管部门应当定期公布重点监管单位的监督性监测信息。

第二十八条 县级以上人民政府环境保护行政主管部门和有关部门应当公布违反大气污染防治法律法规受到处罚的企业事业单位及其负责人名单，录入市场主体信用信息公示系统。

第二十九条 推行企业环境污染责任保险制度，鼓励企业投保环境污染责任保险，防控企业环境风险，保障公众环境权益。

第三十条 省人民政府应当建立大气环境保护目标责任制和考核评价制度。考核评价应当听取公众意见，考核结果向社会公开。

对省人民政府有关部门和市、县人民政府及其负责人的综合考核评价，应当包含大气环境保护目标完成和措施落实等情况。

对因工作不力、履职缺位等导致未能有效应对重污染天气，干预、篡改、伪造监测数据，超过国家重点大气污染物排放总量控制指标，或者未完成年度大气环境保护目标的，由省人民政府环境保护行政主管部门会同监察等有关部门约谈当地人民政府的主要负责人，并暂停审批该地区新增重点大气污染物排放总量的建设项目环境影响评价文件，取消有关环境保护荣誉称号。

第三章　区域和城市大气污染防治

第三十一条 省人民政府应当在合肥经济圈、皖江城市带、沿淮城市群等区域，建立大气污染和生态破坏联合防治协调机制，实行联防联控。

省人民政府根据实际需要，与长三角区域以及其他相邻省建立下列大气污染联合防治协调机制，开展区域合作：

（一）建立区域重污染天气应急联动机制，及时通报预警和应急响应的有关信息，商请相关省、市采取相应的应对措施；

（二）建立沟通协调机制，对在省、市边界建设可能对相邻省、市大气环境质量产生重大影响的项目，及时通报有关信息，实施环评会商；

（三）探索建立防治机动车排气污染、禁止秸秆露天焚烧等区域联动执法机制；

（四）建立大气环境质量信息共享机制，实现大气污染源、大气环境质量监测、气象、机动车排气污染检测、企业环境征信等信息的区域共享；

（五）开展大气污染防治科学技术交流与合作。

第三十二条 大气环境质量未达标的地区，市、县人民政府应当制定大气污染限期治理达标规划，按照国家和本省规定的期限和要求，达到大气环境质量标准。

第三十三条 城市人民政府应当将资源环境条件、城市人口规模、人均城市道路面积、大气通道、建筑物高度、公交分担率、绿地率等纳入城市总体规划，形成有利于大气污染物消散的城市空间格局。

第三十四条 在城市规划区内禁止新建、扩建大气污染严重的建设项目，已建的应当搬迁、改造。设区的市主城区应当在规定的时间内完成重污染企业搬迁、改造。

企业事业单位和其他生产经营者，在污染物排放符合法定要求的基础上，进一步减少污染物排放的，人民政府应当依法采取财政、税收、价格、政府采购等方面的措施予以鼓励和支持。

第三十五条 市、县人民政府应当根据大气环境质量改善要求，划定高污染燃料禁燃区。

在禁燃区内的企业事业单位和其他生产经营者，应当在规定的期限内停止使用高污染燃料，改用天然气、液化石油气、电能或者其他清洁能源。

禁止生产、销售、燃用不符合标准或者要求的煤炭。

第三十六条 鼓励城市规划区内发展集中供热，使用清洁燃料。

在燃气管网和集中供热管网覆盖的区域，不得新建、扩建、改建燃烧煤炭、重油、渣油的供热设施；原有分散的中小型燃煤供热锅炉应当限期拆除。

第三十七条 城市建成区应当在国家规定的期限内淘汰每小时10蒸吨以下燃煤锅炉，禁止新建每小时20蒸吨以下燃煤锅炉；城镇建成区不再新建每小时10蒸吨以下燃煤锅炉。

第三十八条 县级以上人民政府应当制定扶持政策，支持水能、风能、太阳能、生物质能和地热能等清洁能源的开发利用，扩大天然气利用规模。

省人民政府发展和改革部门应当制定清洁能源发展规划和燃煤总量控制计划，报省人民政府批准后实施。

第四章　工业大气污染防治

第三十九条 大力发展循环经济，鼓励产业集聚发展，按照循环经济和清洁生产的要求，通过合理规划工业布局，引导企业入驻工业园区。

第四十条 钢铁、石油化工、有色金属冶炼、陶瓷、浮法玻璃、再生铅等企业使用的燃煤（焦）窑炉，每小时20蒸吨以上的燃煤锅炉，应当配备脱硫装置。除循环流化床锅炉以外的燃煤机组均应当安装脱硝设施，新型干法水泥窑应当实施低氮燃烧技术改造并安装脱硝设施。

排放粉尘的工业企业应当配套建设除尘设施。燃煤锅炉和工业窑炉的除尘设施应当实施升级改造。

第四十一条 禁止高灰分、高硫分煤炭进入市场。新建煤矿应当同步建设煤炭洗选设施，已建成的煤矿所采煤炭属于高灰分、高硫分的，应当在国家和省规定的期限内建成配套的煤炭洗选设施，使煤炭中的灰分、硫分达到规定的标准。

省人民政府发展和改革部门应当会同有关部门，制定商品煤质量管理办法，报省人民政府批准后实施。

第四十二条 县级以上人民政府应当采取有利于煤炭清洁高效利用、能源转化的经济、技术政策和措施，鼓励坑口发电和煤层气、煤矸石、粉煤灰、炉渣资源的综合利用。

第四十三条 锅炉制造企业应当根据国家锅炉大气污染物排放标准和相关要求，在锅炉产品质量标准中标明相应的污染物初始排放控制要求。

第四十四条 工业生产中产生的可燃性气体应当回收利用。不具备回收利用条件而向大气排放的，应当进行污染防治处理。

可燃性气体回收利用装置不能正常作业的，应当及时修复或者更新。在回收利用装置不能正常作业期间确需排放可燃性气体的，应当将排放的可燃性气体充分燃烧或者采取其他减轻大气污染的措施。

第四十五条 下列产生含挥发性有机物废气的生产活动，应当按照国家规定在密闭空间或者设备中进行，并安装、使用污染防治设施：

（一）石油炼制与石油化工、煤炭加工与转化等含挥发性有机物原料的生产；

（二）燃油、溶剂的储存、运输和销售；

（三）涂料、油墨、胶粘剂、农药等以挥发性有机物为原料的生产；

（四）涂装、印刷、粘合、工业清洗等含挥发性有机物的产品使用。

加油加气站、储油储气库和油罐车、气罐车，应当安装油气回收装置并保持正常使用，并每年向当地环境保护行政主管部门报送由具有检测资质的机构出具的油气排放检测报告。

第四十六条 工业涂装企业应当按照规定，使用低挥发性有机物含量涂料，记录生产工艺、设施及污染控制设备的主要操作参数、运行情况，建立记录生产原料、辅料的使用量、废弃量和去向，以及挥发性有机物含量的台账。台账的保存时间不得少于一年。

第四十七条 生产和使用有机溶剂的企业，对管道、设备进行日常维护、维修时，应当减少物料泄漏，并对已经泄漏的物料及时收集处理。

第四十八条 企业应当全面推进清洁生产，优先采用能源和原材料利用效率高、污染物排放量少的清洁生产技术、工艺和设备，淘汰严重污染大气环境质量的产品、落后工艺和落后设备，减少大气污染物的产生和排放。在钢铁、化工、煤炭、电力、有色金属冶炼、水泥等重点行业开展强制性清洁生产审核，实施清洁生产技术改造。

第五章 机动车船大气污染防治

第四十九条 建立和完善机动车、船排气污染防治工作协调机制，采取严格执行标准、实行标志管理、限期治理和更新淘汰等防治措施。

第五十条 县级以上人民政府应当优先发展公共交通事业，规划、建设和设置有利于公众乘坐公共交通运输工具、步行或者使用非机动车的道路、公共交通枢纽站、自行车租赁服务系统、充电加气等基础设施。倡导和鼓励公众使用公共交通、自行车等方式出行。

国家机关、事业单位、国有企业以及公交、环卫等行业应当率先推广使用新能源和清洁能源机动车。

第五十一条 设区的市人民政府根据城市规划和大气环境质量状况，合理控制燃油机动车保有量，限制摩托车的行驶范围，并向社会公告。

第五十二条 机动车和船舶向大气排放污染物不得超过规定的排放标准。

任何单位和个人不得制造、销售、进口、使用污染物排放超过规定排放标准的机动车和船舶。

第五十三条 在用机动车和船舶应当按照国家规定的检验周期进行排气污染检测。

对不符合规定排放标准的机动车和船舶，公安机关交通管理部门、环境保护、海事、渔政等部门不得核发牌证或者环保、安全检验合格标志。

第五十四条 机动车维修单位，应当按照国家有关技术标准进行维修。维修后机动车的污染物排放应当达到规定的标准。

机动车二级维护、发动机总成大修、整车大修等维修，应当经排气污染检测合格后，方可交付使用。

第五十五条 省人民政府环境保护行政主管部门和负责质量技术监督的部门应当加强对机动车环保检验机构的监督管理。

从事机动车排气污染检验的机构，应当按照国家规定的检验方法和技术规范进行检验，如实提供检验报告，并按照规定向当地环境保护行政主管部门联网报送检验信息，不得编造和篡改检验数据和信息。检验机构及其负责人对检验结果承担法律责任。

第五十六条 县级以上人民政府环境保护行政主管部门应当按照国家有关规定，对机动车核发全省统一的环保检验合格标志。根据国家有关规定，环保检验合格标志分为绿色和黄色。未取得环保检验合格标志的机动车，不得上路行驶。

禁止伪造、变造、买卖或者使用伪造、变造、买卖的机动车环保检验合格标志。

对黄色环保标志的机动车实施区域禁行。区域禁行办法由设区的市人民政府制定。

对黄色环保标志的机动车在国家和省规定的期限内强制淘汰。

第五十七条 环境保护行政主管部门会同公安机关交通管理部门，可以对在道路上行驶的机动车的污染物排放状况进行遥感监测。遥感监测取得的数据，可以作为环境执法的依据。

第五十八条 销售机动车、船、航空器使用的燃料，应当符合国家规定的标准。

第五十九条 非道路移动机械大气污染防治，按照国家和省有关规定执行。

第六章 扬尘污染防治

第六十条 省人民政府环境保护行政主管部门会同有关部门，应当制定和完善扬尘控制技术规范和标准。

县级以上人民政府住房和城乡建设、市容环境卫生、交通运输、环境保护等部门应当根据本级人民政府确定的职责加强对施工工程作业的监督管理，并将扬尘污染的控制状况作为环境综合整治考核的内容。

第六十一条 从事房屋建筑、市政基础设施施工、河道整治、建筑物拆除、矿产资源开采、物料运输和堆放、砂浆混凝土搅拌及其他产生扬尘污染活动的相关建设、施工、材料供应、建筑垃圾、渣土运输等单位，应当采取大气污染防治措施，完善污染防治设施，落实人员和经费，全面推行标准化、规范化管理。

第六十二条 建设单位应当在施工前向县级以上人民政府工程建设有关部门提交施工工地扬尘污染防治方案，并保障施工单位扬尘污染防治专项费用。

扬尘污染防治专项费用应当列入安全文明施工措施费，作为不可竞争费用纳入工程建设成本。

第六十三条 施工单位应当按照工地扬尘污染防治方案的要求，在施工现场出入口公示扬尘污染控制措施、负责人、环保监督员、扬尘监管主管部门等有关信息，接受社会监督，并采取下列扬尘污染防治措施：

（一）施工现场实行围挡封闭，出入口位置配备车辆冲洗设施；

（二）施工现场出入口、主要道路、加工区等采取硬化处理措施；

（三）施工现场采取洒水、覆盖、铺装、绿化等降尘措施；

（四）施工现场建筑材料实行集中、分类堆放。建筑垃圾采取封闭方式清运，严禁高处抛洒；

（五）外脚手架设置悬挂密目式安全网的方式封闭；

（六）施工现场禁止焚烧沥青、油毡、橡胶、垃圾等易产生有毒有害烟尘和恶臭气体的物质；

（七）拆除作业实行持续加压洒水或者喷淋方式作业；

（八）建筑物拆除后，拆除物应当及时清运，不能及时清运的，应当采取有效覆盖措施；

（九）建筑物拆除后，场地闲置三个月以上的，用地单位对拆除后的裸露地面采取绿化等防尘措施；

（十）易产生扬尘的建筑材料采取封闭运输；

（十一）建筑垃圾运输、处理时，按照城市人民政府市容环境卫生行政主管部门规定的时间、路线和要求，清运到指定的场所处理；

（十二）启动Ⅲ级（黄色）预警或气象预报风速达到四级以上时，不得进行土方挖填、转运和拆除等易产生扬尘的作业。

第六十四条 生产预拌混凝土、预拌砂浆应当采取密闭、围挡、洒水、冲洗等防尘措施。

鼓励、支持发展全封闭混凝土、砂浆搅拌。

第六十五条 装卸和运输煤炭、水泥、砂土、垃圾等易产生扬尘的作业，应当采取遮盖、封闭、喷淋、围挡等措施，防止抛洒、扬尘。

运输垃圾、渣土、砂石、土方、灰浆等散装、流体物料的，应当使用符合条件的车辆，并安装卫星定位系统。

建筑土方、工程渣土、建筑垃圾应当及时运输到指定场所进行处置；在场地内堆存的，应当有效覆盖。

第六十六条 城市道路保洁作业应当符合下列扬尘污染防治要求：

（一）城市主要道路机动车道每日至少洒水降尘或者冲洗一次，雨雪或者最低气温在摄氏二度以下的天气除外；

（二）鼓励在城区道路使用低尘机械化清扫作业方式；

（三）采用人工方式清扫的，应当符合市容和环境卫生作业服务规范。

机场、车站广场、码头、停车场、公园、城市广场、街头游园以及专用道路等露天公共场所，应当保持整洁，防止扬尘污染。

第六十七条 露天开采、加工矿产资源，应当采取喷淋、集中开采、运输道路硬化绿化等防止扬尘污染的措施。开采后应当及时进行生态修复。

已经关闭或者废弃矿山的生态修复，按照《安徽省矿山地质环境保护条例》有关规定执行。

第六十八条 裸露地面应当按照下列规定进行扬尘防治：

（一）待开发的建设用地，建设单位负责对裸露地面进行覆盖；超过三个月的，应当进行临时绿化或者透水铺装；

（二）市政道路及河道沿线、公共绿地的裸露地面，分别由住房和城乡建设、水务、园林绿化部门组织按照规划进行绿化或者透水铺装；

（三）其他裸露地面由使用权人或者管理单位负责进行绿化或者透水铺装，并采取防尘措施。

第七章 其他大气污染防治

第六十九条 县级以上人民政府发展改革、农业等部门应当制定秸秆综合利用方案，推行秸秆还田、秸秆饲料开发、秸秆基料化、秸秆气化、秸秆固化成型燃料、秸秆堆肥、秸秆发电和秸秆工业原料开发等综合利用方式。

县级以上人民政府应当制定秸秆综合利用财政补贴等政策，鼓励、引导秸秆的收集和利用，扶持秸秆收储和综合利用的企业发展。

第七十条 禁止在人口集中地区、机场周围、交通干线附近以及当地人民政府划定的区域露天焚烧秸秆、落叶、垃圾等产生烟尘污染的物质。

设区的市和县级人民政府应当公布秸秆禁烧区及禁烧区乡镇、街道名单，接受公众监督。禁烧区内的乡镇人民政府、街道办事处应当落实秸秆禁烧管理工作。

第七十一条 市、县人民政府应当根据当地实际，规定烟花爆竹的禁售、禁放，或者限售、限放的区域和时间。

鼓励开展文明绿色殡葬、祭祀等活动。

第七十二条 禁止在下列地点燃放烟花爆竹：

（一）文物保护单位；

（二）车站、码头、机场等交通枢纽以及铁路线路安全保护区；

（三）易燃易爆物品生产、储存单位；

（四）输变电设施安全保护区；

（五）幼儿园、学校、文化机构、医疗机构、养老机构；

（六）山林、草原、苗圃等重点防火区；

（七）重要军事设施安全保护区；

（八）市、县人民政府规定的禁止燃放烟花爆竹的其他地点。

前款规定禁止燃放烟花爆竹地点的具体范围，有关单位应当设置明显的禁放警示标志。

第七十三条 饮食服务业的经营者应当依法安装和使用与其经营规模相匹配的污染防治设施。餐饮油烟污染防治设施应当包括：

（一）油烟、废气净化装置；

（二）专门的油烟（气）排放通道；

（三）异味处理设施。

本条例实施前未安装和使用与其经营规模相匹配的污染防治设施的，应当限期治理。

禁止在居民住宅楼、未配套设立专用烟道的商住综合楼、商住综合楼内与居住层相邻的商业楼层内新建、改建、扩建产生油烟、异味、废气的饮食服务项目。

第七十四条 市、县人民政府可以划定禁止露天烧烤区域。

任何单位和个人不得在政府划定的禁止露天烧烤区域内露天烧烤食品或者为露天烧烤食品提供场地。

第七十五条 在机关、学校、医院、居民住宅区等人口集中地区和其他依法需要特殊保护的区域内，禁止从事下列生产活动：

（一）橡胶制品生产、经营性喷漆、制骨胶、制骨粉、屠宰、畜禽养殖、生物发酵等产生恶臭、有毒有害气体的生产经营活动；

（二）露天焚烧油毡、沥青、橡胶、塑料、皮革、垃圾或者其他可能产生恶臭、有毒有害气体的活动。

垃圾填埋场、垃圾发电厂、污水处理厂、规模化畜禽养殖场等应当采取措施处理恶臭气体。

第七十六条 县级以上人民政府园林等部门应当采取措施，调整林木、花草种植品种，限制易产生飞絮的林木、花草大面积种植。

第七十七条 向大气排放含放射性物质的气体和气溶胶，必须符合国家有关放射性防护的规定，禁止超过规定的标准排放。

在国家规定的期限内，生产、进口消耗臭氧层物质的单位必须按照国务院有关行政主管部门核定的配额进行生产、进口。

第八章　法律责任

第七十八条 违反本条例第十条第三款规定的，由县级以上人民政府环境保护行政主管部门责令停止排污或者限制生产、停业整治，处以二十万元以上一百万元以下罚款；情节严重的，报经有批准权的人民政府批准，责令停业、关闭。

第七十九条 违反本条例第十五条第一款规定未经环境保护行政主管部门批准，拆除或者闲置大气污染防治设施的，由审批该建设项目环境影响评价文件的环境保护行政主管部门责令改正，处以五万元以上二十万元以下罚款；拒不改正的，责令停产整治。

第八十条 违反本条例第十六条规定的，由县级以上人民政府环境保护行政主管部门责令停止排污或者限制生产、停产整治，处二十万元以上一百万元以下罚款；情节严重的，报经有批准权的人民政府批准，责令停业、关闭。

第八十一条 违反本条例第十八条第一款规定，有大气污染物排放总量控制任务的企业事业单位，未按照规定监测、记录、保存大气污染物排放数据或者公开虚假大气污染物排放数据的，由县级以上人民政府环境保护行政主管部门责令改正，处以五万元以上二十万元以下罚款；拒不改正的，责令停产整治。

第八十二条 违反本条例第十九条规定，未按规定配备大气污染物排放自动监控设备，或者自动监控设备未稳定运行、数据不准确的，由县级以上人民政府环境保护行政主管部门责令改正，处以五万元以上二十万元以下罚款；拒不改正的，责令停产整治。

第八十三条 违反本条例第二十七条第一款规定的，由县级以上人民政府环境保护行政主管部门责令改正，处以一万元以上三万元以下罚款。

第八十四条 违反本条例第三十五条第二款规定，在禁燃区超出规定期限继续使用高污染燃料的，由县级以上人民政府环境保护行政主管部门组织拆除燃用高污染燃料的设施。

违反本条例第三十五条第三款规定的，由县级以上人民政府产品质量监督、工商行政管理部门按照职责责令改正，没收原材料、产品和违法所得，处货值金额一倍以上三倍以下罚款。

第八十五条 违反本条例第三十六条第二款规定的，由县级以上人民政府环境保护行政主管部门组织拆除。

第八十六条 违反本条例第四十四条第一款、第四十五条、第四十六条规定的，由县级以上人民政府环境保护行政主管部门责令改正，处以五万元以上二十万元以下罚款；拒不改正的，责令停产整治。

第八十七条 违反本条例第五十五条第二款规定，不如实提供检验报告的，由县级以上人民政府环境保护行政主管部门责令改正，没收违法所得，处以五万元以上二十万元以下罚款；拒不改正的，由负责资质认定的部门取消其检验资格。

第八十八条　违反本条例第五十六条第一款规定，机动车未取得环保检验合格标志上路行驶的，由公安机关交通管理部门责令改正；逾期未改正的，处以二百元罚款。

违反本条例第五十六条第二款规定的，由公安机关依照《中华人民共和国治安管理处罚法》关于伪造、变造、买卖国家证明文件的有关规定予以处罚。

违反本条例第五十六条第三款规定，黄色环保标志机动车进入禁行区域的，由公安机关交通管理部门责令改正，处以一百元罚款。

第八十九条　违反本条例第五十八条规定的，由县级以上人民政府工商行政管理部门责令停止销售，没收违法销售的产品；有违法所得的，没收违法所得，处以违法销售金额一倍以上三倍以下罚款。

第九十条　违反本条例第六十二条第二款规定的，由县级以上人民政府住房和城乡建设部门责令停止施工。

第九十一条　违反本条例第六十三条规定，施工单位未采取扬尘污染防治措施，或者违反本条例第六十四条第一款规定，生产预拌混凝土、预拌砂浆未采取密闭、围挡、洒水、冲洗等防尘措施的，由县级以上人民政府住房和城乡建设部门责令改正，处以二万元以上十万元以下罚款；拒不改正的，责令停工整治。

第九十二条　违反本条例第六十五条第一款规定的，由县级以上人民政府环境保护行政主管部门或者其他依法行使监督管理权的部门责令停止违法行为，处以五千元以上二万元以下罚款。

违反本条例第六十五条第二款规定的，由县级以上人民政府环境保护行政主管部门或者其他依法行使监督管理权的部门责令改正，处以五百元以上二千元以下罚款。

违反本条例第六十五条第三款规定的，由县级以上人民政府环境保护行政主管部门责令改正，处二万元以上十万元以下罚款；拒不改正的，责令停工整治或者停业整治。

第九十三条　违反本条例第六十七条第一款规定，露天开采、加工矿产资源，未采取喷淋、集中开采、运输道路硬化绿化等扬尘污染防治措施的，由县级以上人民政府环境保护行政主管部门或者其他依法行使监督管理权的部门责令改正，处以二万元以上十万元以下罚款；拒不改正的，责令停工整治。

第九十四条　违反本条例第七十条第一款规定的，由县级以上人民政府环境保护行政主管部门或者其他依法行使监督管理权的部门责令改正，处以五百元以上二千元以下罚款。

第九十五条　违反本条例第七十二条第一款规定的，由公安部门或者其他依法行使监督管理权的部门责令停止燃放，处以五百元以上二千元以下罚款；构成违反治安管理行为的，依法给予治安管理处罚。

第九十六条　违反本条例第七十三条第一款规定的，由县级以上人民政府环境保护行政主管部门责令改正，处以一万元以上五万元以下罚款；拒不改正的，责令停业整治。

违反本条例第七十三条第三款规定的，由县级以上人民政府环境保护行政主管部门责令改正；拒不改正的，处以二万元以上十万元以下罚款。

第九十七条　违反本条例第七十四条第二款规定的，由城市市容环境卫生管理部门责令改正；拒不改正的，没收烧烤工具和违法所得，处以二千元以上五千元以下罚款。

第九十八条　违反本条例第七十五条第一款规定的，由县级以上人民政府环境保护行政主管部门责令改正，对企业事业单位处二万元以上十万元以下罚款，对个人处二千元以上五千元以下罚款。

第九十九条　企业事业单位和其他生产经营者违反本条例第十五条、第十八条、第四十四条第一款、第四十五条、第六十五条、第七十三条第一款、第七十五条第一款，违法向大气排放污染物，受到罚款处罚，被责令改正，拒不改正的，依法作出处罚决定的行政机关可以自责令改正之日的次日起，按照原处罚数额按日连续处罚。

第一百条　地方各级人民政府、县级以上人民政府环境保护行政主管部门和其他负有环境保护监督管理职责的部门有下列行为之一的，对直接负责的主管人员和其他直接责任人员给予记过、记大过或者降级处分；造成严重后果的，给予撤职或者开除处分，其主要负责人应当引咎辞职：

（一）不符合行政许可条件准予行政许可的；
（二）对环境违法行为进行包庇的；
（三）依法应当作出责令停业、关闭的决定而未作出的；
（四）对超标排放污染物、采用逃避监管的方式排放污染物、造成环境事故以及不落实生态保护措施造成生态破坏等行为未及时查处的；
（五）因工作不力、履职缺位等导致未能有效应对重污染天气的；
（六）篡改、伪造或者指使篡改、伪造监测数据的；
（七）应当依法公开环境信息而未公开的；
（八）将征收的排污费截留、挤占或者挪作他用的；
（九）接到举报后未及时查处或者对举报人的相关信息没有予以保密的；
（十）法律法规规定的其他违法行为。

第一百零一条 违反本条例规定，构成犯罪的，依法追究刑事责任。

第九章 附 则

第一百零二条 本条例自2015年3月1日起施行。

五、安徽省建筑工程施工扬尘污染防治规定

各市、县人民政府，省政府各部门、各直属机构：

经省政府同意，现将《安徽省建筑工程施工扬尘污染防治规定》印发给你们，请认真贯彻执行。

安徽省住房城乡建设厅

2014年1月30日

第一条 为加强建筑工程施工扬尘污染防治工作，保护和改善大气环境质量，根据《中华人民共和国大气污染防治法》、《安徽省大气污染防治行动计划实施方案》等法律法规和相关规定，结合我省实际，制定本规定。

第二条 在本省行政区域内城市和县城的建成区从事房屋建筑及市政基础设施等工程（以下简称建筑工程）的新建、改建、扩建、拆除及相关运输等有关活动，必须遵守本规定。

第三条 按照“属地管理、分级负责，谁主管、谁负责”的原则，做好建筑工程施工扬尘污染防治工作。

省住房城乡建设行政主管部门对全省建筑工程施工扬尘污染防治工作实施指导和监督管理。

市、县（区）住房城乡建设行政主管部门负责本行政区域内建筑工程施工扬尘污染防治工作的监督管理。

市、县（区）人民政府负责房屋、建（构）筑物拆除的行政主管部门应当加强拆除作业现场的监督检查，督促拆除施工单位落实各项防尘抑尘措施。

第四条 建设单位（拆除发包单位）是建筑工程施工扬尘污染防治的责任人，明确扬尘污染防治责任并监督落实；将扬尘污染防治费用列入工程安全文明施工措施费，作为不可竞争费用列入工程成本，并在开工前及时足额支付给施工单位。

第五条 施工单位依照本规定和合同约定，具体承担建筑工程施工扬尘的污染防治工作，施工总承包单位对分包单位的扬尘污染防治负总责。

第六条 监理单位对建筑工程施工扬尘污染防治工作负监理责任，具体负责监督施工单位扬尘污染防治措施建立、防治费用使用、防治工作责任落实等情况。

监理单位对施工扬尘污染防治工作不力等行为应当及时制止；对拒不整改的，应当及时向工程所在地住房城乡建设行政主管部门报告。

第七条 建筑工程施工扬尘治理措施应当符合下列规定：

（一）施工现场实行围挡封闭。主要路段施工现场围挡高度不得低于 2.5 米，一般路段施工现场围挡高度不得低于 1.8 米。围档底边应当封闭并设置防溢沉淀井，不得有泥浆外漏。

（二）施工现场出入口道路实施混凝土硬化并配备车辆冲洗设施。对驶出施工现场的机动车辆冲洗干净，方可上路。

（三）施工现场内道路、加工区实施混凝土硬化。硬化后的地面，不得有浮土、积土，裸露场地应当采取覆盖或绿化措施。

（四）施工现场设置洒水降尘设施，安排专人定时洒水降尘。

（五）施工现场土方开挖后尽快完成回填，不能及时回填的场地，采取覆盖等防尘措施；砂石等散体材料集中堆放并覆盖。

（六）渣土等建筑垃圾集中、分类堆放，严密遮盖，采用封闭式管道或装袋清运，严禁高处抛洒。需要运输、处理的，按照市、县（区）政府市容环境卫生行政主管部门规定的时间、线路和要求，清运到指定的场所处理。

（七）外脚手架应当设置悬挂密目式安全网封闭，并保持严密整洁。

（八）施工现场禁止焚烧沥青、油毡、橡胶、塑料、皮革、垃圾以及其他产生有毒有害烟尘和恶臭气体的物质。

（九）施工现场使用商品混凝土和预拌砂浆，搅拌混凝土和砂浆采取封闭、降尘措施。

（十）运进或运出工地的土方、砂石、粉煤灰、建筑垃圾等易产生扬尘的材料，应采取封闭运输。

（十一）拆除工程工地的围挡应当使用金属或硬质板材材料，严禁使用各类砌筑墙体；拆除作业实行持续加压洒水或者喷淋方式作业；拆除作业后，场地闲置 1 个月以上的，用地单位对拆除后的裸露地面采取绿化等防尘措施。

（十二）根据《安徽省重污染天气应急预案》启动Ⅲ级（黄色）预警以上或气象预报风速达到五级以上时，不得进行土方挖填和转运、拆除、道路路面鼓风机吹灰等易产生扬尘的作业。

第八条 市、县（区）住房城乡建设行政主管部门应当积极建立施工现场扬尘污染防治监控平台，当地政府应给予支持。

第九条 市、县（区）住房城乡建设行政主管部门应当将施工现场扬尘治理措施和专项经费落实情况，纳入安全生产和文明施工监督管理内容，加强现场踏勘和监督检查。

第十条 各级住房城乡建设行政主管部门应当设立施工现场扬尘污染举报投诉电话，接受社会监督。

第十一条 市、县（区）住房城乡建设行政主管部门应当制定重污染天气分级响应应急预案，纳入本地区应急体系建设。国家或省发布不同级别的重污染天气预警时，应当采取扬尘防控应急措施。

第十二条 省、市住房城乡建设行政主管部门开展安全质量标准化示范工地（小区）评审时，应当将施工现场扬尘污染防治工作落实情况，作为必备条件之一纳入评审内容。

第十三条 各级住房城乡建设行政主管部门在工程监督工作中，发现有扬尘污染防治费用不落实或挪作他用情形的，应当依照相关法律法规进行处理和处罚。

第十四条 在城市和县城的建成区进行建筑工程施工，未采取有效扬尘防治措施，致使大气环境受到污染的，依照有关法律法规，限期改正，处 20000 元以下罚款；逾期仍未达到当地环境保护规定要求的，可以责令停工整顿。

第十五条 本规定自印发之日起实施。

六、安徽省建筑施工安全生产违法违规行为分类处罚和不良行为记录标准

为贯彻落实《住房城乡建设部关于推进建筑业发展和改革的若干意见》（建市〔2014〕92 号）和《住房城乡建设部关于开展建筑业改革发展试点工作的通知》（建市〔2014〕64 号）要求，科学、公正、依法对安全生产违法违规行为进行处罚，依据《生产安全事故报告和调查处理条例》（国务院令 493 号）、《安全生产许可证条例》（国务院令 397 号）和《安徽省建筑市场信用信息管理办法》（建市〔2014〕21 号）

等相关规定，我厅根据企业安全管理状况、企业百亿元产值死亡率、企业综合信用评分和在建项目开展信用评价情况等因素，结合违法违规行为的事实、性质、情节以及社会危害程度，按下限、一般、上限三种处罚档次对企业建筑安全生产违法违规行为进行分类处罚并记不良行为记录。

1. 本省建筑施工总承包企业安全生产违法违规行为分类处罚标准

序号	违法行为	处罚依据	处罚内容	裁量档次		处罚标准	企业信用扣分
1	降低安全生产条件	《安全生产许可证条例》第十四条、《建筑施工企业安全生产许可证动态监管暂行办法》第九条、十条、十一条等	责令改正，暂扣安全生产许可证30～60天，吊销安全生产许可证	下限处罚	初次违法，危害后果轻微，主动消除或减轻违法行为危害后果的。责令改正		
				一般处罚	经责令整改，仍达不到要求的	责令停工	
					责令停工整改，拒不改正的	暂扣安全生产许可证30天。	
				上限处罚	企业严重降低安全生产条件的	暂扣安全生产许可证60天	
2	发生生产安全事故并负有责任的	《生产安全事故报告和调查处理条例》第四十条、《安全生产许可证条例》第十四条、《建筑施工企业安全生产许可证动态监管暂行办法》第十四条至第十七条等	暂扣安全生产许可证30～90天，吊销安全生产许可证	下限处罚	发生一般生产安全事故。企业总体安全管理情况较好且事故发生前一年内未发生一般生产安全事故、两年内未发生较大生产安全事故，百亿元产值死亡率低于全省平均值，在建项目全部开展信用评价，总承包企业综合信用评分在前30%范围内的企业	暂扣安全生产许可证30天。	3
					发生较大生产安全事故。企业总体安全管理情况较好且事故发生前一年内未发生一般生产安全事故、两年内未发生较大生产安全事故，百亿元产值死亡率低于全省平均值，在建项目全部开展信用评价，总承包企业综合信用评分在前30%范围内的企业	暂扣安全生产许可证60天	8
				一般处罚	发生一般生产安全事故。不符合按照上限或下限情形处罚的	暂扣安全生产许可证45天	4
					发生较大生产安全事故。不符合按照上限或下限情形处罚的	暂扣安全生产许可证75天	9

续表

<table>
<tr><th>序号</th><th>违法行为</th><th>处罚依据</th><th>处罚内容</th><th colspan="2">裁量档次</th><th>处罚标准</th><th>企业信用扣分</th></tr>
<tr><td rowspan="3">2</td><td rowspan="3">发生生产安全事故并负有责任的</td><td rowspan="3">《生产安全事故报告和调查处理条例》第四十条、《安全生产许可证条例》第十四条、《建筑施工企业安全生产许可证动态监管暂行办法》第十四条至第十七条等</td><td rowspan="3">暂扣安全生产许可证30天~90天，吊销安全生产许可证</td><td rowspan="3">上限处罚</td><td>发生一般生产安全事故。企业百亿元产值死亡率高于全省平均值，在建项目未开展信用评价，企业综合信用评分在后10%范围内的企业</td><td>暂扣安全生产许可证60天</td><td>5</td></tr>
<tr><td>发生较大生产安全事故。企业百亿元产值死亡率高于全省平均值，在建项目未开展信用评价，企业综合信用评分在后10%范围内的企业</td><td>暂扣安全生产许可证90天</td><td>10</td></tr>
<tr><td>企业发生生产安全事故，经整改后复核，仍不具备安全生产条件，情节严重的</td><td>吊销安全生产许可证</td><td>10</td></tr>
</table>

注：上述分类处罚标准不适用于对企业相关责任人员的处罚。

2. 外省进皖建筑施工企业安全生产违法违规行为处理标准

（1）承建的项目降低安全生产条件，主管部门责令整改仍不到位的，记安全生产不良行为记录一次；情节严重的暂停进皖备案3~6个月。

（2）承建的项目发生一般生产安全事故的，记安全生产不良行为记录一次，情节严重的暂停进皖备案3~6个月。

（3）12个月内发生1起较大生产安全事故或2起及以上一般生产安全事故的，暂停备案6~9个月；情节严重的，撤销备案，一年内不再受理该企业或人员信息登记备案。

（4）对省外进皖施工企业严重降低安全生产条件或发生生产安全事故的，我厅将函告企业工商注册所在地省级建设行政主管部门，暂扣其安全生产许可证，逾期未进行处罚的，将暂停企业进皖备案。

3. 对监理企业、项目总监安全生产违法违规行为记录标准

监理企业、项目总监安全生产违法违规行为除依法依规进行处理外，并应记不良行为记录：

（1）监理企业监理的项目降低安全生产条件，责令整改仍未履行监理职责的，给项目总监记安全生产不良行为记录一次。

（2）监理企业监理的项目发生一般生产安全事故并负有监理责任的，给项目总监记安全生产不良行为记录一次；情节严重的给监理企业记安全生产不良行为记录一次。

（3）监理企业监理的项目12个月内发生2起及以上一般生产安全事故并负有监理责任的，给监理企业记安全生产不良行为记录一次。

（4）监理企业监理的项目发生较大生产安全事故并负有监理责任的，记安全生产严重不良行为记录一次。

（5）监理企业被记安全生产不良行为的，扣企业信用分2分；被记安全生产严重不良行为的，扣企业信用分6分。

4. 其他

（1）企业综合信用评分以发生安全违规违法行为前一个月底评分结果为准。

（2）安徽省建筑施工企业百亿元产值死亡率和企业百亿元产值死亡率以上一年度统计值为准。

（3）本标准仅适用于企业降低安全生产条件、发生一般及较大建筑生产安全事故的行为。

七、安徽省建筑施工特种作业人员管理规定实施细则

发文号：建安〔2009〕90号

发布单位：安徽省建设厅

发布日期：2009-05-14

实施日期：2009-06-01

第一章 总 则

第一条 为加强安全生产管理，防止和减少建筑施工生产安全事故，确保建筑施工特种作业人员具备独立从事相应特种作业的能力，根据国家有关法律法规以及《建筑起重机械安全监督管理规定》（建设部令第166号）、《建筑施工特种作业人员管理规定》（建质〔2008〕75号）、《关于建筑施工特种作业人员考核工作的实施意见》（建办质〔2008〕41号），结合本省实际，制定本细则。

第二条 本省建筑施工特种作业人员的考核、发证、从业和监督管理，适用本细则。

本细则所称建筑施工特种作业人员是指在房屋建筑和市政工程施工活动中，从事可能对本人、他人及周围设备设施的安全造成重大危害作业的人员。

第三条 省建设厅负责全省建筑施工特种作业人员的考核、发证和监督管理工作（以下简称发证机关）。发证工作由省建设厅政务服务中心统一受理。

第四条 省建设厅委托安徽省建设行业安全协会负责对建筑施工起重类特种作业人员的考核；委托各地级市建设行政主管部门负责对建筑施工其他特种作业人员的考核。被委托机构为考核工作机构（以下统称考核工作机构）。

第二章 建筑施工特种作业操作范围

第五条 在我省房屋建筑和市政工程（以下简称“建筑工程”）施

工现场从事建筑施工特种作业工种操作范围包括：

（一）建筑电工：在建筑工程施工现场从事临时用电作业；

（二）建筑电焊工：在建筑工程施工现场从事电焊作业；

（三）建筑架子工（普通脚手架）：在建筑工程施工现场从事落地式脚手架、悬挑式脚手架、模板支架、外电防护架、卸料平台、洞口临边防护等登高架设、维护、拆除作业；

（四）建筑架子工（附着升降脚手架）：在建筑工程施工现场从事附着式升降脚手架的安装、升降、维护和拆卸作业；

（五）建筑起重司索信号工：在建筑工程施工现场从事对起吊物体进行绑扎、挂钩等司索作业和起重指挥作业；

（六）建筑起重机械司机（塔式起重机）：在建筑工程施工现场从事固定式、轨道式和内爬升式塔式起重机的驾驶操作；

（七）建筑起重机械司机（施工升降机）：在建筑工程施工现场从事施工升降机的驾驶操作；

（八）建筑起重机械司机（物料提升机）：在建筑工程施工现场从事物料提升机的驾驶操作；

（九）建筑起重机械安装拆卸工（塔式起重机）：在建筑工程施工现场从事固定式、轨道式和内爬升式塔式起重机的安装、附着、顶升和拆卸作业；

（十）建筑起重机械安装拆卸工（施工升降机）：在建筑工程施工现场从事施工升降机的安装和拆卸作业；

（十一）建筑起重机械安装拆卸工（物料提升机）：在建筑工程施工现场从事物料提升机的安装和拆卸作业；

（十二）高处作业吊篮安装拆卸工：在建筑工程施工现场从事高处作业吊篮的安装和拆卸作业。

第三章　申请条件和申请程序

第六条　发证机关应当在机关网站和申请报名场所公布建筑施工特种作业人员申请条件、申请程序、工作时限、收费依据和标准、考核工作机构等事项。

第七条　申请从事建筑施工特种作业的人员，应当具备下列基本条件：

（一）年满18周岁且符合相关工种规定的年龄要求；

（二）近三个月内经县级以上医院体检合格且无妨碍从事相应特种作业的疾病和生理缺陷；

（三）初中及以上学历。

第八条　符合条件的人员应当就近向本人户籍或从业所在地考核工作机构提出申请，并提交下列申请材料：

（一）《安徽省建筑施工特种作业人员首次考核申请表》（见附件2）；

（二）身份证明（复印件1份）。外国人及台港澳人员，需同时提供劳动和社会保障部门颁发的有效《外国人就业证》及《台港澳人员就业证》；

（三）大一寸正面免冠彩色照片2张，小一寸1张；

（四）学校毕业证书（复印件）或学历证明1份；

（五）身体健康（有县级以上医疗机构出具的健康证明），无妨碍从事相应特种作业的疾病和缺陷。

第九条　考核工作机构应在收到特种作业操作资格申请材料之日起5个工作日内，依照条件答复受理或者不受理。

建筑施工特种作业人员资格申请的形式，将逐步由书面申请向网上申请过渡。

第四章　考核和发证

第十条　考核对象为申请从事建筑施工特种作业的相关人员；已持有特种作业操作资格证书需要延期的相关人员。

第十一条　考核工作机构应提前在其办公场所、机关网站或有关新闻媒体上公布考核科目、考核地点、考核时间和监督电话等事项。

第十二条　对建筑施工特种作业人员考核内容包括安全技术理论和安全操作技能两部分，参照《建筑施工特种作业人员安全技术考核大纲》和《建筑施工特种作业人员安全操作技能考核标准》）考核。

理论知识考试采取全省统一命题、闭卷考试的方式进行；实际操作考核采取在考核基地实际操作或模拟操作等方式进行。理论考核合格者方可参加实际操作考核。

第十三条　考核要求分为掌握、熟悉、了解三类。即掌握类要求能熟练运用相关特种作业知识解决实际问题并能实际操作；熟悉类要求能理解相关特种作业安全技术知识；了解类要求具有相关特种作业的基本知识。

第十四条　安全技术理论考试采用闭卷笔试方式，考试时间2小时，评分按百分制，其中安全生产基本知识占25%、专业基础知识占25%，专业技术理论占50%，总分60分为合格；安全操作技能考核采用实际操作或模拟操作等方式，评分按百分制，总分70分为合格。

考试和考核不合格者，均可补考一次。理论考试补考仍不合格者不得参加安全操作技能考核。

第十五条　考核工作机构在考核结束5个工作日内将考核结果上报省建设厅，省建设厅在5个工作日内将审核结果在本机关网站公布。

第十六条　考核结果公布后10个工作日内，省建设厅向考核合格人员颁发《建筑施工特种作业人员操作资格证书》（以下简称《资格证书》），采用住房与城乡建设部规定的统一样式（见附件6），实行全省统一编号管理（见附件7）。

考核不合格人员，由考核工作机构负责通知本人并说明理由。

第五章　特种作业人员上岗管理

第十七条　在我省范围内，从事建筑施工特种作业的人员必须取得省建设厅颁发的《资格证书》，方可上岗作业。

第十八条　持有《资格证书》的人员，可受聘于建筑施工企业或者建筑起重机械出租单位（以下简称用人单位），从事相应的特种作业。建筑施工特种作业人员变动工作单位，用人单位应及时办理相关聘用手续。任何单位和个人不得以任何理由扣押其资格证书。

首次取得《资格证书》的人员，实习操作期限不得少于3个月。实习期间，用人单位应当指定专人指导和监督作业，指导人员应当是已经取得相应《资格证书》、从事相关特种作业3年以上、无不良记录人员。实习期满，经用人单位认可后方可独立作业。

第十九条　建筑施工特种作业人员应当严格按照安全技术标准、规范和规程进行作业，正确佩戴和使用安全防护用品，并按规定对作业工具和设备进行维护保养。

在施工中发生危及人身安全的紧急情况时，建筑施工特种作业人员有权立即停止作业或者采取必要措施后撤离危险区域，并向施工现场专职安全生产管理人员和项目负责人报告。

第六章　用人单位职责

第二十条　用人单位应当履行下列职责：

（一）与持有效《资格证书》人员订立劳动合同；

（二）制定并落实本单位特种作业安全操作规程和有关安全管理制度；

（三）书面告知特种作业人员违章操作的危害；

（四）向特种作业人员提供齐全、合格的安全防护用品和安全的作业条件；

（五）每年组织特种作业人员参加安全教育培训，培训时间不少于16小时；

（六）建立本单位特种作业人员管理档案。

第七章　延期管理

第二十一条　《资格证书》有效期为2年。有效期满可以申请《资格证书》延期，延期期限两年。建筑施工特种作业人员应当于有效期满前3个月，向就业所在地考核工作机构申请办理延期手续，考核工作机构初审合格后报发证机关复核。

第二十二条　申请《资格证书》延期，应当提交下列材料：

1.《安徽省建筑施工特种作业人员操作资格证书延期申请表》（见附件3）；

2. 身份证（复印件）；

3. 体检合格证明；

4. 用人单位出具的特种作业人员管理档案记录；

5. 年度安全教育培训证明或者继续教育证明；

6.《资格证书》（原件和复印件）。

第二十三条　建筑施工特种作业人员在《资格证书》有效期内，有下列情形之一的，《资格证书》不予延期：

1. 超过规定年龄要求的；

2. 身体健康状况不再适应相应特种作业岗位的；

3. 对生产安全事故负有责任的；

4. 2年内违章操作记录达3次（含3次）以上的；

5. 未按规定参加年度安全教育培训的。

第二十四条　考核工作机构在收到申请延期资料后，应当根据以下情况分别作出处理：

（一）有本规定第二十三条情形之一的，作不予延期初审意见，报发证机关决定。发证机关在5个工作日内作出不予延期决定，并向申请人说明理由；

（二）提交资料齐全且无本规定第二十三条情形的，5个工作日内作初审合格意见并上报发证机关。

第二十五条 发证机关自受理之日起，在5个工作日内复核，对复核合格的在《资格证书》上加盖“延期复核合格”专用章；对复核不合格的，退回考核工作机构作不予延期处理。

第八章 监督管理

第二十六条 《建筑施工特种作业人员操作资格证书》不得伪造、涂改、转借或转让。各级建设行政主管部门应加强对建筑施工特种作业人员的监督管理，对违法违规行为依法作出处罚。

第二十七条 考核工作机构和发证机关工作人员滥用职权、玩忽职守、徇私舞弊的，按相关规定给予处分；构成犯罪的，依法追究刑事责任。

第二十八条 县级以上建设行政主管部门应当加强对建筑施工特种作业人员从业活动的监督检查，查处违章作业行为，建立不良记录档案。

第二十九条 有下列情形之一的，发证机关应当撤销其《资格证书》：

（一）持证人弄虚作假骗取《资格证书》或者骗取延期复核的；

（二）发证机关工作人员违法核发《资格证书》的。

第三十条 有下列情形之一的，发证机关应当注销其《资格证书》：

（一）不予延期的；

（二）持证人逾期未申请办理延期复核手续的；

（三）持证人死亡或者不具有完全民事行为能力的。

第九章 附 则

第三十一条 本实施细则自2009年6月1日起施行。

第三十二条 凡在2009年6月1日前，对已取得其他有关部门颁发的《特种作业人员操作资格证书》并在有效期内的，申请人须填写《其他有关部门颁发的特种作业证书换证申请表》（见附件4），由各市建设行政主管部门审核汇总后统一报发证机关换发《建筑施工特种作业人员操作资格证书》。

对已取得其他有关部门颁发的《特种作业人员操作资格证书》，在2008年3月1日至2009年6月1日期间因故未延期导致过期失效的，申请人须填写《其他有关部门颁发的特种作业证书延期换证申请表》（见附件5），由各市建设行政主管部门参照本实施细则第七章的规定条件审核合格后统一报发证机关换发《建筑施工特种作业人员操作资格证书》。

其他有关部门颁发的《特种作业人员操作资格证书》的换证和延期复核工作至2009年9月30日截止。

第三十三条 各用人单位须规范特种作业人员的管理工作。自2009年10月1日以后，凡发现用人单位聘用的特种作业人员未持有建设行政主管部门颁发的操作资格证书的，视为无证上岗并对用人单位作不良行为记录。

第三十四条 本实施细则由省建设厅负责解释。

八、安徽省人民政府令第259号

《安徽省生产安全事故隐患排查治理办法》已经2015年2月27日省人民政府第45次常务会议通过，现予公布，自2015年5月1日起施行。

省长王学军

2015年3月10日

安徽省生产安全事故隐患排查治理办法

第一条 为了加强生产安全事故隐患（以下简称事故隐患）排查治理工作，落实事故隐患排查治理责任，防止和减少生产安全事故，保障人民群众生命财产安全，根据《中华人民共和国安全生产法》和有关法律、法规的规定，结合本省实际，制定本办法。

第二条 本办法适用于本省行政区域内事故隐患的排查治理及其监督管理活动。

第三条 本办法所称事故隐患，是指生产经营单位违反安全生产法律、法规、规章、标准、规程和安全生产管理制度的规定，或者因其他因素在生产经营活动中存在可能导致事故发生的物的危险状态、人的不安全行为和管理上的缺陷。

事故隐患分为一般事故隐患和重大事故隐患。一般事故隐患，是指危害和整改难度较小，能够立即整改排除的隐患。重大事故隐患，是指危害和整改难度较大，应当全部或者局部停产停业，经过一定时间整改治理方能排除的隐患，或者因外部因素影响致使生产经营单位自身难以排除的隐患。

第四条 生产经营单位是事故隐患排查治理的责任主体，应当建立全员负责的事故隐患排查治理体系。

生产经营单位主要负责人是本单位事故隐患排查治理的第一责任人，其他负责人在职责范围内承担责任。

生产经营单位的安全生产管理机构以及安全生产管理人员是本单位事故隐患排查治理的具体责任人。

第五条 县级以上人民政府应当加强对事故隐患排查治理工作的领导，协调解决事故隐患排查治理工作中存在的重大问题，安排专项资金用于应当由政府负责的事故隐患治理。

乡（镇）人民政府以及街道办事处、开发区管理机构等人民政府的派出机关应当加强对本行政区域内生产经营单位事故隐患排查治理的监督检查，协助上级人民政府有关部门依法履行事故隐患排查治理的监督管理职责。

第六条 县级以上人民政府安全生产监督管理部门负责本行政区域内事故隐患排查治理的综合监督管理，并指导、协调、督促有关部门、乡（镇）人民政府以及街道办事处、开发区管理机构等人民政府的派出机关做好对生产经营单位事故隐患排查治理工作的监督检查。

县级以上人民政府有关部门应当按照各自职责，负责有关行业、领域的事故隐患排查治理的监督管理。

安全生产监督管理部门和对有关行业、领域的安全生产工作实施监督管理的部门，统称负有安全生产监督管理职责的部门。

第七条 负有安全生产监督管理职责的部门应当鼓励和支持事故隐患排查治理先进技术的推广应用，引导生产经营单位采用先进技术排查治理事故隐患，建立健全事故隐患排查治理信息系统。

第八条 排查事故隐患可以采用企业自查、委托为安全生产提供技术或者管理服务的机构排查、负有安全生产监督管理职责的部门监督检查等方式。

无法明确责任单位的事故隐患，由所在地县级人民政府确定有关单位负责排查治理。

第九条 生产经营单位应当建立事故隐患排查治理制度，明确单位、部门、车间、班组的负责人和其他从业人员的事故隐患排查治理责任范围，建立责任追究机制。

集中交易市场的开办者或者经营场所管理者应当保证市场具备安全生产条件，与生产经营单位签订事故隐患排查治理责任协议，明确各自的安全生产管理责任，并定期组织开展事故隐患排查治理工作。

第十条 生产经营单位负责人应当根据本单位生产经营特点，定期组织安全生产管理人员、专业技术人员和其他相关人员对下列事项进行排查：

（一）安全生产法律、法规和规章制度、操作规程的贯彻落实情况；

（二）劳动防护用品的配备、发放和使用情况；

（三）重大危险源普查建档、风险辨识、监控预警情况；

（四）危险作业、有限空间作业、粉尘作业场所等现场安全管理情况；

（五）从业人员安全教育培训、作业人员持证上岗情况；

（六）应急救援预案制定、演练，应急救援物资、设备的配备情况；

（七）设施、设备的使用、维护和保养情况以及工艺变化情况；

（八）其他需要排查的事项。

第十一条 生产经营单位安全生产管理人员、其他从业人员应当根据其岗位职责，对设施、设备、工艺等进行日常安全检查。

发现事故隐患的，应当立即报告现场负责人或者本单位负责人，接到报告的人员应当及时予以处理；发现直接危及人身安全的紧急情况，有权停止作业或者采取可能的应急措施后撤离作业场所。检查及处理情况应当如实记录在案。

第十二条 生产经营单位发现一般事故隐患的，应当在保证安全的前提下，及时采取技术、管理措施予以排除。

生产经营单位发现重大事故隐患的，应当立即报告负有安全生产监督管理职责的部门，并采取技术、管理措施，根据需要停止使用相关设施、设备，实行局部或者全部停产停业。

事故隐患排查治理情况应当如实记录，并向从业人员通报。

第十三条 生产经营单位应当按照下列规定治理重大事故隐患：

（一）组织专业技术人员或者委托为安全生产提供技术或者管理服务的机构进行风险评估，分析事故隐患的现状、产生原因、危害程度、整改难易程度；

（二）根据风险评估结果制定治理方案，明确治理目标、治理措施、责任人员、所需经费和物资条件、时间节点、监控保障和应急措施；

（三）落实治理方案，排除事故隐患。

第十四条 生产经营单位在事故隐患治理过程中，应当采取必要的安全防范措施，防止事故发生。事故隐患排除前或者排除过程中无法保证安全的，应当从危险区域内撤出作业人员，疏散可能危及的人员，设置警示标志和警戒区域。必要时，应当派员值守。

事故隐患涉及相邻地区、单位或者社会公众安全的，生产经营单位应当立即通知相邻地区、单位，并在现场设置安全警示标志。相邻地区、单位应当支持配合。

对外部因素造成的重大事故隐患，生产经营单位自身难以排除的，应当向负有安全生产监督管理职责的部门报告，接到报告的部门应当及时协调处理。

第十五条 生产经营单位应当建立事故隐患排查治理台账，记录排查事故隐患的人员、时间、部位或者场所，事故隐患的具体情形、数量、性质和治理情况；对重大事故隐患排查治理情况，应当建档管理。

第十六条 生产经营单位应当按照国家有关规定，定期将本单位事故隐患排查治理的统计情况报送负有安全生产监督管理职责的部门。

县级以上人民政府有关部门应当定期统计分析本行业、领域事故隐患排查治理情况，并报送上一级主管部门和本级人民政府安全生产监督管理部门。

县级以上人民政府安全生产监督管理部门应当定期统计分析本地区事故隐患排查治理情况，并向社会公布。

第十七条 负有安全生产监督管理职责的部门、乡（镇）人民政府以及街道办事处、开发区管理机构等人民政府的派出机关，根据工作需要，可以委托为安全生产提供技术或者管理服务的机构，对事故隐患进行排查。有关费用由委托方承担。

第十八条 任何单位和个人发现事故隐患的，有权向负有安全生产监督管理职责的部门举报。负有安全生产监督管理职责的部门接到事故隐患举报后，应当按照职责分工，立即组织核实处理；对举报属实的，给予物质奖励，并为举报者保密。

第十九条 负有安全生产监督管理职责的部门应当依法对生产经营单位执行安全生产法律、法规和国家标准或者行业标准等情况进行监督检查，并如实书面记录检查时间、地点、内容、发现的问题及其处理情况。

对检查中发现的事故隐患，应当责令立即排除。对重大事故隐患，实行跟踪督办，明确相关生产经营单位的整改任务、措施、时限以及牵头督办部门的责任，并向社会公布。必要时，报本级人民政府挂牌督办。

第二十条 乡（镇）人民政府以及街道办事处、开发区管理机构等人民政府的派出机关，应当对本行政区域内生产经营单位的事故隐患排查治理工作进行监督检查。对检查中发现的事故隐患，应当责令生产经营单位采取措施消除事故隐患，并报告负有安全生产监督管理职责的部门。

第二十一条 对事故隐患治理不力，导致事故发生的生产经营单位，负有安全生产监督管理职责的部门应当按照规定将其录入安全生产违法行为信息库，向社会公布，并通报行业主管部门、投资主管部门、国土资源主管部门、证券监督管理机构以及有关金融机构。

第二十二条 负有安全生产监督管理职责的部门接到重大事故隐患报告后，应当组织现场核查，督促、指导生产经营单位采取技术或者管理措施，制定并实施治理方案，消除事故隐患。必要时，应当依法责令生产经营单位停产停业。

第二十三条 因存在重大事故隐患而局部或者全部停产停业的生产经营单位要求恢复生产的，应当向负有安全生产监督管理职责的部门提出恢复生产的书面申请。

负有安全生产监督管理职责的部门应当自收到申请之日起 10 日内组织现场审查。审查合格的，对事故隐患进行核销，同意恢复生产经营；审查不合格的，不得恢复生产经营；经停产停业整改仍不具备安全生产条件的，依法予以关闭。

第二十四条 违反本办法规定，生产经营单位不建档管理重大事故隐患排查治理情况，或者不报送事故隐患排查治理情况的，由负有安全生产监督管理职责的部门责令限期改正；逾期未改正的，录入安全生产违法行为信息库，向社会公布。

生产经营单位有两次以上前款违法行为的，将其录入企业信用信息公示系统，向社会公布。

第二十五条 生产经营单位违反本办法规定，未采取措施消除事故隐患的，由负有安全生产监督管理职责的部门责令立即消除或者限期消除；生产经营单位拒不执行的，责令停产停业整顿，并处 10 万元以上 50 万元以下的罚款，对其直接负责的主管人员和其他直接责任人员处 2 万元以上 5 万元以下的罚款。

第二十六条 负有安全生产监督管理职责的部门工作人员有下列情形之一的，依法给予处分；构成犯罪的，依法追究刑事责任：

（一）不按照规定处理事故隐患举报的；

（二）不按照规定对事故隐患排查治理情况履行监督检查职责，导致生产安全事故发生的；

（三）发现生产经营单位在事故隐患排查治理过程中存在违法行为，未及时查处，造成后果的；

（四）其他玩忽职守、滥用职权、徇私舞弊的行为。

第二十七条 国家机关、事业单位、人民团体以及其他经济组织的事故隐患排查治理，参照本办法执行。

第二十八条 本办法自 2015 年 5 月 1 日起施行。

安徽省住房城乡建设厅关于建筑施工企业“安管人员”和特种作业人员证书延续有关问题的通知

各市住房城乡建设委（城乡建设委），广德、宿松县住房城乡建设委（局）：

为推进建筑施工企业主要负责人、项目负责人和专职安全生产管理人员（以下合称“安管人员”）和特种作业人员信用差别化管理，促进诚信履职，规范建筑市场秩序，防止和减少生产安全事故，根据住房城乡建设部《关于推进建筑业发展和改革的若干意见》（建市〔2014〕92 号）和《关于开展建筑业改革发展试点工作的通知》（建市〔2014〕64 号）精神，经研究，现就建筑施工企业“安管人员”和特种作业人员证书延续工作通知如下：

一、本省建筑施工企业“安管人员”在安全生产考核合格证书有效期内同时符合下列条件的，且完成实名制登记的，其安全生产考核合格证书期满后可免于考核，有效期自动延续 3 年：

1. 企业未发生一般及以上生产安全责任事故、未受到暂扣安全生产许可证等行政处罚；

2. 企业在建项目均已正常开展信用评价，且企业上年度综合信用评分排名不在后 10% 范围内；

3. 正常参加企业或建设管理部门组织的安全生产教育培训。

二、本省建筑施工企业发生一般及以上生产安全责任事故或受到暂扣安全生产许可证等行政处罚的，该企业负责人和企业安全监督机构专职安全管理人员、发生事故或受到处罚的项目负责人和专职安全生产管理人员，当年度要接受省级建设主管部门不少于 16 学时的集中教育培训，并重新考核。

三、上年度综合信用评分排名在后 10% 范围内的本省建筑施工企业，其“安管人员”安全生产考核合格证书在有效期满前要重新考核。

四、省外进皖建筑施工企业有下列情形之一的，其“安管人员”当年度要参加不少于 16 学时的集中教育培训；若未参加教育培训，记不良行为记录，情节严重的，可暂停相关人员进皖备案：

1. 发生一般及以上生产安全责任事故的，企业负责人和企业安全监督机构专职安全生产管理人员、发生事故的项目负责人和专职安全生产管理人员要参加省级建设主管部门教育培训；

2. 综合信用评分排名在后 10% 范围内的，其企业负责人和企业安全监督机构专职安全管理人员要参加教育培训。

五、建筑施工特种作业人员在操作资格证书有效期内并符合下列条件的，其操作资格证书期满后可免于考核，有效期自动延续 2 年：

（一）完成实名制登记；

（二）无违章操作记录；

（三）参加企业或建设管理部门组织的安全生产教育培训。

六、建筑施工特种作业人员在操作资格证书有效期内，有下列情形之一的，延期复核结果为不合格：

（一）对生产安全事故负有责任的；

（二）12 个月内违章操作记录达 2 次（含 2 次）以上的；

（三）未参加企业年度安全教育培训的。

七、本通知自 2014 年 10 月 10 日起施行。

参考文献

［1］建质［2003］82号．建筑工程预防高处坠落事故若干规定、建筑工程预防坍塌事故若干规定．

［2］建质［2009］87号．危险性较大的分部分项工程安全管理办法．

［3］建质［2009］254号．建设工程高大模板支撑系统施工安全监督管理导则．

［4］建筑施工企业主要负责人、项目负责人和专职安全生产管理人员安全生产管理规定（住房城乡建设部令第17号）．

［5］建筑施工企业安全生产管理机构设置及专职安全生产管理人员配备办法（建质［2008］91号）．

［6］建筑施工特种作业人员管理规定（建质［2008］75号）．

［7］安监总局第30号令．特种作业人员安全技术培训考核管理规定，2010-5-24.

［8］建设部令第166号．建筑起重机械安全监督管理规定，2008-1-8.

［9］建筑起重机械备案登记办法（建质［2008］76号）．

［10］国家安全生产监督管理总局令第80号．生产经营单位安全培训规定，2015-5-29.

［11］建筑工程安全防护、文明施工措施费用及使用管理规定（建办［2005］89号）．

［12］企业安全生产风险抵押金管理暂行办法（财建［2006］369号）．

［13］企业安全生产费用提取和使用管理办法（财企［2012］16号）．

［14］国家安全生产监督管理总局令第1号．劳动防护用品监督管理规定，2005-7-8.

［15］建筑施工人员个人劳动保护用品使用管理暂行规定（建质［2007］255号）．

［16］AQ/T 4256—2015. 建筑施工企业职业病危害防治技术规范．

［17］JGJ/T 77—2010. 施工企业安全生产评价标准．

［18］JGJ 59—2011. 建筑施工安全检查标准．

［19］JGJ 146—2014. 建设工程施工现场环境与卫生标准．

［20］GB 6441—86. 企业职工伤亡事故分类标准．

［21］JGJ/T 180—2009. 建筑施工土石方工程安全技术规范．

［22］JGJ 120—2012. 建筑基坑支护技术规程．

［23］JGJ 311—2013. 建筑深基坑工程施工安全技术规范．

［24］GB 50194—2014. 建设工程施工现场供用电安全规范．

［25］JGJ 46—2005. 施工现场临时用电安全技术规范．

［26］JGJ 80—91. 建筑施工高处作业安全技术规范．

［27］GB/T 3608—2008. 高处作业分级．

［28］JGJ 128—2010. 建筑施工门式钢管脚手架安全技术规范．

［29］JGJ 130—2011. 建筑施工扣件式钢管脚手架安全技术规范．

［30］JGJ 166—2008. 建筑施工碗扣式脚手架安全技术规范．

［31］JGJ 202—2010. 建筑施工工具式脚手架安全技术规范．

［32］JGJ 164—2008. 建筑施工木脚手架安全技术规范．

［33］JGJ 183—2009. 液压升降整体脚手架安全技术规程．

［34］GB 15831—2006. 钢管脚手架扣件．

［35］JGJ 162—2008. 建筑施工模板安全技术规范．

［36］JGJ 65—2013. 液压滑动模板施工安全技术规程．

［37］JGJ/T 194—2009. 钢管满堂支架预压技术规程．

［38］JGJ 196—2010. 建筑施工塔式起重机安装、使用、拆卸安全技术规程．

［39］JGJ/T 187—2009. 塔式起重机混凝土基础工程技术规程．

[40] GB 10055—2007. 施工升降机安全规程 .
[41] JG 5058—1995. 施工升降机防坠安全器 .
[42] JGJ 88—2010. 龙门架及井架物料提升机安全技术规范 .
[43] DBJ 14—015—2002. 建筑施工物料提升机安全技术规程 .
[44] JGJ 33—2012. 建筑机械使用安全技术规程 .
[45] JGJ 160—2008. 施工现场机械设备检查技术规程 .
[46] GB 5725—2009. 安全网 .
[47] GB 6095—2009. 安全带 .
[48] GB/T 6096—2009. 安全带测试方法 .
[49] GB 2811—2007. 安全帽 .
[50] JGJ 184—2009. 建筑施工作业劳动防护用品配备及使用标准 .
[51] GB 12523—2011. 建筑施工场界噪声限值 .
[52] GB 2894—2008. 安全标志及其使用导则 .
[53] CECS 266—2009. 建设工程施工现场安全资料管理规程 .